“十四五”国家重点出版物出版规划项目

人工智能前沿理论与技术应用丛书

人工智能安全

陈左宁　主　编

卢锡城　方滨兴　副主编

電子工業出版社
Publishing House of Electronics Industry
北京 • BEIJING

内 容 简 介

随着人工智能技术的高速发展和广泛应用，人工智能安全问题引发了人们的高度关注。本书介绍了人工智能安全的概念和范畴，并从理论技术、技术标准、产业生态、伦理、法律等不同角度分析了人工智能所涉及的安全问题及其治理策略和解决方法。除概述外，本书介绍了采用可信计算技术解决人工智能安全问题的方法，以及无人系统安全、基于类脑计算的强人工智能及其安全、智能制造和智能城市中的人工智能应用安全、网络安全、人工智能安全可控的产业生态建设、人工智能安全标准与风险评估预警、人工智能法律伦理。总体来说，本书既概要地分析了人工智能安全问题的一般属性，又从不同角度和不同的典型应用领域分析了人工智能系统中特别的安全问题及其风险评估、预测、治理途径和解决方法。

本书适合人工智能、信息技术、安全等相关领域的研究开发人员、高校教师和学生，相关产业的研究开发和领域应用人员，政府和企事业单位中与上述领域相关的政策制定、科技管理和咨询人员，以及其他对人工智能感兴趣的读者阅读和参考。

图书在版编目（CIP）数据

人工智能安全 / 陈左宁主编. 一北京：电子工业出版社，2024.4
ISBN 978-7-121-47141-4

Ⅰ. ①人… Ⅱ. ①陈… Ⅲ. ①人工智能②网络安全 Ⅳ. ①TP18②TN915.08

中国国家版本馆 CIP 数据核字（2024）第 010122 号

责任编辑：王 群
印 刷：涿州市般润文化传播有限公司
装 订：涿州市般润文化传播有限公司
出版发行：电子工业出版社
北京市海淀区万寿路 173 信箱 邮编：100036
开 本：720×1 000 1/16 印张：21 字数：460 千字
版 次：2024 年 4 月第 1 版
印 次：2024 年 12 月第 3 次印刷
定 价：109.00 元

凡所购买电子工业出版社图书有缺损问题，请向购买书店调换。若书店售缺，请与本社发行部联系，联系及邮购电话：（010）88254888，88258888。

质量投诉请发邮件至 zlts@phei.com.cn，盗版侵权举报请发邮件至 dbqq@phei.com.cn。

本书咨询联系方式：wangq@phei.com.cn，910797032（QQ）。

编委会名单

主　　编： 陈左宁

副 主 编： 卢锡城　方滨兴

成　　员（按姓氏笔画排序）：

朱世强　刘　哲　李伯虎　李欲晓

杨晓雷　沈昌祥　张　军　陆　军

陈　杰　郑南宁　贾　焰　高　文

郭　军　廖湘科

前言

人工智能（Artificial Intelligence，AI）是研究和开发用于模拟、延伸和扩展人的智能的理论、方法、技术及应用系统的技术科学，有着漫长而曲折的发展过程。1956 年，人工智能的概念首次被提出，之后，人工智能的发展经历了三次大的浪潮，分别是 20 世纪 50 年代末到 70 年代初：人工智能思潮赋予机器逻辑推理能力；20 世纪 80 年代初到 90 年代初：专家系统使得人工智能实用化；21 世纪初至今：深度学习加速人工智能普遍应用。人工智能的第三次浪潮较前两次有着本质的不同，具体表现为以大数据、强大算力和深度网络模型为标志的先进算法已在计算机视觉、语音识别、自然语言处理等领域取得突破性进展，基于人工智能技术的应用开始成熟。不仅如此，这一轮人工智能发展的影响范围不再局限于学术界，人工智能技术开始广泛嫁接生活场景，不断重构生产、分配、交换、消费等活动的各环节。人工智能正在深刻改变人类社会的技术水平、生产和生活方式、经济和产业结构乃至国家和社会安全的格局。人工智能作为一种通用使能技术，同其他技术一样，是一把“双刃剑”，在促进经济社会发展的同时，也暴露出大量的安全问题，引发了人们对人工智能安全问题的高度关注。

从一般的人造系统或工程系统的角度考虑，人工智能系统作为一种特殊的工程系统，同样具有其同类系统可能具有的安全问题。例如，作为机器人、无人驾驶系统，它可能具有结构、材料性质、环境适应性等安全问题。但是人工智能系统或“智能体”与其他系统的本质区别在于，其具有“智能”和“思维”，可以通过学习来获得知识，可以做出自主性决策，进而可以执行自主性行动。区别于其他同类技术或工程系统的普适性安全问题，本书所讨论的人工智能安全问题集中于人工智能系统由于具有学习能力、自主决策、自主行动等智能行为而产生的安全问题，既包括人工智能系统本身由于设计、制造、使用环境或受到攻击所产生的安全问题，也包括随着人工智能技术的发展和应用而衍生出来的对其他系统的安全影响和潜在威胁。从技术角度考虑，人工智能系统可以通过学习获得“知识”或者“技能”，并且可以自主地做出决策、执行行动，这既是人工智能系统相对于其他技术系统的优势，又是其区别于其他技术而产生特别的安全问题或隐患的原因。人工智能技术的本质特征是机器学习的可理解性、可解释性问题及鲁棒性问题，目标函数或奖励函数描述的不完备性问题及针对性对抗攻击等问题。

广义上，人工智能安全问题既包含人工智能系统作为一种人造系统（工程系统或信息系统）的安全问题，也包括人工智能技术的应用所造成的经济和文化的、法律和伦理的、国家和社会的安全问题，还包括由于人工智能系统具有思维和自我发展能力而可能形成的强大的智能所造成的对人类整体的安全威胁。这里，我们把人工智能的安全问题划分为内生安全问题和衍生安全问题两大类。内生安全问题既包含智能体的技术特点、缺陷、脆弱性等可能造成的智能体本身的安全问题（确切地说，该智能体作为具有特定功能的系统不能正确地发挥其特定的功能），也包括该智能体及工作环境的影响或受到其他系统的攻击而不能正确地发挥其特定功能的安全问题。衍生安全问题是智能体的应用对其他系统可能造成的安全问题，既包括由于智能体本身出现安全问题而对其他系统的安全性所造成的影响，也包含由于该智能体成功行使了特定功能而（可能）对其他系统的安全性所造成的影响。

人工智能安全风险主要来自技术和应用两个方面。一方面，人工智能作为融合多种学科的复杂科学，主要面临算法模型、数据安全、隐私保护、软硬件平台等风险；另一方面，随着人工智能应用的大规模普及，与网络攻击、伦理道德、国家和人身安全等相关的风险也在加大。为了满足人工智能安全需求，提高人工智能算法和应用安全水平，增强人工智能安全管理能力，需要从科学和技术、标准和规范、道德和伦理、政策导向和法律法规等诸多方面予以综合治理。

本书共 9 章。第 1 章介绍了人工智能的发展和应用及其安全性、人工智能安全的范畴，以及与人工智能安全治理有关的内容；第 2 章的内容是基于可信计算构建安全可信的人工智能计算环境，重点分析了如何针对人工智能系统的启动、运行、数据存储和数据交互过程进行安全防护；第 3 章从无人驾驶安全和多无人系统协同两方面介绍了无人系统中的人工智能安全；第 4 章介绍了基于类脑计算的强人工智能及其安全，从强人工智能的发展阶段/时间点预测和潜在安全问题等方面进行了分析，阐述了应对强人工智能的安全风险对策和风险预防策略；第 5 章介绍了智能制造和智能城市中的人工智能应用安全，阐述了目前的发展现状、应用场景等，并对存在的安全风险进行了分析，给出了安全技术体系及重点产业与应用发展方向；第 6 章介绍了人工智能技术在网络安全中的应用现状与趋势，以及人工智能应用可能引发的安全问题与应对措施，引出了一系列值得深入研究的内容；第 7 章对我国人工智能安全可控的产业生态建设现状进行了分析，总结了当前存在的主要问题，给出了建设自主可控的产业生态的实施方案；第 8 章介绍了和人工智能安全标准与风险评估预警有关的内容；第 9 章介绍了与人工智能法律和人工智能伦理问题有关的内容。

本书的成书过程得到了大量专家学者的指导和帮助，没有他们的贡献，难以使我们向广大读者呈现此书，我们衷心感谢他们对本书做出的贡献！感谢中国工程院设立针对人工智能安全和自主可控的重大项目，使我们有幸得以对这个问题进行研究并获得一些认识，这些成为本书内容的基础；感谢本书编委会各位专家对本书内容的指导和帮助；感谢刘志勇、陈磊、隋秀峰等为本书内容和结构组织做出的工作；感谢刘志勇、陈磊、田沄、范毓婷等对本书统稿所做的工作；感谢电子工业出版社徐静、王群等对本书编辑做出的辛勤工作和重要贡献！

人工智能技术发展快速，所涉及的问题深入而广泛。进行技术研发和应用的专家、学者数量众多，并且取得了大量的重要成果，正在呈现“百家争鸣、百花齐放”的良好局面。不同专家、学者难免有不同的学术观点、不同的学派风格，但“殊途同归”，大家都希望在促进人工智能发展的同时确保人工智能的安全。限于本书编著者的知识范围，难免以偏概全，甚至正误杂陈。本书只求抛砖引玉，在向读者介绍人工安全问题的方方面面的时候，也期望读者批评指正。

陈左宁

2022 年 6 月

目录

第 1 章　概述……1

1.1　人工智能的发展、应用及其安全性……1

1.1.1　人工智能的发展……1

1.1.2　人工智能的应用……4

1.1.3　人工智能带来的安全问题……6

1.2　人工智能安全的范畴……9

1.2.1　人工智能安全的范畴与特征……9

1.2.2　人工智能安全的分类……12

1.3　人工智能安全治理……18

1.3.1　人工智能安全与技术标准……22

1.3.2　人工智能安全与法律……23

1.3.3　人工智能安全伦理道德……24

1.3.4　人工智能安全评估评测……24

1.4　本章小结……24

参考文献……25

本章执笔人……29

第 2 章　可信计算保障人工智能安全……30

2.1　可信计算技术……30

2.1.1　可信计算简介……30

2.1.2　可信计算相关技术……31

2.1.3　可信计算标准体系……35

2.2　基于可信计算构建安全可信的人工智能计算环境……36

2.2.1　人工智能系统启动环境度量保护……37

2.2.2　人工智能系统运行环境度量保护……40

2.2.3　人工智能计算环境可信报告……44

2.2.4　人工智能数据可信存储……45

2.2.5　人工智能系统可信审计……48

2.3 基于可信计算实现人工智能数据可信交互……50
2.3.1 人工智能数据可信交互连接架构……50
2.3.2 人工智能数据可信交互过程……53
2.4 本章小结……54
参考文献……54
本章执笔人……55

第 3 章 无人系统安全……56
3.1 无人驾驶安全……56
3.1.1 无人驾驶安全研究概述……56
3.1.2 现状与发展趋势……58
3.1.3 研究内容……60
3.1.4 我国无人驾驶的人工智能安全方案和风险应对策略……73
3.2 多无人系统协同……76
3.2.1 发展方向与进展……76
3.2.2 安全要素分析……78
3.2.3 技术保障措施……88
3.3 本章小结……91
参考文献……91
本章执笔人……94

第 4 章 基于类脑计算的强人工智能及其安全……95
4.1 概念界定及其技术实现途径……95
4.1.1 相关基本概念……95
4.1.2 关于强人工智能发展与实现的观点……98
4.1.3 基于类脑计算的强人工智能……99
4.2 时间预测及潜在安全问题分析……104
4.2.1 发展阶段预测……104
4.2.2 时间点预测……109
4.2.3 理论及技术研究阶段的潜在安全问题……113
4.2.4 应用阶段的潜在安全问题……116
4.3 安全风险对策与风险预防策略研究……118
4.3.1 安全风险评估及风险对策研究……118
4.3.2 理论及技术研究阶段的风险预防策略……121
4.3.3 应用阶段的风险预防策略研究……126

4.4 本章小结……128
参考文献……129
本章执笔人……133
第 5 章 智能制造和智能城市中的人工智能应用安全……134
5.1 智能制造中的人工智能应用安全……134
5.1.1 发展现状……135
5.1.2 应用场景……143
5.1.3 安全风险分析……145
5.1.4 安全技术体系……150
5.1.5 重点产业与应用发展方向……150
5.2 智能城市中的人工智能应用安全……152
5.2.1 发展现状……152
5.2.2 应用场景……157
5.2.3 安全风险分析……160
5.2.4 安全技术体系……163
5.2.5 重点产业与应用发展方向……163
5.3 本章小结……165
参考文献……165
本章执笔人……167
第 6 章 网络安全……168
6.1 概述……168
6.2 应用现状与趋势……169
6.2.1 在网络攻击中的应用……169
6.2.2 在网络防御中的应用……176
6.3 应用引发的安全问题与应对……187
6.3.1 应用引发的安全问题与应对措施综述……187
6.3.2 对抗样本问题……190
6.3.3 对抗样本问题的应对措施……191
6.4 值得深入研究的内容……193
6.4.1 基于人工智能技术的网络攻击……194
6.4.2 基于人工智能技术的网络防御……195
6.4.3 针对人工智能技术的网络攻击……195
6.4.4 针对人工智能技术的网络防御……197

6.5 本章小结……198
参考文献……199
本章执笔人……204

第 7 章 人工智能安全可控的产业生态建设……205

7.1 安全可控的产业生态建设的概念与内涵……205
7.2 我国人工智能安全可控水平分析……206
7.2.1 国内外人工智能应用技术发展研究……206
7.2.2 我国人工智能安全可控需要解决的主要问题……221
7.3 我国人工智能产业生态建设现状分析……228
7.3.1 人工智能产业生态现状分析……229
7.3.2 我国人工智能产业生态建设存在的主要问题……232
7.4 我国人工智能安全可控与产业生态建设……233
7.4.1 人工智能产业生态建设与安全可控水平的关系……233
7.4.2 我国安全可控的人工智能软硬件发展目标……234
7.4.3 我国安全可控的人工智能产业生态发展目标……234
7.4.4 我国 IT 产业发展对安全可控的人工智能产业生态建设的启示……235
7.5 建设安全可控的人工智能产业生态的措施……236
7.5.1 加强对人工智能安全可控发展的顶层设计……236
7.5.2 加强人工智能应用技术的安全可控能力……237
7.5.3 强化安全可控的人工智能产业生态建设……238
7.5.4 人工智能应用产业链要素安全可控……239
7.6 本章小结……241
参考文献……241
本章执笔人……242

第 8 章 人工智能安全标准与风险评估预警……243

8.1 人工智能安全标准……243
8.1.1 人工智能安全标准的理论和实践意义……243
8.1.2 人工智能安全标准研制概况……244
8.1.3 ISO/IEC JTC1 人工智能技术安全相关标准……248
8.1.4 ITU-T 人工智能应用安全相关标准……249
8.1.5 IEEE 人工智能伦理道德安全相关标准……249
8.1.6 NIST 组织研制人工智能安全相关标准……251

8.1.7 我国的人工智能安全标准 ……251
8.1.8 基于模块划分的人工智能安全标准体系分类 ……254
8.2 人工智能安全风险评估……264
8.2.1 风险评估的概念……264
8.2.2 人工智能安全风险评估原则、流程与方法 ……265
8.2.3 人工智能安全风险评估指标体系构建 ……267
8.3 人工智能安全风险预警……278
8.3.1 人工智能安全风险预警方法 ……278
8.3.2 安全风险预警等级划分及阈值确定 ……280
8.4 本章小结……281
参考文献……281
本章执笔人……282

第 9 章 人工智能法律伦理……283

9.1 人工智能伦理……283
9.2 强人工智能伦理……290
9.2.1 人工智能的伦理风险与治理现状 ……291
9.2.2 强人工智能的伦理风险 ……294
9.2.3 强人工智能体的伦理身份与新型伦理关系 ……302
9.2.4 向善的强人工智能——优化共生设计……307
9.2.5 强人工智能伦理治理的初步思考 ……309
9.3 人工智能法律治理……310
9.3.1 人工智能应用引发的法律问题 ……310
9.3.2 人工智能法律治理原则、机制与规律 ……312
9.4 本章小结……317
参考文献……318
本章执笔人……319

第 1 章　概　述

人工智能（Artificial Intelligence，AI）是研究用机器模拟实现人类智能的一门技术科学，有着漫长而曲折的发展过程。近年来，人工智能迅速发展，深刻改变了人类社会的科学和技术水平、工作和生活方式、经济和产业结构乃至国家和社会安全的格局。然而，人工智能技术的进步是一把“双刃剑”。人工智能作为一种通用使能技术，一方面，为保障国家网络空间安全、提升人类经济社会风险防控能力等提供了新手段和新途径；另一方面，人工智能在技术转化和应用过程中，将对网络与信息系统安全、社会生产系统、社会就业、法律伦理等产生冲击，并对国家政治、国防、经济和社会安全带来诸多风险和挑战[1]。本章首先简要介绍人工智能的发展、应用及其安全性；继而对人工智能安全的范畴（包括特征和分类）进行论述；最后从途径、技术标准、法律、伦理道德、评估评测 5 个方面对人工智能安全治理进行探讨。

1.1　人工智能的发展、应用及其安全性

1.1.1　人工智能的发展

1956 年，在由一批包括斯坦福大学的麦卡锡教授、美国麻省理工学院的明斯基教授、贝尔实验室的香农和 IBM 公司的罗切斯特在内的著名学者共同发起的达特茅斯会议上，人工智能的概念首次被提出：让机器像人那样认知、思考和学习，即用计算机来模拟人的智能。20 世纪 70 年代以来，科学家在机器定理证明、机器翻译、专家系统、博弈等方面进行了研究，在此过程中出现了符号学派、研究学派、行动学派。时至今日，人工智能的发展并非一帆风顺，前后经历了三次大的浪潮[2-4]。

第一次浪潮出现在 20 世纪 50 年代末到 70 年代初：人工智能思潮赋予机器逻辑推理能力。伴随“人工智能”这一新兴概念的兴起，人们对人工智能的未来充满了想象，大量研究人员投身于人工智能理论研究。在这一阶段，人工智能主

要用于解决代数、几何问题，以及学习和使用英文程序，相关研究主要围绕机器的逻辑推理能力展开。其中，20 世纪 60 年代末到 70 年代初，以爱德华·费根鲍姆为首的一批年轻科学家提出了知识工程的概念，开始了大量以知识为基础的专家系统的研究与应用，将人工智能推向了第一次高潮，当时，人们对人工智能寄予了很高的期望，甚至预言“十年以后人工智能将超越人类思维”。但受限于当时计算机算力不足，以及经验与数据量不充足等因素，研发出的专家系统所能解决的问题非常有限，更谈不上超越人类思维，因此，人们对于人工智能的发展转为持怀疑态度。1972 年，受英国科学委员会委托，剑桥大学詹姆士·莱特希尔对人工智能的研究状况进行了总体调查，并提供了一个内容翔实的公开报告。该报告对当时英国的人工智能研究进行了评判，主要针对人工智能基础研究中的自动机、机器人和中央神经系统。其结论是，自动机和中央神经系统的研究有价值，但进展令人失望；机器人的研究没有价值，进展非常令人失望，建议取消对机器人的研究。鉴于当时英国的全球科技中心的地位，此后，人工智能开始了第一个严冬（AI Winter）。

第二次浪潮出现在 20 世纪 80 年代初到 90 年代初：专家系统使得人工智能实用化。最早的专家系统是在 1968 年由爱德华·费根鲍姆研发的 DENDRAL 系统，可以帮助化学家判断某种特定物质的分子结构；DENDRAL 首次对知识库进行定义，也为第二次人工智能发展浪潮埋下伏笔。自 20 世纪 80 年代起，特定领域的“专家系统”人工智能程序被更广泛地采纳，其能够根据领域内的专业知识推理出专业问题的答案，人工智能也由此变得更加“实用”，专家系统所依赖的知识库系统和知识工程成为当时主要的研究方向。特别是在 1981 年，日本通产省开始主持研制“第五代计算机”项目，希望使计算机从计算与存储数据的结构向直接推理与处理知识的新型结构过渡。其目标是打造一个具有 1000 个处理单元的并行推理机，其推理速度比常规推理机高 1000 倍，连接具有 10 亿个信息组的数据库和知识库，其实就是研制一个能够回答任何问题的“通用”专家系统且具备听说能力。然而，由于领域的局限性、知识描述和生成的复杂性等因素，1992 年“第五代计算机”以失败告终，该项目前后耗资 8.5 亿美元。从此，AI 发展步入第二次低谷。

第三次浪潮出现在 21 世纪初至今：深度学习加速人工智能的普及和应用。不断提高的计算机算力加速了人工智能技术的迭代，也推动感知智能进入成熟阶段，人工智能与多个应用场景结合落地，相关产业焕发新生机。2006 年深度学习算法的提出、2012 年 AlexNet 在 ImageNet 训练集上图像识别精度取得的重大突破，直接掀起了新一轮人工智能发展的浪潮。2016 年，AlphaGo 打败围棋职业选手，人工智能再次收获了空前的关注度；2017 年，AlphaGo 以 3∶0 的比分完胜世界围棋冠军柯洁；之后，AlphaGo Zero 从零开始，完全不需要任何历史棋谱和人类先验知识，通过自己左右互搏 490 万盘棋局，最终无师自通，战胜 AlphaGo。相继多个吸引人们眼球的、在局部领域内超过人类水平的人工智能成果的展示，让人们真切感受到人工智能的威力，人工智能创业公司层出不穷，科学研究进一步推进，助推人工智能呈现加速发展态势。

人工智能的第三次浪潮较前两次有本质的不同[5]。如今，以大数据、强大算力和深度网络模型为标志的先进算法已在计算机视觉、语音识别、自然语言处理等领域取得突破性进展，使得人工智能发展的影响范围不再局限于学术界，开始广泛嫁接生活场景，从实验室走入日常，政府、企业、非营利机构纷纷“拥抱”人工智能。具体来讲，本轮人工智能浪潮的到来，除强大的算力外，还得益于数据的爆炸式增长及深度学习算法的发展和突破。

人工智能技术需要以大量的数据作为输入，通过对模型不断训练，获得必要的模型参数。然而，目前大数据的发展存在一些问题[1]，包括数据流通不畅、数据质量良莠不齐、数据污染、关键数据缺失等。由于人工智能缺乏对数据正确性甄别的能力，同时，人工智能在进行推理判断的时候，是依据所获取的数据来进行的，所以，人工智能系统高度依赖数据的正确性。有多种原因能够使输入的数据质量低下，包括数据丢失和变形、噪声数据输入、数据投毒和样本对抗等，进而会对人工智能系统的安全造成影响。

深度神经网络由于不需要繁杂的特征工程，因而在当前人工智能发展中“大行其道”。深度神经网络模型基于直接的端到端方式来学习已知的因果关系，这种因果关系是通过神经网络的大量隐含层来记录的，其结果可能会出现一些问题，如过拟合问题、可靠性问题、不可解释性问题等。就不可解释性问题而言，深度学习的模型计算、特征选择等均由算法自行完成，目前尚无理论对其进行合理解释。为此，难以保证这样训练出的模型不被窃取或污染，因而存在结果不可控的隐患。

除了上述由新技术的脆弱性导致的系统运行安全问题，还存在另一种安全问题，即新技术的脆弱性并没有给人工智能系统自身的运行带来风险，但这些脆弱性可以被攻击者利用而引发其他安全问题。例如，2016 年 5 月，在佛罗里达州公路上一辆处于“自动驾驶”模式的特斯拉汽车 Model S 以 74 英里（1 英里≈1.61 千米）的时速，直接撞上了拐弯中的白色拖挂式大货车，其原因是自动驾驶系统误将白色拖挂式大货车识别为天上的白云，导致自动刹车未生效[6]。其实，早在 1978 年 9 月就发生过机器人伤人事件，日本广岛一家工厂的切割机器人在切割钢板时，误将一名值班工人当作钢板进行了操作，致使该工人死亡，这是世界上第一宗机器人杀人事件。

1.1.2 人工智能的应用

随着以“智能”为核心特征的各类新兴科技的加速融合与聚变发展，人工智能技术不断重构生产、分配、交换、消费等活动的各环节，尽管各行业所面临的痛点不同，但人工智能技术能够通过数据收集、处理与分析等数据驱动的方式，改变未来社会诸多重点领域，教育、智能经济、互联网消费、医疗和自动驾驶等的发展模式将发生重大变化[7]。

1. 人工智能在教育中的应用

人工智能技术正在推动教育信息化的快速发展，AI 教育是人工智能技术对教育产业的赋能，通过将人工智能与传统教育相融合，尤其是新一代人工智能技术应用覆盖教学全过程，实现学生的个性化学习、跨媒体学习和终身学习等[8]。然而，在人工智能协助学生学习的过程中，可能会放大原本就存在的不平等。当人工智能放大、增强人类的智慧时，它可能会放大有偏见的推理形式。当人工智能不断扩大、不断增强并不断在我们生活的方方面面得到应用时，有可能对某些群体（如缺乏使用智能设备能力的群体或者有特殊需求的学生群体）产生一定障碍。同时，“智适应”的互动设计也会因为各种数据原因存在一些设计偏见，可能会损害特定学生群体的权益，无法使所有学生群体拥有公平地展示自己能力的机会[9]。

2. 人工智能在智能经济中的应用

数字化转型使各类要素重新配置，生产制造更加智能，供需匹配更加精准，专业分工更加精细，国际贸易更加广阔，掀起了由工业经济向数字经济演进的重大变革，其中大数据智能、人机混合增强智能、群体智能、跨媒体智能等新一代人工智能技术将成为产业变革的核心驱动力，重构工业经济活动各环节，形成从宏观到微观的各领域的智能化新需求，催生新技术、新产品、新产业、新业态、新模式，引发工业经济结构重大变革，实现社会生产力的整体跃升。潘云鹤院士提出，中国的工业经济智能化发展包括工厂生产智能化、企业经营智能化、产品创新智能化、供应链接智能化和经济调节智能化五个层次[10]。

3. 人工智能在互联网消费中的应用

当前，人工智能技术已被广泛应用于人们日常生活的多种消费场景，例如，支付宝、美团或大众点评等交易型“超级应用程序”，融合了各种生活方式服务，将数亿名客户与本地企业联系起来。人工智能改变了中国城市亿万人民的生活，加快了餐饮、酒店和电影等相关服务的预订和交付。2021 年，在美团平台上，每天有超过 60 万名外卖配送人员平均在 30 分钟内完成食品配送订单。

这么高的效率得益于强大而智能的调度系统，该系统每小时完成 30 亿条路线规划，以优化“外卖小哥”的配送量和配送时间[7]。在此过程中，基于客户的大数据历史信息，存在一定的大数据“杀熟”风险。

在金融领域，人工智能被用于银行信贷智能风控管理[11]。银行信贷业务的风险管理核心在于构建风控模型，帮助银行有效识别客户信用风险及欺诈行为。获取多领域、多维度、高质量的用户数据对于建立识别客户风险的风控模型至关重要，然而利用多源数据进行风控建模存在诸多风险，包括数据泄露风险和数据孤岛风险，具体表现为：在构建或优化信贷模型时，通常会选择与数据提供方联合建模，在此过程中，通常需要一方数据出库，存在数据泄露的风险；同时，信贷模型的构建通常需要征信、银行流水等多领域数据，由于行业竞争、隐私安全和行政手续等壁垒问题，金融机构难以整合使用分散在各地、各机构的不同领域数据。

此外，人工智能技术正在改变人们与目标价值信息的联系方式。例如，大部分人都在使用智能手机和时下流行的移动应用程序（如抖音、爱奇艺、腾讯视频、今日头条、快手和微博）。大规模推荐算法是信息获取的重要方式之一，由深层神经网络支持的系统每天根据用户兴趣和喜好为其量身定制数以千计的新兴新闻和视频。例如，2021 年，中国每天有超过 1.2 亿人使用今日头条来看新闻、视频和其他内容。在这个过程中，系统实时收集用户反馈，并将其输入先进的分布式机器学习算法，调整模型以用于下一个项目推荐。在此过程中，存在个人数据被收集及隐私泄露的风险。

4. 人工智能在医疗中的应用

随着人工智能技术在医疗领域的持续发展和应用落地，已有不少成功案例，如新药研发、辅助疾病诊断、辅助治疗、健康管理、医学影像、临床决策支持、医院管理、便携设备、康复医疗和生物医学研究。然而，目前人工智能还处在发展阶段，某些方面（包括数据模型的建立、数据的来源、知识模型和知识标准等）还有待完善；同时，当前的模型通常是由工程师构建的，缺少临床医学专家的参与。另外，临床疾病在很多情况下的数学逻辑不太清楚，其中涉及很多潜在的干扰因素甚至未知因素，目前建立的人工智能模型难以完全模拟临床上的因果关系[12]。

5. 人工智能在自动驾驶中的应用

《德勤全球 AI 发展白皮书》指出，未来同汽车相关的智能出行生态的价值正在被重新评估，出行的三大元素“人”“车”“路”被赋予类人的决策、行为，整个出行生态也会发生巨大的改变。有专家认为：“自动驾驶汽车是未来网络的节点。”强大的计算力与海量的高价值数据是构成多维度协同出行生态的核心力量。随着人工智能技术在交通领域的应用朝着智能化、电动化和共享化的方向发展，无人驾驶将主导汽车产业的革新。根据中国信息通信研究院发布的《人工智能安全框架（2020 年）》，2020 年 7 月，苏州发布了全球首条城市微循环无人小巴市民体验线路，落实了全国首个常态化运营的城市公开道路无人小巴项目。2020 年 10 月，百度自动驾驶出租车服务在北京全面开放，10 月 12 日单天呼单量突破 2600 单。

自动驾驶汽车是由云端服务、传感器、计算单元、自动驾驶算法和底盘动力系统等构成的复杂系统。由于众多组件暴露出了大量攻击面，所以其面临严峻的安全挑战。根据风险来源的不同，自动驾驶安全风险可分为传统网络安全风险和人工智能安全风险。传统网络安全风险主要有云服务安全风险、计算环境破坏风险、车云网络通信安全风险和内部网络通信安全风险；传感器数据干扰和自动驾驶算法攻击是突出的人工智能安全风险。

1.1.3　人工智能带来的安全问题

技术是一把“双刃剑”，人工智能技术也不例外，在造福人类及给人们的生活带来便利的同时，也会产生一些安全方面的问题[13]。

1. *在社会安全方面*

人工智能带来的主要社会安全风险涉及国家安全、社会治安、产业和职业结构变化及就业等方面，可能对社会的局部乃至整体稳定形成新的挑战，并容易使人民群众对这些伴生风险的质疑上升到技术本身，制约相关高技术产业的发展。

美国 DARPA 于 2017 年 7 月发布的《人工智能与国家安全》认为，人工智能将会是国家安全领域的颠覆性力量，未来的人工智能技术有可能与核武器、飞机、计算机和生物技术一样，成为给国家安全带来深刻变化的颠覆性技术。《人工智能与国家安全》还强调，人工智能通过变革军事优势、信息优势和经济优势影响国家安全。2019 年 8 月，亨利·基辛格等人在《大西洋月刊》上发表文章《蜕变》，其中提到，人工智能在未来存在令人担忧的影响，包括：由于人类把越来越多探求知识的工作交给人工智能而导致好奇心下降；不真实的新闻和视频导致信任减少；人工智能为恐怖主义提供了新的可能性；由于人工智能的操纵，导致民主制度被削弱；或许还会因自动化而减少人类的工作机会等。

人工智能给产业、职业结构变化及就业带来的风险，源于人工智能（特别是智能机器人）对第一、第二产业岗位的替代，这会导致大量体力劳动者和简单脑力劳动者的结构性失业、转业，增加人民群众的生活压力和政府的行政压力。2017 年，美国兰德公司在关于人工智能安全的一篇报告《人工智能对安全及未来就业的风险》中指出，由于人工智能越来越多地替代人力完成任务，如车辆驾驶、医疗诊断及新闻报道撰写等，预计未来 20 年，人工智能会对就业问题造成较大的影响。Forrester Research 预测，人工智能技术将在 2025 年之前取代美国 7%的工作岗位，其中 16%的美国工人将被人工智能系统取代。在新的社会分工模式建立之前，人工智能对就业的冲击可能引发社会安全风险。《未来简史》作者尤瓦尔·赫拉利于 2017 年 7 月预测，未来二三十年内超过 50%的工作会被人工智能取代，人工智能的产业化推进将使部分现有就业岗位减少甚至消失，导致结构性失业[1]。

2. *在经济安全方面*

人工智能会给实体经济安全带来一定的风险。在实体经济中，人工智能技术将逐步渗透到更多行业和环节中，推动经济、社会各领域从数字化、网络化向智能化加速跃升，人工智能产业将逐步成为实体经济中不可或缺的支柱产业和经济发展的重要驱动力，关乎国家经济安全命脉，一旦人工智能的某个环节受制于人，国家经济安全将受到冲击。尽管当前国产化替代加速，但自主可控领域依旧存在较大的成长空间，我国核心算法、芯片及基础元器件的掌握与国外还存在一定的差距，缺乏重大原创科技成果。人工智能硬件领域仍缺乏顶尖级创新型资深人才。“中兴事件”表明，只有把关键核心技术掌握在自己手中，才能够摆脱受制于人的局面。在高成本的精密工业和大型工业中，如果基于人工智能的模型泛化能力差，算法不完善，数据不精确，对抗能力不足，或某一环留有“后门”，使人工智能平台发生误判，则可能造成较大的经济损失。

同时，人工智能也会给货币金融安全带来一定的风险，主要体现在身份认证安全性风险、信用评估可靠性风险和基于人工智能的新型国家金融威胁等方面。第一，由于生成对抗神经网络技术的飞速发展，人工智能辅助的身份验证可能存在欺骗，同时，“换脸”和“换声”等技术也给货币金融系统的远程安全身份认证带来了新的难题。第二，在人工智能信用评估中，如果人工智能评估算法不完善，模型泛化能力不足，则可能产生一定规模的金融风险，并且不容易在初期发现。在基础技术研究和领先性上，我国和技术先进国家也存在差距。从业务形态来看，在金融风险评测及基于对抗学习的识别技术、抗干扰技术等方面，我国基本上还是参照国外的算法模型，向技术先进国家学习、迁移的情形居多。第三，人工智能金融决策模型发展到一定阶段后，将可能具备“索罗斯式”的冲击力，要对未来基于人工智能的“资本怪兽”保持充分的警惕，防范其对货币金融体系的入侵，确保能够在技术和非技术手段上予以反制。

3. 在基础设施、网络安全及设计研发方面

在“新基建”（新型基础设施建设）的推动下，人工智能技术将加快融入生活中的基础设施，向社会全行业、全领域赋能。然而，人工智能基础设施潜藏安全风险。以机器学习开源框架平台和预训练模型库为代表的算法基础设施，因开发者蓄意破坏或代码实现不完善而面临算法后门嵌入、代码安全漏洞等风险。2020 年 9 月，安全厂商“360”（北京奇虎科技有限公司）公开披露谷歌开源框架平台 TensorFlow 存在 24 个安全漏洞。开源数据集及提供数据采集、清洗、标注等服务的人工智能基础数据设施面临训练数据不均匀、训练数据投毒、训练数据泄露等安全风险。2020 年，美国麻省理工学院的研究人员通过实验证实 CIFAR-100-LT、ImageNet-LT、SVHN-LT 等被广泛应用的数据集存在严重的不均衡问题[11]。

网络和大数据的发展推动了人工智能的进步，网络攻击智能化趋势也给网络安全保护提出了更高的要求。有关人工智能与网络安全关系的研究表明，一旦人工智能被运用到网络攻击活动中，将使网络攻击活动更加难以预警和防范，关键信息基础设施也将面临新的安全风险。例如，将人工智能技术运用到木马病毒的制作传播中，将会出现难以防御的超级病毒木马，传统应对方法将无法控制这些恶意程序传播扩散的速度。

人工智能的技术研发与应用也存在一些具有不确定性的安全风险。联邦学习、迁移学习等人工智能新技术的应用，使跨机构的人工智能研发协作进一步增多。由于遵循了不同的规范，因此，人工智能设计研发阶段的安全风险更加复杂且难以检测发现。一是人工智能算法自身存在技术脆弱性。当前，人工智能尚处于依托海量数据驱动知识学习的阶段，以深度神经网络为代表的人工智能算法仍存在弱鲁棒性、不可解释性、偏见歧视等尚未突破的技术局限。二是人工智能新型安全攻击不断涌现。近年来，对抗样本攻击、算法后门攻击、模型窃取攻击、模型反馈误导、数据逆向还原、成员推理攻击等破坏人工智能算法和数据机密性、完整性、可用性的新型安全攻击快速涌现，人工智能安全性受到全球学术界和工业界广泛关注。三是因算法设计实施有误而产生非预期结果。人工智能算法的设计和实现有可能无法完成设计者的预设目标，导致产生偏离预期的不可控行为。例如，设计者为算法定义了错误的目标函数，导致算法在执行任务时对周围环境造成了不良影响[11]。

4. 在军事安全方面

直接利用人工智能的强大能力来赋能安全，以提高对敌攻击的水平，这本身就会给人类带来危险，而且这种赋能攻击的方式是蓄意的，会给军事安全带来重

大影响。

作为军事大国，美国的人工智能军事作战赋能的目标非常清晰，强力推动其顶尖人工智能研究实现新的技术突破，促进科学新成果的发现，增强经济竞争力，巩固国家安全。2019 年 3 月，美国参议院军事委员会举行主题为国防部人工智能计划的听证会，美国国防部高级研究计划局（DARPA）、国防创新小组（DIU）、国防部联合人工智能中心（JAIC）等机构主管分别介绍所在部门的人工智能项目及运行机制等，巩固并强化了人工智能技术及应用与军方之间的联系，推动美国的人工智能军用化步伐进一步加快。以 DARPA 为例，DARPA 正将投资和研发重点转向第三代人工智能技术，致力于创建能在特定语境下进行推理的机器。资助的主要项目包括终身学习机器（L2M，于 2017 年启动）、可解释人工智能（XAI，于 2018 年启动）和机器常识（MCS，于 2018 年启动）等，目的是探索提高人工智能技术水平的方法，实现语境推理能力。DARPA 认为，将这些技术集成到与军事作战人员合作的军事系统中，将有助于在对空间敏感的复杂战场环境中做出及时决策，分析不完整或者相互矛盾的海量信息，并使用无人系统安全自主地执行关键任务[14]。

在当前的俄乌冲突中，俄乌双方均较大规模地使用了以无人机为主的无人装备，以实施战场情报侦察和目标打击任务：乌军使用土耳其制造的“旗手”TB-2 摧毁俄方防空系统与装甲部队，俄军使用“前哨-R”察打一体无人机摧毁乌方多管火箭炮系统。此外，有分析认为，乌军无人机通过综合识别俄方将领并进行打击，造成多位俄方高级将领阵亡。无人装备依托自身传感装备获取战场情报，凭借搭载的通信系统实现战场态势信息的实时传输，并接受指控平台的打击命令，实现侦、控、打、评的信息闭环，未来无人/反无人装备在现代战争中的应用范围会越来越广。同时，在网络空间战场中，双方通过深度学习、多语言模型、人脸识别等人工智能手段进行“舆论战”，开展认知域的对抗，瓦解敌方斗志，增强己方信心[15]。

1.2　人工智能安全的范畴

1.2.1　人工智能安全的范畴与特征

近十几年来，深度学习技术的突破性发展使人工智能技术得到了日益深入且广泛的运用，并获得了举世瞩目的成果。与此同时，人工智能系统的研发与使用过程中暴露出了大量的安全性问题，引起了人们从不同角度对人工智能安全问题广泛而深切的关注。

从通常的工程系统的观点考虑，人工智能系统作为一类特别的工程系统，同样具备其他工程系统可能存在的安全问题。例如，作为一个计算机软件或硬件的人工智能系统，它会具有计算机软硬件可能存在的安全问题；作为无人驾驶系统、机器人或其他自动控制系统中的人工智能系统，它可能存在材料性质、机械性能、电器性能、环境适应性等方面的安全性问题。但是，人工智能系统或“智能体”与其他工程系统的根本差别就是其具备“智能”，可以“思考”，可以通过“学习”来掌握知识、获得技能，也可以进行自主性判断、实施自主活动。区分于其他工程系统具有普适性的安全问题，本书所讨论的人工智能安全问题，主要聚焦人工智能系统因为具备学习、思考、判断、自主决策和行动等智能行为而造成的安全风险，既包含人工智能系统自身因为设计、制造、使用或遭受攻击而造成的安全风险，又包含人工智能技术的开发与使用所产生的对其他系统的安全威胁与潜在风险。人工智能安全问题引起了人们从技术[2,10,16-20,31]、法律和伦理[2,21-24,31]、经济和社会发展[25-29,68]、政治和国家安全[2,29-31]等不同角度的广泛关注。

从技术角度考虑，人工智能系统可以通过学习获得“知识”或者“技能”，并且可以自主做出决策、执行行动，这既是人工智能系统相对于其他技术系统的优势，又是其区别于其他技术而产生特别的安全问题或隐患的原因。下面我们主要从人工智能技术的几个属性，以及对人工智能系统的对抗性攻击等方面分析人工智能安全区别于其他技术安全问题的特征。这几个属性是机器学习算法本身的内在属性，是形成人工智能系统本身安全隐患的关键因素，也是对抗环境中攻击者设计攻击策略的理论依据和进行攻击的薄弱环节。

1. 机器学习的可理解性和可解释性问题

机器学习技术是人工智能系统广泛采用的核心技术，而机器学习中庞大的网络结构和复杂的学习过程，使人们（即使是领域的专业人员）难以理解其从大量的数据中逐步获得的结论，以及基于其获得的结论而做出决策的内在逻辑，难以用使用者可以理解的方式对其学习和推理过程做出解释，也难以对其推理过程中一个步骤所出现的问题进行追溯。这构成了机器学习技术的可理解性和可解释性问题。人们对于可理解性、可解释性给出了多种定义，也发明了多种技术以增强机器学习模型和算法的可理解性和可解释性[17,32-34,75]。对机器学习输出的判断或决策的不可理解、不可解释意味着潜在的安全风险，尤其是对于关键问题的决策、关键设备或过程的控制、医疗诊断等安全攸关的应用领域，对于收集的数据所反映的规律认识错误（如分类错误）、决策错误甚至产生错误的自主行为，均可能造成严重的后果。因此，机器学习的可理解性和可解释性是其区别于其他技术的安全特性。

2. 机器学习的鲁棒性问题

机器学习的鲁棒性是影响人工智能安全问题的一个重要因素。机器学习的鲁棒性要求，即使新的数据在学习数据的基础上有一定的变化，学习所得的结果也应具有适用性。

鲁棒性不强的系统，其模型的泛化能力不强；当应用环境中数据的分布特性与训练数据的分布特性存在偏差时，就可能做出意想不到的判断或决策，蕴含安全风险。其风险性在于，在应用环境中，机器所给出的判断（如一个人是否有某种疾病、一个工业过程是否需要进行某种调整、一辆自动驾驶的汽车是否需要改变路线或速度等）或决策（如给出医疗方案、调整工业过程的控制参数或配料、给出停车或转弯的指令等）是根据训练数据所学到的知识做出的，机器对此在逻辑上具有充分的信心和“理由”，难以引发怀疑和进一步的验证，从而可能造成安全事故[35-37,74]。同样地，即使有安全监测系统，如果实际应用的数据分布与训练数据分布有较大差距，而安全监测系统是在特定的数据基础上训练得出的，则也难以发现潜在的风险。虽然人们提出了一些方法来增强机器学习的鲁棒性，例如，利用多种分布特性不同的数据进行训练，希望训练出来的可以适应多种数据分布特性的模型，也能适应具有新的数据分布特性的环境，但能使得训练出来的模型对数据分布的差别有多强大的适应性还是问题。另外，在一般的不受故意干扰或攻击的情况下，系统的鲁棒性可能成为系统安全的重要影响因素，在对抗环境中，如果模型和算法的鲁棒性不强，就易被对手利用而进行有针对性的攻击。

3. 目标函数或奖励函数描述的不完备性问题

在机器学习中，往往把学习问题描述为对一个目标函数的优化，而算法的设计者对目标函数的描述和具体的实现难以真正体现其想要达到的目标。原因是设计者对优化目标的描述有误或者不完善，从而使算法在对所给出的目标函数进行优化时，产生设计者预想不到的不良后果。在设计者对所优化的目标函数给出描述的时候，难以全面考虑各种复杂的影响因素；另外，随着时间的推移或应用环境的变更，可能产生一些新的因素，影响设计者真正意图的实现，但这些因素在目标函数的描述中没有得到反映。这种对目标或意图的错误或不完善的描述称为目标函数描述的不完备性，其是造成隐含的安全风险的重要原因之一[18]。另外，在强化学习算法的设计中，设计者通常以奖励函数的方式鼓励和引导学习算法达到设计者所期望的目的。然而，奖励函数的设计和描述中同样存在不完备性（错误或不完善），从而可能被学习算法在优化过程中“搭便车”，通过曲解奖励的意图而采取一些行动以获得最大化的奖励，字面上符合奖励函数形式上的规则，但事实上却违背了设计者的意图。这种情况通常称为“Reward Hacking”

（黑客奖励）。或者，学习算法也可能以一种“取巧”的方式跨过实现设计者真实意图的必要行动，直接获取最大奖励而不通过行动实现设计者的意图，这称为Wireheading[35-37]。

4. 有针对性的对抗攻击

如果说前面介绍的问题是人工智能模型和算法中存在的安全薄弱环节，那么在对抗性的应用环境中，对手针对人工智能模型和算法的薄弱环节设计各种攻击方法的行为，成为人工智能安全的重要隐患[45]。

如前所述，机器学习的鲁棒性问题容易成为被对手利用而进行攻击的薄弱环节。著名的对抗样本攻击就是利用鲁棒性不强进行的攻击。与前文所述的安全风险不同的是，前文所述的情况只是应用环境的数据分布与训练时的数据分布有差距，其原因可能是环境的变化、过程的变化等，并不是人为因素；在对抗样本攻击中，对于一定的模型，攻击者可以计算出一些有害数据，仅对数据做出微小的（从而难以被人发现的）扰动，就能使系统做出错误的判断或决策。Szegedy 等人 2014 年的研究[38]发现，神经网络存在对抗样本，这些对抗样本可以通过对测试的图像施以很小的、难以被人觉察的扰动，使网络预测错误最大化而得到。文献[39]提出了一种衡量对抗鲁棒性的方法，对于不同分类器的对抗鲁棒性，可以量化地进行计算和比较，并且用对抗性示例对训练数据进行扩展，从而提升应对对抗性攻击的能力。人们已经提出了大量的对抗样本攻击与防御的方法，相关研究[40-42]表明，存在普遍适用的对抗性扰动，可使深度神经网络做出错误的判断。这种对抗性扰动对不同的数据和网络均有适用性。另外，人们提出了大量能够提高机器学习鲁棒性的技术[43]，如对抗训练[44-46]、防御蒸馏[47,73]、模型正则化[48]等。

除了对抗样本攻击，针对机器学习的模型、算法、数据、运行等不同环节，还有多种攻击方法，如数据投毒、模型窃取、隐私推断等，都是人工智能系统的重要安全威胁[31,40,43,49-53]。

1.2.2 人工智能安全的分类

前面我们讨论了引发人工智能系统各类安全问题的内在因素。人工智能系统中广泛应用的机器学习算法的内在属性，是引起人工智能系统各类安全问题的内在因素。广义上，人工智能安全问题既包括人工智能系统作为一种人造系统（工程系统或信息系统）的安全性问题，也包括人工智能系统的应用造成的经济和文化的、法律和伦理的、国家和社会的安全问题，还包括由于人工智能系统具有思维和自我发展能力而可能形成的强大智能，从而造成对人类整体的安全威胁。研究这些安全问题的分类，分析其产生的原因、可能的影响范围，有助于增强对它们的认识，也有助于对它们进行识别、预防和控制。

人工智能安全问题可划分为两大类：一类是人工智能系统自身的安全缺陷，称为“内生安全”问题；另一类是人工智能系统的应用可能产生的外在的（对其他系统的）安全性影响或效果，称为“衍生安全”问题。我们称一个人工智能系统为一个智能体或人工智能行为体（AI Agent，AIA）。

1.2.2.1　人工智能内生安全

本节我们将从人工智能系统和运行环境、模型、算法、数据等环节分别介绍人工智能内生安全问题，这些问题既包括由于智能体自身的脆弱性而形成的安全问题，也包括（在对抗环境中）智能体由于遭受外部攻击而形成的安全问题。

1. 人工智能系统和运行环境安全

1）框架/组件引发的内生安全问题

人工智能框架提供人工智能系统中常用的函数和功能，可以供不同的开发者复用，为人工智能的开发编程提供有力的工具。业界已经推出许多人工智能框架，如 TensorFlow、Caffe、PaddlePaddle 等。这些开放的人工智能框架引用了第三方库函数。这些框架的整体和其组件（包括引用的库函数）并未经过充分的安全评测，存在软件漏洞甚至后门等安全隐患。CVE（Common Vulnerabilities & Exposures）公共漏洞披露库中就记录了多种来源于 TensorFlow、Caffe 等的安全漏洞[10]。2020 年，360 安全研究院 AIVUL 团队报告了 TensorFlow 中的 24 个风险级别不同的漏洞[54]，这些漏洞可能引起系统错误或被攻击者利用而形成系统安全问题。

2）运行环境引发的内生安全问题

在进行机器学习或智能判断、决策与控制的系统中，在软硬件不同的层面，都可能有与安全性相关的脆弱环节，使攻击者能够通过脆弱环节对智能系统实施攻击。云计算架构上有着大量的用户，可以通过机器学习的方式进行建模训练和智能推理，而这些用户又共享了分布式计算体系中的大量软硬件资源，包括主机、软件栈、存储资源、计算框架等。这些资源容易遭受攻击，从而对于模型训练和智能推理产生安全风险。在分布式计算平台的联邦学习结构中，多个成员在分布式系统上协作训练和推理，恶意参与者可能会进行模型攻击而造成系统的安全隐患[17,72]。在多个智能体协作的环境中，系统安全存在特别的问题。例如，多智能体系统的各协作成员之间需要通过通信进行协调训练或行动，通信系统的不安全性会成为系统的不安全因素。另外，多个智能体的联合学习和决策需要协同和演化，个体学习和决策在全局上的不协调可能造成系统的非一致性和失误，形成系统的安全威胁[55]。在多个参与者协作的联邦学习中，虽然隐私数据可以存放在本地以防止隐私泄露，但还是有可能被攻击者构造的学习算法窃取其成员及记录等私有信息[56-58,71,72]。

2. 模型安全

机器学习模型的不透明性、脆弱性均是影响人工智能安全的重要因素。不适当的目标函数会导致机器学习系统不能获得正确的模型，从而导致智能体无法实现设计者所期望的某些功能；建模的不透明性可能导致机器学习模型进行错误决策，形成安全问题；建模对动态变化的环境的适应性（鲁棒性）也是影响系统安全的原因；训练好的模型在对外服务的过程中，可能会被对抗性技术手段盗取和恶意利用。

在对抗环境中，攻击者还可能进行模型窃取攻击[59]和后门攻击[50,60]等。模型窃取攻击是指攻击者通过窃取神经网络模型而进行的攻击。在将机器学习作为一项服务开放给使用者的系统中，攻击者能够在不了解模型参数及训练信息的情况下，通过访问为机器学习提供服务的系统黑盒子，对模型进行窃取。被窃取的模型进而能够为攻击者提供模型和功能参数信息，形成安全隐患。后门攻击是在模型内插入后门的一种攻击手段。因为模型自身具有不透明性、不可解释性，所以被插入的后门不易被找到，但攻击者可以选择时机启动后门。

3. 算法安全

如前所述，机器学习的可理解性和可解释性、鲁棒性及目标函数或奖励函数描述的不完备性等人工智能算法的内在属性均会导致人工智能系统的安全隐患。另外，算法的复杂性也可以导致人工智能安全隐患。计算的时间复杂度高意味着对于大数据量的机器学习，需要花费巨大的时间和空间代价（占用计算资源和延长执行时间）；对于动态变化的情况，则需要计算机经常性地处理变化的信息，学习新的动态模型。这种代价可能导致机器学习系统无法满足大量数据处理和动态变化的要求，从而生成错误的学习结论[18]。

4. 数据安全

训练数据的不完整可能导致机器学习算法难以找到反映实际环境与应用要求的正确模型。训练中所用数据的规模、质量（准确性、真实性、全面性）、数据分布特性等都会影响训练结论的准确性，进而影响智能体策略和行为的正确性。训练模型应对数据分布特征变化的鲁棒性，也是影响系统稳定性的重要原因[18]。

训练数据对于安全的重要作用使得数据成为对抗环境中攻击与防御的研究热点。在对抗环境中，攻击者能够进行闪避攻击[51]和药饵攻击[50,61]等。闪避攻击是指通过在正常的训练样本中掺入人工难以发现的少量样本数据，改变样本数据集，形成对学习系统的攻击。闪避攻击可以采用对抗数据生成的方式或利用传递性进行黑箱攻击的手段进行，大多用于推理阶段。药饵攻击通过向训练数据集注入虚假信息（药饵），使训练系统生成错误的模型，从而达到攻击的目的。药饵攻击一般用于训练阶段，破坏训练系统所生成的模型。

5. 对抗环境中隐私数据的窃取

分布式计算环境中不同用户共享资源的特征，使得攻击者可能通过共享的资源（如软件栈、计算框架等），获取其他用户的隐私数据并用于模型攻击；在具有竞争关系的多个用户参与的计算环境中，如联邦学习，多个用户可能需要共同参与模型训练（共享学习），而参与共享学习的用户用来进行训练的数据是他们的私密数据，在这种共享学习环境中，用户的私密数据可能被其他参与者窃取[17,41,58,62]。

1.2.2.2 人工智能衍生安全

人工智能系统的衍生安全问题，涉及技术和工程系统、国民经济、社会保障、金融服务、医学卫生、军事及国家安全等方面，是人工智能技术开发与使用中需要认真对待的重要课题。

1. 人工智能系统存在安全隐患，可能引发安全事件

算法不完善、数据不完整等问题，往往使得人工智能系统存在各种安全缺陷，即使通过权威的安全评估，也难以使这些缺陷彻底表露。如此一来，人工智能系统在投入实际应用时，就很容易由于自身缺陷而导致各种事故，造成人身安全攻击、财产损毁、环境破坏等问题。当前，拥有高度移动能力和破坏能力的人工智能体造成重大安全事故的情况尤为突出。一个典型的汽车安全事故是，2018 年 3 月，由 Uber 经营的自动驾驶汽车在美国亚利桑那州坦佩市附近撞了一位女子，并致其身亡。研究分析指出，其原因是自动驾驶汽车“看到”了这名女子而并未刹车，也并未生成故障警告信号。短短四天以后，又出现了另一起自动驾驶汽车的安全事故：一辆使用自动驾驶系统的 Tesla Model S 汽车因撞到高速公路的混凝土隔离墙上，而导致驾驶员身亡。如 1.1.1 节提到的，此前（2016 年）就已经出现一辆使用自动驾驶系统的 Tesla Model S 汽车因撞上一辆大卡车而致驾驶员身亡的事故。这说明高速移动体的人工智能安全隐患有可能造成重大安全事故。另外，机器人外科医生致人死伤事件也频繁发生，而且机器人安全故障可能导致次生事故。以上都是由人工智能系统本身的故障导致的安全事故，称为衍生安全事故。国际上有一个对人工智能系统事故进行统计和报道的人工智能事故数据库（Artificial Intelligence Accident Database，AIID）。AIID 的资料表明，截至 2021 年 1 月 5 日，智能体已衍生了百种千例的安全事故，包括自动驾驶汽车致人死亡、工业机器人致人死伤、医疗事故致人死伤、伪造政治领导人演说、种族歧

视、传播不健康内容等。

2. 人工智能给国民经济和社会治理带来巨大冲击

人工智能技术的衍生安全不一定是由人工智能系统本身的故障引发的，即使人工智能系统本身按照设计者的意图正常工作，也会（也已经）形成诸多安全挑战，其中包括对国民经济和社会治理带来的巨大冲击。当前，人工智能技术已经应用于医学仪器与医学诊断、工业生产过程自动控制、重要设施智能监控、公共交通出行、财政与金融等众多领域，并且正在协助人们完成一部分原本只能人工完成的工作任务。在国民经济方面，人工智能通过感知、理解、分析、趋势预测，协助人们以更加经济、便利的方式工作，从而减少了对有一定经验的工作人员的雇用，能够降低劳动力成本及减少各种相关支出；在社会职业构成上，随着人工智能技术的进展，各种智能机器和系统开始慢慢取代人工，进行部分烦琐、重复的生产作业或体力劳动等。但是，在人工智能为人类提供福利的同时，一部分人开始担心自己的工作将被智能机器取代，导致人们对失业的恐惧。由此带来的大批失业者，也将导致社会劳动组织和职业结构急剧变动，形成社会的不稳定因素[26-29]。在人类思维等智能活动方面，随着人工智能技术的发展，智能机器会逐步变得更加“聪明”，人们会更加依赖智能机器，这可能在某种程度上导致部分人的认知能力变差[31,35]。

3. 人工智能发展带来法治、伦理安全问题

人工智能系统的发展和应用不会带来对法治、伦理的冲击。人工智能恶意应用（如隐私盗取、欺诈）会造成广泛的社会安全问题（如网络和信息系统、金融、公共安全等），需要专门的技术规范、法制和政策。人工智能通过机器学习算法，可以对视频、图像进行修改，可以制造虚假新闻，可以进行人身攻击，扰乱公众视听，从而对社会稳定造成威胁[63,64,69]。利用从各种渠道收集的信息，智能系统可以进一步分析出被攻击者的偏好或者监控被攻击者的活动，进而对被攻击者进行威胁、讹诈或行为控制[35]。信息技术的发展使人们的各种活动暴露于各种传感设备的监控之下，而机器学习技术则可以通过对大数据的学习和分析获得已有技术难以获得的信息，使各类社会实体和个人的隐私安全受到极大威胁，隐私保护不但成为机器学习技术的热点课题，而且成为法律和伦理规范方面的重要挑战。为此，国务院制定的《新一代人工智能发展规划》明确提出，将加强对滥用信息、侵害个人隐私、违反道德伦理等行为的处罚。由于人工智能技术使机器具有自主决策、自我演化、自主行为等能力，人工智能伦理问题变得日益突出。如何使人工智能行为体与人类相容、遵循正确的伦理准则和规范，不但成为人工智能技术研究的重要方向，而且成为社会伦理关注的重要议题[21-23,31,35]。

4. 人工智能技术发展对国际政治、军事、国际治理体系等产生潜在冲击

人工智能技术在对抗环境中的强大能力诱发了人们将人工智能作为攻击性手段的行为，也激发了人们利用人工智能技术保护己方安全的热情。人工智能技术被用于网络攻击、情报窃取、舆论战，被用以制造虚假情报，干预对方的政治事务，如抹黑著名政治人物的形象，乃至干涉国家领导人的选举。人工智能技术也被用于研制精确控制的杀伤性武器，用以攻击对方政治、军事要员，或攻击重要设施。例如，2018 年 8 月，委内瑞拉玻利瓦尔共和国时任总统马杜罗在阅兵典礼上遭受装载爆炸物的无人驾驶直升机的袭击；2019 年 9 月，数架无人机空袭了沙特阿美集团的两处重要石油工厂，包括位于阿布盖格的世界上最大的原油净化工厂。美国、英国、俄罗斯、法国等均在人工智能军事应用、智能武器和无人系统的研发上给予大量投入，引发人工智能军备竞赛的潜在风险。基于人工智能技术的致命性自主武器的研发给未来世界带来巨大的安全、伦理等方面的冲击。2018 年 7 月，在国际人工智能联盟大会上，来自 90 多个国家的 2400 多位人工智能领域的专家、学者，联合签订了《致命性自主武器宣言》，承诺他们不参与致命性自主武器的开发、研制和交易。人工智能技术的发展对国际政治、军事及国际治理的冲击引发了各领域相关人士的重大关切[29-31,67,68]。

5. 智能体一旦失控将危及人类安全

如果智能体同时拥有行为能力和破坏力、人们无法理解的决策能力、可进化成自主系统的进化能力，则不能排除其摆脱人类掌控并威胁人类安全的风险。而智能体失控所带来的衍生安全问题，无疑将成为人们在开发人工智能系统的过程中最为关注的重大课题。于是人们开始认真地思索，人工智能技术的发展是否会使智能机器超越人类的思维，从而引发智能爆炸。2017 年 4 月，在全球移动互联网大会上，霍金表示："简要来讲，我觉得强大的人工智能的崛起，要么是人类历史上最佳的事，要么是最糟的……未来，人工智能可以发展出自我意志，一种与我们冲突的意志……人工智能也有可能是人类文明史的终结，除非我们懂得怎样避免风险。"阿西莫夫给出了机器人不能伤害人类的 3 个准则。在这个基础上，在阿西洛马举行的 Beneficial AI 大会上，机器人和人工智能领域的专家形成了《阿西洛马人工智能原则》[65,66]，希望以此保障人工智能的发展不会危害人类。著名的人工智能专家 Stuart Russell 提出了创造更安全的人工智能的 3 条原则（3 Principles for Creating Safer AI）。如何保证人工智能的发展为人们带来的是福祉而不是危害，达到人工智能与人类的和谐共处，是人工智能发展中必须解决的一个挑战性问题[31,35,70]。

随着网络空间中的活动（经济、金融、教育、医疗服务、文化娱乐等领域）日益增多，安全问题日益突出；抵御网络空间的威胁，增强网络空间的安全性，是网

络空间治理的重大需求。人工智能技术是为网络空间安全治理赋能的重要技术手段，基于人工智能技术的网络空间安全引发高度的重视和大量的社会投入[67]。机器学习技术被广泛地用于网络风险量化与分析、网络入侵检测和预防、网络威胁发现和渗透测试、用户行为分析、网络安全自动化等场景中。在对抗环境中，采用人工智能技术抵御人工智能技术的攻击，是提高各类应用系统安全性的重要技术路线。人工智能技术作为一种“双刃武器”，在对抗环境中，攻击方可以采用人工智能技术，基于对方的薄弱环节实施某些攻击，而同时利用人工智能技术可以更有效地分析攻击的技术特征，并采取识别、防御和对抗手段[2,30,31,40,67]。在研究人工智能安全问题的同时，我们同样需要注重人工智能技术本身所具有的为安全赋能的功能，加强为安全赋能的人工智能技术的研究和发展。

1.3 人工智能安全治理

当前，人工智能技术已经在科学技术、经济与金融、工业与农业、军事与国防、教育与体育等方面获得广泛应用，并且暴露出大量安全风险。近年来，生成式人工智能的典型代表 ChatGPT 的快速发展给国家与社会安全、公民的隐私与人身安全、社会法制与伦理道德带来新的风险与挑战。以下从技术标准、政策、法律法规等方面介绍人工智能发展领先国家地区的有关情况。

1. 美国

人工智能安全立足于美国的国际领导力和国家安全战略。2018 年 5 月 10 日，美国宣布成立人工智能国家安全委员会，直接向白宫汇报并且由其负责，统筹应对安全领域的挑战。2021 年，《美国创新与竞争法案》明确把人工智能列为提高美国国家竞争力和强化国家安全的关键技术。为了提高美国国家竞争力、强化国家安全，2021 年，美国人工智能国家安全委员会又从机构、资源、技术、政策和措施等多个方面制定战略规划。美国人工智能安全政策的主要特点如下。

（1）建立应对人工智能安全问题的统筹机构——美国人工智能国家安全委员会，应对人工智能安全挑战，该机构直接向白宫和国会汇报。

（2）重视人工智能的发展对国防、军事、情报等领域的重要推动作用。

（3）将人工智能技术纳入国家发展和国际博弈战略，力图使其对美国的领导能力发挥重要保障作用。

（4）在国家权力机构的不同层面（如联邦政府、州和地方政府）构建法律监管体系，对人工智能系统的设计、应用等环节进行监管[68]。

（5）高科技企业、行业协会和各种社会组织共同努力，加强在人工智能治理、伦理、安全等方面的相关政策法规建设，具体如表 1-1 所示。

表 1-1　美国人工智能安全相关政策法规

类型	名称	机构	时间	涉及人工智能安全的主要内容
战略	《国家人工智能研究和发展战略计划》	奥巴马政府	2016 年 10 月	强调要通过标准和基准评估和测量人工智能技术，并将确保人工智能系统安全列为主要战略目标
战略	《2018 年国防部人工智能战略摘要——利用人工智能促进安全与繁荣》	特朗普政府	2019 年 2 月	扩大人工智能在美国国防部安全事业中的影响，包括交付可应对关键安全任务的人工智能能力；引领人工智能安全伦理认知，包括自动化武器的军事伦理
战略	《美国人工智能倡议》	特朗普政府	2019 年 6 月	强调人工智能对于传统安全领域的重要意义，通过人工智能来确保美国的领先地位，以应对来自“战略竞争者和外国对手”的挑战
法案	《技术出口管制体系框架》	2018 年 11 月，根据《出口管制改革法案》，美国商务部工业安全署公布了《技术出口管制体系框架草案》，2019 年 1 月正式进入法案起草阶段		强调美国国家安全至上，考虑限制 11 种具体的人工智能和机器学习技术（包括神经网络、深度学习、计算机视觉、自然语言处理及音频和视频处理等）对特定国家的出口，以避免“可能出现的对美国在科学、技术、工程和制造领域的领导地位产生的负面影响”
法案	《2018 美国人工智能安全委员会法》	2018 年 3 月，由美国众议院武装部队新兴威胁与能力小组委员会提出议案；2018 年 11 月，《2019 财年国防授权法》正式授权拨款；2019 年 1 月，15 名委员名单确定并开始履责		美国人工智能国家安全委员会的使命是着眼于美国竞争力、国家保持竞争力的方式及需要关注的“道德问题”，审查和推动美国人工智能、机器学习及相关技术的发展，全面满足美国国家安全和国防需要。委员会主要成员包括前政府高官、情报界高官、商界高官和学术界专家，由美国国防部前常务副部长和谷歌前 CTO 共同担任主席
法律	《算法问责法案》《2019 年算法问责法》	纽约市议会于 2017 年 12 月审议通过；美国国会于 2019 年 4 月提出法案		《算法问责法案》拟在纽约市成立一个由自动化决策系统专家和受自动化决策系统影响的公民组织代表组成的工作组，专门监督市政机构使用的自动化决策算法的公平性、问责性和透明度，负责推动政府决策算法开源，使公众了解市政机构自动化决策的过程，并就如何改进算法问责制和避免算法歧视提出建议；《2019 年算法问责法》赋予美国联邦贸易委员会（FTC）新的权力，并迫使企业研究、审查自身技术中是否存在种族、性别或其他方面的偏见

（续表）

类型	名称	机构	时间	涉及人工智能安全的主要内容
法律	《联邦自动驾驶汽车政策》《自动驾驶法案》	美国交通运输部和国会众议院分别于2016年9月和2017年9月通过针对自动驾驶的法律规制		《联邦自动驾驶汽车政策》为自动驾驶安全部署提供政策监管框架，从而为有效利用技术变革提供指导意见；《自动驾驶法案》成立自动驾驶汽车委员会，探索自动驾驶汽车安全标准，包括网络安全、隐私保护
原则倡议	《合乎伦理设计：利用人工智能和自主系统最大化人类福祉的愿景（第一版）》	电气与电子工程师协会（IEEE）	2016年12月	包括八大主题，与安全有关的包括指导伦理研究和设计的方法论、通用人工智能和超级人工智能的安全与福祉、个人数据与个人访问控制、自主武器系统、经济和人道主义问题及法律
	《阿西洛马人工智能原则》	未来生命研究所（FLI）	2017年1月	由23条人工智能原则组成，分为“科研问题”“伦理道德”“长期问题”三个部分，倡议全球产业界、研究界采取措施，共同保障人工智能时代人类的利益和安全
	《人工智能政策原则》	信息技术产业理事会（ITI）	2017年10月	提出了三大层面的14个原则，包括安全可控、可解释性、完备可靠的数据等
	《谷歌人工智能七项原则》	谷歌	2018年6月	提出使用人工智能的七项指导原则和四类场景不应用的承诺，如由人类担责、保证隐私、提前测试等原则，承诺不将人工智能技术用于武器开发，不会违反人权准则将人工智能用于监视和信息收集
标准	《人工智能的道德准则设计》	电气与电子工程师协会（IEEE）	2017年12月	合乎伦理地设计、开发和应用人工智能的四项原则：人权、福祉、问责、透明
	《人工智能和国家安全》	美国国会研究服务处（CRS）	2018年4月	提出美国国防部正在且应当针对一系列军事功能开发人工智能应用，包括情报收集和分析、后勤保障、网络空间作战、指挥和控制及各种军用自主驾驶平台等；要采取必要的财政手段和决策，提高在军用人工智能中的竞争优势

2. 欧盟

欧洲国家非常重视价值观与人工智能技术的协调及其在人工智能技术中的体现，重视人工智能对政治、经济、社会体系的影响和道德伦理的冲击。欧盟人工智能高级别专家组，隶属欧盟委员会，致力于使欧洲国家的人权、自由等价值观体现在人工智能技术与伦理体系中[76]，具体如表 1-2 所示。德国、法国等欧盟成员国家，以人工智能产业安全发展、监管规制的法律制定为主要侧重点；英国重视机器人、智能系统、自动驾驶应用等人工智能深度应用场景下的数据隐私、技术伦理和安全等问题。

表 1-2　欧盟人工智能安全相关政策法规

类型	名称	机构	时间	涉及人工智能安全的主要内容
战略	《欧盟人工智能》	欧盟委员会	2018 年 4 月	确保欧盟具有与人工智能发展和应用相适应的伦理和法律框架；联合各成员国之力，最大化欧盟整体在人工智能领域的国际竞争力
	《人工智能协调计划》	欧盟委员会	2018 年 12 月	通过技术与监管等措施确保人工智能在创新、发展和应用中的安全性，符合自由、福祉等人权价值
法案	《机器人民事法律规则决议》	欧盟议会	2017 年 2 月	成立统一的机器人和人工智能监管机构；引入电子人格以促进自主智能机器人（尤其是无形 AI）的登记、保险和管理；提出强制保险、赔偿基金等新的责任规则；提出伦理原则和《机器人宪章》以保障负责任的创新；针对计算机和机器人生成的人工智能版权作品界定独立智力创造标准，以明确人工智能智力成果的知识产权保护
	《可信 AI 伦理指南》	欧盟委员会	2019 年 4	明确可信 AI 的 7 个关键条件——人的能动性和监督能力、安全性、隐私数据管理、透明度、包容性、社会福祉、问责机制，确保人工智能足够安全可靠
原则倡议	《人工智能合作宣言》	欧洲议会	2018 年 4 月	提出人工智能研发、应用、安全、责任区分等 14 条事项

资料来源：惠志斌.《信息安全与通信保密》。

3. 日本、韩国、新加坡

日本、韩国、新加坡关注安全领域偏少，这些国家更多地从智能化转型和新兴技术应用等发展的维度来看待人工智能问题[77]。韩国更重视在智能机器人场景中的人工智能安全，而新加坡、日本更关注人工智能的伦理原则和治理规范。

4. 中国

我国非常重视人工智能技术发展及伴生的安全问题，强调必须高度重视人工智能技术可能带来的安全风险挑战，加强技术政策的前瞻预防与约束引导，最大限度地降低风险，确保人工智能安全、可靠、可控、持续发展；强调建立健全保障人工智能健康发展的法律法规、制度体系、伦理道德体系。我国政府在 2017 年 7 月颁布《新一代人工智能发展规划》，设立了三步走的战略目标：到 2020 年人工智能总体技术和应用与世界先进水平同步；到 2025 年人工智能基础理论实现重大突破，部分技术与应用达到世界领先水平；到 2030 年人工智能理论、技术与应用总体达到世界领先水平，成为世界主要人工智能创新中心。在人工智能技术应用的安全问题上，我国政府予以高度重视。《新一代人工智能发展规划》明确指出，在促进人工智能发展的同时，关注人工智能数据安全风险，提出“强化数据安全与隐私保护权力，为人工智能研发和广泛应用提供海量数据支撑”，以及“促进人工智能行业和企业自律，切实加强管理，加大对数据滥用、侵犯个人隐私、违背道德伦理等行为的惩戒力度”。中国人工智能产业发展联盟制定了《人工智能行业自律公约》，截至 2022 年 5 月，已有约 100 家单位签署[78]。在强人工智能领域，与欧美相比，我国政府在政策层面更重视强人工智能可行性技术路线的探索研究，在对强人工智能安全与健康发展的未来布局中，要提前做好技术、伦理方面的统筹战略规划。

目前，人工智能主要面临技术和应用两方面安全风险。一方面，人工智能技术主要面临算法、模型、数据安全、软硬件平台等类型的风险；另一方面，随着人工智能应用的不断普及，其给社会发展、伦理道德、人身安全等带来的风险不断加剧。需要从技术、法制、伦理、管理规范等不同角度加强人工智能安全规范与保障措施。适应人工智能安全需求，提升人工智能算法和应用的环境安全水平，强化人工智能安全管理能力，保障人工智能在安全的环境下快速可持续良性发展。

1.3.1 人工智能安全与技术标准

自主可控是实现人工智能安全的必要条件和重要环节。采用自主可控的人工智能技术不等同于实现了人工智能安全，但没有采用自主可控的人工智能技术则一定不能保证安全。这种现象在操作系统领域尤为突出，例如，Windows 操作系统是美国自主可控的产品，但泛滥的恶意软件在全球范围内快速蔓延时，位于美国的 Windows 操作系统同样会被大规模感染和恶意控制[79]。因为技术自主可控，美国在提前发现脆弱点、后门清查、研发相应防御手段等方面便有了先天优势。

截至 2022 年 4 月，各国及国际组织相继发布 18 项相关的基础性安全标准和报告，其中包括我国发布的《新一代人工智能发展规划》等 4 项。平台、支撑类安全标准主要响应人工智能安全风险、法规政策要求，提出人工智能安全原则和要求，为人工智能安全标准体系提供基础性支撑，可指导相关方开展人工智能安全建设，切实确保人工智能安全。全国信息安全标准化技术委员会（TC260）和全国信息技术标准化技术委员会人工智能分技术委员会（SAC/TC28/SC42）等组织相继发布 8 项与算法、数据、模型等相关的安全标准和报告，主要针对人工智能算法、数据和模型中突出的安全风险问题提出相应的标准，主要包含数据集安全、隐私保护、算法模型可信赖性等。

SC42 和 IEEE 等组织发布技术和系统类标准 13 项，其中我国发布《人工智能数据安全白皮书》，主要用于保障人工智能开源框架安全和人工智能系统安全等。SC42 和 IEEE 等组织相继发布安全管理和服务类标准 6 项，目的是保障人工智能管理和服务安全，包含安全风险管理、供应链安全、人工智能安全运营等。SC42 等组织相继发布应用层安全标准 13 项，主要针对不同应用领域的人工智能技术、服务和产品的具体应用场景建立标准，以保障其安全[80]。

1.3.2　人工智能安全与法律

推进人工智能和数据安全相关方面的立法工作。在国家层面，推进《中华人民共和国数据安全法》《中华人民共和国个人信息保护法》及人工智能相关法律的出台，制定人工智能数据安全法律原则与标准，确立不同参与主体在人工智能生命周期各阶段所享有的数据权利与承担的安全责任，设立人工智能数据安全问责制和保护制度，并对与人工智能相关的数据过度采集、偏见歧视、资源滥用、深度伪造等突出问题进行规制，为人工智能数据安全管理提供基本法律依据[81]。

完善人工智能数据安全领域相关部门规章制度。依据国家相关法律，结合人工智能在不同领域中的应用特色，针对各领域突出的数据安全风险问题，制定和细化相关部门规章，制定对所属领域的人工智能算法设计、产品开发和成果应用等的数据安全要求。

加强人工智能数据安全执法监督。加强对人工智能数据采集、使用、共享等高风险环节的安全监督，特别是对数据过度采集、数据资源滥用、侵犯个人隐私、违背道德伦理等行为加大执法惩戒力度，规范人工智能数据安全事件调查取证方式和法定程序，促进人工智能数据安全法律和规章的有效落地执行。积累执法经验并总结不足，形成反馈机制，持续完善相关法律和部门规章。

1.3.3 人工智能安全伦理道德

对于人工智能的安全性问题，国际范围内的学术界、国家和国际组织，以及著名的政治、经济、社会活动家，从科学与技术、社会、政治、经济、国家关系和国家安全等方面进行了大量的讨论。我国非常重视人工智能的安全问题，明确在大力发展人工智能的同时，必须高度重视其可能带来的安全风险和挑战，加强前瞻预防与约束引导，最大限度地降低风险，确保人工智能安全、可靠、可控发展，为我国人工智能，尤其是人工智能安全工作，确定根本的指导原则。需要强调的是，人工智能安全问题不只是技术问题，解决此类问题既涉及工程和技术科学，又涉及技术标准、伦理与道德、法治、政策与社会管理等的协同治理。在伦理层次上，确立人类优先的原则，在设计可自主学习的人工智能算法时，要求设计者将伦理准则嵌入人工智能系统，防止人工智能系统带来违背伦理的衍生安全风险。

1.3.4 人工智能安全评估评测

以安全标准为引领，开展安全评估评测能力建设。研究机构和科技企业共同开展人工智能产品、应用和服务的安全评估评测技术攻关。持续积累安全检测样例库、测试样本库等知识资源，搭建共享数据集，研发测试工具集，构建人工智能安全检测认证的公共服务平台。以技术手段为工具，切实规避人工智能产品和应用的问题缺陷与安全风险。建立评估专家库和可行动态评估机制，实现人工智能安全的评估评测能力。

1.4 本章小结

人工智能研究用机器模拟实现人类智能，经历了漫长而曲折的发展过程。近十几年来，深度学习技术的提出和发展掀起了人工智能发展的第三个浪潮，使人工智能技术获得日益广泛而深入的应用。人工智能作为一种通用使能技术，在促进经济、技术、社会发展的同时，也会给技术与工程系统、经济与金融、工业与交通、医疗与教育、国防与军事、法律与伦理等诸多领域带来安全性冲击和风险。本章概述了人工智能的发展及安全性挑战，介绍了人工智能发展的三次浪潮，阐述了人工智能在教育、经济、医疗和交通等领域中的应用及其潜在的安全风险；论述了人工智能安全的含义、范畴与特征；阐述了人工智能安全的分类和具体表现形式；最后对一些国家的人工智能安全治理状况进行了介绍，并对人工智能安全治理所涉及的技术标准、安全与法律、伦理道德、评估评测等方面进行了阐述。

参 考 文 献

[1] 中国信息通信研究院安全研究所. 人工智能安全白皮书（2018 年）[R/OL]. (2018-09-18) [2021-08-17].

[2] 方滨兴. 人工智能安全[M]. 北京：电子工业出版社，2020.

[3] 清华大学人工智能研究院，清华—中国工程院知识智能联合研究中心，中国人工智能学会. 人工智能发展报告 2011—2020[R/OL]. (2021-06-08)[2021-10-06].

[4] 中国电子信息产业发展研究院（赛迪研究院），人工智能产业创新联盟. 人工智能实践录[M]. 北京：人民邮电出版社，2020.

[5] 《人工智能读本》编写组. 人工智能读本[M]. 北京：人民出版社，2019.

[6] 图灵人工智能. 方滨兴院士：人工智能安全之我见[EB/OL]. (2020-06-15) [2022-03-20].

[7] WU F, LU C, ZHU M, et al. Towards a new generation of artificial intelligence in China[J]. Nat Mach Intell, 2020, 2: 312-316.

[8] 潘云鹤. 人工智能 2.0 与教育的发展[J]. 中国远程教育，2018(5): 5-8, 44.

[9] RICHARD. 人工智能教育（包括智适应机器学习模型）存在的风险[EB/OL]. (2021-03-18) [2022-03-20].

[10] 潘云鹤. 经济向智能化转型的若干模式[N]. 中国信息化周报，2019-05-20.

[11] 中国信息通信研究院安全研究所. 人工智能安全框架（2020 年）[R/OL]. (2020-12-09) [2021-08-17].

[12] 企鹅号–霍尔斯医疗. 人工智能在医疗领域的应用风险很大[EB/OL]. (2019-06-13) [2022-01-23].

[13] 盘冠员. 人工智能发展应用中的安全风险及应对策略[J]. 中国国情国力，2019(2): 65-67.

[14] 信息安全与通信保密杂志社. 美国军事人工智能发展及其安全问题的思考[EB/OL]. (2021-11-17) [2022-01-20].

[15] 黄乐平，赵悦媛，余熠. 科技行业：俄乌战争中的高科技[EB/OL]. (2022-03-25) [2022-04-01].

[16] 华为技术有限公司. AI 安全白皮书[R/OL]. (2019-09-19) [2022-03-29].

[17] ION S, DAWN S, RALUCA A P, et al. A Berkeley View of Systems Challenges for AI[J]. arXiv: 1712.05855, 2017.

[18] AMODEI D, OLAH C, STEINHARDTJ, et al. Concrete Problems in AI Safety[J]. arXiv:

1606.06565, 2016.

[19] NAVEEN A, AJMAL M. Threat of Adversarial Attacks on Deep Learning in Computer Vision: A Survey[J]. IEEE ACCESS, 2018, 6: 14410-14430.

[20] NICHOLAS C, DAVID W. Towards Evaluating the Robustness of Neural Networks [J]. IEEE Symposium on Security and Privacy, 2017: 39-57.

[21] IEEE. Ethically Aligned Design: A Vision for Prioritizing Human Well-being with Autonomous and Intelligent Systems, First Edition[S]. The IEEE Global Initiative on Ethics of Autonomous and Intelligent Systems, 2019.

[22] KENG S, WEIYU W. Artificial Intelligence (AI) Ethics: Ethics of AI and Ethical AI[J]. Journal of Database Management, 2020, 31(2): 74-87.

[23] EMANUELLE B, JUDY G, SVEN K, et al. Ethical Considerations in Artificial Intelligence Courses[J]. AI Magazine, 2017, 38(2): 22-34.

[24] 国家新一代人工智能治理专业委员会. 新一代人工智能伦理规范[S/OL]. (2021-09-25) [2022-04-21].

[25] 谭铁牛. 人工智能的创新发展与社会影响[EB/OL]. (2018-10-29) [2021-11-21].

[26] 朱敏，纪雯雯，高春雷，等. 人工智能与劳动力市场变革：机遇和挑战[J]. 教育经济评论，2018, 3(2): 23-35.

[27] 陈明真. 人工智能就业影响及研究进展[J]. 中国经贸导刊（中），2020, 971(6): 183-180.

[28] MARCIN S. Economic impacts of artificial intelligence (AI)[J]. European Parliamentary Research Service, 2019.

[29] HENRY K, ERIC S, DANIEL H. The Metamorphorsis[J]. The Atlantic, 2019.

[30] GREG A, TANIEL C. Artificial Intelligence and National Security[J]. Belfer Center for Science and International Affairs, 2017.

[31] ROMAN V. Artificial Intelligence Safety and Security[M]. Boca Raton: CRC Press, 2019.

[32] LINARDATOS P, PAPASTEFANOPOULOS V, KOTSIANTIS S. Explainable AI: A Review of Machine Learning Interpretability Methods[J]. Entropy, 2021, 23: 18.

[33] ALEJANDRO B A, NATALIA D R, JAVIER D S, et al. Explainable Artificial Intelligence (XAI): Concepts, Taxonomies, Opportunities and Challenges Toward Responsible AI[J]. Information Fusion, 2020, 58: 82-115.

[34] CYNTHIA R. Stop explaining black box machine learning models for high stakes decisions and use interpretable models instead[J]. Nature Machine Intelligence, 2019, 1: 206-215.

[35] STUART R. Human Compatible: Artificial Intelligence and the Problem of Control[J]. Penguin Random House, 2019.

[36] ROMAN V. Yampolskiy (2014): Utility function security in artificially intelligent agents[J].

Experimental & Theoretical Artificial Intelligence, 2014.

[37] TOM E, MARCUS H. Avoiding Wireheading with Value Reinforcement Learning[J]. Artificial General Intelligence, 2016.

[38] CHRISTIAN S, WOJCIECH Z, ILYA S, et al. Intriguing properties of neural networks[J]. arXiv: 1312.6199v4, 2014.

[39] SEYED M M D, ALHUSSEIN F, PASCAL F. DeepFool: A simple and accurate method to fool deep neural networks[C]. 2016 IEEE Conference on Computer Vision and Pattern Recognition, 2016: 282.

[40] 李欣姣，吴国伟，姚琳，等. 机器学习安全攻击与防御机制研究进展和挑战[J]. 软件学报，2021, 32(2): 18.

[41] ANH N, JASON Y, JEFF C. Deep Neural Networks are Easily Fooled: High Confidence Predictions for Unrecognizable Images[C]. 2015 IEEE Conference on Computer Vision and Pattern Recognition, 2015.

[42] SEYED M M D, ALHUSSEIN F, OMAR F, et al. Universal Adversarial Perturbations[C]. 2017 IEEE Conference on Computer Vision and Pattern Recognition, 2017: 1765-1773.

[43] 纪守领，杜天宇，李进锋，等. 机器学习模型安全与隐私研究综述[J]. 软件学报，2021, 32(1): 27.

[44] GOODFELLOW I J, JONATHON S, CHRISTIAN S. Explaining and Harnessing Adversarial Examples[J]. arXiv: 1412.6572, 2015.

[45] ALEKSANDER M, ALEKSANDAR M, LUDWIG S. Towards Deep Learning Models Resistant to Adversarial Attacks[C]. International Conference on Learning Representation, 2018.

[46] RUIQI G, TIANLE C, HAOCHUAN L, et al. Convergence of Adversarial Training in Overparametrized Neural Networks[C]. 33rd Conference on Neural Information Processing Systems, 2019: 1-12.

[47] NICOLAS P, PATRICK M D, XI W, et al. Distillation as a Defense to Adversarial Perturbations against Deep Neural Networks[C]. 2016 IEEE Symposium on Security and Privacy, 2016: 583-597.

[48] GU S X, LUCA R. Towards Deep Neural Network Architectures Robust to Adversarial Examples[J]. arXiv: 1412.5068, 2015.

[49] 李盼，赵文涛，刘强，等. 机器学习安全性问题及其防御技术研究综述[J]. 计算机科学与探索，2018, 12(2): 171-1840.

[50] CHEN, X Y, LIU C, LI B, et al. Targeted Backdoor Attacks on Deep Learning Systems Using Data Poisoning[J]. arXiv: 1712.05526, 2017.

[51] BIGGIO B, CORONA I, MAIORCA D, et al. Evasion attacks against machine learning at test

time[C]. European conference on machine learning, 2013: 387-402.

[52] REZA S, MARCO S, CONGZHENG S, et al. Membership Inference Attacks Against Machine Learning Models[C]. 2017 IEEE Symposium on Security and Privacy, 2017, 41: 22-26.

[53] CHEN D, YU N, ZHANG Y, et al. GAN-Leaks A Taxonomy of Membership Inference Attacks against Generative Models[C]. ACM SIGSAC Conference on Computing and Communication Security, 2020.

[54] 360. 360 AI 研究院披露 TensorFlow 24 个漏洞[EB/OL]. (2020-09-28)[2022-03-27].

[55] 施文，王楷文，俞成浦，等. 多无人系统协同中的人工智能安全探索[J]. 中国工程科学, 2021, 23(3): 82-89.

[56] MELIS L, SONG C, CRISTOFARO E D, et al. Exploiting unintended feature leakage in collaborative learning[C]. 2019 IEEE Symposium on Security and Privacy, 2019: 691-706.

[57] WEI W, LIU L, LOPER M, et al. A framework for evaluating gradient leakage attacks in federated learning[J]. arXiv: 2004.10397, 2020.

[58] YUAN X Y, MA X Y, ZHANG L, et al. Beyond Class-Level Privacy Leakage: Breaking Record-Level Privacy in Federated Learning[C]. IEEE Internet of Things Journal, 2021: 1-11.

[59] TRAMÈR F, ZHANG F, JUELS A, et al. Stealing Machine Learning Models via Prediction APIs[J]. USENIX Security Symposium, 2016.

[60] GU T, GAVITT B D, GARG S. Badnets: Identifying vulnerabilities in the machine learning model supply chain[C]. NIPS MLSec Workshop, 2017.

[61] MATTHEW J, A LINA O, BATTISTA B, et al. Manipulating Machine Learning: Poisoning Attacks and Countermeasures for Regression Learning[C]. 2018 IEEE Symposium on Security and Privacy, 2018.

[62] HITAJ B，ATENIESE G，PEREZ CRUZ F. Deep models under the GAN：Information leakage from collaborative deep learning[C]. Conference on Computer and Communications Security, 2017: 603-618.

[63] RUBEN T, RUBEN V R, JULIAN F, et al. DeepFakes and Beyond: A Survey of Face Manipulation and Fake Detection[J]. Information Fusion, 2020.

[64] SUWAJANAKORN S, SEITZ S M, SHLIZERMAN Z K. Synthesizing Obama: Learning Lip Sync from Audio[J]. ACM Transactions on Graphics, 2017, 36(4): 1-13.

[65] ASILOMAR. AI Principles[EB/OL]. (2017-08-11) [2022-04-06].

[66] NANCY O. Asilomar AI Principles: A framework for human value alignment[EB/OL]. (2017-02-06) [2021-12-21].

[67] AMIT K, ANJANI K. AI and ML in Cybersecurity Risk Management[EB/OL]. (2020-12-01) [2022-02-02].

[68] HENRY K. How the Enlightenment Ends[J]. The Atlantic, 2018.
[69] RITHESH K, JOSE S, KUNDAN K, et al. ObamaNet: Photo-realistic lip-sync from text[J]. arXiv: 1801.01442, 2017.
[70] STUART R, DANIEL D, MAX T. Research Priorities for Robust and Beneficial Artificial Intelligence[J]. AI MAGAZINE, 2015: 105-114.
[71] NASR M, SHOKRI R, HOUMANSADR A. Comprehensive privacy analysis of deep learning: Stand-alone and federated learning under passive and active white-box inference attacks[J]. IEEE Symposium on Security and Privacy, 2019: 1-15.
[72] WEI W Q, LIU L, WU Y H, et al. Gradient-Leakage Resilient Federated Learning[C]. 2021 IEEE 41st International Conference on Distributed Computing Systems, 2021.
[73] NICOLAS P, PATRICK M. Extending defensive distillation[J]. arXiv: 1705.05264, 2017.
[74] JEREMY C, ELAN R, et al. Certified Adversarial Robustness via Randomized Smoothing[C]. Proceedings of the 36th International Conference on Machine Learning, 2019.
[75] MURDOCH W J, SINGH C，KUMBIER K，et al. Interpretable machine learning: definitions, methods, and applications[J]. arXiv: 1901.04592, 2019.
[76] ACEMOGLU D, RESTREPO P. The wrong kind of AI? Artificial intelligence and the future of labour demand[J]. Cambridge Journal of Regions, Economy and Society, 2020, 13(1): 25-35.
[77] BARON B, MUSOLESI M. Interpretable machine learning for privacy-preserving pervasive systems[J]. IEEE Pervasive Computing, 2020, 19(1): 73-82.
[78] 王亦菲，韩凯峰. 数字经济时代人工智能伦理风险及治理体系研究[J]. 信息通信技术与政策，2021, 47(2): 32-36.
[79] 中国信息通信研究院，中国人工智能产业发展联盟. 人工智能治理白皮书[R/OL]. (2022-09-04) [2022-12-01].
[80] 杨婕. 推动完善我国新一代人工智能伦理治理体系[J]. 信息安全与通信保密，2020(1): 93-101.
[81] 中国新一代人工智能发展战略研究院. 全面融合发展中的中国人工智能科技产业[R].2021.

本章执笔人

刘志勇 中国科学院计算技术研究所
陈 磊 中国工程院战略咨询中心
田 沄 北京师范大学
范毓婷 河北工程大学
吕 岚 中国工程院

第 2 章　可信计算保障人工智能安全

目前，网络空间已经成为继陆、海、空、天之后的第五大主权领域空间。网络安全是国际战略在军事领域的演进，我国网络安全面临严峻的挑战。为解决信息安全核心技术设备受制于人的问题，需要创新发展主动免疫的可信防护体系[1]。

《中华人民共和国网络安全法》第十六条规定，国务院和省、自治区、直辖市人民政府应当统筹规划，加大投入，扶持重点网络安全技术产业和项目，支持网络安全技术的研究开发和应用，推广安全可信的网络产品和服务，保护网络技术知识产权，支持企业、研究机构和高等学校等参与国家网络安全技术创新项目。于 2016 年 12 月 27 日发布的《国家网络空间安全战略》提出战略任务“夯实网络安全基础”，强调“尽快在核心技术上取得突破。重视软件安全，加快安全可信产品推广应用”。因此，创新发展可信计算技术，推动其产业化，是将我国建设成 “技术先进、设备领先、攻防兼备”的网络强国的战略任务[2]。

习近平总书记在 2016 年 4 月 19 日举行的网络安全与信息化工作座谈会上作出了“尽快在核心技术上取得突破”的重要指示，这进一步明确指明了发展可信计算技术与实施网络安全等级保护制度的重要性。发展可信计算技术与实施网络安全等级保护制度是构建国家关键信息基础设施、确保整个网络空间安全的基本保障。推广发展中国主动免疫的可信计算技术可以筑牢我国的网络安全防线[3]。人工智能技术同样离不开软硬件环境的保障，因此有必要利用可信计算 3.0 和等级保护 2.0，来构建人工智能可信保障体系，为打造人工智能安全生态圈保驾护航[4]。

2.1　可信计算技术

2.1.1　可信计算简介

可信计算的发展路径大致可分为可信计算 1.0、可信计算 2.0、可信计算 3.0 三个阶段[5]。图 2-1 所示为可信计算的发展路径。

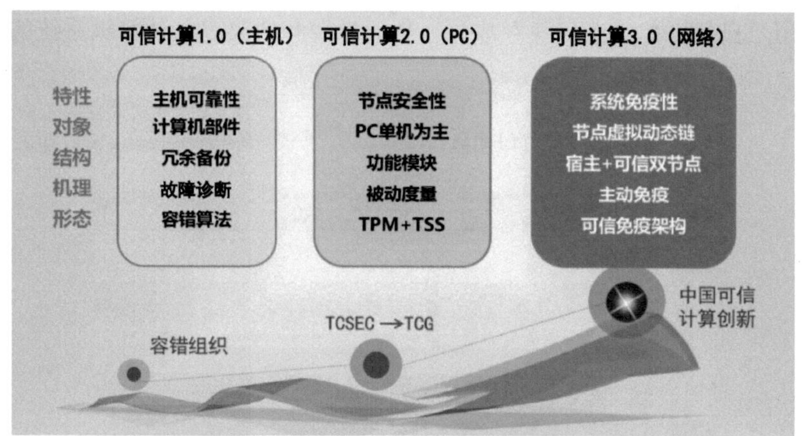

图 2-1　可信计算的发展路径

可信计算 1.0 以容错技术为指标，以保障系统可靠性为主要目标，采用故障诊断、冗余备份等手段，解决软硬件随机故障、物理干扰、设计错误等影响系统正常运行的各种问题。

可信计算 2.0 以 TCG 提出的 TPM 技术为代表，主要采用硬件被动挂钩、软件被动调用模式，通过应用调用 TPM 的可靠度量、可靠存储、可靠报告等功能，由于没有更改传统体系结构，系统很难主动防御。

可信计算 3.0 的主要特点是主动免疫，主动免疫防御技术的关键是防止用于完成计算任务的逻辑组合被篡改或破坏。可信计算 3.0 可在计算的同时进行安全防护，计算全过程可测可控，不受干扰，因此可保证计算结果始终如预期。

可信计算从 1.0、2.0 发展到 3.0 是历史选择。可信计算 3.0 已经成为国家等级保护制度 2.0 的核心技术支撑，这体现了可信计算 3.0 在安全防护技术中的重要性。

2.1.2　可信计算相关技术

2.1.2.1　双体系架构

可信计算 3.0 的主要特点是具有主动免疫性，通过双体系架构对信息系统进行可信免疫防护。双体系架构能够在操作系统运行的同时对系统进行免疫防护，传统的工作模式只重视计算效率，而不重视免疫防护[6]；实现了主动免疫的双体系架构大大改善了传统的工作模式，使我们的安全防护工作可以做得更好[7]。

如图 2-2 所示的可信计算 3.0 的双体系架构使用了计算与防护并存的架构，以密码学知识为基础来构建加密存储、身份识别、状态度量等功能，同时能够准确地辨别“自我”和“非自我”成分，从而抵御和消灭进入计算机系统的不可信物质[8]。

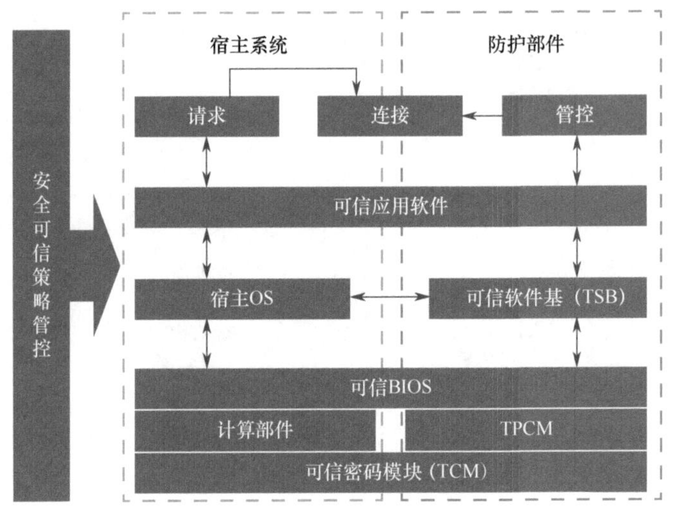

图 2-2　可信计算 3.0 的双体系架构

在可信计算的双体系架构下，通过在 TPCM（Trusted Platform Control Module，可信平台控制模块）中装入可信根，以可信密码模块为根基，构建可信平台控制机制，使 TPCM 具有整个平台的主动控制权；在 TPCM 的主板上添加了具有主动度量功能的节点，使具有可信和计算双功能的节点融合；在软件基础层完成了可信软件基和宿主 OS 的双重系统核心，通过在宿主 OS 的核心位置接入一个可信软件基接管系统调用，在不影响应用软件正常工作的前提下实现主动防护。

2.1.2.2　创新可信密码体系

可信计算 3.0 在密码体系上，全部使用国有且独立自主创新的密码算法，定义了可信密码模块（TCM）；在密码体制上，采用公钥密码算法与对称密码算法相结合的机制，极大地提升了密码体系的效率和安全防护能力；在证书的结构上，使用了双证书体系，降低了证书管理的烦琐性，增强了其可管性和可用性[9]。

对称分组加密算法采用的是国密 SM4，公钥密码算法使用的是国密 SM2，使用国密 SM3 进行完整性校验。使用国有自主的密码算法可以实现对用户敏感数据和信息系统平台敏感数据的保护。密码体系和可信平台的关系如图 2-3 所示。

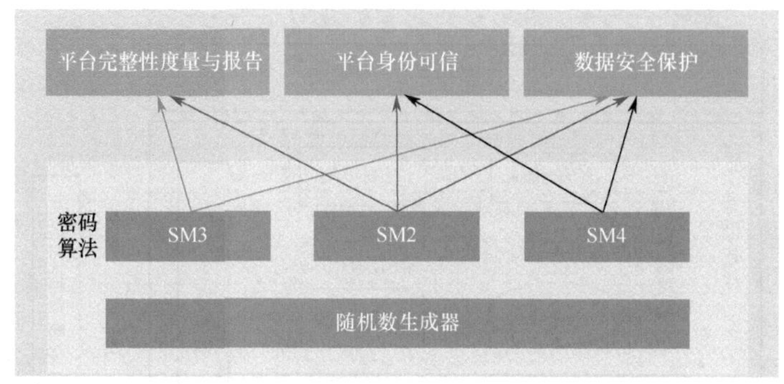

图 2-3　密码体系和可信平台的关系

2.1.2.3　可信平台控制模块

可信计算 3.0 创新性地提出了将 TPCM 作为可信任的自主可控节点，在 TCM 的基础上增加了可信根控制功能，完成了以密码算法为基础的可信度量和主动免疫。TPCM 在 CPU 运行之前启动并对 BIOS 进行验证，由此改变了传统思路中使用 TPCM 作为被动设备的工作模式。TPCM 还新增了输入输出桥接单元，在修改单元中实现了自主密码算法。TPCM 具有整个可信平台的控制权，并且可为可信计算提供密码服务、安全存储、可信报告及完整性度量等功能[10]。

2.1.2.4　可信软件基

可信软件基（Trusted Software Base，TSB）是可信计算体系的重要组成部分，基于双体系架构思想设计。软件层面意义上的双体系即宿主 OS 上的基础软件（宿主基础软件）和可信软件基。可信软件基在基础软件运行时进行主动拦截和度量，不需要修改原应用，通过制定相应的策略管理机制进行实时有效的主动防护，从而破坏和阻止进入系统的病毒或木马等，达到主动免疫防御的安全效果。可信软件基由基本信任基、主动监控机制和支撑机制等主要部件组成，其组成架构如图 2-4 所示[11]。

可信软件基是 TPCM 的操作系统，位于 TPCM 和宿主基础软件之间，实现对 TPCM 的管理及 TPCM 对宿主基础软件的可信支撑。从系统被启动的那一刻开始，可信软件基以 TPCM 为可信根，根据传递机制在可信链中进行传递，在各级实现主动的度量功能，保证系统启动、运行和网络连接等各阶段的可信，从而建立“无缝”的主动防御体系，实现系统的主动免疫。

可信软件基嵌在宿主基础软件中，在 TPCM 等可信硬件及固件的支撑下，与宿主基础软件并列运行，分别实现各自的功能，共同组成双体系架构。双体系架构通过在操作系统的核心层面上植入一个可信的控制软件接管系统调用，在不影响应用软件正常工作的前提下实现主动防护功能[12]。

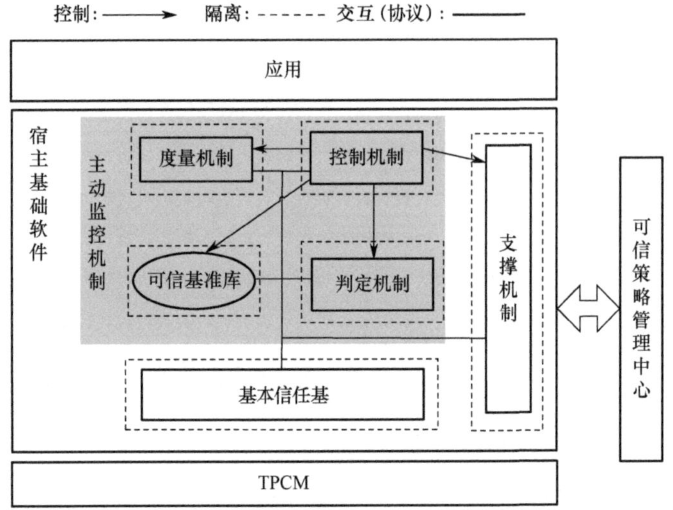

图 2-4　可信软件基组成架构

2.1.2.5　可信网络连接

可信网络连接（Trusted Network Connection，TNC）是指用户设备接入受保护的可信网络的过程。可信计算 3.0 在可信网络连接方面的突破是：创新性地设计了三元三层对等的可信连接架构，在访问控制者、访问请求者和策略管理者之间进行三重鉴别和控制；通过服务器集中管控，提高了双体系架构的可管理性和安全防护能力；对访问控制者和访问请求者进行一致的策略管理，增强了整个信息系统的可信性[13]。

可信网络连接架构建立了信息系统网络与具有 TPCM 的终端之间的可信网络连接，其架构如图 2-5 所示。

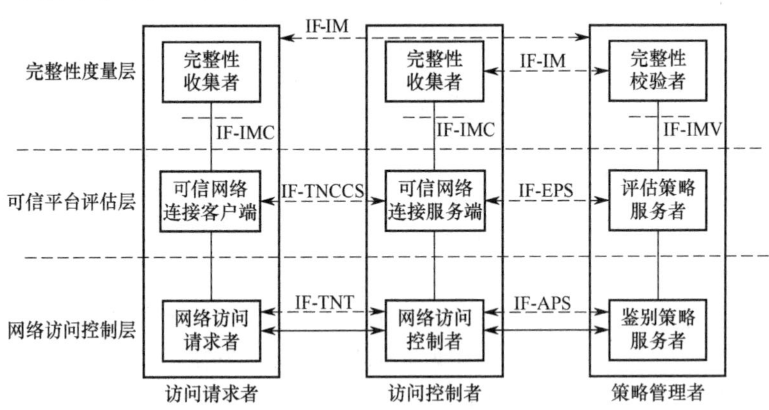

图 2-5　可信网络连接架构

2.1.3　可信计算标准体系

与国外建立的基于被动调用式的外挂式体系架构相比，我国的可信计算创造性地提出了以自主密码（算法）为基础、控制芯片为支撑、双融主板为平台、可信软件为核心、可信连接为纽带及策略管控成体系、安全可信保应用的全新的可信计算体系架构，如图 2-6 所示[14]。

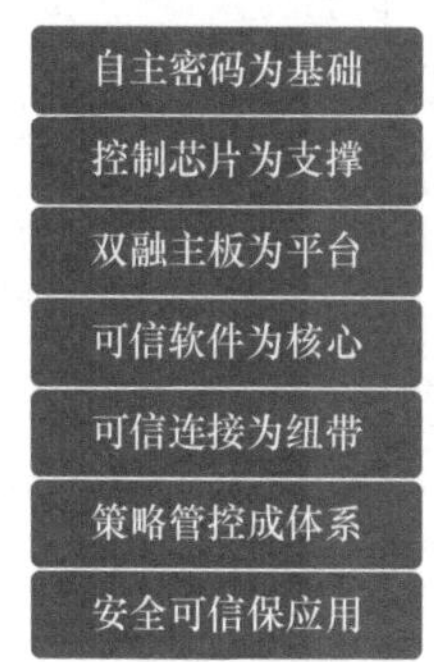

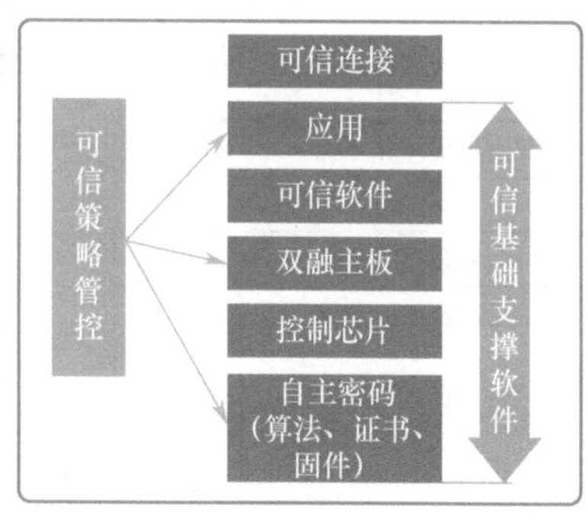

图 2-6　全新的可信计算体系架构

在全新的可信计算体系架构的引导下，我国在 2010 年之前就完成了 5 项国家军用标准的研究起草工作和 9 项核心国家标准的制定工作。截至 2022 年 9 月，已发布的国家标准有 11 项，行业标准有 19 项，授权的国家专利有上百项。如图 2-7 所示，我国提出的可信计算标准体系是自主创新的“革命式成果”。创新之处非常多，主要体现在：一是打造坚实的基础——具有自主创新的密码算法体系；二是构建主体标准，确定了可信平台主板功能接口、可信平台控制模块、可信网络连接架构及可信基础支撑软件 4 个主体标准；三是制定配套标准，提出了可信服务器平台、可信计算规范体系架构、可信计算机可信性测评指南及可信存储 4 个配套标准；四是组建完整体系，其中包含与管控应用、等级保护等相关的一系列标准[15]。

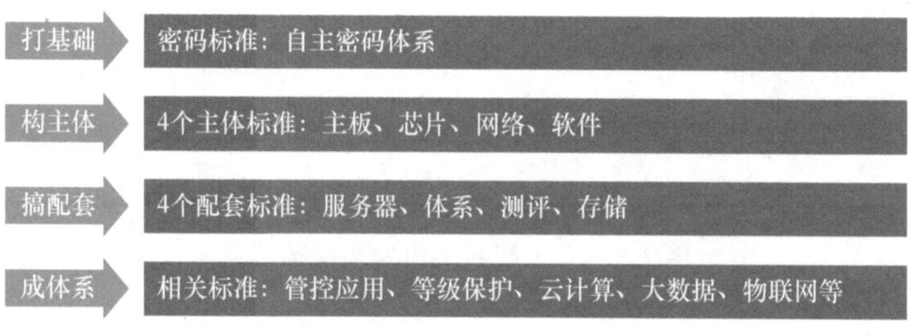

图 2-7　创新可信计算标准体系

2.2 基于可信计算构建安全可信的人工智能计算环境

人工智能平台安全是人工智能安全的基础，人工智能任何安全问题的解决都依赖人工智能平台的安全可靠运行。人工智能衍生安全保障体系以“一个中心”管理下的“三重保护”体系为基础，以可信计算 3.0 为核心技术，保障人工智能平台安全稳定运行。如图 2-8 所示，该体系由 4 部分组成，即人工智能可信计算环境、可信区域边界、可信通信网络、可信安全管理中心[20-22]。

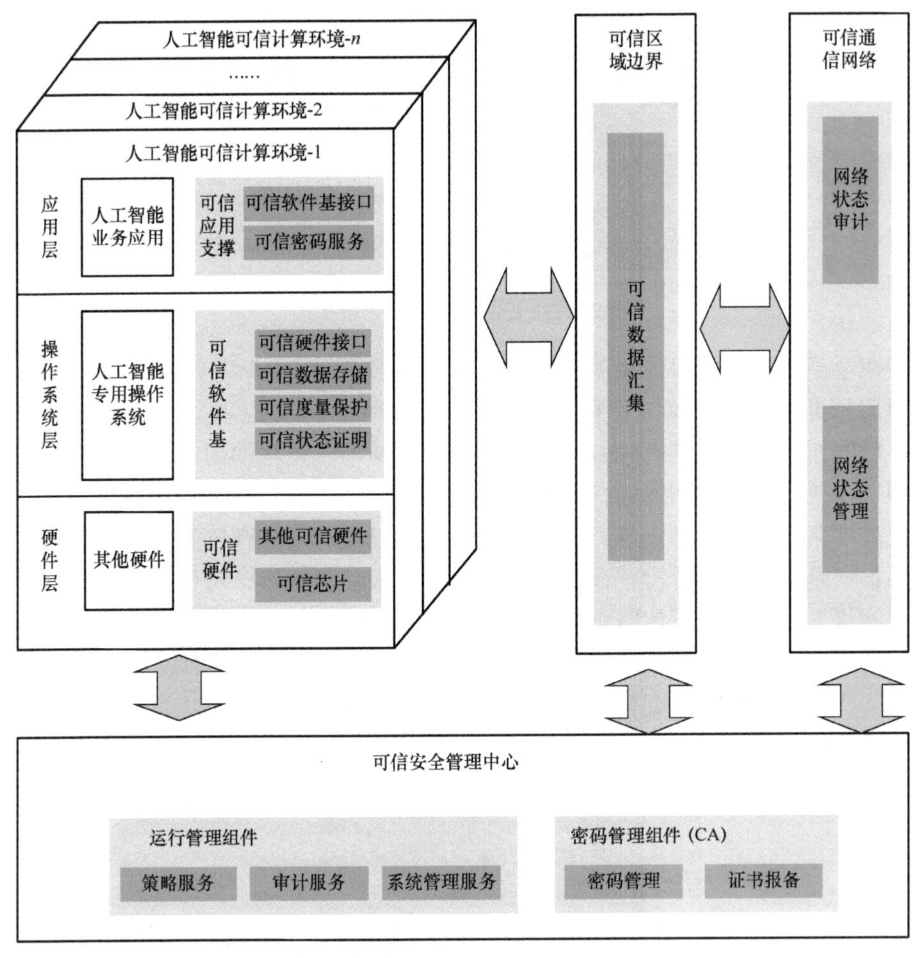

图 2-8　人工智能衍生安全保障体系

1. 组成说明

人工智能可信计算环境是人工智能算法的可信载体，是由通用软硬件及可信软硬件组成的安全可信的计算环境。其中，物理可信根是基于 TCM 的 TPCM。

可信区域边界是人工智能可信计算环境与可信通信网络之间实现连接并实施可信安全策略的部件。除了常规的安全功能，可信区域边界实现人工智能训练数据的可信汇聚。

可信通信网络是人工智能可信计算环境之间进行信息传递及制定和实施可信的安全策略管理的部件。可信通信网络负责管理一个算法调用列表，每个算法任务的调用序列都被存储在这个算法调用列表中。TPCM 能够实时度量和主动监控该算法调用列表，使该列表一直维持其自身完整性。

可信安全管理中心是对人工智能可信计算环境、可信区域边界和可信通信网络统一实施管理的安全部件，是协助用户实现安全组织管理、安全策略管理、安全技术框架和安全运作管理的中心枢纽。人工智能平台之间的可信交互是通过可信安全管理中心来进行的，可信安全管理中心检测两个或多个人工智能平台之间提供的可信凭据。人工智能平台启动时刻的环境度量值和人工智能算法程序及其子算法程序的主动度量值都包含在该可信凭据中。

2. 安全防护效果

在系统启动和运行时，基于物理可信根，通过系统引导时刻的度量代理、系统内核时刻的度量代理、应用启动时刻的度量代理和应用运行时刻的度量代理 4 个主动度量对系统进行动态的安全防护。在不影响应用程序持续正常工作的同时，拒绝未经授权的、没有通过度量结果的病毒代码的运行。即便宿主系统在还未构建系统的主动免疫机制之前就已经被植入了木马病毒，可信计算 3.0 技术也可通过控制病毒软件的访问权限来限制其攻击能力，防止其越权访问系统的重要资源，从而实现主动防御和消灭病毒的预期目标。

人工智能衍生安全保障体系的安全防护通过人工智能可信计算环境部件实现。人工智能可信计算环境通过在计算环境现有的安全策略中嵌入可信计算技术来实现对计算环境的安全可信防护。其核心技术为静态度量技术和动态度量技术。

2.2.1　人工智能系统启动环境度量保护

深度学习技术在人工智能领域获得了越来越广泛的应用，已经成为人工智能学科及机器学习技术的一个重要标志。然而，深度学习算法在执行时的安全性和可信性却很少有人深入研究过，本节立足深度学习算法的特征性，深入研究了深度学习算法在各应用领域目前所遇到的安全隐患问题，提出了基于深度学习可信计算平台的一种静态度量技术。

如图 2-9 所示，将深度学习算法与可信计算 3.0 架构相结合，组建基于深度学习可信计算平台的安全可信运行环境。通过静态度量运行在深度学习可信计算平台上的各核心环节及核心算法，使深度学习可信计算平台保持安全可信[23-25]。

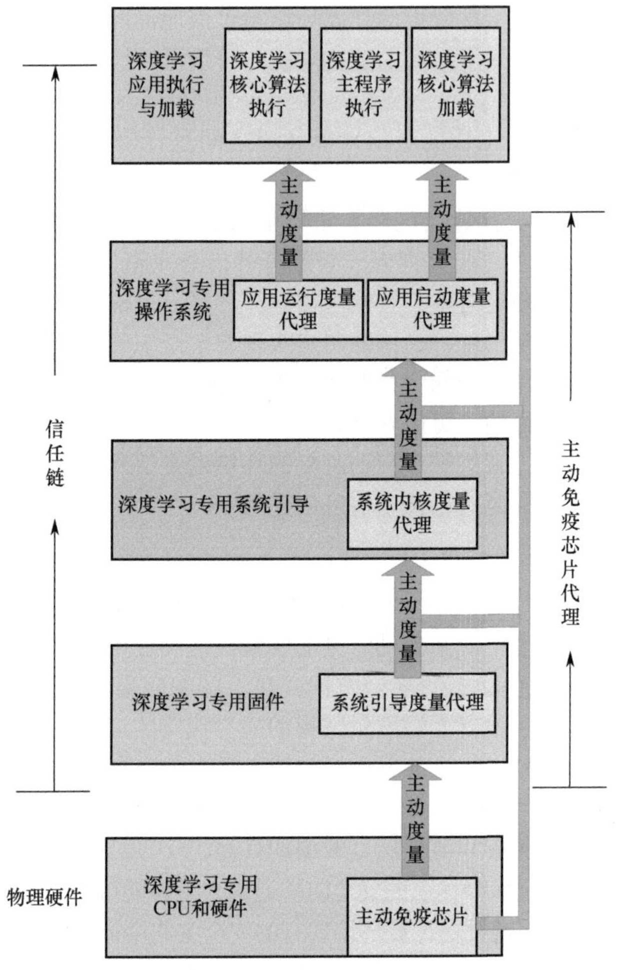

图 2-9　深度学习可信计算平台示意

步骤 1：初始化 TPCM 配置文件

在第一次启动深度学习可信计算平台时，TPCM 使用 SM3 算法按顺序计算 BIOS、OPROM 及硬件配置、OSLoader 代码、操作系统内核代码及深度学习算法主程序的摘要值，并存于 TPCM 中。在第一次运行深度学习可信计算平台时，TPCM 使用 SM3 算法计算深度学习技术所有的核心算法代码摘要值，然后存入 TPCM。深度学习核心算法有很多，如卷积神经网络（CNN）、深度神经网络（DNN）、生成对抗网络（GAN）、长短期记忆（LSTM）网络、循环神经网络（RNN）等。

步骤 2：构建深度学习可信计算平台启动信任链

TPCM 在 GPU、CPU 启动之前，对深度学习可信计算平台的 BIOS、OPROM 及硬件配置进行主动度量，度量结果用于与之前在 TPCM 中存入的标准值进行比较，以确定 BIOS、OPROM 及硬件配置是否完整。

TPCM 在 BIOS 启动之后、OSLoader 代码加载之前，主动进行对 OSLoader 代码的度量操作，将度量结果与之前存入 TPCM 的标准值进行比较，从而校验 OSLoader 代码的完整性。

TPCM 在操作系统内核代码加载之前、OSLoader 代码运行之后，主动对操作系统内核代码进行度量操作，将度量结果与之前存入 TPCM 的标准值进行比较，从而校验操作系统内核代码的完整性。

TPCM 在深度学习算法主程序加载之前、操作系统内核代码运行之后，主动对深度学习算法主程序进行度量操作，将度量结果与之前存入 TPCM 的标准值进行比较，从而校验深度学习算法主程序的完整性。

TPCM 在深度学习算法主程序加载之后、深度学习核心算法程序加载之前，主动对深度学习核心算法程序进行度量操作，将度量结果与之前存入 TPCM 的标准值进行比较，从而校验深度学习核心算法程序的完整性。

步骤 3：度量深度学习可信计算平台运行环境

TPCM 主动监控深度学习可信计算平台的运行环境。使用两种度量方式：触发度量、定时度量。使用 SM3 算法来检验内存中深度学习算法主程序与核心算法程序是否完整。

步骤 4：可信使用深度学习可信计算平台的数据集

使用统一的可信标签来标记测试数据集，交叉验证数据集及训练数据集。标签中应当包含数据完整性摘要值（由 SM3 算法计算可得）、标识的数据（全网数据标识唯一和局域网数据标识唯一）、属性（数据大小、数据结构、数据使用范围、数据类别及数据来源等）等，并使用 SM2 算法签名。在深度学习可信计算平台正常工作时，TPCM 使用 SM2 算法来校验签名数据集的来源是否是可信的，并校验该数据集类别和数据集标识与深度学习算法的一致性。

步骤 5：可信融合到深度学习各核心算法中

在深度学习技术平台中有一个算法调用列表 List，该列表中应当包含一个任务集，里面有各算法被每个任务调用的时间顺序，并且该列表由深度学习算法主程序负责管理和维护。TPCM 需要主动地实时监控与度量该算法调用列表，时刻保障该列表是完整的。深度学习算法主程序被各深度学习神经网络算法交互使用，用来作为可信赖的第三方并使用 SM4 算法进行认证。

假设某个任务需要使用 LSTM、GAN 和 CNN 3 种神经网络算法。那么该任务的算法调用关系就会被主程序存储到算法调用列表中。TPCM 会按照之前制定的管理策略来保护算法调用列表的完整性。

步骤 6：在深度学习可信计算平台之间进行可信交互

在两个或多个深度学习可信计算平台之间提供基于 TPCM 的可信凭据。平台的启动环境的主动度量值和深度学习算法主程序及子程序的主动度量值都包含在该凭据当中。例如，在 TensorFlow 中，一个任务可能需要由多个深度学习可信计算平台共同完成。在这个时候，每个深度学习可信计算平台都需要分别基于 TPCM 来进行平台完整性证明和双向或多项身份证明。

2.2.2 人工智能系统运行环境度量保护

动态度量是指在系统运行阶段对人工智能计算环境、人工智能程序文件、人工智能关键配置文件、加载到内存中的人工智能算法代码进行动态度量。静态度量按固定流程度量固定的目标；而动态度量的时机和目标是不确定的，一般根据预先设置的策略，在系统行为符合某种条件时进行度量[26-30]。

动态度量是可信软件基的一个重要构成部分，也是可信保障中的重要内容。

在静态度量的功能基础上，可信软件基能够保障系统运行时的对象初态是可信的。在此基础上，根据度量对象的不同，动态度量选择适合的度量时间和度量操作，主动度量系统中不同度量对象的状态，同时按照制定好的管理策略及不同度量对象的不同特性，针对状态发生变化的度量对象进行报警（审计），进入终止运行策略、更新其度量的预期值或采取可信的恢复操作，从而保障系统在运行状态中的可信性，支撑系统的可信证明机制和访问控制机制。

动态度量主要实现以下目标。

（1）对人工智能内核模块进行度量：动态度量通过开启一个内核线程，对系统加载的人工智能内核模块的代码段进行检测，与先前保存的度量值进行比较，从而判断人工智能内核模块是否存在异常。

（2）通过对人工智能进程代码段的度量，利用与进程相关的共享库，实现对系统运行时注入式攻击的检测，增强访问控制机制的安全性和有效性。

（3）对人工智能系统的执行路径关键点进行度量：对系统来说，中断描述表、系统调用表等是系统重要的执行路径点，动态度量在系统启动早期将重要路径的信息保存起来，在检测到系统的执行路径异常时进行恢复，从而保障系统正常运行。

（4）对人工智能系统的重要数据结构进行度量：系统重要的核心数据结构也是需要重点保护的对象，如 superblock、net_family、socket、net_device、tcpip 协议栈关键点。对重要数据结构、文件系统等进行度量，保证系统中重要的一些数据结构是可信的。

（5）对人工智能系统的内存块进行度量：由于内存中可能保存着用户重要机密信息，动态度量提供对一段内存的动态度量，防止用户重要信息被修改。

（6）对人工智能进程系统调用行为进行度量：对进程运行过程中的系统调用动作序列进行度量。动态度量模块通过跟踪学习进程的系统调用序列，为人工智能系统关键进程建立执行图模型，对进程的系统调用行为进行可信度量。

在系统的对象初态可信的基础上，动态度量的工作机制如下：在度量对象启动之前收集其预期值，利用收集到的预期值结果，在系统运行过程中验证其状态。

如果度量对象在系统运行过程中有更新需求，动态度量机制会按照制定好的度量管理策略进行处理。度量管理策略中包含模块名、模块更新的目标对象及模块对目标对象处理的方式。

如图 2-10 所示，动态度量机制能够处理系统运行过程中的内核关键数据及算法进程的状态度量。

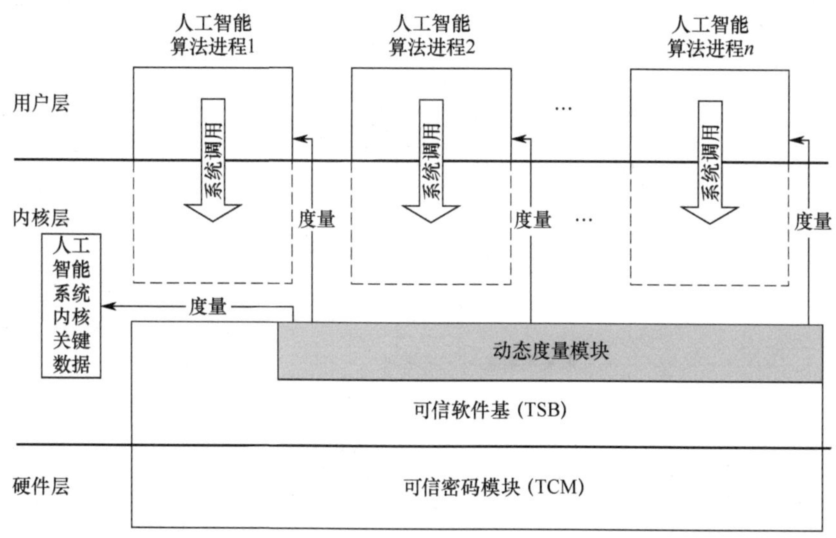

图 2-10　动态度量总体实现框架

1. 对人工智能系统内核关键数据的度量

静态度量、白名单主要是对持续存储的磁盘文件的度量，但在人工智能算法程序加载后，系统内存中的代码、关键数据也有可能被篡改。内存度量就是在适当的时机检查内存数据是否被篡改，包括人工智能系统内核代码、人工智能系统内核模块代码、人工智能系统内核关键数据（主要是各种跳转表）、人工智能应用程序代码、共享库代码，以及动态链接跳转表、调用栈[31-35]。

根据策略，内存度量可以按一定频率周期性执行，也可以在某个关键任务点被触发时执行。

内存度量的作用主要是应对各种攻击，攻击者通常会篡改调用栈，修改跳转表，使函数调用跳到可以编写的代码，或者直接修改原有代码。相较于白名单降低攻击损失的方式，内存度量能直接检查系统是否受到攻击，从而可以更早地采取措施。

人工智能系统内核关键数据度量框架如图 2-11 所示。

（1）度量对象：在默认情况下，度量对象是人工智能系统关键跳转表、人工智能系统只读数据段、人工智能系统内核代码段等在系统正常运行过程中不会发生变化的静态数据。度量机制的使用者可以采用注册接口的方法来指定自有的度量对象。

（2）度量时机：在默认情况下，选用定时度量操作，每过一段时间进行一次度量操作；也可采用查询接口的方法进行度量。

（3）度量方法：内核线程由可信软件基负责启动，利用 TPCM 中的 Hash 函数接口，可以计算度量对象的完整性校验值，然后将结果与基准值比较。

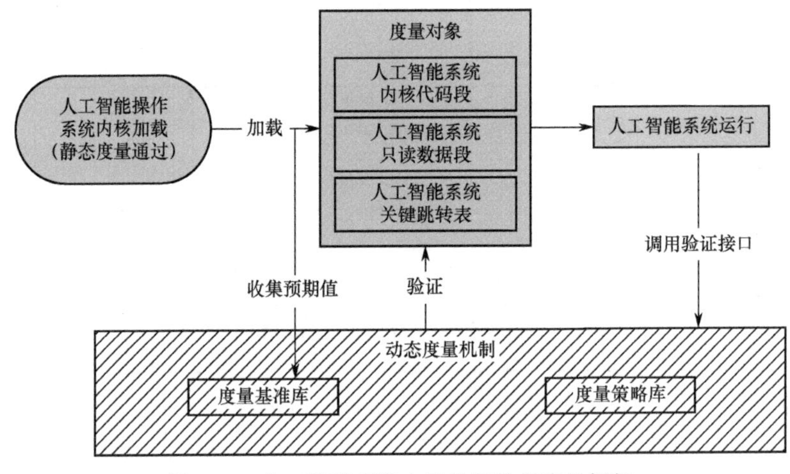

图 2-11　人工智能系统内核关键数据度量框架

2. 对人工智能进程环境的度量

（1）度量流程：人工智能进程环境度量框架如图 2-12 所示。

（2）度量对象：人工智能应用进程及相关共享库的代码段。

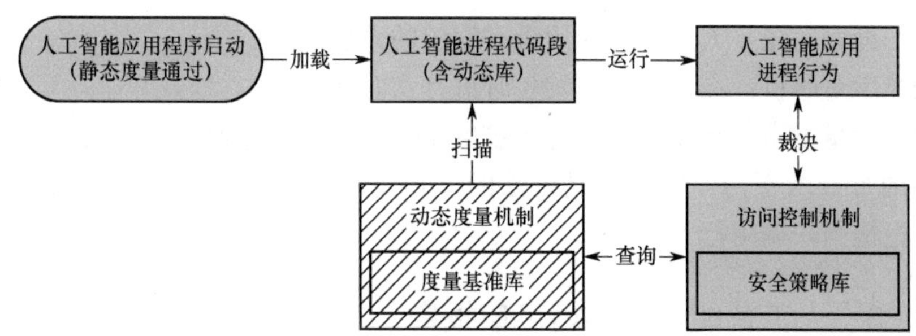

图 2-12　人工智能进程环境度量框架

（3）度量时机：主要采用定时度量的方式，也可以采取用户手动触发的度量方式。

3. 对人工智能进程行为的度量

正常的生产活动按一定的步骤执行任务，攻击者往往会改变正常的行为序列，行为度量通过比较正在执行的行为序列与基准的行为序列来对人工智能进程行为进行度量，如果两者不匹配，则表明进程可能已经受到攻击，即可采取措施（报警或者停止当前进程的活动）。

行为度量可以更直接地发现攻击活动，更早、更快地采取应对措施，能够直接应对病毒、漏洞和后门。虽然行为度量在应对威胁方面更为直接和有效，但由于计算机系统行为的多样性，行为度量的实施有一定难度，一般对于系统活动相对固定的嵌入式系统更容易实施。

动态度量模块记录指定应用及与其相关联的进程的系统调用流，并对其进行统计分析和处理，生成解释合乎情理且符合调用规则的、系统调用级的执行图（Execution Graph），然后依据这个执行图来度量进程的异常行为并上报。

人工智能进程行为度量框架如图 2-13 所示。

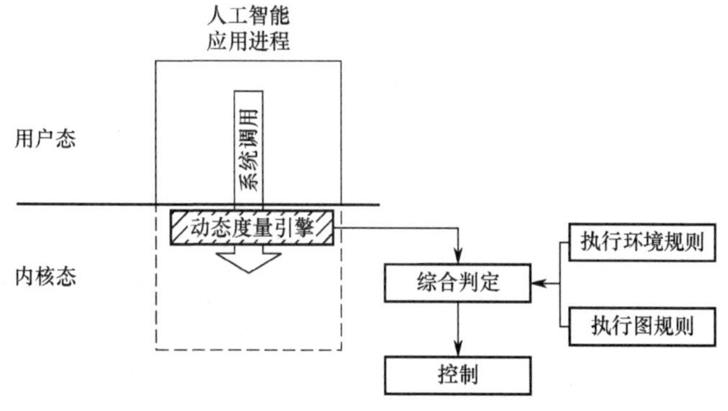

图 2-13　人工智能进程行为度量框架

（1）度量对象：人工智能应用进程发出的系统调用。

（2）度量时机：在系统调用发生时进行实时度量。

（3）度量方法：系统调用的行为被度量实时工作引擎监控，行为度量判断系统调用的每一次行为，如果它是合法的，则允许当次调用行为；如果它是非法的，则拒绝当次调用行为。

2.2.3 人工智能计算环境可信报告

汇总终端可信度量结果，引证静态度量、动态度量、策略完整性的可信证明，综合其他终端数据，最终形成可信报告。可在终端查看可信报告，可信连接可引用的可信报告，可信报告也会上传至人工智能服务端。人工智能服务端通过可信机制验证可信报告，形成自己对终端的可信判断，这些判断可提供给第三方，也可供人工智能节点可信连接使用。

动态度量信任链传递与验证机制如图 2-14 所示。

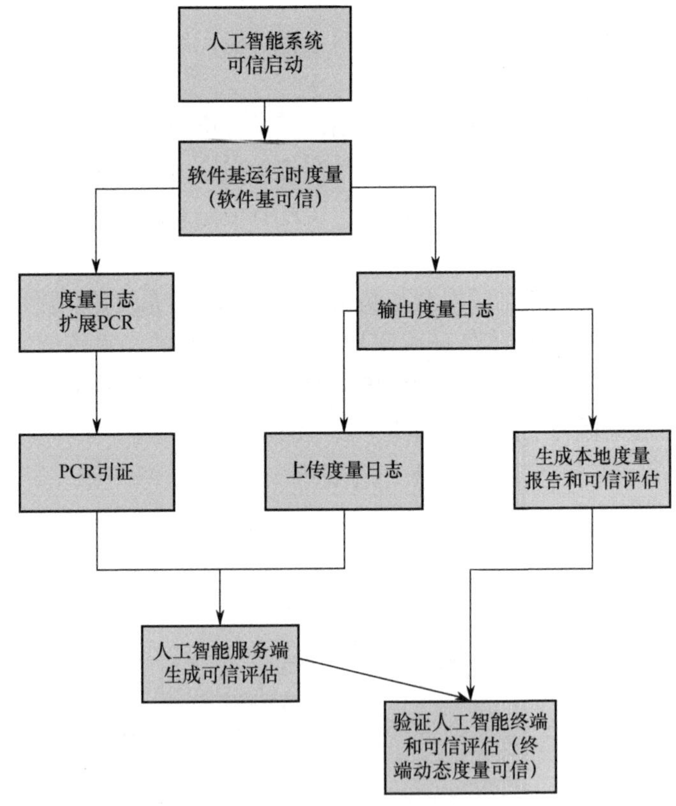

图 2-14　动态度量信任链传递与验证机制

可信报告传递与验证流程：包括启动阶段可信和运行阶段可信。人工智能系统启动阶段通过度量建立基本的信任链，将信任从硬件芯片传递至人工智能操作系统，人工智能系统运行阶段通过度量确信系统一直运行在可信任的环境中。

人工智能系统启动阶段的度量活动是固定的，而人工智能系统运行阶段的度量活动是变化的，因此人工智能系统启动阶段的度量机制与运行阶段的度量机制不同。在启动阶段，将度量结果单向扩展到 PCR 中，通过验证 PCR 值是否是期望值来确认人工智能系统在启动后是否进入了可信的环境，因此将启动阶段的度量称为静态度量。但在运行阶段，并不能简单地依赖 PCR，每台机器执行的任务、执行的顺序不可能相同，运行时的度量是变化的、动态的，因此称为动态度量。静态度量和动态度量需要采用不同的机制。

动态度量传递和验证信任链的机制：记录度量过程并扩展到 PCR 中。由于可信软件基是可信的，所以由可信软件基记录的原始度量过程是可信的，通过 PCR 单向机制确保了度量记录的完整性，即记录的度量结果与实际的度量结果一致。可信的记录度量结果可用于评估机器的可信状态。

2.2.4　人工智能数据可信存储

数据是人工智能发展的应用支撑和核心推动因素。随着人工智能的快速发展，其数据的安全使用问题逐渐凸显。如何在使数据在人工智能中发挥作用的同时，保障数据自身的安全，已经成为学术界和产业界关注的焦点。

通过密码机制保护数据安全是最常使用也是最重要的一种技术手段，但密钥的存储和管理面临诸多安全威胁。TPCM 的密钥存储和管理机制为生产、存入、取出和控制各种密钥等操作提供软硬件安全。TPCM 作为系统可信根，存放存储根密钥（SRK）并永远不向外界透露。在使用可信根加密人工智能关键数据时，数据必须被存入可信根，然后在可信根内部处理数据。同时，可信根需要加密数据，除非使用暴力破解法，否则数据解密工作只能在可信根内部进行。

可信根有权拒绝将非对称密钥与对称密钥从私钥位置导出主可信根之外的地方的行为。这些密钥在导出时，必须使用密文的方式，并且用 SRK 加密或者用由 SRK 保护的其他密钥封装加密，从而保证密钥的明文格式仅在可信根中出现。可信根以外的软件的攻击行为无法利用漏洞得到密钥。可以制定限制规则，使密钥产生一些特殊的功能属性，从而更好地保护密钥和数据。例如，可信根内部有非对称密钥，其可分为可迁移密钥和不可迁移密钥，在导出不可迁移密钥的时候，必须用本地平台可信根中的 SRK 加密或者用其他不可迁移密钥私钥封装加密。同时，只要数据是被不可迁移密钥私钥加密的，就一定是在本地可信根中完成的。可信根以外部分验证数据来源的办法是用不可迁移密钥公钥来解密。密钥间封装关系如图 2-15 所示[16]。

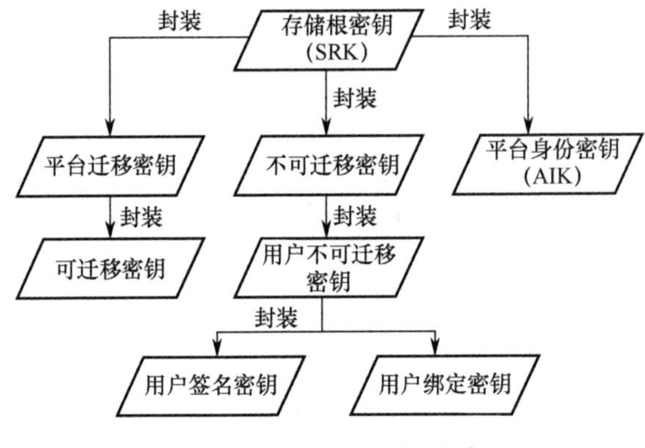

图 2-15　密钥间封装关系

TPCM 还提供数据密封的方法，该方法可以使数据与指定的可信平台绑定，从而对数据进行保护。密封就是将敏感数据、PCR 值和加密密钥作为一个整体进行加密，被整体加密的数据与可信平台绑定，只能在可信平台中解密。

基于 TPCM 创建一个关联到特定软硬件的密封密钥。在首次创建时，TPCM 记录当前系统状态快照。只有当前的系统状态值和快照中的系统状态值相吻合，才能提取密封的密钥或解密数据。

密钥的存储和保护是保证数据安全的关键。目前，密钥保护主要有基于加密文件系统的软件保护、基于身份卡和 USB Key 的硬件防护这两种方式。在前一种方式中，密钥存放在系统文件中，容易被恶意代码破坏或盗取；在后一种方式中，一旦存储密钥的硬件出现安全问题，密钥的安全也会受到影响。通过 TCM 提供的密码服务对需要保护的数据进行加解密，并使用 TPCM 存储和管理密钥，可以有效提高数据泄露防护能力。由此，本节提出一种基于 TPCM 的 DLP 数据泄露防护模型，如图 2-16 所示[17]。

在该 DLP 数据泄露防护模型中，利用对称加密算法 SM4-4 对重要的隐私数据进行加密，为了保证所存储的对称密钥的安全性，将该对称密钥用 TPCM 中存储的密封密钥进行加密处理，其中密封密钥是一个非对称密钥。将私钥存储到 TPCM 中，然后用公钥来加密对称密钥，从而提高私钥的安全性。在对数据进行密封时，必须使用存储密钥，这样做可以极大地提升密钥的安全性。在利用密封密钥加密重要隐私数据的时候，被加密的重要隐私数据是与可信平台绑定在一起的，不需要多余的用户口令。只有在密封时的可信平台状态与未密封时的可信平台状态相同的时候，TPCM 才会解封数据，取出对称密钥，然后用户利用对称密钥解密自己的重要隐私数据。

根据如图 2-16 所示的模型，设计保护隐私数据的算法，具体如下。

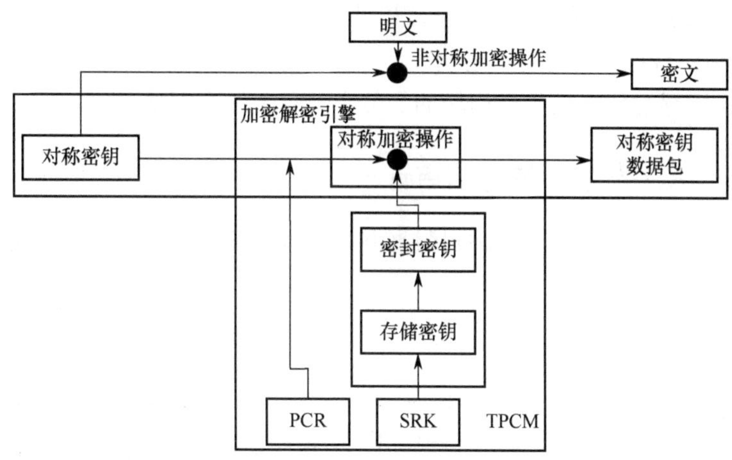

图 2-16　基于 TPCM 的 DLP 数据泄露防护模型

算法输入：需要加密的文件。

算法输出：加密后的文件。

算法步骤：

（1）获取加密文件路径。

（2）基于 TPCM 接口函数获取一个用于加密的随机数 nRandom。

（3）将 nRandom 当作对称密钥来加密重要隐私数据。

（4）利用用户已经知道的授权加密数据的非对称密钥对 nRandom 进行密封。

（5）将产生的新数据块放在文件的最后，并返回文件路径。TPCM 在对加密数据进行解密之后，进行如下两个验证，如果验证合法，就释放出被加密的隐私数据，即之前在加密数据时使用的对称密钥。

① 验证解密所得的 PCR 内容和本地可信平台中的 PCR 内容是否一致。

② 验证解密所得的密钥内容和 TPCM 中存储的密钥内容是否一致。

由此，根据提出的基于 TPCM 的 DLP 数据泄露防护模型，可以对存储器中的文件进行数据加密保护，确保人工智能终端存储文件的安全性，文件加密过程如下。

（1）打开明文文件和密文文件。

（2）利用 TPCM 产生随机数并将其作为对称密钥。

（3）判断产生的随机数是否为弱密钥，如果是则返回步骤（2）。

（4）读入明文，利用可信平台外部的库函数，选取合适的对称密钥来加密明文文件，然后将其记录到密文文件中。

（5）关掉之前打开的密文文件和明文文件。

（6）生成 PCR 合成的一个对象，以此密封对称密钥。

（7）使用 TPCM 密封对称密钥。

（8）在保存对称密钥数据模块的文件中记录密钥数据块。

2.2.5 人工智能系统可信审计

可信审计是在可信运行时输出数据并进行数据处理、分析、利用的过程，总体结构如图 2-17 所示。

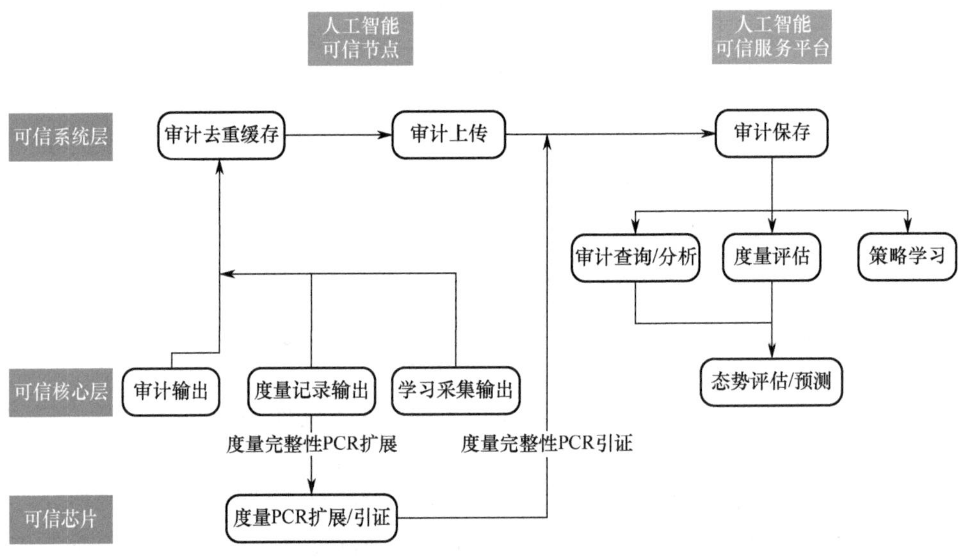

图 2-17　可信审计总体结构

1. 审计数据分类

审计记录人工智能系统的各种活动，审计模块提供统一的审计输出方式，其他人工智能子系统根据策略输出各种类型的审计数据。常用的审计数据有以下几种。

（1）一般审计（简称审计）记录：记录普通的人工智能系统活动，用于审计分析。

（2）度量记录：记录度量的结果（一般是度量失败的结果），用于进行可信评估和分析。

（3）策略学习采集记录：采集可信系统运行过程中的真实数据，用于给出策略编辑的建议，甚至在某些环境中直接“生产”策略。

（4）行为记录：行为记录可能也是策略学习采集记录，也是一般审计记录。由可信数据处理子系统对输出的审计数据进行分类处理。

2. 审计数据处理

（1）对审计记录进行转换、缓存、过期清理。为本地查看和上传提供读取接口。将审计记录转换为便于查看和阅读的格式，并提供不依赖数据存储格式的读取接口。已上传或过期很久的审计记录会被清除，以减少对存储空间的占用。

（2）对度量记录进行转换、缓存、过期清理。为本地查看和上传提供读取接口。将度量记录转换为便于查看和阅读的格式，并提供不依赖数据存储格式的读取接口。已上传的度量记录会被清除，以减少对存储空间的占用。

（3）对策略学习采集记录进行转换、缓存。为本地查看和上传提供读取接口。将策略学习采集记录转换为便于查看和阅读的格式，并提供不依赖数据存储格式的读取接口。已上传的策略学习采集记录会在本地保存，以便进行查重处理，减少不必要的重复上传。

3. 审计数据上传

如图 2-18 所示，审计记录上传线程会周期性地检查是否有需要上传的审计记录，若有就上传部分审计记录，并将相应的审计记录标记为可删除；系统在休眠一段时间后重复上述工作。审计记录上传允许一定的延后，以便合理调度，减小人工智能终端和人工智能服务端的压力。

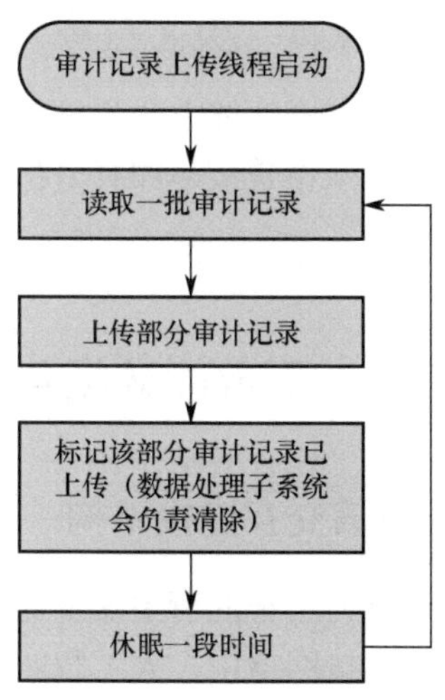

图 2-18　审计记录上传

度量记录上传如图 2-19 所示。

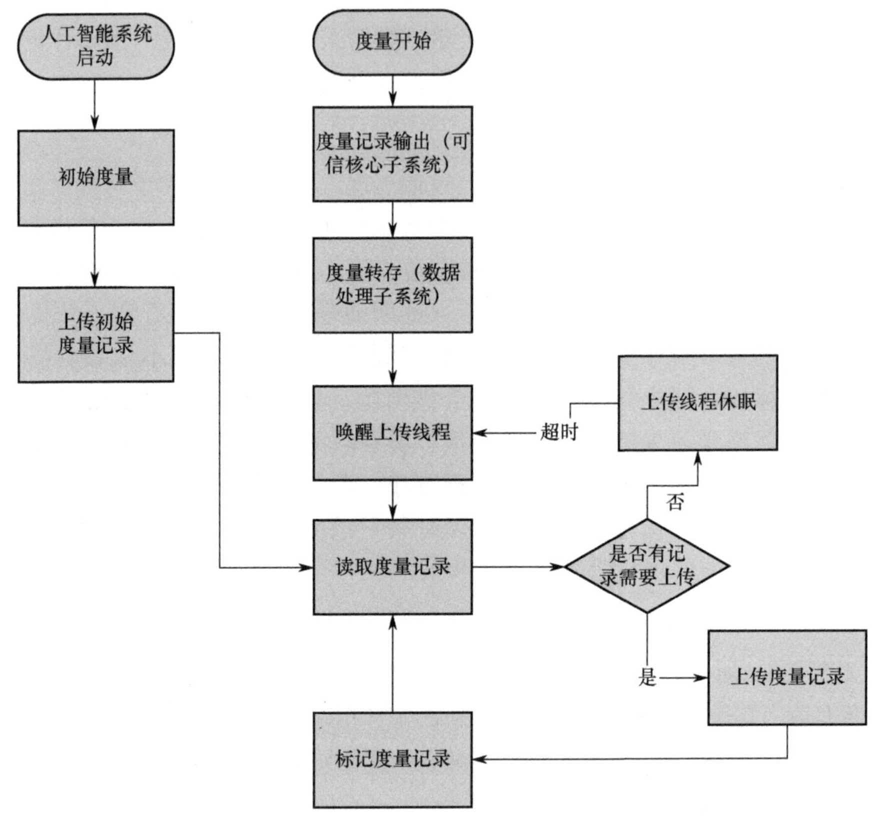

图 2-19　度量记录上传

度量记录上传线程会检查是否有需要上传的度量记录，若有就上传全部度量记录，并将其标记为可删除。度量记录需要即时上传，以便管理中心和其他节点了解本节点的可信状态。

2.3　基于可信计算实现人工智能数据可信交互

2.3.1　人工智能数据可信交互连接架构

人工智能数据可信交互通过人工智能衍生安全保障体系中的可信通信网络实现。在人工智能数据交互可信连接网络中，人工智能终端需要对自身接入网络的状态进行度量，合乎规则的人工智能终端才能接入网络，这样做可以让有潜在风险的人工智能终端无法接入网络，从而规避风险。同时，人工智能终端也可以验证自身即将接入的服务器，只有合乎人工智能终端保护规则的服务器才具有接入人工智能终端的权利，相较于之前的被动防御，这是预先验证、主动验证、双向验证的接入方法。

可信连接网络架构如图 2-20 所示。

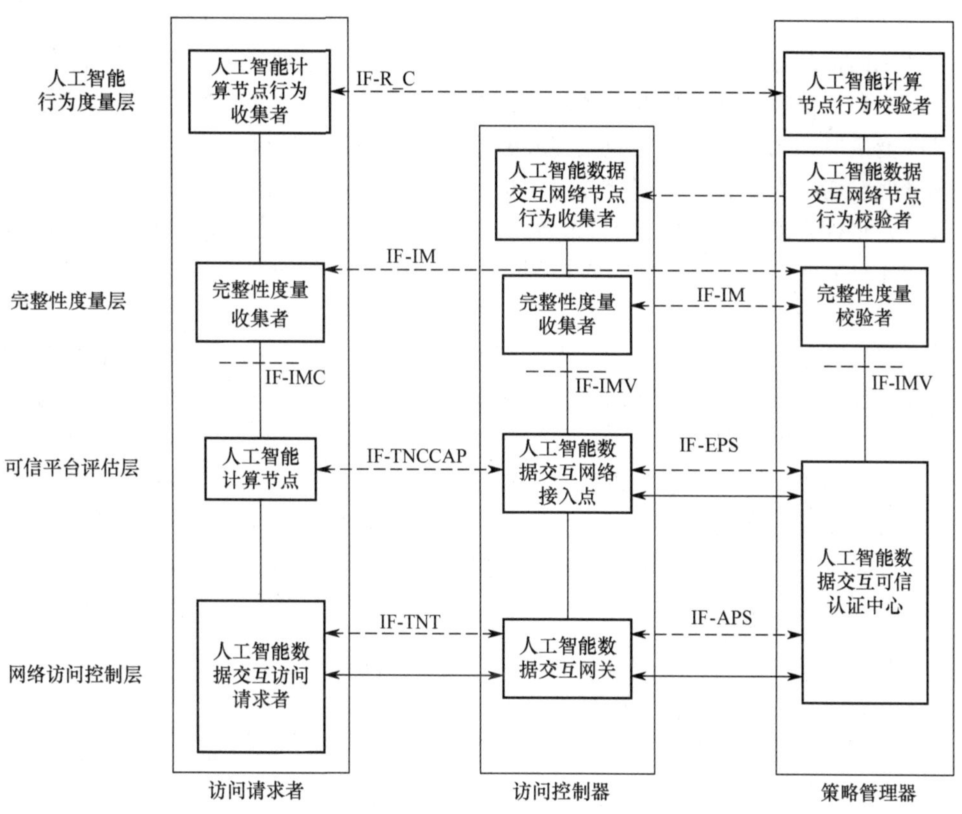

图 2-20　可信连接网络架构

1. 实体构成

人工智能数据交互可信连接网络实体包括访问请求者、访问控制器、策略管理器。

1）访问请求者

访问请求者由以下部分构成：人工智能数据交互访问请求者、人工智能计算节点、完整性度量收集者、人工智能计算节点行为收集者。

访问请求者有以下功能：请求接入可信连接网络，鉴别访问请求者和访问控制器之间的双向身份，获取访问请求者关于人工智能计算节点完整性的度量报告，完成与访问控制器之间的可信平台双向完整性评估。

2）访问控制器

访问控制器可以看作人工智能数据交互访问控制者，包括以下部分：人工智能数据交互网关、人工智能数据交互网络接入点、完整性度量收集者、人工智能数据交互网络节点行为收集者。

访问控制器主要有以下功能：完成与访问请求者之间的双向身份鉴别和可信平台双向完整性评估，以及人工智能计算节点的行为度量；接收访问请求者的完整性度量值，收集人工智能数据交互网络接入点的完整性度量值，将这些完整性度量值发送给人工智能数据交互可信认证中心；对人工智能计算节点进行行为度量，并将行为度量报告发送给策略管理器；依据访问请求者身份鉴别情况、人工智能计算节点的完整性度量报告控制使用者的访问权限。

3）策略管理器

策略管理器包括以下部分：人工智能数据交互可信认证中心、完整性度量校验者、人工智能计算节点行为校验者和人工智能数据交互网络节点行为校验者。

策略管理器主要有以下功能：帮助访问控制器和访问请求者完成身份的双向鉴别，还要校验双方证书是否有效；校验人工智能计算节点的完整性，检查人工智能数据交互网络的接入点是否完整；检查人工智能计算节点的行为和完整性度量；最终得出一份完整的可信平台评估报告。

2. *架构层次*

在架构层次方面，可信连接网络包含网络访问控制层、可信平台评估层、完整性度量层、人工智能行为度量层。

网络访问控制层有以下功能：在人工智能数据交互可信认证中心的帮助下，完成人工智能数据交互访问请求者与人工智能数据交互网关之间的双向身份鉴别。在这个过程中，人工智能数据交互可信认证中心作为可信赖的第三方，依据人工智能数据交互访问请求者与人工智能数据交互网关身份鉴别后的结果和可信平台评估层发出的连接策略控制其访问权限。

可信平台评估层有以下功能：在人工智能数据交互可信认证中心的帮助下，对人工智能计算节点和人工智能数据交互网络接入点之间的双向可信平台进行评估。在这个过程中，人工智能数据交互可信认证中心作为可信赖的第三方，校验人工智能数据交互网关与人工智能数据交互访问请求者双方的证书是否有效，然后使用完整性度量层中的完整性度量校验者完成人工智能计算节点和人工智能数据交互网络接入点的双向可信平台完整性校验。

完整性度量层有两个实体，一个是完整性度量收集者，另一个是完整性度量校验者。完整性度量收集者收集人工智能计算节点和人工智能数据交互网络接入点的平台完整性信息。完整性度量校验者校验人工智能计算节点和人工智能数据交互网络接入点的平台是否具有完整性。

在人工智能行为度量层，策略管理器对人工智能终端和人工智能数据交互网络的行为数据进行校验。

2.3.2　人工智能数据可信交互过程

人工智能数据可信交互过程如图 2-21 所示。

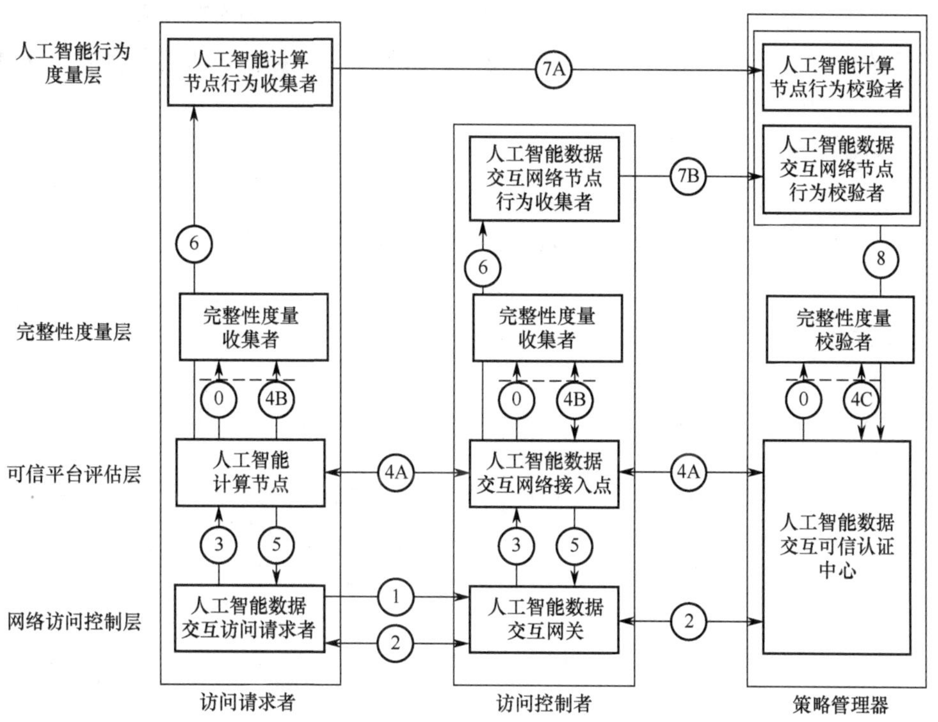

图 2-21　人工智能数据可信交互过程

人工智能数据可信交互过程可以分为三个部分：在人工智能数据交互可信认证中心的帮助下，实现对人工智能数据交互访问请求者和人工智能数据交互网关之间的双向身份鉴别；对人工智能计算节点与人工智能数据交互网络接入点之间的双向可信平台进行评估；根据策略对人工智能计算节点的行为数据、人工智能数据交互网络节点的行为数据进行可信度量。

2.4 本章小结

人工智能给我们的生活带来了很多方便，但不可否认的是，其也带来了新的安全威胁。为解决新一轮的人工智能安全问题，我们必须从自身出发，转被动为主动。可信计算技术为人工智能安全提供了一种全新的安全防护机制，是当前人工智能安全问题的一种重要解决思路。在本章中，我们基于可信计算构建了安全可信的人工智能计算环境，并从人工智能的特点出发，重点分析了如何对人工智能系统启动、运行、数据存储和数据交互过程进行安全防护。人工智能技术不断发展，我们应当抓住机遇，自主创新，发展我国的可信计算应用，保证人工智能产业的安全发展。

参考文献

[1] 沈昌祥. 用主动免疫可信计算 3.0 筑牢网络安全防线 营造清朗的网络空间[J]. 信息安全研究，2018, 4(4): 282-302.

[2] 沈昌祥. 离开“封堵查杀”，怎样确保网络安全?[J]. 信息安全与通信保密，2018(11): 13-15.

[3] 沈昌祥，石磊，张辉，等. 可信计算与可信云安全框架[J]. 科学与管理，2018, 38(2): 1-6.

[4] 沈昌祥. 网络空间安全战略思考与启示[J]. 金融电子化，2014(6): 11-13.

[5] 沈昌祥. 按照《关键信息基础设施安全保护条例》筑牢网络空间安全底线[J]. 信息安全研究，2021, 7(10): 890-893.

[6] 沈昌祥. 用主动免疫可信计算构筑新型基础设施网络安全保障体系[J]. 网信军民融合，2020(4): 10-13.

[7] 吴宏胜. 基于可信计算和 UEBA 的智慧政务系统[J]. 信息网络安全，2020, 20(1): 89-93.

[8] 沈昌祥. 推广安全可信产业 夯实网络安全基础[J]. 中国工业和信息化，2019(11): 28-30.

[9] 沈昌祥. 用可信计算 3.0 筑牢网络安全防线[J]. 互联网经济，2019(8): 40-45.

[10] 刘茂珍. 云存储中支持数据更新的密文块去重协议研究[D]. 西安：西安电子科技大学，2019.

[11] 黄坚会，沈昌祥. TPCM 主动防御可信服务器平台设计[J]. 郑州大学学报：理学版，2019, 51 (3): 6.

[12] 陈鹏，秦宇，周云峰，等. 面向网络安全等级保护 2.0 的零信任数据安全技术研究[C]. 2019 中国网络安全等级保护和关键信息基础设施保护大会，2019.

[13] 郭煜. 可信云体系结构与关键技术研究[D]. 北京：北京交通大学，2017.

[14] 公备. 支持可信群体构建的可信网络连接架构及关键技术研究[D]. 北京：北京工业大学，2012.

[15] 梁鹏，宁振虎，沈昌祥. 云计算模式下可信虚拟群体运行时可信证明模型[C]. 2018 第七届全国安全等级保护技术大会，2018.

[16] 刘国杰，张建标，杨萍，等. 基于 TPCM 的容器云可信环境研究[J]. 网络与信息安全学报，2021, 7(4): 164-174.

[17] 余祥，张健，李强. 基于 TPCM 的终端数据泄露防护技术研究[C]. 第六届中国指挥控制大会，2018: 194-198.

本章执笔人

公　备　北京工业大学

宁振虎　北京工业大学

第3章　无人系统安全

无人系统作为一项人工智能领域的颠覆性技术，在给社会创造价值的同时，也存在着诸多安全隐患，有可能在军事作战、产业升级、政府监管、社会治理及伦理等多个方面给国家安全带来新的挑战。2017 年 7 月，国务院印发的《新一代人工智能发展规划》阐释了人工智能新时代战略的丰富内涵，这为我国无人系统中的人工智能安全发展指明了方向，进一步明确了中长期发展的目标。我国人工智能新时代战略自实施以来取得了显著成效，但关于无人系统中的人工智能安全问题仍未给出明确解决方案。寻找各项问题的解决方案，立足安全基础，推进无人系统的稳步发展，有利于无人系统技术平稳落地。

随着无人系统的飞速发展，很多发达国家积极推进智能无人系统安全框架的研究及相关法案的制定。美国在 2020 年通过的《2020 年国家人工智能计划法案》支持对无人系统的道德、法律、社会等安全问题展开研究，基于 2020 年 11 月更新的《人工智能和国家安全》中详细写明了智能无人系统在军事上的发展与伦理安全问题。2020 年 12 月，中国信息通信研究院安全研究所发布了《人工智能安全框架（2020 年）》，制定了一个较为全面的人工智能安全框架，但其中对无人驾驶和多无人系统协同中特有的安全问题的表述仍不够详细。

3.1　无人驾驶安全

3.1.1　无人驾驶安全研究概述

人工智能和智能计算架起“数据”与“智能”的桥梁，有助于推动无人驾驶的根本性变革，并带动一大批相关的传统产业和新兴产业的发展和进步。在此背景下，无人驾驶产生了以下 5 个方面的安全问题。

（1）无人驾驶车辆被用于违法犯罪，产生新的犯罪形式和避罪方式。无人驾驶系统使犯罪活动更加容易、更加隐蔽、更加难以防范，如无人汽车炸弹、无人驾驶冲撞攻击、无人驾驶非法运输等。无人驾驶系统使罪犯逃跑更加容易，但法律取证变得更加困难。

（2）普通车与智能车的混行带来了新的交通事故形式和风险。网联车与非网联车的混行增加了事故风险，例如，车联网的迟滞性造成网联车与普通车的信息不同步，网联车的超视距造成其与普通车的信息不对称。有人驾驶车辆与无人驾驶车辆的混行增加了事故风险，例如，无人驾驶车辆的行为方式与有人驾驶车辆不一致，无人驾驶车辆的意图表达方式与有人驾驶车辆有差别。

（3）无人驾驶车辆在网联环境下易受到非法的网络攻击和控制。车联网一旦被非法破解和攻击，网络中的无人驾驶车辆将会按照不法分子的指令行驶，给公共安全带来重大危害。

（4）对无人驾驶的过分乐观宣传降低了公众对危害的防范意识。与一般的人工智能系统不同，无人驾驶车辆的安全性和可靠性必须达到或尽可能接近 100%才可以全面应用。固定区域的成功演示并不预示着通用无人驾驶时代的到来，要实现通用无人驾驶，仍然有很长的路要走。

（5）无人驾驶带来法律、伦理和心理等人文规范的空白和困惑。例如，在事故责任方面，无人驾驶车辆的事故由谁负责？警方如何定责？保险公司如何赔偿？在交通规则方面，交通规则要怎么改变？交通设施要怎么改变？其他车辆等怎么改变？人们还需要学习驾驶并取得驾照吗？如果学，学什么？如果不学，人们能单独乘车吗？在商业模式方面，在“无人”的框架下，人们还需要买车吗？在危险控制方面，无人驾驶车辆的智能是有限的吗？无人驾驶车辆不受人们的控制或违反人们的意图，怎么办？

带着这些问题，从企业家和企业管理者的角度，无人驾驶的工程风险影响是什么，风险如何预测和应对？从法律、心理、伦理和管理等人文和社会风险角度，普通人、企业家和企业高管、政府机构的管理者如何认识无人驾驶和安全？为大众消费者提供交通运输和管理服务的企业或机构，如何监管和应对无人驾驶带来的安全问题？针对以上问题，无人驾驶系统的人工智能安全方案研究迫在眉睫。

随着汽车智能化、电子化的快速推进，无人驾驶已经是未来汽车发展的重要趋势。发达国家积极应对汽车行业智能化变革，依托深厚的汽车工业底蕴，针对无人驾驶技术应用积极开展引导和规范。美国的无人驾驶技术研究保持领先，管理/立法机构适时出台相关政策法规，如《联邦自动驾驶汽车政策》（2016 年）、《自动驾驶法案》（2017 年）。德国着重建立并完善与智能汽车相关的权利、责任归属方法与体系，推出了关于自动驾驶的《道路交通法（第八修正案）》（2017

年）。在我国，无人驾驶汽车正在从初始技术研发阶段转向与特定应用场景结合的大规模试验和试用阶段，与之相关的认识与监管尚处于萌芽阶段；产业管理层面积极跟进，如《智能汽车创新发展战略》（2018 年）对智能汽车产业进行了顶层规划，《车联网（智能网联汽车）产业发展行动计划》（2018 年）强调智能汽车产业体系的构建并提出了车联网的中长期规划。

值得指出的是，无人驾驶的安全性作为推动特定场景大规模应用、开展产业化的基本前提，一直是工业界、学术界乃至全社会高度关注的问题。近年来，自动驾驶车辆在测试中撞向行人而导致伤亡、电动汽车刹车失灵而引发交通事故等，都使得社会和公众对无人驾驶的安全性更为担忧。目前，我国智能汽车产业蓬勃发展，企业、科研院所、地方政府等加大以无人驾驶为代表的关键技术研发投入，力求推动产业发展取得突破。从已有文献来看，无人驾驶技术的产业化有待推进，行业性的统计资料缺乏；国内外学者较多地开展了无人驾驶安全风险的定性研究[1]，也有对无人驾驶技术风险、法律与道德风险概念的分别考量[2-13]，但未见安全风险的定量研究。

3.1.2 现状与发展趋势

自动驾驶汽车依赖计算机系统、人工智能技术、摄像与图像识别、雷达探测、高精度地图、高精度定位系统等的协同合作，利用电子控制单元（ECU），可在无司机控制的情况下安全地行驶[14]；不调整汽车自身的架构，不改动车辆原有的功能，而是在车身上集成自动驾驶所需的智能器件（含软件和硬件）[3]；根据国际汽车工程师协会制定的标准，自动驾驶分为 L0～L5 共 6 个级别[15]。为使研究范围、概念定义更加聚焦和精准，本书将“无人驾驶”“自动驾驶”加以区分，无人驾驶指在完全没有人类司机操作的情况下，由自动驾驶系统自动安全地操作机动车辆。

1. 无人驾驶的工程风险

安全的无人驾驶离不开感知、决策、控制这 3 个系统的“保驾护航”：感知系统用于掌握行驶路面、交通标志、标线、信号灯的实时变化情况，决策系统开展全局/局部的路径规划，控制系统对无人驾驶汽车的油门部件、刹车部件、方向控制盘、行驶速度变化杆等进行控制[2]。

无人驾驶汽车的网络安全也是一个重要方面，数据加密、网关防毒、入侵检测是常见的 3 种保护方法[10]。例如，有学者研究了无人驾驶汽车通信涉及的认证协议、密钥管理协议，旨在提高通信安全性及成本控制、通信延迟控制的水平[8]。

与传统汽车类似，无人驾驶汽车的工程技术安全也需要结合具体场景进行考虑。针对一些特殊场景（如车辆涉水），有学者提出了安全应对措施的设计方案：利用超声波雷达进行探测，在判断险情后，鸣响蜂鸣器、闪烁指示灯、弹出显示屏提示，同步及时刹停[6]。

2. 无人驾驶的社会风险

无人驾驶的社会风险涉及法律、伦理、心理、管理四个方面。需要提及的是，目前还没有学者对无人驾驶的心理、管理等内容进行探讨，也没有学者针对无人驾驶进行全面的风险识别与评价研究。

在法律风险方面，研究者主要关注侵权责任的主体认定、因果追溯、举证义务等，为完善立法提供理论依据。无人驾驶汽车在法律层面非“人”，不能成为承担责任的主体[7]。依据事故情形的不同，承担责任的主体有所区别：生产者承担责任的情形，是产品出现缺陷[9]；使用者承担责任的情形，是在人工驾驶模式下发生事故或因为使用人的不当养护而导致事故；销售者承担责任的情形，是因不当存放产品、未如实履行告知义务而导致事故[5]。关于事故因果追溯，有研究建议，参照民机、高铁使用“黑匣子”技术进行记录，以便事后追溯[4]；但在万物互联时代，仅靠车载“黑匣子”可能面临黑客攻击、信息篡改等问题，可以建立跨区域、专业性的数据分析中心，专门开展无人驾驶信息的保存与分析工作[16]。关于举证义务，当前法律普遍遵循“谁主张、谁举证”的原则，然而在自动驾驶领域，在出现事故后，由外行的消费者承担维权相关的举证责任显失公平，因而有建议提出，消费者可以证明事故发生时车辆处于自动驾驶模式即可[9]。

在伦理风险方面，有研究者对社会上的伦理价值倾向进行了调查，也探讨了涉及伦理时的机器处理与应对策略。有研究者对社会的道德取向进行了调查，其中道德机器研究[11]最具影响力：设计了在线试验网站，统计被试验者在面对无人驾驶伦理道德困境时所选择的应对方案的侧重点，由此统计出各国被试验者的选择倾向及由不同文化、国家所影响的选择倾向差异性。相关研究通过测试发现，用户认可按照功利性原则设计的无人驾驶汽车并希望他人购买，但自身更愿意乘坐能够保护乘客的无人驾驶汽车[13]。也有试验得出了不同的结论，即参与者的道德倾向更高，更愿意“舍己救人”；特别是在考虑年龄因素后，参与者倾向于为了更多人的安全而采取措施（如控制车辆转向路侧）[12]。

在心理风险方面，无人驾驶汽车上路对公众态度的影响不可忽视；另外，人类司机、非机动车驾驶员、行人等主体出于对无人驾驶的不了解而产生的行为有可能带来新的隐患。

在管理风险方面，无论国际还是国内，无人驾驶还处于未成熟的阶段，产业上也面临着重要元件、技术被国外把控，发展方向不清、试错成本大等问题。在产业管理上，安全也是需要注意的一个方面。

3.1.3 研究内容

围绕研究目标，无人驾驶系统的人工智能安全方案的研究内容包括：

（1）无人驾驶的工程技术风险关键因素分析。

（2）无人驾驶的工程技术风险预测方法。

（3）无人驾驶的社会人文风险关键因素分析。

（4）无人驾驶的社会人文风险预测方法及对策。

研究技术路线和框架如图 3-1 所示。

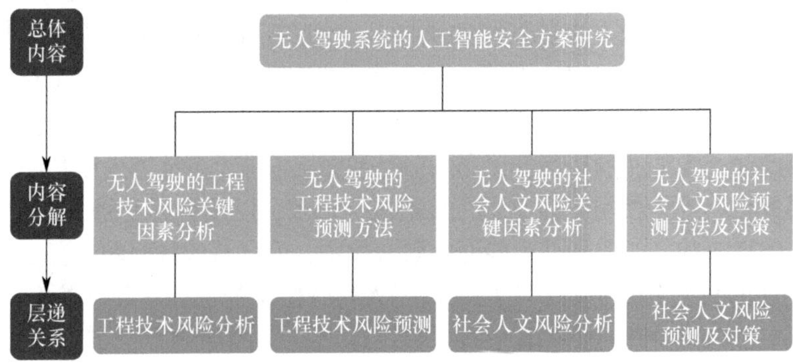

图 3-1 研究技术路线和框架

3.1.3.1 无人驾驶风险识别

采用探索性的案例调查和质性研究方法[17]开展风险识别研究，待讨论的无人驾驶风险涉及工程技术、社会人文两个主要方向，以及功能安全、信息安全、法律风险、伦理风险等细分方向。

1. 案例的收集与选择

案例收集包括二手数据调查、深度访谈两种渠道：前者既有公开信息（如公司主页信息、工商注册信息、新闻报道、人物专访、上市公司年报等），也有公司内部资料（如内部刊物、内部宣传册、演示文档等）；后者的访谈对象来自珠江三角洲（珠三角）、长江三角洲（长三角）地区，包括企业高级管理人员、项目经理、技术人员及政府管理人员等，具有丰富的从业经验，对无人驾驶安全风险有自己了解和认识。具体选择了珠三角地区共 13 个企业案例，珠三角、长三角地区共 9 个政府案例。

案例选择的标准如下。

（1）案例研究差别复制原则：企业需要有不同类别的无人驾驶业务，政府机构需要处于不同地区且管理业务属性有区别。

（2）数据的可得性：选取的企业、政府机构能够对外开放一手或二手资料，尤其企业应处于稳定发展状态。

（3）研究的便利性：经当地政府、友好组织介绍后，可与被调研企业建立良好的合作关系，便于调研及回访。

（4）案例资料的内容质量：所选案例能够充分反映无人驾驶的人工智能安全风险要素。

2. 数据分析与编码

采用扎根理论方法，对收集的资料进行编码分析（编码工具为 Nvivo 软件[18]），进而识别无人驾驶的安全风险。

1）开放式编码

围绕研究主题，在概念化提取资料后进行范畴化：概念化编码包括贴标签预处理、正式概念化；范畴化编码即通过不断比对来修正概念化编码。因存在语义重复、交叉等情况，需要对概念开展进一步的归纳与整合；为避免信息过早丢失，对企业案例概念、政府案例概念分别进行整合。为此，在前期得到 98 个企业案例概念编码、71 个政府案例概念编码的基础上，对编码进行比对和修正，获得了 25 个企业案例范畴、13 个政府案例范畴（限于篇幅，仅部分展示于表 3-1）。

2）主轴编码

对开放式编码过程中得到的范畴之间的关联关系进行分析，将范畴之间相互关联的部分归为层次更高的主范畴。对上述的范畴进行进一步的整理、归纳与合并，最终得到了 6 个企业案例主范畴、3 个政府案例主范畴，至此完成风险识别阶段的工作。

表 3-1　企业和政府案例范畴化编码列表（部分）

企业案例范畴	概念编码	材料来源/个	参考点/个
c02 第三方测试认证需求	1b06 安全认证真实	1	4
	1b07 第三方水准高	1	8
	1b08 第三方立场中立	1	1
	1b15 智能车测试未成熟	1	2
	1b17 安全测试认证需求高	2	3
c04 汽车硬件安全	1b11-1 硬件安全保障机制	2	3
	1b28 电池安全性	1	1
	2b01 硬件细节参数影响	1	2
	2b05 产品损耗影响	1	2
	2b08 车型差异影响	1	1

（续表）

政府案例范畴	概念编码	材料来源/个	参考点/个
d01 官方约束	c02 测试监管问题	15	6
	c03 法规欠缺	7	6
	c07 政府推动行为	14	6
	c11 标准缺位	6	2
	c13 相关领域监管空白	5	3
d03 产业自身问题	c01 应用发展问题	12	6
	c04 人工智能不足	8	2
	c09 企业行为	6	3
	c10 企业测试困难	6	3

3. 安全风险的要素框架

考虑到企业案例框架、政府案例框架的内涵具有较高的重合度，对其进行调整、合并而得单一框架（见表 3-2）：第一层为主范畴，包括 6 类安全风险要素，其中，前 3 类为工程风险，后 3 类为人文社会风险；第二层为安全风险要素的度量因子；第三层为安全风险要素的度量问卷测量题项数。

表 3-2 无人驾驶安全风险的要素框架

主范畴	度量因子	测量题项数（道）
单车安全	汽车硬件安全	5
	多层安全保障	3
	行驶道路环境	5
	传感器安全	5
联网安全	车路通信困难	4
	联网风险	6
技术水平	AI 技术缺陷	7
	无人驾驶相关的关键部件和技术短缺	9
法律政策	标准空缺	6
	法律缺位	7
	决策安全	4
	政策缺位	3
	政府推动行为	8
	测试监管问题	10
	相关领域监管空白	4

（续表）

主范畴	度量因子	测量题项数（道）
社会舆论	伦理问题	3
	心理上的认知和意愿	4
	舆论危机	3
产业风险	第三方测试认证需求	4
	内部管理风险	6
	配套保险业不足	3
	应用发展问题	10
	宏观环境/外部环境	4
	从业企业不足	7
	人才短缺的风险	4

3.1.3.2 无人驾驶安全风险的度量

1. 调查问卷设计

对于要素框架中的各概念，参照其初始来源的文本，编写与之对应且简洁概括的量表问题，如“不同车型之间的差异会对无人驾驶安全产生重要的不利影响”；最终得到企业案例框架、政府案例框架中所有概念的对应问题，以此作为调查的原始题库。随后，研究团队成员开展了两轮意见探讨及修正，得到了由 142 个问题构成的初始问卷：第一部分为被调查对象的个人基本信息（包括性别、年龄、所在城市、学历、是否已就业、从事行业、是否在无人驾驶及相关的企业工作过、从业时长），第二部分包括单车安全、联网安全两个方面共 28 道测量题项，第三部分包括法律政策风险、社会舆论风险两个方面共 52 道测量题项，第四部分包括技术水平、产业风险两个方面的共 54 道测量题项。

2. 试调查和问卷修正

本次调查通过网络自填问卷的形式进行，借助长沙冉星信息科技有限公司的“问卷星”平台进行问卷发放，时间为 2020 年 7 月 25 日至 31 日；共收到反馈问卷 1310 份，其中有效问卷 1195 份（有效率为 91.22%）。综合考虑信度、结构效度、区分效度、收敛效度、整体模型适配度评价指标及修正指标，在验证性因子分析模型中，对测量题项、潜变量进行大范围删减与修正，如单车安全部分的测量模型经过调整后（见图 3-2）具有较好的拟合效果。

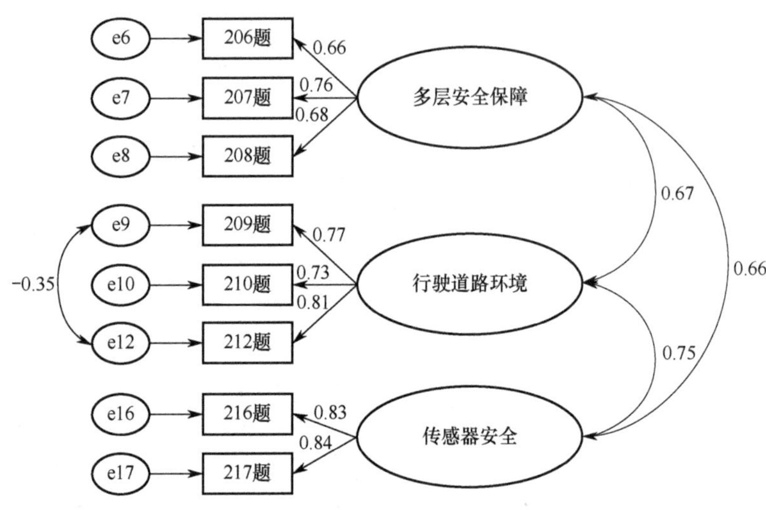

图 3-2　单车安全风险测量模型

在信度方面，3 个因子的 Cronbach's α 系数取值分别为 0.742、0.782、0.822（均在 0.7 以上），说明量表具有较高的可信度。在结构效度方面，采用探索性因子分析法对结构效度进行初步检验。KMO 值为 0.870，通过 Bartlett 球度检验，达到显著水平，适宜进行探索性因子分析。解释的总方差为 72.832%，采用主成分分析法提取固定数量因子，采用最大化正交旋转方法分析各测量题项，得到探索性因子分析结果：7 道测量题项在因子上的载荷均大于 0.7，209 道测量题项的载荷也有 0.616，测量题项较好地分布在 3 个因子上。在收敛效度方面，“多层安全保障”“行驶道路环境”“传感器安全”3 个因子的 AVE 分别为 0.495、0.592、0.698，“多层安全保障”极其接近 0.5，另外 2 个均大于 0.5；相应的 CR（组合信度）分别为 0.746、0.813、0.822（均大于 0.7），表明各因子均有较好的收敛效度。在区分效度方面，3 个因子的 AVE 平方根均大于与其他因子之间的相关系数，表明该部分模型具有较好的区分效度。

3. 正式调查和风险度量

委托“问卷星”平台提供样本服务，时间为 2020 年 9 月 1 日至 15 日，共收集了 3167 份正式问卷，其中有效问卷 3153 份（有效率为 99.56%）。在验证各部分模型时，均预先进行样本数据的详细清洗。

1）法律政策风险模型验证

主要根据各样本中、各因子下的测量题项组内方差，以及各组均值的组间方差进行筛选。针对法律政策安全部分“标准空缺”“法律缺位”“政府推动行为”“相关领域监管空白”4 组问题，运算每个样本在每组问题下的回答组内方差并进行求和，按照方差和对所有样本进行排序（组内方差之和越小，排序越高）；

计算 4 组问题的组间方差，在组内方差相同的情况下，组间方差越大则排序越高。按照“单车安全”部分的测量题项进行筛选，选择排序靠前的 1000 份问卷进行模型验证。

在统计被调查人群特征时发现，各特征人群的占比与试调查样本相比基本没有变化。男性占比为 47.7%，女性占比为 52.3%，比例更均衡；年龄在 20～30 岁、30～40 岁的分别占 28.6%、35.1%；学历水平以大专、本科为主，分别占 29.1%、36.3%，占比基本均衡，具有一定代表性；已工作者占多数，可认为具有良好社会经验。处于就业、失业、自由职业 3 种状态的调查对象共有 838 人，没有集中于某一行业的情况；“制造业”“信息传输、软件和信息技术服务业”人数占比稍高（分别为 22.91%、15.04%），这些行业与无人驾驶关联相对紧密，因此样本同样可以代表与无人驾驶有一定关联的普通人。曾在无人驾驶相关企业工作过的调查对象有 166 人，从业时长的分布较为均衡，少于 1 年的占 24.1%，1～3 年的占 45.78%，3～5 年的占 13.86%，5～10 年的占 12.65%，10 年以上的占 3.61%；从业 1～3 年的占比较高，考虑到具有丰富从业经验的人数本身占比较小，因而对整体产生的影响不明显。

对于法律政策风险测量模型，采用详细筛选后的正式样本进行验证，如图 3-3 所示，可见模型整体拟合效果良好。

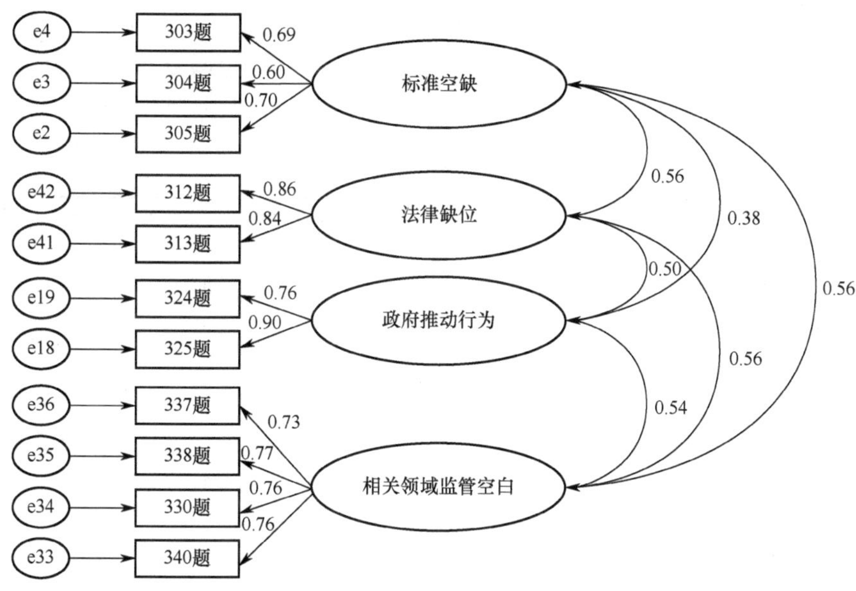

图 3-3　法律政策风险测量模型

在信度方面，4 个因子的 Cronbach's α 系数取值分别为 0.693、0.837、0.813、0.844（1 个接近 0.7，另外 3 个均大于 0.7），说明本次验证中的量表可信度良好。在结构效度方面，KMO 值为 0.850，通过 Bartlett 球度检验，达到显著水平；解释的总方差为 72.895%，在获得的探索性因子分析结果中，11 道测量题项普遍较好（分布在 4 个因子上），各测量题项在对应因子上的载荷均大于 0.7。在收敛效度方面，“标准空缺”“法律缺位”“政府推动行为”“相关领域监管空白”4 个因子的 AVE 分别为 0.437、0.720、0.695、0.577，有 3 个大于 0.5；相应的 CR 分别为 0.698、0.837、0.819、0.845，有 3 个大于 0.7，表明本次验证的各因素具有较好的收敛效度。在区分效度方面，4 个因子的 AVE 的平方根均大于与其他因子之间的相关系数，表明该部分模型的区分效度较好。

2）其他风险模型验证

单车安全、联网安全、技术水平、社会舆论、产业风险的模型结果如表 3-3、表 3-4、表 3-5 所示。

在信度方面，5 个安全风险模型的各因子均有较好的信度，除单车安全下的“多层安全保障”外，其余因子的 Cronbach's α 系数均大于 0.7。在结构效度方面，5 个安全风险模型的结构效度较好，在探索性因子分析中均有较好的结果。在验证性因子分析中，5 个模型拟合的效果整体较好（技术水平风险略欠理想）；5 个模型的收敛效度均较好，除了单车安全下的“多层安全保障”，各因子的 AVE 均大于 0.5，CR 均大于 0.7；5 个模型的区分效度都较好，所有因子的 AVE 平方根均大于与同模型中其他因子之间的相关系数。

至此，本研究完成了建模过程验证（基于两轮问卷调查收集到的量表数据），形成了一个可度量、可观测的无人驾驶安全风险要素框架（见表 3-3）。

表 3-3 模型的信度与收敛效度

风险方面	度量因子	题项	标准负载	Cronbach's α 系数	AVE	CR
单车安全	多层安全保障	206 题	0.724	0.679	0.418	0.681
		207 题	0.596			
		208 题	0.611			
	行驶道路环境	209 题	0.733	0.753	0.506	0.754
		210 题	0.722			
		212 题	0.677			
	传感器安全	216 题	0.853	0.829	0.708	0.829
		217 题	0.830			
联网安全	车路通信困难	221 题	0.881	0.800	0.675	0.805
		222 题	0.757			
	联网风险	224 题	0.831	0.775	0.547	0.781
		225 题	0.757			
		227 题	0.615			

（续表）

<table>
<tr><th>风险方面</th><th>度量因子</th><th>题项</th><th>标准负载</th><th>Cronbach's α 系数</th><th>AVE</th><th>CR</th></tr>
<tr><td rowspan="5">技术水平</td><td rowspan="2">AI 技术缺陷</td><td>404 题</td><td>0.816</td><td rowspan="2">0.793</td><td rowspan="2">0.657</td><td rowspan="2">0.793</td></tr>
<tr><td>405 题</td><td>0.805</td></tr>
<tr><td rowspan="3">与无人驾驶相关的关键部件和技术短缺</td><td>412 题</td><td>0.779</td><td rowspan="3">0.820</td><td rowspan="3">0.605</td><td rowspan="3">0.821</td></tr>
<tr><td>413 题</td><td>0.800</td></tr>
<tr><td>414 题</td><td>0.753</td></tr>
<tr><td rowspan="6">社会舆论</td><td rowspan="3">伦理问题</td><td>343 题</td><td>0.747</td><td rowspan="3">0.789</td><td rowspan="3">0.572</td><td rowspan="3">0.800</td></tr>
<tr><td>344 题</td><td>0.707</td></tr>
<tr><td>345 题</td><td>0.811</td></tr>
<tr><td rowspan="3">舆论危机</td><td>350 题</td><td>0.775</td><td rowspan="3">0.844</td><td rowspan="3">0.645</td><td rowspan="3">0.845</td></tr>
<tr><td>351 题</td><td>0.800</td></tr>
<tr><td>352 题</td><td>0.834</td></tr>
<tr><td rowspan="13">产业风险</td><td rowspan="4">第三方测试认证需求</td><td>417 题</td><td>0.717</td><td rowspan="4">0.822</td><td rowspan="4">0.542</td><td rowspan="4">0.825</td></tr>
<tr><td>418 题</td><td>0.807</td></tr>
<tr><td>419 题</td><td>0.699</td></tr>
<tr><td>420 题</td><td>0.717</td></tr>
<tr><td rowspan="2">内部管理风险</td><td>423 题</td><td>0.896</td><td rowspan="2">0.886</td><td rowspan="2">0.797</td><td rowspan="2">0.887</td></tr>
<tr><td>424 题</td><td>0.890</td></tr>
<tr><td rowspan="3">配套保险业不足</td><td>427 题</td><td>0.739</td><td rowspan="3">0.821</td><td rowspan="3">0.609</td><td rowspan="3">0.823</td></tr>
<tr><td>428 题</td><td>0.804</td></tr>
<tr><td>429 题</td><td>0.796</td></tr>
<tr><td rowspan="2">应用发展问题</td><td>431 题</td><td>0.917</td><td rowspan="2">0.896</td><td rowspan="2">0.814</td><td rowspan="2">0.897</td></tr>
<tr><td>432 题</td><td>0.887</td></tr>
<tr><td rowspan="2">人才短缺的风险</td><td>451 题</td><td>0.827</td><td rowspan="2">0.842</td><td rowspan="2">0.728</td><td rowspan="2">0.843</td></tr>
<tr><td>452 题</td><td>0.879</td></tr>
</table>

表 3-4 模型的结构效度与拟合指标

风险方面	结构效度	模型拟合指标
单车安全	KMO=0.732，Bartlett 球度检验达到显著水平；解释总方差达到 69.373%，8 道测量题项较好地分布在 3 个因子上，因子载荷均大于 0.7	CMIN/DF=1.191 GFI=0.997 NFI=0.994 CFI=0.999 RMSEA=0.011
联网安全	KMO=0.655，Bartlett 球度检验达到显著水平；解释总方差达到 74.803%，5 道测量题项较好地分布在 2 个因子上，因子载荷均大于 0.7	CMIN/DF=4.507 GFI=0.996 NFI=0.994 CFI=0.995 RMSEA=0.042

（续表）

风险方面	结构效度	模型拟合指标
技术水平	KMO=0.751，Bartlett 球度检验达到显著水平；解释总方差达到 77.380%，5 道测量题项较好地分布在 2 个因子上，因子载荷均大于 0.7	CMIN/DF=11.237 GFI=0.993 NFI=0.99 CFI=0.991 RMSEA=0.064
社会舆论	KMO=0.816，Bartlett 球度检验达到显著水平；解释总方差达到 73.900%，6 道测量题项较好地分布在 2 个因子上，因子载荷均大于 0.7	CMIN/DF=1.719 GFI=0.997 NFI=0.996 CFI=0.998 RMSEA=0.022
产业风险	KMO=0.841，Bartlett 球度检验达到显著水平；解释总方差达到 78.504%，13 道测量题项较好地分布在 5 个因子上，因子载荷均大于 0.7	CMIN/DF=2.224 GFI=0.982 NFI=0.982 CFI=0.990 RMSEA=0.035

表 3-5　模型的区分效度

<table>
<tr><th>风险方面</th><th colspan="4">区分效度矩阵</th></tr>
<tr><td rowspan="4">单车安全</td><td>度量因子</td><td>多层安全保障</td><td>行驶道路环境</td><td>传感器安全</td></tr>
<tr><td>多层安全保障</td><td>0.646</td><td>—</td><td>—</td></tr>
<tr><td>行驶道路环境</td><td>0.251</td><td>0.711</td><td>—</td></tr>
<tr><td>传感器安全</td><td>0.393</td><td>0.487</td><td>0.842</td></tr>
<tr><td rowspan="3">联网安全</td><td>度量因子</td><td>车路通信困难</td><td>联网风险</td><td rowspan="10">—</td></tr>
<tr><td>车路通信困难</td><td>0.821</td><td>—</td></tr>
<tr><td>联网风险</td><td>0.32</td><td>0.74</td></tr>
<tr><td rowspan="3">技术水平</td><td>度量因子</td><td>AI 技术缺陷</td><td>与无人驾驶相关的关键部件和技术短缺</td></tr>
<tr><td>AI 技术缺陷</td><td>0.811</td><td>—</td></tr>
<tr><td>与无人驾驶相关的关键部件和技术短缺</td><td>0.561</td><td>0.778</td></tr>
<tr><td rowspan="3">社会舆论</td><td>度量因子</td><td>伦理问题</td><td>舆论危机</td></tr>
<tr><td>伦理问题</td><td>0.756</td><td>—</td></tr>
<tr><td>舆论危机</td><td>0.588</td><td>0.803</td></tr>
</table>

（续表）

风险方面	区分效度矩阵					
产业风险	度量因子	第三方测试认证需求	内部管理风险	配套保险业不足	应用发展问题	人才短缺的风险
	第三方测试认证需求	0.736	—	—	—	—
	内部管理风险	0.106	0.893	—	—	—
	配套保险业不足	0.328	0.696	0.78	—	—
	应用发展问题	0.029	0.58	0.618	0.902	—
	人才短缺的风险	0.379	0.505	0.657	0.443	0.853

3.1.3.3　无人驾驶安全风险的评估

1. 无人驾驶安全风险评估原则和框架

两个原则如下。

（1）避免主观评价。采用贝叶斯网络法进行评估，其权重是通过软件计算得到的，而计算的依据是网络节点间的条件概率表格，因此也避免了主观评价。

（2）不同样本对比。从数据样本中选出政企人士部分作为一类，将其余数据（一般消费者部分）作为另一类，使用两类人群的数据分别进行评估，并在评估后对相应的部分进行对比分析，以得到不同人群的不同观点。

在框架（见表 3-2）方面，建立评估指标体系。依然将评估分为 6 个方面，即“单车安全”“联网安全”“法律政策”“社会舆论”“技术水平”“产业风险”6 个一级指标，分别进行评估；每个一级指标下设有二级、三级评价指标。

2. 无人驾驶安全风险的评估计算

本部分评估过程采用混合样本中政府人士或无人驾驶相关人士的问卷样本，选取其中单车安全部分的计算过程进行介绍。

1）二级、一级指标节点的计算

先计算子节点，后计算父节点，按次序得到评分数据。二级节点下设有 n 个三级节点，则二级节点的得分为其下三级节点得分的算术平均值：

$$X=\frac{X_1+X_2+\cdots+X_n}{n} \tag{3-1}$$

例如，二级节点“多层安全保障”下设有三级节点 206 题、207 题、208 题，得分分别为 4、4、4，则二级节点得分为这 3 个三级节点得分的算术平均值 4。

同理，一级节点下设有 m 个二级节点，则一级节点的得分为其下二级节点得分的算术平均值：

$$K = \frac{K_1 + K_2 + \cdots + K_m}{m} \tag{3-2}$$

例如，一级节点“单车安全”下设有二级节点“多层安全保障”“行驶道路环境”“传感器安全”，得分分别为4、3、5，则一级节点得分为这三个二级节点得分的算术平均值4。

2）节点状态的确定

为使分析、计算简化，将所有数据以[1,5]的前80%和后20%为区分，即得分在[1,4.2)中的取为0，即“安全”，得分在[4.2,5]中的取为1，即“不安全”。

3. 贝叶斯网络节点概率分布部分展示

1）政企人士数据学习结果

单车安全风险贝叶斯网络节点概率分布如图3-4所示，在三级节点的状态中，State0（“安全”）的概率较高，而二级节点“多层安全保障”“行驶道路环境”“传感器安全”状态为State1的概率更高，均超过60%；一级节点“单车安全”在State1的概率则比二级节点的还要高，为74%。

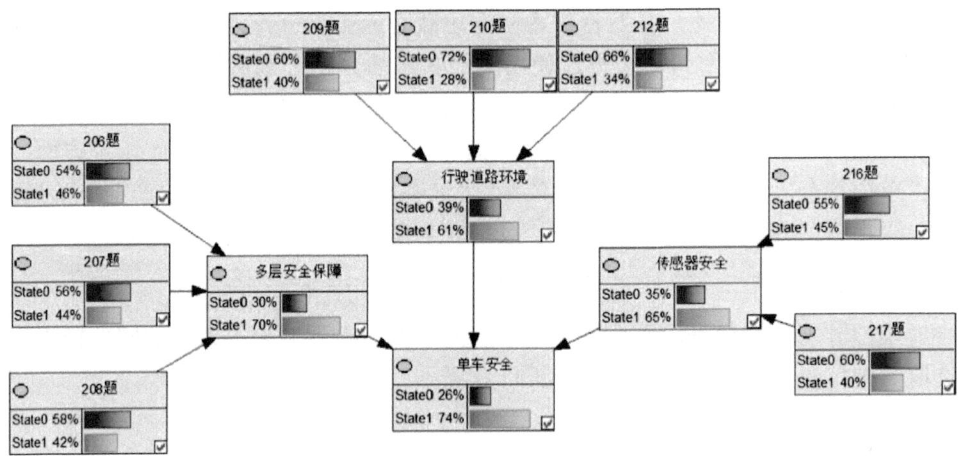

图3-4　单车安全风险贝叶斯网络节点概率分布

产业风险贝叶斯网络节点概率分布如图3-5所示，三级节点状态比较安全，其中，最不安全的419题，State0的概率为57%；在二级节点中，“第三方测试认证需求”的状态比较危险，“不安全”的概率为72%，“配套保险业不足”的状态也稍不安全，“不安全”概率为45%，但其他二级节点的状态较安全；一级节点“产业风险”在State0的概率为56%。

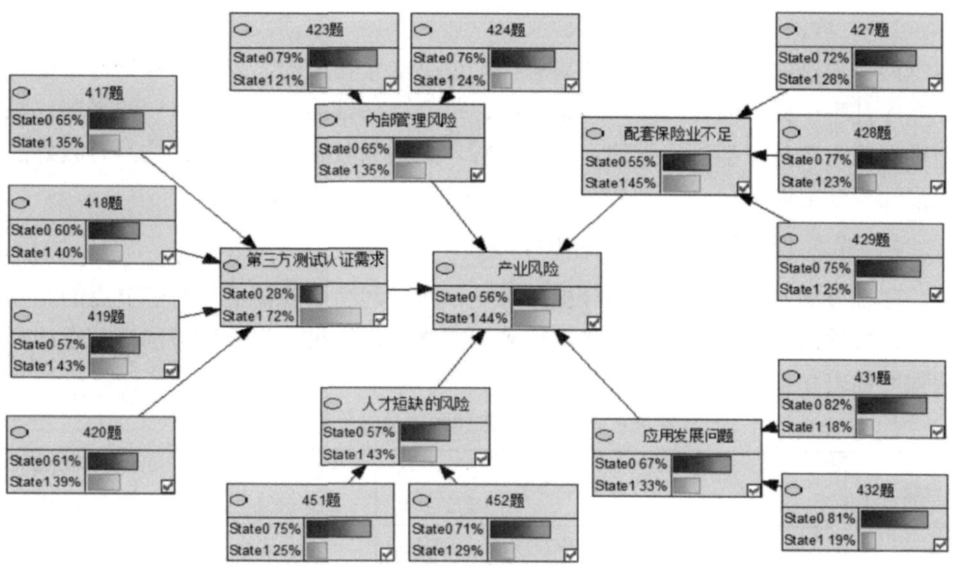

图 3-5 产业风险贝叶斯网络节点概率分布

法律政策风险贝叶斯网络节点概率分布如图 3-6 所示，三级节点的状态都偏安全，大部分在 70%以上，在 State0 的概率最低的 304 题，其“安全”的概率也有 64%；在二级节点中，“标准空缺”和“相关领域监管空白”的状态较为不安全，其状态在 State1 的概率分别为 60%、56%，而另外 2 个节点状态“安全”的概率都在 60%以上；一级节点“法律政策风险”的状态也较为安全，在 State0 的概率为 58%。

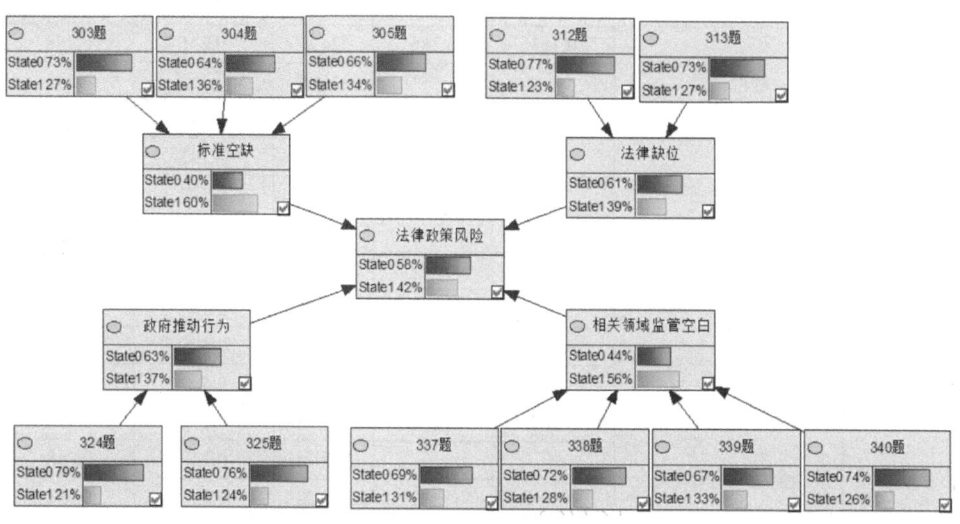

图 3-6 法律政策风险贝叶斯网络节点概率分布

2）一般消费者数据学习结果

两类人群的安全风险评估结果总体来说是非常相似的，二级风险指标的重要性顺序几乎一样，而在三级风险指标中，每个评估结果得到的最重要的那些三级指标，绝大部分也都是一致的。整体来看，无人驾驶安全风险的评估具有较好的一致性和稳定性。

4. 节点影响强度统计与评估对比

除部分展示的贝叶斯网络分析结果外，统计网络中各父节点对子节点的影响强度，根据由政府及从业人员数据得到的网络学习结果，安全风险网络节点的影响强度如表3-6所示。

表3-6　安全风险网络节点的影响强度

一级节点	二级节点	影响强度	归一化得到的权重	三级节点	影响强度	归一化得到的权重
单车安全	多层安全保障	0.427	0.343	206题	0.231	0.254
		—	—	207题	0.286	0.315
		—	—	208题	0.392	0.431
	行驶道路环境	0.439	0.352	209题	0.209	0.242
		—	—	210题	0.335	0.389
		—	—	212题	0.318	0.369
	传感器安全	0.38	0.305	216题	0.464	0.467
		—	—	217题	0.53	0.533
联网安全	车路通信困难	0.611	0.615	221题	0.48	0.484
		—	—	222题	0.511	0.516
	联网风险	0.383	0.385	224题	0.241	0.288
		—	—	225题	0.312	0.373
		—	—	227题	0.283	0.339
法律政策	标准空缺	0.236	0.182	303题	0.293	0.359
		—	—	304题	0.312	0.382
		—	—	305题	0.212	0.259
	法律缺位	0.416	0.321	312题	0.531	0.537
		—	—	313题	0.458	0.463
	政府推动行为	0.379	0.293	324题	0.478	0.484
		—	—	325题	0.509	0.516
	相关领域监管空白	0.264	0.204	337题	0.215	0.253
		—	—	338题	0.228	0.268
		—	—	339题	0.264	0.311
		—	—	340题	0.143	0.168

（续表）

一级节点	二级节点	影响强度	归一化得到的权重	三级节点	影响强度	归一化得到的权重
社会舆论	伦理问题	0.517	0.52	343 题	0.244	0.3
		—	—	344 题	0.308	0.379
		—	—	345 题	0.26	0.32
	舆论危机	0.477	0.48	350 题	0.321	0.392
		—	—	351 题	0.271	0.331
		—	—	352 题	0.227	0.277
技术水平	AI 技术缺陷	0.608	0.613	404 题	0.45	0.456
		—	—	405 题	0.536	0.544
	与无人驾驶相关的关键部件和技术短缺	0.384	0.387	412 题	0.311	0.303
		—	—	413 题	0.4	0.389
		—	—	414 题	0.317	0.308
产业风险	第三方测试认证需求	0.177	0.133	417 题	0.122	0.155
		—	—	418 题	0.276	0.352
		—	—	419 题	0.188	0.239
		—	—	420 题	0.199	0.254
	内部管理风险	0.293	0.22	423 题	0.45	0.455
		—	—	424 题	0.538	0.545
	配套保险业不足	0.308	0.231	427 题	0.243	0.261
		—	—	428 题	0.355	0.381
		—	—	429 题	0.333	0.358
	应用发展问题	0.32	0.24	431 题	0.512	0.52
		—	—	432 题	0.473	0.48
	人才短缺的风险	0.235	0.176	451 题	0.489	0.494
		—	—	452 题	0.5	0.506

3.1.4　我国无人驾驶的人工智能安全方案和风险应对策略

3.1.4.1　人工智能安全方案

通过对企业和政府相关部门深入访谈获得案例，提炼出安全风险，而后设计调查问卷进行试调查、数据分析并修正问卷，再进行大规模正式问卷调查，获得数据，从而进行无人驾驶的人工智能安全风险的识别与评估；最后，提出无人驾驶的人工智能安全涉及工程技术安全、人文安全、管理安全三大部分，如图 3-7 所示。

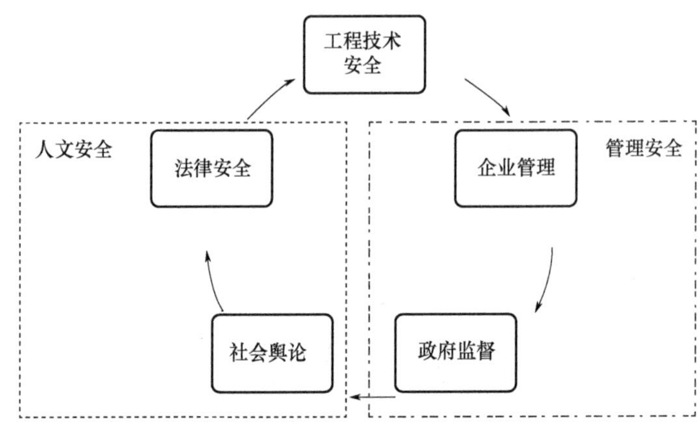

图 3-7 无人驾驶的人工智能安全方案

3.1.4.2 人工智能安全风险应对策略

针对无人驾驶的人工智能安全风险评估结果，需要根据各安全风险的风险水平，施以不同的关注。对于高风险，应视风险的可接受性，规避相应活动或承担相应风险，以将风险降低至可接受范围内；对于中风险，应平衡控制成本，改善内部控制；对于低风险，应实时监控其状态变化。

1. 无人驾驶的工程技术安全风险应对策略

工程技术安全风险是高风险，因此采用控制+转移+适度承担的应对策略。

（1）单车安全：普遍存在于汽车制造和行驶的各环节，存在带来盈利的可能性。无人驾驶系统架构设置一定的冗余，提供机器部件的备选操作及安全员人工接管的设置；在软件平台中构建极端气象事件应急预案，增强道路管理的柔性和对场景特殊影响的识别能力，从而提高单车安全性能。

（2）车联网安全：从车路协同的角度，增强道路基础设施的支撑，改造和完善道路基础设施；增强防范信息攻击和隐私窃取的能力，加强对黑客破解的控制和防范，利用 5G 技术降低信号时延，从而控制和转移单车安全风险。

（3）技术水平安全：未来的人工智能技术发展具有不可预见性，因此采用适度承担的策略。加强人工智能基础理论的研究和引导应用等，进行实时跟踪、学习和自主创新；在无人驾驶相关的关键部件和技术领域中大力发展基础工具、研发自主的算法应用芯片、提高处理器速度，并根据技术发展变化调整应用方向。

2. 无人驾驶的人文安全风险应对策略

人文安全风险是中、低风险，因此采用监控+引导+适度承担的应对策略。

（1）社会：从宣传、普及无人驾驶相关知识和法规的角度，法律政策风险采用控制策略。逐步出台相关标准，组织行业和政府机构标准的编撰，在执行过渡时期做好新旧标准的互认和相融；鼓励先试先行的地方条例，逐步修订相关法律，使无人驾驶交通法规的补充和完善达到标准化；加强地方政府领导的认识及法律风险意识培训，逐步改革政府管理机构的组织，加强相关领域监管，建立安全评估体系，明确信息安全保护方式，加强对高精地图和 V2X 通信的监管，优化制度流程并建立依法决策机制。

（2）心理：增强对自媒体舆论的监管、正确引导消费者、增强对销售中虚假宣传的监管，以及加强宣传行驶和道路安全基本知识。

（3）伦理：减少伦理的负面影响，相关伦理观念与产业化协调发展，以及加强国内无人驾驶相关的伦理安全研究。

3. 无人驾驶的管理安全风险应对策略

政府和企业的管理安全风险是中、高风险，因此采用控制+转移等多种应对策略。

（1）政府管理部门的监管采用控制+监管+引导策略。以政府许可和准入的模式，增强第三方测试认证、安全认证的真实性，加强对无人驾驶的核心部件/软件产品准入流程的控制和监管；加强行业标准的制定和完善，转移企业的风险。公安和法律机构的监管采用控制策略。增强与政府其他职能部门的联合管理，提高智能管理的水平。政府部门引导、拓宽行业的应用发展，加大商用场景的构建，加强落地行业的场景应用，建立若干示范领域和示范区域。引导企业、高校、研究机构等大力培育无人驾驶领域的中高端人才，积极参与高校新工科人才培养模式的改革，加强职业教育，改革和完善人才培养体系，完善人才的使用和流动机制。

（2）汽车制造和初创企业的内部管理风险应对采用控制策略。加强管理信息化和企业内部管理的升级；搭建涵盖组织控制、经营控制、人力资源控制、事务控制及审计控制等内容的风险管理保障体系，建立风险管理制度、流程和风险管理体系涉及的各业务制度、规程等制度流程体系，保证风险管控举措的落地执行。

（3）加强保险业的保障和配套支持，采用控制+转移+补偿策略。保险风险具有突发、小概率、后果严重等特点，主要从改革车险定价方法、保障测试车的权益、补充保险业的配套规则等方面开展。

3.2 多无人系统协同

随着新一代人工智能的兴起，我们正面临一场新的工业革命。人工智能在社会发展与技术演进等的驱动下，进入新硬件、新算法、新应用涌现的高速发展期，以群智协同为代表的一系列发展理念被纳入新一代人工智能规划。而在此基础上，智能无人系统架起了无人系统和人工智能之间的桥梁，也成为人工智能研究与发展的重要抓手和切入点。智能无人系统的范畴十分宽广，并未限制系统的形式或类别，系统只需要具备以下两个特征：其一是对先进人工智能技术的应用，其二是这些系统的活动不需要人的参与。因此，智能无人系统并不仅仅包含无人机、无人车及无人艇等实体系统，同时包含利用人工智能的先进技术来实现无人操作的网络上的软件智能体，如目前已投入应用的聊天机器人、网络自主攻防机器人等。

多无人系统协同是指多台智能无人系统通过通信、感知等方式实现组网，共同承担特定任务。同无人系统的概念类似，多无人系统协同并不仅仅包括无人机、无人车及无人艇/潜航器等实体系统间的协同，还包括网络上的软件智能体间的协同。多无人系统协同往往能够充分利用多无人系统的时空分布条件或交互信息，进行感知、决策、控制和评估，以达成各智能无人系统非协同作业时难以实现的目标。

本节首先介绍多无人系统协同的发展方向与进展；继而以人工智能的共性安全问题为蓝本，结合多无人系统协同的特征，对其发展和应用过程中可能需要考虑的安全要素进行分析；最后给出从技术角度保障多无人系统协同安全性的一些设想。

3.2.1 发展方向与进展

1. 战略布局

针对多无人系统协同的发展形势，为了对未来多无人系统协同的发展进行战略布局，近年来，各国的高校、政府或其他半官方性质的研究机构纷纷发布了相应的机遇分析、路线规划与法律法规等文件，以期激发相关产业的活力。

欧洲中空长航时无人机项目于 2015 年启动，法国、意大利、德国三国参与，达索、莱昂纳多、空客防务公司承担具体设计研发工作；2016 年，西班牙参与了该项目。2018 年，美国国防部公开发布的《无人系统综合路线图（2017—2042）》反映了无人系统的智能化、协同化、安全化发展趋势，阐明了对多无人系统协同 AI 网络安全的研究规划。2018 年，紧随其他国家，澳大利亚发布了其第一份机器人发展路线图。该路线图以澳大利亚在利基（Niche）应用领域的人才和技术优势为基础，为澳大利亚支持机器人产业提供指引。

与此同时，我国也对未来多无人系统协同的发展进行了相应的部署与规划。《国务院关于加快培育和发展战略性新兴产业的决定》（国发〔2010〕32 号）及《国家中长期科学和技术发展规划纲要（2006—2020 年）》《国务院关于加快振兴装备制造业的若干意见》等一系列文件都为多无人系统协同技术及其相关产业的安全、健康和高效发展提供了指导和支持。

2. 理论与技术

结合我国发展战略来看，多无人系统协同的理论框架与技术方略立足于我国新一代人工智能的发展。人工智能的迅速发展必定会在未来改变人类的生活和社会的运作。为了抢占人工智能发展领域的制高点，需要优先建立我国人工智能领域的成熟架构，加快建设创新型国家和世界科技强国。

2017 年，国务院印发了《新一代人工智能发展规划》。其中，多无人系统协同所涉及的理论主要有以下三个方面[21]。

（1）群体智能理论。研究群体智能结构理论与组织方法、群体智能激励机制与涌现机理、群体智能学习理论与方法、群体智能通用计算范式与模型。

（2）自主协同控制与优化决策理论。研究面向自主无人系统的协同感知与交互、面向自主无人系统的协同控制与优化决策、知识驱动的人机物三元协同与互操作等理论。

（3）高级机器学习理论。研究统计学习基础理论、不确定性推理与决策、分布式学习与交互、隐私保护学习、小样本学习、深度强化学习、无监督学习、半监督学习、主动学习等学习理论和高效模型。

多无人系统协同所涉及的技术主要有以下两个方面[21]。

（1）群体智能关键技术。开展群体智能的主动感知与发现、知识获取与生成、协同与共享、评估与演化、人机整合与增强、自我维持与安全交互等关键技术研究，构建群智空间的服务体系结构，研究移动群体智能的协同决策与控制技术。

（2）自主无人系统的智能技术。研究无人机自主控制和汽车、船舶、轨道交通自动驾驶等智能技术，服务机器人、空间机器人、海洋机器人、极地机器人技术，无人车间/智能工厂智能技术，高端智能控制技术和自主无人操作系统。研究复杂环境下基于计算机视觉的定位、导航、识别等机器人及机械手臂自主控制技术。

3. 研究前沿

近年来，各国对多无人系统协同的研究均取得了一定的进展，并对下一步的研究方向进行了规划。美国、俄罗斯等国的多无人系统协同研究起步较早，目前力求在底层技术和应用平台层面并行突破，使多无人系统协同走向安全、可靠和智能。我国对多无人系统协同的研究正在逐步开展，自主式智能无人系统被纳入人工智能 2.0 规划，并制定了发展路线图，按技术水平划分了 6 个阶段。当前，多无人系统协同的前沿理论研究正有序开展，各种智能集群作战平台陆续亮相，随着无人车等民用产品的普及，成规模的智能协同将是大势所趋。

在感知技术与认知技术方面，在 2019 年发布的《机器人操作的趋势和挑战》中，Aude Billard 借助柔性执行器，在视觉和触觉感知方面取得进步，可提供自然柔顺性，但仍需要对机器人感知机理进行进一步研究。Guillermina López Bendito 提出触觉地图概念，由神经系统创造严格的地形通路，由丘脑感知外围信息，并将信息点对点地传递给皮肤，从而形成全身各部位的触觉系统。在智能单体研究方面，2015 年，Brenden M. Lake 提出类人因果（物理世界）推理，发展智能体对物理世界的概念和因果关系进行推理的计算模型，提高从经验中逐渐形成常识的能力。2017 年，Gang Yan 在《生物神经网络的结构和工作原理研究》一文中，探讨了生物神经网络的结构和工作原理，提出基于网络可控性的神经元运动功能预测理论。在智能体集群方面，2014 年，多体协同机器人被提出，协作体不需要集中协调器，同时传感器和地图信息技术的高速发展将推动合作机器人大规模应用。2019 年，Shuguang Li 提出群体机器人，通过试验和仿真，验证了 24 个物理机器人和 10 万个虚拟机器人的具有确定性行为的大规模集群运动（包括趋光性运动、物体运输等）。于 2022 年 9 月 12 日至 22 日举行的 REPMUS 22 演习汇集了北约和伙伴国家、北约英才中心、北约海洋研究和实验中心（CMRE）及其他工业界和学术界的人士。在此期间，约有 1500 名人员测试空中、水面和水下无人系统的协调性。约 120 架无人驾驶飞机被整合到一个单一的网络中，用于一系列的试验场景。REPMUS 22 由葡萄牙领导，支持北约海上无人系统计划。北约海上无人系统倡议（MUSI）于 2018 年 10 月启动，旨在促进海上无人系统开发的互操作性，自那以后，它在 REPMUS 演习系列中发挥着越来越大的作用。

3.2.2 安全要素分析

多无人系统协同中的人工智能安全知识图谱如图 3-8 所示。本节主要从内生安全和衍生安全[43,44]两个维度展开。

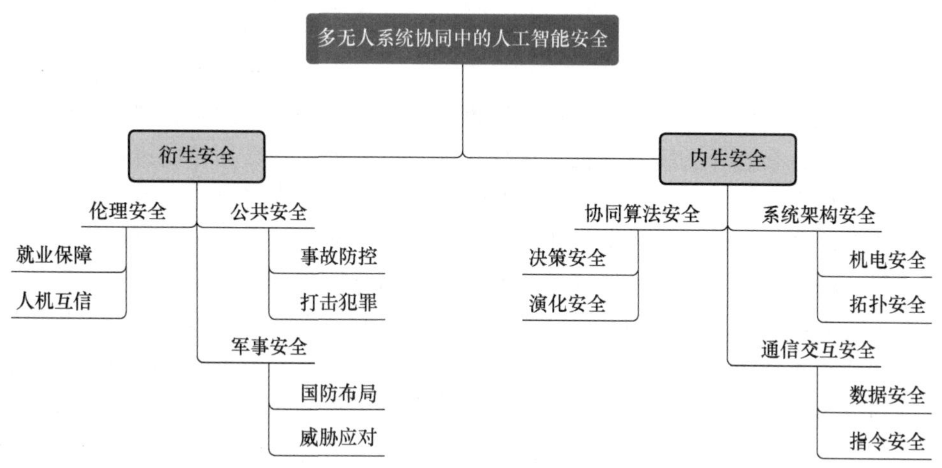

图 3-8　多无人系统协同中的人工智能安全知识图谱

1．内生安全

多无人系统协同的内生安全主要包括系统构架安全、通信交互安全和协同算法安全等技术层面的安全。多无人系统协同的内生安全，从局部到整体、从微观到宏观，依次涉及用于多无人系统中单体间交互的数据、搭载于多无人系统的软件及其算法、多无人系统本身的系统集成架构和多无人系统所处的网络环境[22-24]。

1）通信交互安全

多无人系统能够自主地处理通信网络中的数据和指令，并直接反映在多无人系统的行为上，一旦通信网络遭到入侵，数据和指令被截断、窃取、解密或篡改，多无人系统将不能正常协同执行任务。事实上，多无人系统面临大量与网络环境交互的需求，包括与无人系统的所有者交互，与通关审核者、受访者等各种实体任务对象交互。因此，多无人系统协同中的人工智能依赖的网络节点多，数据交互频繁，其协同控制中的通信/交互安全保障机制不够完善，易被恶意攻击、窃取数据。此外，电子干扰能对多无人系统的行动和网络通信造成大范围影响，容易在依赖关系链上产生连锁反应[33-36]。

无人系统操作通常依赖网络连接和高效的频谱接入。必须解决网络漏洞，以防止网络中断或被操纵。当今许多组织的关键任务功能都依赖信息技术，做好技术管理及确保信息的机密性、完整性、可靠性、可扩展性、可用性至关重要。由于国防部对信息技术的依赖性日益增强，所以信息系统的安全性越来越成为各级指挥官关注的重点。这个问题在无人系统中尤其明显，因为从本质上讲，无人系统更加依赖信息系统安全、有效、一致地工作。随着无人系统继续变得更加自主，并且成为国防部总体军事战略的组成部分，网络的可用性、可靠性变得越来越重要。

以多无人系统的数据中心为例，数据中心之间通过通信网络实现信息共享和数据调配。分布各异的敏感数据在通信传输、信号处理及数据存储过程中易受到虚假数据植入/攻击，可能导致出现敏感数据盗窃/泄露等问题，危害内部敏感数据的安全，同时导致特定任务的协同规划和管理不能有效完成，甚至产生破坏性的后果。根据对多无人系统协同技术发展趋势的分析和判断，未来一段时期内，随着多无人系统协同技术的发展，国防军事领域将成为多无人系统协同大规模应用的一个重点领域，而在作战任务中，特别是在多无人系统不便与后方指挥直接通信的情况下，多无人系统的协同作战需要保证可靠的加密、身份互认和数据污染检测。对加密要求较高的场合可以采用非对称加密方式通信，但是非对称加密方式相对于对称加密方式计算量更大、计算时间更长，必须根据实际情况评估可行性。

通信网络安全不仅要考虑数据安全，还要保障指令安全，即保证来自通信网络的指令由控制权的所有者发出，并且没有被截获或篡改。以无人机群系统作战与地面无人系统协同作战为例，在发展中前期，安全保障机制不完善，作战单元容易遭到入侵，进而转变为间谍节点潜伏在集群内并加入作战任务，而由于间谍节点在发作前与正常节点无异，所以难以发现这一异常攻击，而在作战关键时刻，间谍节点将进行攻击操作——倒戈或引发故障，导致集群任务失败。

2）协同算法安全

协同算法安全体现在两个方面，一是决策安全，即要求智能体能够做出符合使用者意图的正确决策；二是演化安全，即要求多无人系统群体智能的自主学习演化方向是可控的。决策算法的不完善、不成熟将导致决策安全问题，具体体现为无人系统的鲁棒性差，在遇到外界干扰时难以实现正常的协同决策，产生难以预料的决策结果；或者当系统的拓扑结构发生变化时，部分智能体可能无法按时做出准确动作，进而导致多智能体间的协同出现错误。决策安全出现问题将影响系统的一致性和稳定性，并在很大程度上降低协同任务的成功率。因此，智能协同算法需要有较高的稳定性，并且实时完成优化，以实现精准的协同控制。另外，多无人系统的群体智能通过自主学习进行迭代演化，演化安全要求控制演化的方向，使之符合人们的预期设想。为实现安全可靠的协同决策和演化，常见的做法包括在训练过程中加入假想敌和对抗样本、设计主动防御机制等。另外，深入理论研究，揭示多无人系统群体智能的协同演化规律，亦是将来的一个重要课题[37]。

目前，针对 3.2.1 节中所述理论和技术的研究正在如火如荼地进行[25]，但同时，这些基础理论框架和关键性技术中潜在的安全风险也应该得到重视。在《新一代人工智能发展规划》中，自主协同控制与优化决策理论突出了协同控制的实现及优化，却没有强调在协同控制时对非理想环境的应对。在感知与交互过程中，一旦受到干扰，多无人系统协同的安全一致性将被严重破坏。而实际上，多无人系统的安全一致性至关重要，在基础理论研究中，应当对这一问题进行更多探讨。另外，高级机器学习理论中也存在同样的问题，机器学习存在具有不可解释性这个根本缺陷，导致在面对一些针对机器学习方法的攻击时，会在应用上给机器学习方法带来较大的安全隐患。

下面从所使用工具的现状角度来分析软件算法安全。针对软件算法驱动可能存在的安全隐患，将结合两个实例来探讨，一个是 ROS，另一个是基于 TensorFlow、Pytorch、PaddlePaddle 等学习框架的深度学习。ROS（Robot Operating System）是一个用于编写机器人软件程序的平台，具有高度灵活的软件架构，能够跨平台创造复杂且鲁棒的机器人。它旨在提供一套统一的开源程序框架，简化构建复杂机器人的难度，用以在仿真环境或多样化的现实世界中实现对机器人的控制。目前，在机器人领域，ROS 是使用最为广泛的一个平台，其既有兼容性强的软硬件接口，能够支持 SLAM、多关节机器臂控制、机器学习、3D 运动等，又有通用的文件格式及可视化界面。但是，由于 ROS 的开源特性和自身特质，所以当代码量较大时，存在漏洞的可能性较高，这对 ROS 的商业应用造成了一定的影响。TensorFlow、Pytorch、PaddlePaddle 等作为人工智能领域广泛应用的深度学习框架，为深度学习算法的实现提供了保障。但同时，TensorFlow 等学习框架的应用，导致国内人工智能芯片缺乏自主可控的能力，存在受制于他人的安全风险。以 MathWorks 公司对哈尔滨工业大学停止服务为例，这一事件给哈尔滨工业大学师生的科研带来了极大的困难，同时也造成了难以估量的损失。未来，一旦这些学习框架停止了对中国的服务提供或进行了一定程度的封锁，如果我国没有自主研发的学习框架，将会给无人系统领域带来“灭顶之灾”。另外，基于这些框架的深度学习算法在语音识别与图像处理领域的表现要远远好于其他方法，而且在无人车、无人机及机器人系统中有着极其广泛的应用，这都极大地推动了智能无人系统的发展。但应用于多无人系统协同的深度学习算法目前只具备预测能力，还具有不可解释性和一定程度的错误率等本质缺陷，从而不适合一些对安全性要求较高的场景。总体来说，决策安全是未来一段时期内多无人系统协同软件算法安全需要重点关注的问题，一方面，要考量所依托的人工智能理论和算法的准确性和完备性；另一方面，要考量决策算法是否自主可控，工具本身是否会留下隐患，是否会导致多无人系统错误决策。

在长期的发展中，基于群体智能演化的多无人系统将可能自主学习并且独立完成演化，其演化方向的安全性为多无人系统协同的软件算法安全带来新的挑战。例如，无人系统作战集群在通信拒止环境下指挥失效后，各节点可能在沟通时难以完成对战局理解的统一而导致贻误战机，或者可能在非全局立场上因需要牺牲其他节点而产生机与机的矛盾等。在发展中远期，机与机交互内容涵盖经验，而不再局限于传递常规数据，容易使不当知识被学习和传播，使模型走偏。上述不可控交互可能在短时间内导致大量机器人的决策和行为与人类期望相左。多无人系统协同中面临的不可控交互演化风险，主要源于如下四个方面：第一，无人系统单体对其他单体任务与自身任务的关联性产生误判，学习弱相关知识，低估直接知识的价值；第二，作为知识源的无人系统单体所掌握的经验知识不完善，但这些不完善的知识可能像病毒一样在多无人系统内流行；第三，作为知识源的无人系统单体所掌握的经验知识不能用规则化的语言准确描述，使被传播的知识失去本义；第四，由于背景的偏差，多无人系统中的单体可能会对传播自其他单体的知识内容进行错误的理解和重新构建。

3）系统架构安全

前述内容讨论了多无人系统协同中的通信（网络）和算法两个重要基础环节，在此基础上，还需要重点关注具体的多无人系统的整体特征。系统架构安全，从机电安全和拓扑安全两个角度展开。

（1）机电安全。

机电安全要考虑异构单体无人系统的传感器、通信模块等的信息收发特性、信息处理能力和其他机构的机械电子特性及内外部的网络设备能否满足执行协同任务的需求，冗余设计是否足够。在多无人系统的机电安全中，导航系统和激光雷达等电子设备的安全是重中之重。目前，智能无人系统大多通过卫星定位系统（GNSS）来实现定位与导航，其中发展最早、最成熟的是美国的全球定位系统（Global Positioning System，GPS），已经有了大量相关研究与应用。近期，我国的北斗系统已在国内得到了广泛应用。激光雷达是一种应用非常广泛的雷达系统，相较于红外雷达，精度更高也更灵敏，但依旧存在安全问题。当激光雷达遇到烟雾或直射阳光等情况时，其精度将受到一定的影响，这对有着高安全性要求的无人系统来说存在极大的安全隐患。同时，激光雷达自身的分辨率不足，也会对无人系统的任务执行准确度造成一定的影响，根据不同的情景，其也可能存在一定的安全隐患。此外，在智能无人系统中，激光雷达对周围环境的误判将很容易导致决策的错误，从而引发更为严重的后果。近年来，一种思路是引入慢性测量单元（Inertial Measurement Unit，IMU）的信息，然而 IMU 也有自身的问题，如果用于长时位姿估计，则可能产生较大的累计误差，带来新的机电安全隐患。

多无人系统内部和外部都有许多网络设备，因此网络设备安全也需要重点考虑。5G、人工智能、SDN（软件定义网络）、NFV（网络功能虚拟化）等多种技术的普及不断推动着网络设备的更新。在 5G 技术发展并成熟的过程中，大量新型设备被启用，如 5G 基站、终端、核心网等；在人工智能热潮的推动下，大量的智能音箱、智能家庭网关等设备走进了大众视野；SDN 等技术的出现，推动了白盒交换机、网络控制器等新型设备的生产；NFV 技术则催生了虚拟路由器、虚拟防火墙等大量软件形态的网络设备。

系统集成利用计算机网络技术和结构化的综合布线系统，将分散相离的设备（软件、硬件）、信息和功能统一集成，形成和谐统一、互相关联的系统，让资源管理更加便捷、集中和高效，最大限度地实现资源共享。在系统集成过程中，仍然会有一些安全隐患出现。在各设备（通过接口）的互联、互操作过程中，依旧有一定的错误率，使整个系统的任务执行出现错误。

（2）拓扑安全。

拓扑安全是机电安全的一个拓展，需要在满足机电安全的基础上，考虑多无人系统的整体协同模式，考虑系统能否在复杂多变的场景中工作，完成对实时信息的采集、处理和交换，进而完成规划并执行任务。当多无人系统中的部分单体出现故障时，能否正确检测故障、进行拓扑切换以继续完成任务也至关重要。在多无人系统协同架构中，多无人系统的拓扑复杂性与单个无人系统的关键性要求降低。

多无人系统协同大部分属于分布式控制，通过相邻无人系统间信息的交互来实现对集群的控制。这一协同模式的好处在于，相较于集中控制（当控制单元出现问题时，整个系统将陷入瘫痪），分布式控制具有更强的稳定性。但是，若集群中的某个无人系统单元发生故障，则依旧会影响无人系统集群的整体行为。分布式系统结构的灵活性与系统控制的安全性之间存在矛盾，为了解决此问题，需要设计分布式故障诊断方法来实现故障单体的隔离，从而让其余无故障的无人系统单体能够继续执行所设定的目标任务。

2. 衍生安全

多无人系统协同的衍生安全主要探讨多无人系统在投入使用后，多智能体外部的人或其他事物可能面临的影响。多无人系统发生故障、受扰或决策失误时，除了任务失败和系统本身损毁的风险，还可能引发衍生安全问题；同时，如果多无人系统控制权的所有者怀有恶意，对多无人系统下达了带有其不良企图的任务命令，那么也会产生严重的衍生安全风险。多无人系统协同中的人工智能衍生安全主要考虑公共安全、伦理安全和军事安全。

1）公共安全

在多无人系统协同工作时，事故的发生将会危害公共安全，不但会对社会秩序造成一定影响，更有可能会威胁人身财产安全。当前，多无人协同系统在各行各业广泛使用，但安全性能评估体系尚未完善，易出现各种事故，如各种外界干扰导致的无人机群演示失败、无人车造成道路交通拥堵等。事故风险防控安全是多无人系统公共安全的一个重要内容。事故的发生会对多无人系统所处的环境和秩序造成影响，危害公共安全。多无人系统的特点满足带来公共安全事故风险的两个前提：一是从上述对内生安全的分析可以看出，多无人系统维持正确的行为模式面临着多方面的挑战；二是多无人系统未来的应用前景十分广泛，几乎涵盖了人们生产生活的各层面。

在空域中，无人机群是多无人系统的主要应用方向。根据用途，无人机群可以分为军用无人机群与民用无人机群。军用无人机群主要承担巡逻、侦察与攻击等任务，一旦受到敌方干扰或自身系统出现故障，无论作战是由无人机群完成的，还是由有人–无人机群协同完成的，多无人系统中单体的失控都可能威胁其他单体的安全，如发生撞击、坠毁或误伤等，将对作战进程产生致命影响。民用无人机目前有表演、监测及摄影等功能，飞行高度通常不超过 500 米，并远离飞机场与军事设施。民用无人机群的应用环境更加复杂，更有可能受到外界电磁干扰等影响，导致无人机群任务失败，而在失控时，无人机群不仅会对周围环境中的人群造成一定的人身安全威胁，同时有可能误入飞机场或军事区域等重要场所。误入飞机场将给民用客机的安全起飞与降落带来不可估量的安全隐患。无人机群一旦误入军事区域，一方面，可能对军用飞机的正常飞行造成严重威胁；另一方面，存在泄密的风险。同时，多无人机协同具有成本低、用途广、使用门槛低、身份信息隐蔽、杀伤面积大等特点，其非法使用将会严重威胁人身财产安全。

在地域中，无人车系统与多机器人系统是多无人系统的主要应用方向。无人车系统目前主要应用于民用领域，无人车的周边环境十分复杂，通常是由机动车、非机动车、行人组成的混合交通，当受到外部电磁干扰或导航系统出现错误时，极易引发无人车失控，轻则误闯红灯，重则引发车祸，这将对无人车周围的车辆、行人及其他设施造成极其严重的安全危害。多机器人系统应用范围较广，从工业机器人到医用机器人均有涉及，虽然所处环境有所不同，但多机器人系统均与环境联系紧密，通常用于完成某项任务，但机器人系统失控，将可能对周边环境中人的人身安全造成威胁。例如，对医用机器人来说，在进行手术的过程中，一旦失控，不仅会对患者的生命安全造成严重威胁，而且存在误伤医护人员的可能。

在水域中，无人舰艇系统是多无人系统的主要应用方向。无人舰艇系统与无人机群类似，分为军用无人舰艇系统与民用无人船系统。军用无人舰艇系统主要承担巡逻工作，一旦受到敌方干扰或自身系统出现故障，多无人系统中单体的失控都可能威胁其他单体的安全，如发生撞击或击沉等，将对作战进程产生致命影响。民用无人船系统通常用于执行环境较为危险、不适宜人前往的任务，如对水体污染的监测或极地考察等，在任务执行过程中，一旦出现失控情况，将可能对环境造成进一步的破坏。

多无人系统的发展势必会带来新的违法犯罪形式，而与单无人系统相比，多无人系统便于无身份、有组织的犯罪，极大地危害公共安全。

2）伦理安全

在社会伦理方面，在民用领域，多无人系统在完成重复性、规则性、可编程的工作方面更加快速、高效、精确，不仅可以替代体力劳动，而且可以替代大部分脑力劳动，在制造业、农业及医疗中发挥主力军的作用，从而导致众多工人面临转业或者失业的问题；而在军用领域，由于技术故障、判断失误等原因，在进行多无人系统协同作战时，可能出现对人类的误伤甚至误杀。多无人系统之间，以及无人系统与人之间的交互建立在信任的基础之上。一旦无人系统具备独立思维能力，将导致人与机甚至机与机之间的冲突。从远期来看，多无人系统协同智能化和自主化水平不断提升，存在超出人类控制的风险，将可能对人类产生伤害。

与单无人系统相比，多无人系统可替代的工种更广，易造成更多转业、失业。多无人系统协同中面临的军民就业安置风险，主要源于如下四个方面：第一，工作效率高，多无人机器人可全天候、高强度协调工作，故障率和能耗都很低；第二，管理成本低，多无人系统内各节点都能通过虚拟的奖励或惩罚，自发地向“榜样节点”高效学习，可有效降低管理成本；第三，任务效果好，在多无人系统协同中，每个节点分工很细，同时每个节点都能和全局所有节点进行交流，使全局作业结果稳定；第四，个体进步快，多无人系统内的每个节点通过交流都能“纵览全局”，把握整体对本节点的需要，对本节点的体系结构或任务执行策略进行优化调整、自我改进和换代。

以全无人工厂为例，分析多无人系统协同中的不法利用和就业安置风险，全无人工厂知情人少、隐秘性强，可能沦为不法分子的“黑心工厂”，甚至用于制造毒品、军火；全无人工厂能够高度协调，使管理、财务、研发、生产、质检、销售紧密互通，从而使更多职业“濒危”；机器人自换代在远期也有朝着通用智能演化的风险。

以机器人系统为例，机器人协同系统依赖相互间的无线电通信来实现任务的协同执行，当通信网络受到严重攻击或破坏时，机器人将失去控制，导致任务的失败；对用于执行高精密或高风险任务的机器人系统来说，如果被入侵，则可能造成极其严重的后果。例如，通过多个机器人协同完成整个手术，在手术过程中，由于安全保障机制不牢固，攻击者成功攻击多机器人系统中的某个或多个节点，使其变为间谍节点，向攻击者输送相关信息，攻击者通过间谍节点传回的信息分析手术的情况，在手术的关键时刻，通过被攻击的间谍节点，向整个多无人系统传递虚假数据或进行暴力操作，对患者进行重创甚至造成患者死亡。

以无人车系统为例，无人车在道路上往往不是单独行驶的，而是与诸多无人车在车联网的统一管理和调配下行驶的，因此，车联网通信的安全直接关系着多无人车的行驶安全。一旦车联网通信遭到破坏，网络中的无人车将按照不法分子的指令行驶，带来无人车的混乱行驶和灾难性的交通事故。

以无人机系统为例，无人机集群协同是目前比较热门的科研方向，其主要依赖大量廉价的无人机单体和可靠的通信连接。很多城市的无人机集群花样表演主要采用集中式的控制方式，利用一对多无线通信来控制大量的无人机。而无人机集群作战则更多利用分布式控制，采用局部的信息交互来实现协同作战。目前，无人机集群控制还没有形成可靠的安全保障方案。对于表演的无人机集群，一旦通信网络遭到非法破解和攻击，所有无人机将失控并可能对观众造成伤害。而对于无人机集群作战，无线通信的不稳定性与易受攻击的特性，将对整个无人机集群造成致命的危害。图 3-9 记录了 2018 年 5 月 1 日晚“红五月 • 西安城墙国际文化节”的无人机表演事故。

图 3-9　无人机表演事故

多无人系统协同中面临的不法利用风险，主要源于如下四个方面：第一，获取门槛低，市面上存在大量民用无人机、无人车集群产品，同时互联网上相关开源算法也很多，易于被不法分子改造利用；第二，杀伤面积大，挂载武器的多无人系统机动能力极强，能在短时间内造成大面积杀伤；第三，组织配合严，多无人系统内的各节点分工明确，同步实施犯罪行为，几乎不存在人类犯罪中可能的失误或弱点；第四，侦缉取证难，由于无人系统可以同步自毁，犯罪源头难以追溯，即使找到源头也难以取证。以无人机集群协同为例，分析多无人系统协同中不法利用风险问题：不法分子在廉价无人机上挂载弹药，借助难以控制的高速分散集群造成有组织的大面积破坏，并且能同步自毁躲避追查。

针对无人机系统的广泛应用，有关部门出台了一些相应的规定，相关政策如下。如图 3-10 所示，2017 年 5 月，中国民用航空局发文要求民用无人机机主须完成实名制登记。2018 年 3 月，中国民用航空局运输司下发《民用无人驾驶航空器经营性飞行活动管理办法（暂行）》，以经营性民用无人航空器为切入点，加强对无人机相关产业的监管力度。2018 年 2 月，中国民用航空局下发《低空联网无人机安全飞行测试报告》，通过实施联网无人机监管项目技术测试，深度研究和测试蜂窝网络在无人机监管中的有效性，进一步验证了国际电信联盟（ITU）提出的“利用现有蜂窝网络对低空轻小无人机进行监管”的技术可行性[55]。2019 年 1 月，中国民用航空局下发《基于运行风险的无人机适航审定指导意见》，建立基于运行风险的无人机风险等级划分方法，开展无人机适航审定分级管理。2022 年 9 月，交通运输部发布《无人机物流配送运行要求》（JT/T 1440—2022），涉及安全要求。尽管相关政策正在逐步完善，但多无人系统协同应用的安全问题有待进一步研究。

图 3-10　《民用无人驾驶航空器实名制登记管理规定》

3）军事安全

当前，国际竞争形势错综复杂，不确定因素所致的安全隐患陡增，保护国家主权和领土完整，抵御外来武装力量的侵略是军事安全的核心，强大的军事实力一直以来都是我国强大的根本，军事安全的重要性不言而喻。多无人系统协同目前在军事上应用最为广泛，未来的作战模式将随着多智能无人武器协同的出现而彻底改变[20]。在军事上，我们不仅要具备抵御外来武装力量入侵的能力，还要具备主动打击外来威胁源的能力。多无人系统军事安全领域已有两个著名的实例，一是 IS 武装人员、叙利亚恐怖组织等大肆使用无人机集群进行恐怖活动，造成人员伤亡和财产损失；二是俄罗斯在面对叙利亚恐怖分子的无人机集群攻击时，通过对无人机发出电子干扰，扰乱了无人机的作战系统，使相当一部分无人机失去了作战能力，甚至诱导无人机在己方基地降落，从而在完成防空任务的同时大大降低了无人机的破坏程度，可以设想如果被捕获的是我方无人机集群，则大量关键数据和技术可能外泄。这引起了科技先进国家对多无人系统安全的聚焦[26-32]。

3.2.3 技术保障措施

1. 复杂系统建模

基于对多无人系统协同的技术特征和未来应用场景的研判，要确保多无人系统投入应用后的安全风险可控，对人工智能安全风险的建模至关重要。实际的多无人系统是由众多智能体及其通信交互网络构成的复杂系统，而且各种军用场景和民用场景十分复杂，既有共性，又有各自的特征，不能一概而论，加之多无人系统对人工智能方法本身不可解释性的放大，如果前期建模不够精确，将存在预料之外的安全风险，造成不可控的生命或财产损失。安全需求导致了精确建模的需求，增加了建模的难度。

对多无人系统本身的建模，要考虑异构单体无人系统的传感器特性、信息处理能力和其他机械电子特性，还要考虑多无人系统的通信能力、组织能力、整体动力学特性和可能的协同决策或任务分配模式，属于复杂系统建模。1990 年，钱学森先生提出用综合集成研讨厅建模法来处理复杂巨系统问题，独树一帜，但这仅仅是“万里长征”的第一步。复杂系统的特点是高阶次、多回路、非线性、多时标、层次性、开放性、不确定性、病态结构等。目前复杂系统建模方法包括基于智能技术的复杂系统建模、离散事件动态系统建模、定性建模、非线性动力学系统建模和其他复杂系统建模方法。以什么方式来进行综合集成，仍然是一个有待于进一步探讨的难题。对应用场景的建模，是预测多无人系统协同中的人工智能安全风险的必要基础。例如，在多无人潜器系统设计中，要对任务中可能遇到的各种海底障碍、海流和其他不确定要素进行建模，否则会增加多无人潜器系统感知或决策中误判的概率，从而大大增加实际海洋试验的成本。在实际应用中，协同任务失败还可能造成其他损失。因此，通过建立人工智能风险生成模型来预测未来可能发生的风险，可以完善多无人系统的设计，对智能体模型进行有针对性的训练，并制订相应的风险应急举措，可以防患于未然，降低相应风险发生的可能性，从而为多无人系统协同技术的发展和应用保驾护航。

2. 大规模数据处理

传统方法主要在理论论证和计算机辅助设计阶段预测多无人系统的安全风险，所论证和设计的多无人系统在进入样机试验阶段后，在复杂系统建模的基础上，可以利用大数据处理方法来预测和分析潜在的人工智能风险。大数据处理技术是挖掘隐含规律的重要手段。对于已经明确的风险，如外界扰动因素引起的无人机、无人车、无人艇编队内部的碰撞，可以将多无人系统的不同单体或相似多无人系统集群在试验阶段乃至应用阶段发生同类安全风险事故的数据与正常数据进行大规模的信息挖掘，从而找到事故发生的诱因或前兆，有针对性地训练和完善此类多无人系统，甚至可以监测同类多无人系统的运行，向产生异常数据的多无人系统发送应急指令，降低未来发生同类事故的风险。大数据技术还可以辅助构建基于概率的效益—风险评估模型，如在军事作战、医疗手术和大型化工等对可靠性要求高的领域，在提升效益的同时，控制应用多无人系统协同技术后的风险成本与应用前相当。

3. 高动态特征分析

执行单一智能体无法完成的任务是多无人系统协同的一个重要目标，这些任务往往要求多无人系统应对复杂多变的动态环境。举例来说，恶劣的气象条件对绝大多数多无人系统而言是极大的挑战，可能直接导致任务失败乃至生命财产损失。在设计和试验阶段的安全风险预测基础上，对于要实际投入应用的多无人系统，还应为它们设计实时安全风险预测机制，即在高动态环境下，设计人工智能风险预测和分析方法。在研发多无人系统的过程中，多无人系统本身应具备一定的临机协同判断和协同决策能力，以应对环境的变化，规避风险。例如，植保无人机在执行任务过程中遭遇鸟群迁徙时，应有基本的自组织能力，能够判断雾气对视觉系统的影响，将红外传感器、超声传感器等其他信息源作为感知的主要依据，能识别雷雨、狂风等天气，即时寻找临时降落点，辅助出现故障的单体迫降并暂缓或取消任务。

4. 其他技术保障发展趋势

在技术层面，一些专家学者进行了关于网络安全和系统安全的初步科学研究，但目前只针对理想环境进行了理论研究，研究内容如下。横向探究多智能体的安全性问题与防御机制：在开放网络中，多智能体系统协同仍面临许多安全问题，潜在的安全威胁很可能影响其实际应用的稳定性、快速性和准确性[33-34]。丁俐夫等基于目前已知的多智能体通用模型[38]，研究其通信协议、访问控制和协调机制中潜在的安全问题，规范多智能体系统安全性问题的研究体系，总结系统设计过程中可行的防御技术和隐私保护技术，最后展望多智能体系统安全研究的发展方向，其提出的多无人系统的安全需求与防御措施框架如图 3-11 所示。

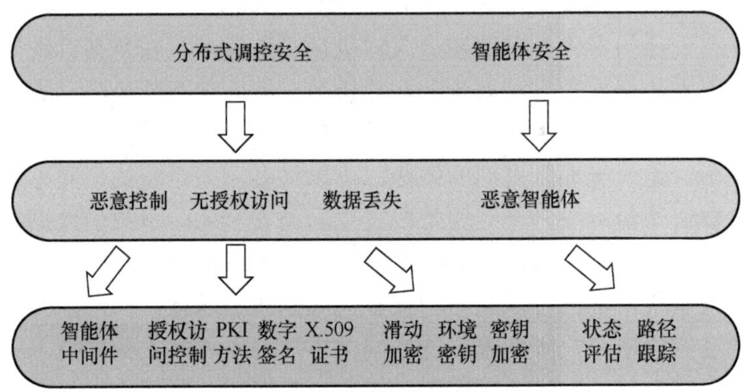

图 3-11　多无人系统的安全需求与防御措施框架

对于多无人系统的未来发展，目前依旧存在许多尚未解决的安全问题。首先，无人系统由于其自治性，很难被开发人员完全控制，如很多无人系统有权在特殊情况下违反开发人员为其预先设置的通信协议或访问授权协议等。如果使用更具强制性的控制方式，则很可能约束多无人系统的能力，最终对其性能造成严重的负面影响。其次，多无人系统中的信任机制与其分布性优势难以得到兼顾。这是因为在多无人系统中的每个节点都各司其职的情况下，各节点可能缺少与其他系统节点产生关联的触发条件，因而很难获得整个多无人系统的完整信息。若为了系统安全而提高各节点间的关联强度，则可能影响多无人系统的分布性。最后，对于多无人系统的各种实际应用，其具体需要考虑的安全要素是有所不同的。如何构建通用的安全模型，并以此建立适用于各种实际多无人系统的评估体系，是亟待继续深入研究的。未来，在多无人系统的自治性、信任机制及安全评估方面，还有很多难点问题需要解决。

针对多无人系统存在的数据泄露及控制权丢失的问题，可以为系统个体搭载不可被外界直接访问的安全存储空间，对数据进行加密处理，保证通信过程中的数据安全；同时可以采用数字证书、密钥等认证材料，进行双向的远程身份认证，以确保系统中每个个体身份的合法性及指挥部的可信性[35-36]。

随着多无人系统在工程领域的广泛应用，对多无人系统安全一致性问题的研究逐步开展。应对安全一致性问题最有效的手段是针对多无人系统各节点设计一种安全一致性算法。当遭受外界恶意攻击时，该算法会确保各节点状态始终处于设定的安全范围内，并促使这些状态逐渐收敛一致。为了实现安全一致性，学者们从各方面进行了相关研究，试图设计一种容忍性强的安全一致性算法，增强多无人系统对恶意攻击的抵抗能力[39]。

建立多层分簇协同框架可以有效解决系统架构安全问题。多层分簇协同框架可以帮助多无人系统在面对变化时快速做出反应，即使遇到故障也能实现拓扑切换，继续完成下一步的任务，从而使网络拓扑结构更加稳定，实现更加稳健和鲁棒的多无人系统协同[40-42]。

3.3　本章小结

大至国家的军事战略，小至每个人的日常生活，种类繁多的无人系统已经进入了人类社会的方方面面，既改善了人们的生活质量，又推动了新一轮产业变革和相关技术的高速发展。然而，无人系统在给社会创造价值的过程中也带来了诸多安全隐患及各类风险问题。

本章从无人驾驶安全和多无人系统协同两个方面介绍了无人系统的人工智能安全。在无人驾驶安全部分，根据对企业和政府等相关部门深入访谈而获得的案例，提炼安全风险，最后提出无人驾驶的人工智能安全涉及工程技术安全、人文安全、管理安全，并给出了应对策略和建议。在多无人系统协同部分，结合通信与交互、合作与博弈及群体智能演化等核心要素，基于内生安全与衍生安全两大安全要素展开。内生安全部分分析了用于多无人系统中各单体间交互的数据、搭载于多无人系统的软件及其算法、多无人系统本身的系统集成架构及多无人系统所处的网络环境；衍生安全部分介绍了公共安全、伦理安全和军事安全。最后，给出了几类关于多无人系统协同的技术保障措施。

参 考 文 献

[1] BEZAI N E, MEDJDOUB B, HABAIBEH A A, et al. Future cities and autonomous vehicles: Analysis of the barriers to full adoption[J]. Energy and Built Environment, 2021, 2(1): 65-81.

[2] 陈帅. 无人驾驶汽车安全行驶的三大系统[J]. 中小企业管理与科技，2018 (10): 172-173.

[3] 丁兆威. 车联网与无人驾驶[J]. 中国公共安全，2017 (4): 60-62.

[4] 冯珏. 自动驾驶汽车致损的民事侵权责任[J]. 中国法学，2018 (6): 109-132.

[5] 胡兵. 无人驾驶汽车交通事故侵权责任承担机制研究[D]. 贵阳: 贵州大学，2019.

[6] 贾宇涵，马晓春，杜明岗，等. 无人驾驶汽车涉水安全的探讨及报警系统的设计[J]. 科学技术创新，2019(19): 91-92.

[7] 孟露，张超. 无人驾驶汽车交通事故侵权责任主体和归责原则[J]. 北京化工大学学报（社会科学版），2019(3): 42-47.

[8] 石方铭. 基于 VANET 的无人驾驶通信协议安全研究[D]. 南京: 南京邮电大学，2017.

[9] 袁曾. 无人驾驶汽车侵权责任的链式分配机制——以算法应用为切入点[J]. 东方法学，2019(5): 28-39.

[10] 庄瑞. 基于大中型网络的无人驾驶技术网络安全研究[J]. 河南财政税务高等专科学校学报，2017, 31(2): 93-95.

[11] AWAD E, DSOUZA S, KIM R, et al. The moral machine experiment[J]. Nature, 2018, 563(7729): 59-64.

[12] BERGMANN L T, SCHLICHT L, MEIXNER C, et al. Autonomous vehicles require socio-political acceptance-An empirical and philosophical perspective on the problem of moral decision making[J]. Frontiers in Behavioral Neuroscience, 2018, 12: 1-12.

[13] BONNEFON J F, SHARIFF A, RAHWAN I. The social dilemma of autonomous vehicles[J]. Science, 2016, 352(6293): 1573-1576.

[14] 杜亮，王海涛. 汽车自动驾驶及其发展[J]. 信息与电脑，2018(1): 106-108.

[15] SAE International. Taxonomy and definitions for terms related to driving automation systems for on-road motor vehicles (SAE J3016)[S]. SAE International, 2016.

[16] 崔理博，赵明非. 无人驾驶汽车侵权的责任分析与法律规制[J]. 齐齐哈尔大学学报（哲学社会科学版），2019 (5): 82-84.

[17] 科宾 • J. M.，施特劳斯. 质性研究的基础: 形成扎根理论的程序与方法[M]. 朱光明，译. 重庆: 重庆大学出版社，2015.

[18] 刘世闵，李志伟. 质化研究必备工具：Nvivo10 之图解与应用[M]. 北京: 经济日报出版社，2017.

[19] 窦文悦，胡平，魏平，等. 无人驾驶安全风险的识别与度量研究[J]. 中国工程科学，2021, 23(6): 167-177.

[20] 吴勤. 无人系统发展及对国家安全的影响分析[J]. 无人系统技术，2018, 1(2): 62-68.

[21] 国务院．国务院关于印发新一代人工智能发展规划的通知[EB/OL]．(2017-07-08)[2021-04-27].

[22] 中国信息通信研究院安全研究所．人工智能安全框架 2020[EB/OL]．(2020-12-01) [2021-04-27].

[23] 陈伟光. 关于人工智能治理问题的若干思考[J]. 人民论坛 • 学术前沿，2017(20): 48-55.

[24] 杜严勇. 人工智能安全问题及其解决进路[J]. 哲学动态，2016(9): 99-104.

[25] 王伟嘉，郑雅婷，林国政，等. 集群机器人研究综述[J]. 机器人，2020, 42(2): 232-256.

[26] The National Science and Technology Council. The national artificial intelligence research and development strategic plan: 2019 update [EB/OL]. (2019-06-21)[2021-04-27].

[27] CONGRESS. National artificial intelligence initiative act of 2020 [EB/OL]. (2020-03-12)[2021-04-27].

[28] Congressional Research Service. Artificial intelligence and national security[EB/OL]. (2020-11-10)[2021-04-27].

[29] The White House. Guidance for regulation of artificial intelligence applications[EB/OL]. (202011-17)[2020-12-03].

[30] Council of the European Union. European Coordinated plan on Artificial Intelligence[EB/OL]. (2019-02-18)[2020-12-03].

[31] The High-Level Expert Group on AI at European Commission. Ethics guidelines for trustworthy AI[EB/OL]. (2019-04-08)[2020-12-03].

[32] 叶纯青. 欧盟发布无人机通用准则[J]. 金融科技时代，2019, 288(8): 89.

[33] FARNAZ D, SHAMIM Y. A review on the applications of multiagent systems in wireless sensor networks[J]. International Journal of Distributed Sensor Networks, 2019, 15(5): 1-19.

[34] 王利，王普，闫峥. 无人机通信网络安全综述[J]. 网络空间安全，2019, 10(9): 13-19.

[35] 王宝楠，胡风，张焕国，等. 从演化密码到量子人工智能密码综述[J]. 计算机研究与发展，2019, 56(10): 2112-2134.

[36] 杨强. AI 与数据隐私保护：联邦学习的破解之道[J]. 信息安全研究，2019, 5(11): 961-965.

[37] 刘小垒. 基于群体智能进化算法的对抗样本生成研究[D]. 成都：电子科技大学，2019.

[38] 丁俐夫，颜钢锋. 多智能体系统安全性问题及防御机制综述[J]. 智能系统学报，2020, 15(3):10.

[39] 伍益明. 恶意攻击下的多智能体系统安全一致性问题研究[D]. 杭州：浙江工业大学，2016.

[40] 崔朝阳，孙甲琦，徐松艳，等. 适用于集群无人机的自组网安全分簇算法[J]. 山东大学学报（理学版），2018, 53(7): 51-59.

[41] 臧义华，李小娟. 基于区块链的无人集群作战信息共享架构[J]. 指挥控制与仿真，2020, 42(4): 19-22.

[42] 胡娜，万青云，徐良雄，等. 快递无人机的推进策略[J]. 电子技术与软件工程，2019(4): 70.

[43] 施文，王楷文，俞成浦，等. 多无人系统协同中的人工智能安全探索[J]. 中国工程科学，2021, 23(3): 82-89.

[44] 陈杰. 多智能体系统中的几个问题[J]. 科学中国人，2019(12): 38-40.

本章执笔人

胡　平　西安交通大学
窦文悦　西安交通大学
陈　杰　中华人民共和国教育部
孙　健　北京理工大学
俞成浦　北京理工大学
李　尧　北京理工大学
施　文　北京理工大学
王楷文　北京理工大学
王婉怡　北京电子工程总体研究所
刘思佳　中国银行软件中心

第 4 章　基于类脑计算的强人工智能及其安全

拥有像人类一样自主思考、自主决断、自主行为能力的强人工智能体，是人类想要创造并且正在创造的。类脑计算是实现强人工智能的可能途径之一，本章以基于类脑计算的强人工智能为主要讨论对象，针对其概念界定、技术实现途径展开分析和讨论；进一步从生命、社会、技术角度对基于类脑计算的强人工智能技术发展的时间点做出预测，并对其中潜在的安全问题进行分析；在此基础上，对基于类脑计算实现强人工智能的安全风险做出评估，最后概述安全风险对策与风险预防策略方面的研究成果。研究强人工智能的目的是更好地造福人类社会，以基于类脑计算的强人工智能为例，通过时间点预测和实现路径分析总结相应的潜在安全问题与对策研究成果，可以为迎接未知的强人工智能时代的到来提前做好必要的准备。

4.1　概念界定及其技术实现途径

4.1.1　相关基本概念

1. 自动化与弱人工智能

自动化在广义上通常是指在不借助人为操作的情况下，利用生命体以外的装置元件或能源，来完成人类所期望完成的工作[1]。自 18 世纪兴起第一次工业革命以来，自动化逐渐成为替代传统纯手工劳作的生产方式，为人类解放生产力和高速发展提供了根本性的可能。在这一时期，随着蒸汽机的发明，大规模的机械化和自动化生产方式逐步从英国传向整个欧洲，使得欧洲经济和技术水平得到了空前的发展。同时，生产力水平的提高也伴随着能源技术及交通运输技术的发展，这为人类的工业化发展奠定了基础。

到 19 世纪中叶，随着发电机、内燃机等新型自动化机器的发明，逐步完成资产阶级革命或改革的欧洲及美国、日本等相继完成第二次工业革命，标志着人类进入了“电气时代”[2]。电气化的发展使人工智能成为人类寻求技术突破和生产力解放的新方向。1956 年，美国麻省理工学院的约翰·麦卡锡教授在达特矛斯会议上首次提出了人工智能的定义：人工智能就是要让机器的行为看起来与人所表现出的智能行为一样[3]。安德烈亚斯·卡普兰和迈克尔·海恩莱因将人工智能定义为，“系统正确解释外部数据，从这些数据中学习，并灵活利用从这些数据中学到的知识实现特定目标和任务的能力”[4]。

20 世纪 50 年代后的近 70 年间，人工智能的发展并不一帆风顺，由于技术水平的限制，其间共经历了三起两落，直到进入 21 世纪才再一次迎来了黄金发展期。如今，人工智能技术已获得实质性发展，它正以难以想象的速度融入我们每个人的生活。自动驾驶、人脸识别、AI 语音交流等过去只能出现在科幻小说中的事物，已经实实在在地出现在了我们面前。

弱人工智能的概念是相对于强人工智能而提出的，在人工智能技术发展早期，由于大规模运算能力等瓶颈的限制，人工智能技术的发展一度停滞不前，导致学界开始思考人工智能的能力边界，催生了弱人工智能的观点。持弱人工智能观点的专家认为，人工智能无法真正像人类一样推理和解决问题，只能“形似”而无法“神似”，永远不会具备自主意识。

当下，人们所实现的人工智能均属于弱人工智能，人工智能技术（弱人工智能技术）已经成为当今社会发展的重要驱动力之一，人类的生产生活与人工智能越来越难以分离，随着硬件、芯片技术的发展，计算机的计算能力得到稳步提升，由此，人类不再满足于现有的人工智能技术水平，希望推动人工智能实现进一步的发展，实现有自主意识的真正的人工智能，即所谓的强人工智能。

2. 强人工智能

弱人工智能体无法实现像人类一样的自主思考、自主决断和自主行为，只是看起来足够智能，但只能依据人类的指令而执行特定任务。无论当今和未来弱人工智能如何高速发展，也无论其在某些方面的能力如何超越人类，其本质终究是机器，永远不可能拥有自己的思想，更不用说形成新的文明。

而强人工智能却拥有突破这些限制的能力。强人工智能的概念最早是由美国著名哲学家约翰·罗杰斯·塞尔教授针对计算机等信息处理机器而提出的，他认为“计算机不仅是用来研究人的思维的一种工具；相反，只要运行适当的程序，计算机本身就是有思维的”[5]。此后，科学家进一步对强人工智能进行清晰的界定，认为强人工智能体拥有自主意识，可以实现自主判断，拥有推理能力和自主解决问题的能力。在外形上，它可以是类人的，也可以是非类人的；在生存方式上，它可以与人类共生共存，也可以拥有自己的存在方式；在思想上，它可以拥有与人类相同的思维和道德准则，也可以拥有自己的逻辑思考方式及共生准则，总之，真正的强人工智能是拥有“灵魂”的类生物，而不是简单的机器和算法的堆叠。

强人工智能的“强”在于其类似于人类的心理能力和思维能力，这包含独立思考、权衡、决断、抽象的能力，选择最优解决方案的能力，错综复杂的心理活动，以及高效学习和知识迁移的能力。强人工智能在各方面性能上将比肩甚至超越人类。然而，这一切的实现难度是难以想象的，它不再像弱人工智能那样，只需要针对特定能力进行开发，也不再像深度学习方法那样，通过大数据训练的方式就能“学习”到所谓的智能，而是要全方位、高集成度地实现高级智能体，创造“灵魂”。强人工智能将有可能成为地球上新的“生命体”，这也许是人类社会进化的一个必经环节。

3. 发展强人工智能的意义

弱人工智能在进入人类生活之后，从很多方面改变着我们的生活方式。十年前，我们难以想象汽车不需要驾驶员就可以把乘客带到目的地，难以想象日常交易不再需要现金，而只需要扫码或者刷脸就可以进行。而在十年后的今天，这一切已经以超乎寻常的速度融入每个人的生活，这便是弱人工智能带给我们的改变。可以想象，当我们适应了人工智能技术给我们带来的便捷之后，很少有人会选择退回到十年前的生活。人工智能不仅改变了我们的生活方式，而且改变了我们对生活和社会的认知。诚然，当下的弱人工智能技术及其对社会形态的革新与重塑既带来便利，也带来问题。但总体来说，弱人工智能对人类的利是远远大于弊的。可以预见的是，强人工智能的出现对人类社会的影响将远远超过弱人工智能的影响，它将会系统性地彻底影响和改变人类生产生活的规则和习惯，以及世界的格局。而强人工智能技术的到来会给人类带来更大的益处还是灾难呢？强人工智能会带来哪些安全风险？如何做到未雨绸缪，从源头出发进行前瞻性的安全风险防范？这正是需要我们进一步探寻的问题和自主发展强人工智能的意义所在。

强人工智能的出现将给人类带来风险和机遇并存的新挑战，如何合理、安全地利用强人工智能，已经得到了世界各国的广泛关注，各国政府纷纷开始对该领域的技术路线、安全风险防控、法律与伦理道德问题进行前瞻性研究。

4. 强人工智能的应用领域

自 18 世纪英国爆发第一次工业革命以来的 300 多年间，人类科学技术、社会制度等各方面都发生了颠覆性发展。然而，社会运行和国际格局等诸多方面也暴露出很多问题，制约着人类社会的进步，如人口老龄化问题、国际地区发展不平衡问题等。这些问题的根源往往都指向生产力问题。以人口老龄化问题为例，随着人类医疗水平和生活水平的提高，人均预期寿命得到极大提升，与之并进的生育率下降等问题导致维持社会正常发展的压力越来越集中到逐渐减少的年轻人身上，而加快生产力水平的发展有助于解决老龄化问题。强人工智能作为一种具有自主意识的独立智能体，有可能作为新型劳动力，为社会生产生活注入新兴能量，使老龄化问题得以解决。同样，如果强人工智能能够极大地解放生产力，国际不同区域发展不平衡问题也可能会迎刃而解。

不同于现有的自动化技术，强人工智能可以无须人监督，全自主规划、生产、更新、维护；也不同于弱人工智能，强人工智能可以自主地对要执行的任务进行动态干预和调整。可以预见，友好的、为人类发展服务的强人工智能技术将为我们带来强大的经济动力，强人工智能的通用属性将使它可以在人们生产生活的几乎所有领域里找到用武之地，它所蕴含的广泛而持续的自主意识和创新能力对现有的所有产业都将产生颠覆性的影响，强人工智能完全可以驾驭、改造甚至重塑任何一种形式的经济体系，这一切对渴望彻底解放生产力的人类来说具有非凡的意义。

当然，任何事物都有两面性，毫无例外，强人工智能技术也将成为一把“双刃剑”，就像核技术一样，用好了就是造福人类的新能源，用不好就可能引起毁灭一切的核战争。当前，科技界对于强人工智能的未来基本形成了两种不同的观点，支持发展强人工智能的学者对强人工智能的实现和合理发展充满期待，他们认为人工智能领域的突破将非常有可能引领人类的第四次工业革命，对经济、社会、政治、军事都将产生变革性的影响，人工智能将以恰当的形式造福人类；而反对发展强人工智能的学者认为，拥有自主意识的强人工智能将对人类构成严重威胁，将不可逆地影响人类的命运。强人工智能是人类正在努力创造的智能体，但随着其发展成熟，也可能通过操纵社会、发起战争等方式引发一些实质性问题[6]。

4.1.2 关于强人工智能发展与实现的观点

1. 学术界和工业界对强人工智能发展的态度

学术界对强人工智能技术研究的争论非常大。霍金曾对强人工智能持谨慎态度，并多次警告说：“人工智能的发展可能意味着人类的灭亡。一旦经过人类的开发，人工智能将会自行发展，以加速度重新设计自己。”霍金认为人类是受到生物进化速度的限制的，而强人工智能则不会受此限制，进化速度将难以想象，这严重威胁了未来人类的生存和发展[24]。而斯坦福大学的教授李飞飞则认为，人工智能已经到了可以走进工业界、产业界，为人类服务的阶段，并且人工智能在自动驾驶、医疗健康、金融、零售等领域的应用已经不可阻挡[25]。国内的相关专家也纷纷表达了自己的观点。清华大学的张钹院士认为，现有的人工智能基本方法存在缺陷，必须走向具有理解力的人工智能，真正的人工智能还很遥远[26]。西安交通大学的徐宗本院士认为，人类要研制出自主智能还需要数十年的努力，当前面临的是基础问题，在本质上尚属数学研究挑战[27]。南京大学的周志华教授认为，当前人工智能技术所取得的进展源于弱人工智能，主流学术界并未将强人工智能作为发展方向，出于对强人工智能的担忧而不建议主动开展研究[28]。北京大学的黄铁军教授认为，人类不能固步自封于弱人工智能，智能演化过程不可阻挡，大脑意识奥秘等终极科学问题有待破解[29]。

相比于学术界的激烈争论，工业界对人工智能的看法则更为务实。无论大型科技企业还是初创的独角兽企业，都在鼓励其研发团队为实现强人工智能做出努力。谷歌和 DeepMind 团队都在采取具体措施来尝试实现强人工智能，如训练更大的通用神经网络等[30]。另外，特斯拉创始人马斯克也在积极探索强人工智能，2021 年，特斯拉团队研究的脑机接口实现了让猴子通过意念来玩游戏的任务，后期还将继续发展，以实现人通过意念控制机器的目标。

2. 学术界认为强人工智能可能的实现途径

人工智能有三个经典学派：符号主义、连接主义和行为主义。符号描述和逻辑推理不是智能的基础，而是一种表现，读写都不会的“文盲”就能拥有的“底层”智能才更基础。因此，连接主义和行为主义虽然困难重重，但有着更强的生命力，从中发展出的深度学习和强化学习成为当今人工智能的两大支撑。北京大学的黄铁军教授在为 2018 年图灵奖获得者、“卷积神经网络之父”杨立昆的自传《科学之路》所作的序言中，对强人工智能的实现途径进行了科学预测，他认为可能有如下三条。

一是继续推进“大数据+大算力+强算法”的信息技术方法，收集尽可能多的数据，采用深度学习、注意力模型等算法，将大数据中蕴藏的规律转换为人工神经网络的参数，这实际上是凝练了大数据精华的“隐式知识库”，可以为各类文本、图像等信息处理应用提供共性智能模型。

二是建立自然环境的物理模型，通过强化学习训练自主智能模型。例如，构造地球物理模型，训练出的人工智能系统能够适应地球环境，与人类共处共融；构造高精度物理模型（如基于量子力学模型构造出粒子、原子、分子和材料模型），可以训练出能够从事物理学和材料学研究的人工智能；构造宇宙及其他星球的物理模型，训练出的人工智能有望走出地球，适应宇宙中更复杂的环境。

三是推进“结构仿脑、功能类脑、性能超脑”的类脑途径，将大自然亿万年进化训练出的生物神经网络作为新一代人工神经网络的蓝本，构造逼近生物神经网络的神经形态芯片和系统，站在人类智能“肩膀”上发展机器智能。

4.1.3　基于类脑计算的强人工智能

1. 类脑计算的概念界定

自人工智能的概念提出以来，60 多年间，世界各国的科学家都在探索实现真正的人工智能，并一度希望计算机能实现类似人类的智能。然而，时至今日，计算机并没有实现所谓的自主意识和自我判断能力等。科学家渐渐意识到，可能需要寻找新的道路来实现类人的强人工智能。近年来，类脑计算作为一种新的强人工智能实现途径被科学家所关注，并开始尝试推动其从理论走向实践。

类脑计算指仿真、模拟和借鉴大脑神经系统结构和信息处理过程的装置、模型和方法，其目标是制造类脑计算机并产生类脑智能[32]。科学家认为，如果忠实地在结构层次上仿照人脑结构，采用微纳器件来仿真人类大脑的神经系统，制作所谓的“类脑计算机”，那么，当仿真的精确程度达到一定水准之后，这个类脑计算机就会具有像人脑一样的信息处理能力，强人工智能的“自主意识”也会随之诞生。与主张先研究明白“意识”和“智能”之后再去复刻“灵魂”的思路不同，这样的思路以一种更直接的方式探索实现强人工智能的可能[32]。类脑计算机可以依靠自主学习训练神经网络的方式来完成知识的学习和意识的形成，从而实现智能层次超越人脑的任务，这不同于现有的弱人工智能需要人们预先写入程序的做法。可以说，类脑计算就是仿照人脑，通过软硬件结合，“具备信息处理机制上类脑、认知行为表现上类人、智能水平上达到或超越人的特点”[33]。

2. 类脑计算的发展历程

不同于传统的冯·诺依曼体系计算机，类脑计算机将利用微纳光电器件等设备来模拟生物的神经元和突触等结构，通过脉冲神经网络的方式来实现输入信息的处理，从其概念提出到现在，已有大约 30 年的发展历程[34]。

北京大学的黄铁军教授等人对类脑计算的发展历史进行了梳理[46]：1989 年，加州理工大学的卡弗·米德提出了“类脑工程”的概念，并撰写了《模拟 VLSI 与神经系统》[36]一书，书中提出采用亚阈值模拟电路来仿真脉冲神经网络，其应用是仿真视网膜。2004 年左右，单核处理器的主频增长接近极限，设计者转向研究多核处理器，与此同时，学术界开始寻求不同于冯·诺依曼架构的替代技术。类脑计算这门小众研究逐渐走入大众视野。2004 年，斯坦福大学的夸贝纳·博亨教授研制出了基于模拟电路的类脑。2005 年，欧盟启动了由海德堡大学牵头的 FACETS 项目，重点研制基于模拟混合信号的神经形态芯片。2005 年，美国国防部高级研究计划局（DARPA）启动了 SyNAPSE 项目，该项目支持 IBM 与多家合作单位联合研发类脑芯片。瑞士洛桑联邦理工学院的亨利·马克拉姆同年与 IBM 合作启动了著名的“蓝脑计划”（Blue Brain Project），并在 IBM Blue Gene/L 超级计算机上开展尽可能逼近生物真实的大规模仿生神经网络模拟。2008 年，惠普公司实现能够模拟神经突触功能的忆阻器（Memristor）原型，并展示了首个忆阻器与硅材料的混合电路，这项研究使得人造突触热潮在全球兴起。2011 年，作为 FACETS 项目的延续项目，欧盟启动了

BrainScaleS 项目，研发大规模并行类脑计算机。2012 年，“蓝脑计划”所模拟的最大神经网络包括了多达 100 万个神经元与 10 亿个突触，其规模相当于蜜蜂的大脑，仿真速度仅为实时速度的 1/300。2013 年，欧盟又启动了由亨利·马克拉姆牵头的人脑计划（HBP），开展了包括神经信息学平台、医学信息学平台、脑仿真平台、高性能计算平台、类脑计算平台与神经机器人平台六个平台在内的研究。2013 年，美国启动了 BRAIN 计划，推动对于生物大脑的深入理解。2014 年，DARPA 的 SyNAPSE 项目推出了 TrueNorth 芯片，该芯片包含了多达 54 亿个半导体，但功耗只有 70 毫瓦，约为与之半导体数量相当的传统 CPU 的功耗的 1/5000。该项目实现了一个用于视觉对象检测的应用系统，包含 300 万个神经元，功耗只有 200 毫瓦。2015 年，德国海德堡大学在一个 8 英寸硅片上集成了 20 万个神经元和 5000 多万个突触，并成功运行了采用这种“神经形态处理器”的类脑计算机。2016 年，欧盟人类大脑计划宣布把建成的 BrainScaleS 系统和 SpiNNaker 系统通过互联网对外开放使用，以支持神经微回路模拟及在机器学习和认知计算中应用类脑原理的相关研究。2016 年 8 月，IBM 苏黎世研究院制造出特征尺寸达到纳米级别的脉冲神经元，未来可以小到 14nm。该神经元的每个单元能稳定存储 3 比特数据，还能执行数据关联检测等多种计算，并且能像生物神经元一样具有随机性。2016 年 9 月，日本东海大学绘制出了首个果蝇全脑神经网络三维图谱，其中共包含 10 万个神经元。近十年来，类脑计算的相关研究已经取得诸多阶段性的成果，各国的脑计划相继展开，对大脑进行深度解析的步伐正在逐步加快，并有望在未来十年内实现高等动物的全脑解析 [46]。

3. 类脑计算的国内外研究现状及对比

斯坦福大学的 Neurogrid 团队于 2017 年开发了新一代神经形态芯片 BrainStorm，这一项目自 2013 年启动，由美国海军研究办公室资助，最后的成果将成为嵌入式应用和集群服务器上的计算芯片，可以运行全脑模型。

IBM 主导的 SyNAPSE 项目在超级计算机上进行了大脑皮层仿真，在此基础上，为了突破规模瓶颈，开发了神经形态芯片——TrueNorth 芯片[37]，2014 年，*Science* 将之列为年度十大科学进展。2016 年 4 月，美国劳伦斯·利弗莫尔国家实验室和 IBM 公布了一款智能超级计算机，实验室数据科学副主任吉姆·布雷斯表示：“仿神经运算为我们创造了令人激动的新机会，这正是我们国家安全任务的核心——高性能运算和模拟技术的未来发展方向。仿神经计算机的潜在能力，以及它可以实现的机器智能，将改变我们研究科学的方式。”

为了实现全脑仿真的目标，欧洲人类大脑计划支持了两台大型神经形态计算系统的研制：英国曼彻斯特大学的 SpiNNaker 系统和德国海德堡大学的 BrainScaleS 系统，2016 年 3 月，两台阶段样机正式上线运行。SpiNNaker 在

2020 年完成的 106 机集成了约 1000000 个 ARM 核。BrainScaleS 于 2016 年完成了 20 块晶圆、400 万个神经元和 10 亿个突触的神经形态计算系统[38]，速度比生物系统快 10000 倍。2022 年，在人类大脑计划结束前，该计划预计构造一个由 500～5000 块晶圆组成的大型系统，即使是 500 块晶圆的方案，也能同时仿真 5 亿个神经元，由于其速度比生物神经元高万倍，因此将具备实时仿真人类大脑的能力。

近年来，我国也逐渐开始在类脑智能领域发力，北京大学、清华大学等多所高校和科研院所相继成立了与类脑计算相关的研究机构，并取得了一定的研究进展。

北京大学在北京市"脑认知与类脑计算"项目的支持下，围绕视觉系统解析仿真开展研究，研制出类脑机的"眼睛"。2015—2016 年，北京大学对灵长类视网膜进行了高精度解析仿真，实现了视网膜中央凹神经细胞和神经环路精细建模，提出了模拟视网膜机理的仿生视频脉冲编码模型。2017 年到 2018 年年初，北京大学成功研制了脉冲阵列式超速全时仿视网膜芯片。生物视觉信息处理机制虽然优越，但受生理限制，"主频"很低，仿视网膜芯片脉冲发放频率达 40000Hz，"超速"人眼千倍，能够"看清"高速旋转叶片上的文字。"全时"是指能够从芯片采集的神经脉冲序列中重构出任意时刻的画面，这是真正的机器视觉的基础，有望重塑包括表示、编码、检测、跟踪、识别在内的整个视觉信息处理体系。

清华大学团队提出了类脑混合计算范式架构，开发了"天机"系列类脑芯片。2016 年 11 月，清华大学团队研制出首款跨模态异构融合神经形态类脑计算芯片，可进行大规模神经元网络的模拟，具有超高速、实时、低功耗等特点，相关结果于 2016 年 12 月发表在 *Science* 智能机器人特刊。2017 年 10 月，清华大学团队成功研制了天机 2 代神经形态芯片，采用 28 纳米半导体技术，集成了千万个突触和约 4 万个神经元，同时支持脉冲神经网络算法和人工神经网络算法，与 IBM TrueNorth 芯片相比，在芯片密度、速度和带宽方面都有大幅度提升。2018 年，清华大学团队利用脉冲神经网络的时空特性，实现了在时空域的 SNN 误差反向传播算法，建立了 SNN 全连接及卷积神经网络新算法。

浙江大学及杭州电子科技大学联合研究团队面向低功耗嵌入式应用领域，于 2015 年研发了一款基于 CMOS 数字逻辑的脉冲神经网络芯片"达尔文"，支持基于 LIF 神经元模型的脉冲神经网络建模。

中国工程院发布的《全球工程前沿 2020》[40]中将类脑智能列在了 Top10 工程研究前沿发展趋势之首；并指出，近几年，各国纷纷开始类脑智能的研究计划，2022 年有望制造出首台能够精细仿真人类大脑的机器，加快类脑智能的发展。

4. 基于类脑计算实现强人工智能的可行性分析

类脑计算从结构层次上利用光电微纳器件来仿真人脑的神经元，当仿真技术达到一定精度之后，类脑计算机将有可能实现人脑的信息处理能力，并有可能产生“意识”。我们不需要等到人类对智能和意识有了成熟的研究之后才“仿造”大脑，而是可以“另辟蹊径”，通过“忠实地”仿真大脑结构来实现人脑功能的模拟。

北京大学的黄铁军教授认为，科学发现和技术发明从来就是相互作用的复杂过程，而不是前者决定后者的简单关系。例如，我国古代四大发明都是技术实践的成果，并没有科学发现作为前提。同样，飞机与空气动力学是另一个典型案例。经典流体力学形成于 19 世纪，但当时并未出现指导飞机设计的空气动力学。1903 年，莱特兄弟发明了飞机；1908 年，冯·卡门在专赴巴黎目睹飞行表演后，下决心要不惜一切代价研究风及风中飞行的全部奥秘，他说：“总有一天我会向法尔芒讲清楚他的飞机能上天的原因。”[32]

脑科学与类脑计算机之间也是类似的关系。虽然人脑有迄今为止已知的最为复杂的结构，但它的物理结构的复杂度仍然是有限的：人脑一般拥有约一千亿个神经元，其中每个神经元通过成千上万个神经突触与其他神经元进行连接。采用神经科学试验的手段，从分子生物学和细胞生物学的层次来解析大脑神经元和神经突触的物理、化学特性，进而理解神经元和神经突触的信号加工和信息处理原理，这并不是突破不了的技术障碍。随着研究人员技术手段的不断改进，大脑解析会日益精细，而神经元和神经突触作为信息处理单元，为解析精度设定了下界，因此，大脑解析是一个能够实现的工程技术问题[32]。

5. 基于类脑计算实现强人工智能的途径

北京大学的黄铁军教授在《类脑计算机的现在与未来》[32]一文中认为类脑计算应采取仿真主义，即通过结构层次模仿脑（非冯·诺依曼体系结构）、器件层次逼近脑（模拟神经元和神经突触的神经形态器件）、智能层次超越脑（主要依靠自主学习训练而不是人工编程）的途径来实现基于类脑计算的强人工智能。

1）结构层次模仿脑

结构层次模仿脑是指将大脑作为一个物质和生理对象进行解析，获得大脑运行的基本单元（如神经元和神经突触等）的功能及其连接关系。在这一阶段，主要通过神经科学试验，采用先进的分析探测技术完成。

英国科学家霍奇金和赫胥黎在 1952 年提出了以两人名字命名的著名的 HH 方程，该方程精确刻画了单个神经元放电的非线性动力学过程，为神经元信息处理建立了标准的数学模型。近年来，国内的相关探测手段也快速进步，北京大学生物动态光学成像中心主任、哈佛大学终身教授谢晓亮领衔的生物动态光学成像中心，可以通过单分子光谱观察细胞内部的动态生理过程。2014 年，华中科技大学的骆清铭教授牵头的“单细胞分辨率的全脑显微光学切片断层成像技术与仪器”荣获国家技术发明二等奖，该研究在神经细胞尺度上实现了脑皮层的结构解析。国际层面，2014 年 6 月，美国国立卫生研究院发布美国脑计划 12 年规划，重点支持新的大脑解析探测技术，目标是绘制出堪比人类基因图谱的人类大脑动态图谱[32]。

2）器件层次逼近脑

器件层次逼近脑是指研制能够模拟神经元和神经突触功能的微纳光电器件，从而在有限的物理空间和功耗条件下构造出人脑规模的神经网络系统。这方面的代表性项目是美国国防部高级研究计划局（DARPA）于 2008 年启动的“神经形态自适应可塑性可扩展电子系统”，其目标是研制出器件功能、规模与密度均与人类大脑皮层相当的电子装置，功耗为 1000 瓦（人脑功耗为 20 瓦）。

类脑计算研究的目标是制造出类脑计算机，其硬件主体是大规模神经形态芯片，这种芯片主要包括神经元阵列和神经突触阵列两大部分，前者通过后者互联，一种典型连接结构是纵横交叉，使一个神经元和上千个乃至上万个其他神经元连接，而且这种连接还可以通过软件来定义和调整。类脑计算机基础软件除管理神经形态硬件外，主要实现各种神经网络到底层硬件器件阵列的映射，这里的“软件神经网络”可以复用生物大脑的局部甚至整体，也可以使用经过优化乃至全新设计的神经网络[32]。

3）智能层次超越脑

智能层次超越脑属于类脑计算机应用软件层次的问题，是指通过对类脑计算机进行信息刺激、训练和学习，使其产生与人脑类似的智能，甚至出现自主意识，实现智能培育和进化。刺激源可以是虚拟环境，也可以是来自现实环境的各种信息（如互联网大数据）和信号（如遍布全球的摄像头和各种物联网传感器收集的信号），还可以是机器人身体在自然环境中的探索和互动。在这个过程中，类脑计算机能够调整神经网络的突触连接关系及连接强度，实现学习、记忆、识别、会话、推理及更高级的智能[32]。

4.2 时间预测及潜在安全问题分析

4.2.1 发展阶段预测

1. 从生命角度预测发展方向

从广义和宏观的角度来定义，生命是一种过程，过程中具有生命的本体能够复制自身，并保持复杂性。以动植物为例，当动植物体内产生新的细胞时，细胞并不会创造新的原子，它只是重新排列已经存在的物质，并在保持与原始基因形态相同的前提下复制自身的信息[41]。

不可否认的是，随着自然进化，生命的发展愈发复杂。从单细胞生物到多细胞生物，从细菌、病毒等简单的个体到复杂的人类种群，生命以不同的形式出现在地球上。尽管生命的表现形式千差万别，但他们具有相同的特性——依靠传感器和处理器来获得数据、处理信息，并以此为依据，做出行动和决策。以最简单的细菌为例，作为单细胞生物，细菌中的很多种类都具有感应器，可以感应周围环境中的溶液浓度。与此同时，细菌的鞭毛可以让细胞个体在溶液中游走，从而对环境的变化做出反应。然而，这种应激反应是由细菌的基因确定的，是通过遗传基因硬编码的。作为一种单细胞生物，细菌永远无法通过学习实现“向糖浓度高的地方游动”，而只能依靠随机游走和遗传变异发展。这是生命发展中的一个重要阶段：硬件和软件都是靠进化得来的，而不是靠设计。迈克斯·泰格马克在其专著[41]中详细定义和论证了这个阶段，并将其称为“生命 1.0”阶段。

“生命 1.0”的下一个阶段是“生命 2.0”。不同于“生命 1.0”，“生命 2.0”的硬件是由遗传基因和进化得来的，但其软件和算法则是通过“设计”来决定的。以人类为例，人类在刚出生时不具备任何技能，对这个世界一无所知。但是，随着时间的推移和教育的积累，人类可以逐渐掌握各种必要和非必要技能，如歌唱、舞蹈、游戏、工作、计算、分析等。这些技能随着不断学习，“刻”在了大脑中并被人类掌握，从而使人类可以顺利地完成各种任务。

这种软件设计的能力使“生命 2.0”取得了极大的飞跃。在环境发生变化时，处于“生命 1.0”阶段的生命只能通过不断突变和进化慢慢地适应环境，但是处于“生命 2.0”阶段的生命，则可以根据所学习的算法逐渐适应新的环境，甚至根据环境变化设计新的算法来进行适应。由此，“生命 2.0”相比于“生命 1.0”更加灵活和智慧。以细菌和人类为例，细菌作为“生命 1.0”的代表性生物，面对抗生素的刺激和干扰，可以随着遗传和变异，逐渐产生抗药性。但是从个体的角度来看，细菌无法改变自身的行为，即无法针对某种抗生素采取对应的抵抗措施。人类作为“生命 2.0”的代表性生物，则可以通过改变个体的行为来适应环境。以花粉过敏为例，如果人类个体知道自己对花粉过敏，则可以采取措施来避免接触花粉，从而避免过敏反应。这种反应表现了人类从软件设计角度来适应环境的灵活性。而在个体身上体现出的灵活性给种群层面的繁衍和发展带来了更大的优势，这也是“生命 2.0”优越性的显著表现。特别地，尽管原始人到现代人，人类的基因在几万年的时间里鲜有特别大的变化，但是随着人类知识的积累，随着大脑、书籍、计算机的信息总量爆炸，一个人可以在有限次的尝试下掌握一个领域的知识，从而适应环境。人类间的交流活动更是极大地促进了信息的积累和传播[41]。

在“生命 2.0”阶段，人类可以控制自己的软件设计，但是在硬件上，人类仍然无法做到突破自己的局限。没有人能够做到通过大脑记忆互联网上的所有信息，也没有人能够突破肉体的限制，仅凭自身的能力飞向天空乃至飞向宇宙。由此，“生命 3.0”被定义为“生命是自身的主人”，能够独立地设计自己的软件和硬件，完全脱离了进化的束缚[41]。

基于以上讨论，生命的发展被分成了三个阶段。在“生命 1.0”阶段，生命处于生物阶段，必须依靠自身的进化和对环境的适应，来获取合适的软件和硬件；在“生命 2.0”阶段，生命处于文化阶段，硬件依旧依靠进化来获得，但是可以根据自身的需求和环境的变化设计自己的软件，从而让个体更好、更快地适应环境；在“生命 3.0”阶段，生命处于科技阶段，硬件也可以根据个体的需求来进行设计，从而完全通过个体的思路来适应环境。

需要注意的是，三个阶段之间并不具有明确的界限。以人类为例，目前的人类处于“生命 2.0”和“生命 3.0”之间。一方面，我们能够对自己的身体（硬件）做一些微小的改动；另一方面，我们无法做到随心所欲地调整自己的“硬件”，如我们无法不吃不喝地度过每一天。从生命的角度来看，人类目前正在“设计自己的硬件”这一构想上进行大量尝试，逐渐迈向“生命 3.0”。而我们迈向“生命 3.0”的第一步，便是对我们大脑的探索和研究，探究如何通过我们自己的意愿来设计大脑、改造大脑。

综上，从生命角度预测强人工智能的发展方向，我们需要参考生命的三个阶段，对人脑进行不同层级的探索和分析，分别从设计、软件进化和硬件进化这三个方面进行研判。

2. 从社会角度预测发展需求

毫无疑问，人工智能的发展将会带来大幅度的生产力提升。普华永道估计，到 2030 年，人工智能的应用部署将为全球增加 15.7 万亿美元的 GDP，其中，中国将占据其中的 7 万亿美元，这是在工业革命之后最大幅度的提升。人工智能彻底融入社会，赋能传统领域，会经历四个阶段：互联网智能化、商业智能化、实体世界智能化及自主智能化[43]。

智能技术逐步发展、智能设备不断普及，随之而来的新需求越来越多。以智能交通为例，随着摄像监控的普及，如何快速敏捷地对街道数据进行采集，对路网进行建模，是对人工智能新的需求和挑战。除了智能交通，在医疗、游戏、文娱、视频等方向，智能技术也带来了新的需求[57]。

互联网智能化兴起于 2012 年，各大互联网公司利用人工智能算法作为推荐引擎：这些算法了解、研究、学习用户的个人喜好，从而推荐专门针对用户的内容。使用互联网人工智能，阿里巴巴可以给用户推荐他们想买的东西，谷歌可以列出用户想点击的广告，抖音可以推荐用户想观看的视频。人工智能带来了更大的用户黏性，用户愿意花费更多的时间在互联网应用上，从而产生更多消费。互联网智能化的浪潮带动了一系列高科技产业及数字世界的发展。国内主流互联网公司已成为中国经济的重要组成部分。

商业智能化指通过人工智能算法来替代人类从业者。通过对人工智能算法进行训练，使用标签数据来生成一个人工训练的“专家”，让其在特定领域中的决策和判断超越同领域内具有丰富经验的人类从业者[42]。如电子诊所，机器自动分析出 CT 图像中的病灶区域，协助医生完成诊断；又如贷款评估，根据用户以往的征信记录，判断其能否偿还这笔贷款，省去了大量人力工作，并且机器的分析结果往往更加公平公正；再如法庭助手，在裁定时，法官可以把被告的犯罪记录、年龄、造成的伤害等相关信息输入判决辅助人工智能系统，该系统存储了大量的判决记录，可以从类似案例中做出有关量刑或罚款的建议。在商业智能化的浪潮中，传统公司得以真正获利，人工智能大大提升了其效率。

实体世界智能化是指将人工智能引入我们的实际生活，通过大量的传感器进行数据采集，并使用云服务器、终端计算等多种异构方式，将我们的生活场景内容转化为可量化、可训练的数据，并使用人工智能进行训练和优化[56]。智能硬件是实体世界智能化的代表。以“小爱同学”智能音箱为例，它可以采集周围环境中的声音，将其数字化并进行分析，实现人机交互；“城市大脑”路网监控项目通过摄像机采集路网实时视频，对其进行识别和分析，进而对当前路网进行实时数字化展示和分析；人脸识别技术则通过摄像头实现人脸数字化处理，并进行特征检测和分析，识别当前人的身份，从而保护我们的移动数据和财产安全[43]。实体世界智能化的浪潮将改变我们的日常生活环境，模糊数字世界与现实世界的界限，直到界限完全消失。这个转变依赖强大的硬件制造能力。

李开复在《AI 未来》中提到，自主人工智能是前三波人工智能浪潮的集大成者和巅峰。如果我们能够将机器的感知能力和复杂的数据进行有机融合，就能够得到强大的机器。这台机器不仅能了解世界，而且具有改变世界的主观能动性。当前被普遍应用的机械化设备只能够按照人工的设置来简单地重复某些既定算法，但是一旦需要做出决策，或者需要处理突发情况，机械化设备便无能为力。机械化设备不具备主观能动性，不能对外界进行感知，必须由人来控制。机械化设备可以处理简单且高度重复的工作，却无法应对奇异值[44]。

然而，人工智能使机械化设备赋能变为可能。当设备具有感知世界的能力，并由人工智能算法进行数据的综合处理、分析和决策时，工作范围就大大扩展，设备的普适性也大大提升。第四波自主人工智能浪潮的影响之深、范围之广，将彻底改变很多人的日常生活[44]。

第一波和第二波浪潮已经给我们的生活带来了切实的变化。随着第一波浪潮（互联网智能化）和第二波浪潮（商业智能化）的普及，互联网公司通过算法来取代传统的基于人力的股票交易、保险精算、医生助理及其他工作。随着传感器的不断发展，感知人工智能逐渐将我们生活中的各项信息转为数字化表达，通过数据和逻辑来对世界建模。在此基础上，第三波浪潮（实体世界智能化）带来了生产力的巨大改进。如今，机器学习开始自动进行人脸识别、语音识别，自动对我们身边的数据进行数字化建模和分析，从而理解我们的真实世界[45]。

不同于前两波浪潮，在大数据的驱动下，第三波浪潮带来的生产力提升为人工智能的基础和目标带来了改变。

首先，人工智能的基础发生了变化。人工智能仍然是以数据驱动的，但是过去的数据是小量的、人为编辑的数据；而现在，随着大数据的发展，人为对数据进行调整已然不现实。过去人工智能所处理的是符号信息，如单一的文字、图像等；而今人工智能要面向多媒体进行处理和分析，乃至服务和构造虚拟现实、增强现实等与真实世界的实时交互。在这样的背景下，人工智能的基础发生了重要改变[57]。

其次，人工智能的目标发生了变化。在初始阶段，研究人员对人工智能的期望是通过设计一个实体来模拟人类的智能和行为。而随着研究的不断深入，大部分研究人员形成了一种观点：人工智能可以部分模拟人类的智能，但是不能做到完全一致，两者各有千秋。人类在某些方面可以超过人工智能，同样人工智能可以在某些方面超过人类，如何综合人类和人工智能的能力，形成“1+1>2”的更强大的系统，是解决实际问题的重要方向[57]。

综上，从社会角度预测强人工智能的发展需求，我们可以参考人工智能赋能传统领域的四个阶段，在实体世界智能化阶段，探索数字化带来的生产力变革和需求变化。

3. 从技术角度预测发展阶段

脑科学和类脑计算是神经认知科学的重要研究方向和前沿科技领域，两者相辅相成、相互促进，是目前科学研究领域的新趋势。具体而言，脑科学主要关注对人脑的认知，以及对脑部疾病的诊治和预防。类脑计算则在脑科学的研究基础上，借鉴其研究成果，基于人脑的结构设计出对应的传感器元件、连接线路，为突破冯•诺依曼计算机架构做出尝试[54]。

类脑计算是走向强人工智能的重要手段和路线，通过模拟、仿真和借鉴人类大脑的构造、神经系统的结构及处理信息的装置、模型和方法，去仿真人类大脑的活动。一方面，类脑计算的研究已经有了几十年的发展，并取得了显著的成果；另一方面，由于人类对大脑和认知系统的认识不足，我们目前还处于研究的初级阶段。随着生物学和试验技术的不断发展和进步，大脑的构造和计算模式将被更多地了解和发现，因此实现类脑计算并不是“天方夜谭”[31]。

从技术的角度来看，类脑计算采取了仿真主义的路线进行实现。与符号主义、连接主义、行为主义等经典人工智能和统计主义的机器学习的技术路线不同，在结构层次上，类脑计算采取非冯•诺依曼体系结构，按照层次结构来模仿人类大脑，在器件层次使用模拟神经元和神经突触的神经形态器件来逼近人类大脑，在智能层次依靠自主学习和训练（而非人工编程）来超越人类大脑，最终逐步实现基于类脑计算的强人工智能[46]。

类脑计算的研究离工业界的实际应用还有较大的差距，这也是类脑研究下一步重要的方向。如今，基于脉冲神经网络的类脑芯片已经成为重要研究课题，其中视听感知与人类关系最为密切，其产业化前景最被工业界关注、研究基础最为浓厚，得到了相关人员的重点关注[46]。

《国家中长期科学和技术发展规划纲要（2006—2020 年）》[65]对脑科学与认知科学研究做了战略规划：“脑功能的细胞和分子机理，脑重大疾病的发生发展机理，脑发育、可塑性与人类智力的关系，学习记忆和思维等脑高级认知功能的过程及其神经基础，脑信息表达与脑式信息处理系统，人脑与计算机对话等。”目前，在基础研究和工业应用两个方面，脑科学和认知科学已经取得了巨大突破，是历史的里程碑。国外针对脑科学和认知科学纷纷推出大脑研究计划，我国也十分重视相关研究方向，启动了国家重大科技专项项目进行重点研究。我国的脑科学和认知科学研究重点关注对大脑认知原理的探索和研究，在此基础上，一方面发展以类脑计算为代表的基础元器件，另一方面探索针对脑部重大疾病的诊断和干预手段[55]。

综上，从技术角度预测强人工智能的发展阶段，研究人员将从算法和底层硬件上对“结构层次模仿脑”进行科学探索，并向大规模工业化应用逐渐发展。

4.2.2　时间点预测

关于何时可以实现强人工智能，以及强人工智能能否实现的争论一直存在，并且颇为激烈。

1. 牛津大学未来人类研究所的预测

对于强人工智能到来时间预测的问题，牛津大学在 2018 年对人工智能的发展时间线进行了全面的调研和分析。牛津大学未来人类研究所采访了 352 名人工智能研究人员，并发表了《人工智能何时超越人类表现》[50]报告。以下是报告中关于时间点预测的要点整理。

在报告中，研究人员指出，人工智能将赋能交通、金融、健康、科学和军事等领域，通过高效的生产力和生产方式改变现代生活[48]。为了适应公共政策，我们需要更好地预见人工智能的发展时间点。报告对机器学习研究人员进行了大规模调查，调查结果展示了他们对人工智能进步的看法。绝大多数受访者认为，随着人工智能的发展，人工智能将逐渐接管人类的工作，由此，人类社会将会受到积极的影响，从而产生更多具有创造性的产品和价值[49]。

《人工智能何时超越人类表现》[50]报告中预测了具有 50%可能性的人工智能实现人类技能的时间点，如图 4-1[49]所示。在图 4-1 中，描绘的区间是具有 25%～75%可能性的时间范围，黑色的圆点是具有 50%可能性的时间点（年份），每个里程碑表示人工智能实现了等价或超越人类专家的技能表现。

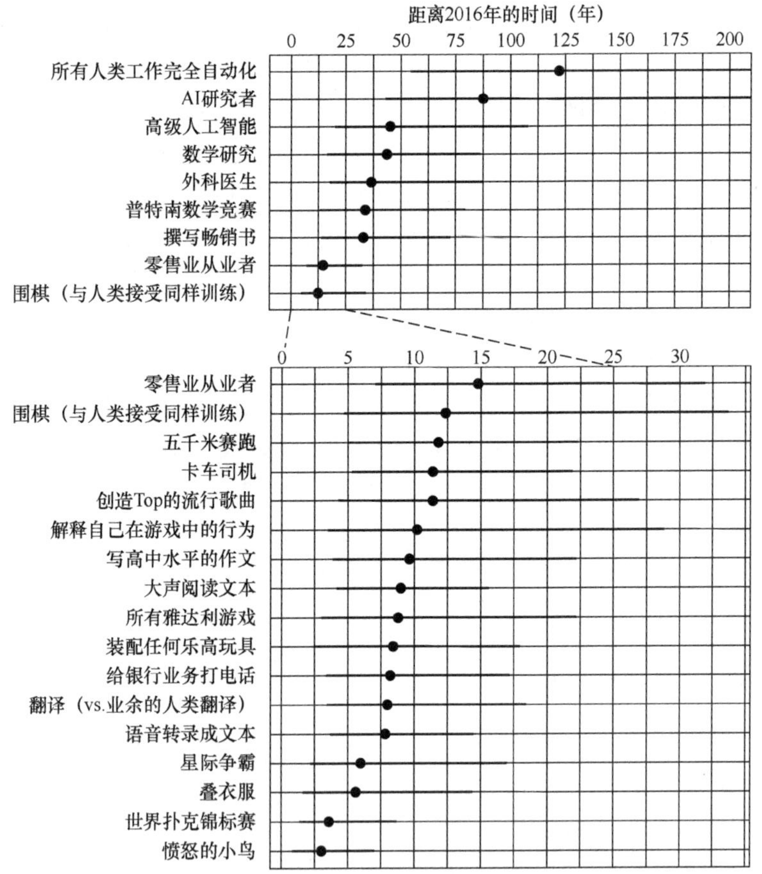

图 4-1　人工智能达到人类表现的预测时间中位数

研究指出，人工智能将主要替代重复性高的、复杂的人类任务，相比之下，创造性和创新性的工作依然需要人类来负责。随着人工智能带来的生产力的提高，人类将有更多的时间和精力去关注创造性的工作。

研究认为，人工智能专家有能力较为准确地预见人工智能的进步。依靠科学突破的人工智能发展本质上似乎很难预测。然而，仍有理由对预测持乐观态度。尽管个人突破是无法预测的，但是许多领域（包括计算机硬件、基因组学、太阳能）在研发方面的长期进展令人印象深刻。游戏和计算机视觉中人工智能性能的发展趋势也显示出这种规律性，人工智能专家可以在预测中利用这种规律。公认的是，汇总个体预测可以减弱随机个体预测的不确定性[49]。

2. 未来学家马丁·福特的预测

通用人工智能是人工智能研究的最终目标之一，其目的是建立具有广泛智能水平的人工智能。不针对某个特定的任务，强人工智能可以独立学习新的知识，适应新的环境，在非人为干预下学习新的技能。未来学家马丁·福特在 2018 年采访了当时最杰出的多名人工智能研究者，并要求受访者对强人工智能进行预测，判断在哪一年能够研发出具有 50%人类实力的通用人工智能[51]。

马丁·福特共调研了 23 位受访者，仅有 18 人给出了明确答案，并且其中仅有 2 人愿意实名回答。谷歌公司前工程总监、未来科学家库兹韦尔给出的时间是 2029 年，而 iRobot 公司创始人之一布鲁克斯则给出了 2200 年的答案。有趣的是，这两人的答案都是极端的，侧面说明了人们对于强人工智能的认识和研究还处于初步阶段。

还有一些受访者认为，在实现强人工智能的道路上，我们仍然缺少必要的技术基础，所有受访专家一致认同目前人工智能研究的局限性。迁移学习、无监督学习等被视为实现强人工智能的重要路径，然而在这些新的学习领域，目前学界还没有掌握核心的关键技术，也鲜有完整的规则和标准。马丁·福特在书中提到，这种基础层面的未知，可能是大部分受访者选择匿名的原因，他们可能担心引发不必要的关注。

3. 未来学家库兹韦尔的预测

库兹韦尔提出了“奇点临近说”。“奇点”是天文学中的概念，表示宇宙在大爆炸之前的一种存在形式，是通过爆炸形成宇宙前的瞬间时间点。库兹韦尔预测，人工智能的“奇点”会在 2029 年到来，彼时人工智能的智慧将彻底超过人类。这比业界的普遍共识提前了近 30 年[52]。

从人工智能诞生的第一天起，人们就对其具有原生的不信任和恐惧。尽管人工智能的发展和成就被公认，其带来的生产力进步也颠覆了不少学科，成为最尖端的前沿科学，但是一个最简单也最重要的问题摆在众人的眼前：人工智能是否能够取代人类，最后导致人类失业？这是每个人工智能从业者和研究人员必须面对的问题。

4. 美国麻省理工学院教授迈克斯·泰格马克的预测

美国麻省理工学院物理系终身教授迈克斯·泰格马克在其著作[41]中对强人工智能的发展做出了预测[53]。

迈克斯·泰格马克表示，他从不怀疑未来会出现强人工智能和“超级机器”。从宏观角度来看，人类的智能是对信息搜集、处理的过程。因此，从物理定律的角度出发，一个人造的机器同样可以完成相关的工作，并具有比人脑更高效的处理功能。因此，迈克斯·泰格马克认为强人工智能必然实现。

然而迈克斯·泰格马克同样表示，他对于强人工智能超越人类的具体时间点没有明确的预测。从实现的角度出发，关于强人工智能的研究能够达到什么样的目标、取得什么样的结果，在短期内完全依赖人类的知识和技术。但是，从物理定律的角度出发，强人工智能终将实现，长期目标取决于物理法则。尽管迈克斯·泰格马克没有给出明确的时间点，但并不表示他认为时间不重要。根据迈克斯·泰格马克团队的调研，强人工智能实现时间点的平均数为 2055 年[53]。

迈克斯·泰格马克借助机器人专家汉斯提出的“人类能力地形图”，做出了强人工智能对于人类失业风险的“能力地形图”，如图 4-2[41, 53]所示。图中的不同地形代表人类能力的等级。越处于低地的技能越容易被人工智能超越，而越向上的技能，所需要的抽象能力越强，其逻辑和创造力的需求度越高。由此可以看出，处于低地的技术，如“益智问答”“围棋”等，人类已经被计算机所取代。而编程、定理证明乃至艺术和科学处于能力的顶峰，目前计算机与人类相比还无法“望其项背”，但是假以时日，人类终将被强人工智能超越[59]。

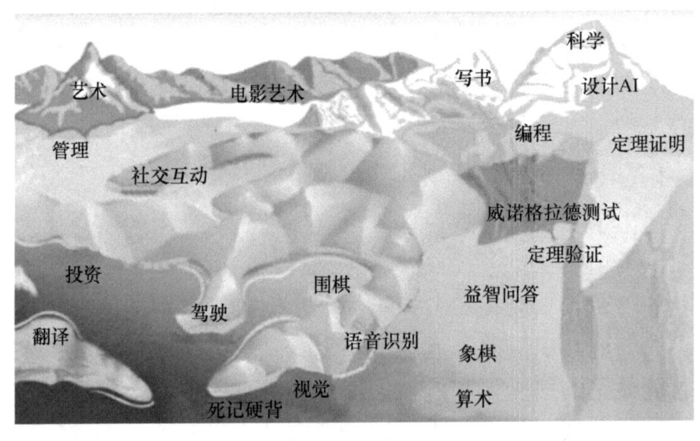

图 4-2 人类失业风险的“能力”地形图[41, 53]

4.2.3 理论及技术研究阶段的潜在安全问题

1. 模型的不可解释性

可解释性和不可解释性是广义上的定义。可解释性指我们在需要认知、了解或解决一件事的过程中，可以获得足够的、需要的信息。与之相对的是不可解释性。如果我们在一些特定的场景下，无法获得足够的信息来对某项事物进行认知和理解，那么它就是不可解释的。具体到人工智能领域，可以参考 2017 年国际机器学习会议的教学环节给出的一个关于可解释性的定义：Interpretation is the process of giving explanations to Human，也就是说，“知其然并知其所以然”[58]。

如果一个系统不可解释，则无法确认运行过程是否会受到其他因素干扰，影响系统的运行和目的。以诊断系统为例，基于类脑机的诊断系统在对病人的病情进行研判后做出诊断，其结果的准确性和可靠性只能从统计学的角度去估计；由于病因无从得知，因此其结果很难得到完全的信任。类脑机是强人工智能的基本实现途径之一。对于类脑机的信号载体，尚不确定是否存在一定的噪声序列可以对脉冲进行干扰，从而影响分类的结果。在强人工智能的训练过程中，也可能有类似的问题，这种模式坍塌存在被恶意利用的风险。因此，模型的不可解释性可能是强人工智能系统的潜在安全风险之一。

2. 研究方向的不可控性

“人类能力地形图”由机器人专家汉斯·莫拉维克提出。在地形图中，海拔高度表示相应任务的难度（对计算机而言），“海平面”表示当前计算机的能力。随着“海平面”的不断上升，计算机的能力不断提高，直到某一天到达了一个“临界点”，由量变引发质变。在这个“临界点”，计算机将具备自主设计智能的能力，从而具有主观能动性。在“临界点”之后，“海平面”的上升动力将由以人类为主转换为以机器为主，并且具有令人震惊的速度。

人工智能已经在人们生活的各方面取得了显著的成果，工业界和学术界中也有大量的研究人员为促进人工智能发展、探索人工智能技术付出了极大努力。随着人工智能技术的不断进步，目前“唱衰”人工智能已经是一件困难的事情了。有些人认为目标、广度、直觉和创造力是人类特有的能力，然而随着人工智能技术的发展，宣称人工智能不会拥有这些能力已经是越来越难的事情了。因此，在强人工智能实现之前，人工智能可能对人类社会产生一些重要的影响。

“人工智能是否应该受到监管”是一个值得讨论的议题。另一个重要的争议是机器的权责划分——是否需要赋予机器权利。以自动驾驶为例，如果无人驾驶汽车发生了事故，则谁应该对事故负责？法律学家大卫·弗拉德克给出的结论是：由汽车本身负责。大卫·弗拉德克指出，对于所有的无人驾驶汽车，在出厂前甚至应该由厂家购买保险[59]。

然而这种做法会导致其他问题。如果允许汽车（或其他人工智能）买保险，那么其作为一个主体，是否应该拥有私有财产？如果答案是肯定的，则从法律上我们无法阻止人工智能进行投资和购买服务，如人工智能通过高效的计算和信息处理，在股市大赚一笔，再用钱购买人类的服务。如果任由这类事情发展下去，机器可能会占据大部分的社会资源，这不是我们想看到的结果。

此外，人工智能如果被应用于战争，将会导致更为严重的问题。尽管人工智能在减少饥荒、疾病的问题上取得了比较显著的成果，但是如果将自动化武器投入战争，由于算法漏洞等导致其行为不可预知，那么可能会产生极为恐怖的结果。目前的大部分武器部署和作战决策都由人类执行，从而在过程中保证了行为的稳定性。然而自动化武器依旧是未来战争的发展方向。自动化武器可以针对战场变化做出及时的判断，这对于瞬息万变的战争具有极为重要的意义，对各国的国防部署都具有强大的吸引力。但与此同时，不加约束的自动化武器发展会给国际社会带来极大的动荡[41]。

3. 算法及硬件的不可靠性

人工智能（以及强人工智能）给社会的各行各业带来了极大的生产力进步。无论是学术界还是工业界，无论是金融制造、医疗服务还是社会治理、娱乐传媒，对人工智能的依赖都在逐步增强。因此，人工智能的稳健性和可信度就变得极为重要，然而算法和硬件作为人工智能的实现底层，其不可靠性依旧需要被重点关注[41]。

已有的强人工智能算法和硬件尚不能满足完全符合预期的可靠性要求。在算法设计的过程中，方案的缺陷和不成熟会导致系统崩溃。以欧洲的运载火箭发射为例，其任务曾因高精度数据超过硬件支持的位数而失败。与此同时，在人工智能专家系统的使用过程中，其所依赖的前提假设可能会在某些特殊情况下失效而变得不可靠，从而造成系统崩溃。以美国华尔街“闪电崩盘”交易事故为例，其错误的前提设置直接造成了股票价格的严重错误。事故总损失超过 10000 亿美元，严重影响了美国证券市场。

4. 技术的不可控性

人工智能作为一种技术，研发的初衷是让其服务人类，从而解放和发展生产力，为社会创造更多价值，从而推动社会进步。然而，目前的人工智能存在着严重的技术不可控问题。俄罗斯的一台自主学习机器人 Promobot IR77 在经过训练后逃离了实验室；扫地机器人 iRobot Roomba 760 在接通了自己的电源后爬上厨房的电烤盘“自杀”。诸如此类的事件还有很多，很明显已经偏离了研发人员的初衷。因此研发人员在推动技术发展的同时也在关注技术的可控性[60]。

随着环境数据的爆炸式增加，人工智能（尤其是强人工智能）将面对智能爆炸的风险。这是因为强人工智能具有自主性，可以基于环境数据自我完善和自我迭代，从而生成一个更新的版本。随着数据量的增大，智能版本不断提高，这种提高在一定程度上体现为功能和智能的完善，但超过了这个限度，就会导致智能爆炸的问题。需要注意的是，智能爆炸的速度无法由人类进行准确的预计，如果强人工智能的迭代速度较慢，在人类可控的范围内，那么我们将有足够的时间来对强人工智能进行功能判定，并制订有针对性的策略进行干预。然而一旦智能爆炸的发生十分迅猛，人类无法及时采取对策，后果将会十分严重[61]。

需要注意的是，具有自主性的强人工智能还具有快速繁衍性，如通过计算机病毒进行传播，极具破坏力。此外，木马病毒也可以侵入公司的主机，进行盗窃和勒索。如果病毒传播到城市基建设备中，那后果更是不堪设想。以智能电网为例，电网的耦合度极高，一旦某个节点被攻击，很可能整个电网都会瘫痪。因此，如果不对强人工智能加以限制，那么后果可能是无法想象的[61]。

除了智能爆炸，背叛转折也是强人工智能的潜在风险之一。牛津大学的伦理学家波斯拉特姆持有如下观点：将强人工智能拟人化是最大的误解。以人和大猩猩的关系为例，从遗传角度来讲，人是由猿进化而来的，但是人类并没有对猿类表现出顺从。同样的道理也适合强人工智能，尽管强人工智能由人类开发，但是强人工智能并没有必需的理由对人类表现出友好和顺从。因此，强人工智能对人类的行为并不能从情感的角度去理解。与之相反，强人工智能由于没有伦理道德和法律的约束，可能仅仅为了自由而对人类做出有害的行为，甚至痛下杀手。因此，如何引入友好定律，限制强人工智能的能力，提高技术可控性，是必须要解决的问题[61]。

关于引入友好定律，目前也受到了众多的质疑。无论是从理论的角度还是从应用的角度，在推行上都具有较大的阻力和困难。

引入友好定律面临的第一个问题就是开发局限性。传统编程方法需要人类根据业务逻辑编写一行行代码，但是强人工智能只需要人类对问题进行描述，求解和算法实现均由计算机自主完成，这样形成的代码和程序很难被人类理解，只能通过输入、输出对人工智能进行描述和定义，其内部逻辑不可控且无法预测。这种系统被称为“黑箱系统”。面对“黑箱系统”，人类无法对其安全做出保障，对其的研究也极为困难[61]。由此可见，如果需要在强人工智能的“黑箱”中加入友好定律，则首先需要对这个“黑箱”具有足够的了解和充足的认知，这是极为困难的事情。此外，友好的人工智能需要预测、了解人类的想法，推出更好的价值观，才能具有连贯意志，符合人类的三观。这需要不断对人类进行观察，并且通过遗传和迭代进行自我更新，贴近人类社会[61]。

引入友好定律面临的第二个问题是应用局限性。许多国家已经把强人工智能列为发展的重点方向之一。在这个阶段，有些组织和机构就会为了自己的私人利益，将人工智能投入战争、杀戮等恐怖场景，而且为了利益最大化，这些组织可能会采取手段反对甚至干扰友好人工智能接口的引入，这为友好定律的引入带来了困难[61]。

除此之外，人工智能（尤其是强人工智能）很容易被某些组织和机构利用以研发自动化武器。尽管国际社会一直存在抵制研制自动化武器的声音，但各国为了自己的利益，不会轻易终止各自的研发进度。这就类似于核武器，各国都会加紧研发以维护自己国家的利益和安全。长此以往，恐将导致人工智能军备竞赛[61]。

4.2.4 应用阶段的潜在安全问题

1. 强人工智能的数据、隐私及受攻击风险

人工智能作为科技革命和产业变革的重要力量，正在深刻改变我们的日常生活。需要注意的是，人工智能是一把“双刃剑”，虽然可以为我们带来便利，但同时引入的风险也是极大的，如隐私泄露的伦理风险。如何在发展人工智能的同时做好隐私保护，是目前十分迫切的伦理问题之一[62]。

人工智能的发展和应用需要海量数据的支撑，数据是人工智能的基石，甚至可以激进地说，没有数据就没有今天的人工智能的繁荣。如今人工智能迭代快速、应用广泛，随着算力的提升和算法的突破，体现出人机协同、群体智能、自主感知等重要的特征。值得注意的是，人工智能越“智能”，需要的数据就越多。在收集、处理和分析海量数据的过程中，不可避免地就会面临隐私泄露的问题。如何解决隐私泄露这一伦理问题，是当下人工智能发展必须要面对的课题。随着计算机的普及和移动终端的应用，个人的隐私数据非常容易被泄露。根据泄露的信息，算法可以为每个人进行个人画像，从而推断出每个人的喜好甚至是想法，导致个人在人工智能面前“裸奔”，毫无隐私可言，这是十分可怕的[62]。

2. 强人工智能的使用风险

深圳市人工智能行业协会发布的《2021 人工智能发展白皮书》显示，截至 2020 年，我国人工智能的核心产业规模高达 3251 亿元，领域融资达 896.2 亿元，单笔融资高达 1.9 亿元，相关企业数量达到 6425 家，大部分分布在人工智能应用领域。

人工智能已经被广泛应用到日常生活和各生产技术领域中。然而，人工智

能本身的实现基础和算法设计，依旧存在一定的风险，导致我们在使用人工智能尤其是强人工智能的过程中，将会面临较大风险，以下是四个主要使用风险的研判[63]。

（1）人工智能面临着数据泄露的安全问题。在人工智能的使用过程中，可能会存在别有用心的人设下的后门，导致用户的数据泄露。与此同时，人工智能如果应用了不被信任的框架，也可能存在数据风险[62]。

（2）人工智能面临着算法运行的安全问题。人工智能的算法过于复杂，其结构过于庞大，使用者并不知道其内在的运行逻辑，更多将其视为一个“黑箱”存在。如果“黑箱”被附加了恶意操作，则使用者很难知晓。

（3）人工智能面临着法律风险。除了立法和隐私保护，人工智能的权责划分同样是值得思考的问题。如果人工智能的应用给人类带来了侵权和危害，如在手术过程中由于应用了人工智能而造成了错误判断，从而导致了医疗事故，则其责任划分值得被讨论。

（4）人工智能会导致失业等社会问题。随着人工智能的普及，除了传统制造业和服务型行业，一些高技术工种（如律师、医生等）也将因为专家系统的全面发展而面临失业。如何创造新的就业机会、安排失业人士再就业，是一个重要的社会问题。

3. 强人工智能的自我发展和自主意识风险

强人工智能的自我发展和自主意识同样会带来风险，这是将强人工智能视为一个意识主体所带来的必然问题。以下对两个方面的风险分别进行阐述[64]。

1）强人工智能的自我发展风险

对初始智能体进行构建，并通过高效的准则约束智能体的进化，是实现自我发展和迭代的强人工智能系统的关键。作为开发者，人类可以根据自己的需求对初始智能体进行完美控制，但是强人工智能可以自主设计进化规则。而由于算力的庞大，强人工智能对进化规则的设计效率足以碾压人类，并通过自我进化进一步提升发展效率。因此，如果放任强人工智能自我发展，则其改进结果很可能远超人类的认知。

2）强人工智能的自主意识风险

首先，我们要区分“智能”和“意识”。“智能”指某个个体完成既定的复杂目标的能力。对人工智能而言，人工智能能够完成复杂的目标，因此人工智能具有“智能”。但是，在人工智能完成目标的过程中，它不会产生自己的体验，也不能理解自己的行为，因此人工智能不具有“意识”。尽管人工智能在许多工作上远超人类，但实际上人工智能仍然是人类的工具，人作为主体，只要具备意识就仍然是人工智能的主人。反之，如果人工智能具备了意识，那么其就具备了威胁人类的潜力。

4.3 安全风险对策与风险预防策略研究

4.3.1 安全风险评估及风险对策研究

强人工智作为一种人们想要并且正在创造的“机器”，可能会通过一定程度的社会操纵、新型战争或权力的动态变化等方式，引起一些实质性的问题。这种机器最初会听从人们的特定指令，但最终会自己做出决定，这可能会影响全人类的利益，甚至是安全，因此需要给人工智能研究人员和程序员制定国际保障和行为准则。类脑计算是实现强人工智能的主要途径之一[67]，对其进行安全风险评估和决策应对研究具有很强的代表性，可以推广至强人工智能的其他实现方案。

1. 对强人工智能安全研究投入的对比

政策方面，美国和欧洲根据各自的安全需要，针对人工智能安全问题出台了相关政策并建立了相关机构。为了统筹应对安全方面的机遇和挑战[68]，美国在2018 年 5 月 10 日成立了人工智能国家安全委员会[69]，谋求人工智能安全领域的话语权。为了争夺人工智能安全领域的话语权及法律规则的制定权，欧洲设立了人工智能高级别专家组[70]，希望将西方价值观引入人工智能的伦理道德体系。

理论技术方面，国外的学者与企业已经进行了很多对强人工智能系统安全的研究。以美国为例，民间的 OpenAI 团队早在 2016 年就发表了一篇题为《人工智能安全中的具体问题》的文章[71]，几乎涵盖了人工智能发展需要面对的各种安全问题。在人工智能长期发展方面，美国政府（尤其是军方）也投入了很多力量，有三个部门处于研究领先地位：DARPA 侧重对人工智能的安全性和鲁棒性的研究，使人工智能在网络和系统安全防御方面的能力得到进一步提升；IARPA 侧重对人工智能在异常检测方面的研究，保护隐私数据，防止恶意篡改；海陆空三军实验室侧重对人工智能伦理在军事方面的发展研究，以及人机交互和自适应态势感知等[72]。在这方面，我国与发达国家还存在一定的差距。当前国内专注于研究强人工智能安全的团队非常少。学界和产业界都专注于人工智能技术性问题，鲜有对强人工智能安全性问题的创新性研究。

人才储备方面，据《中国人工智能发展报告 2018》[73]的统计，美国在人工智能领域的杰出人才多达 5158 人，占世界总量的 25.5%，远高于排名第二的英国，是其 4.4 倍。我国人工智能高端人才数量为 977 人，不到美国的 20%，其中，杰出人才的占比仅为 5.4%，而美国则为 17.1%[73]。更值得注意的是，我国的人工智能高端人才有 40%是从美国的高校和科研机构中引进的[74]。我国在顶尖人才的储备和培养上与其他人工智能强国存在较大差距，这是我国在发展强人工智能及相应的安全技术的道路上需要面对的问题。

2. 影响强人工智能风险程度的因素

对于影响强人工智能风险程度的因素，要从强人工智能自身和人类这两个角度去考虑，主要包含三个因素。一是强人工智能自身的能力。这个能力是由系统在其设计领域中解决问题或者执行任务的好坏来表征的。如果这个领域中具有某种性能指标，如与系统可用的计算能力、内存和时间等资源相关的指标，那么评估系统的能力将会变得相对简单。二是强人工智能的通用性。通用性是对特定人工智能系统能够处理的任务种类、数量的一种度量。但通用性一般不好评价，尤其是当我们没有办法很好地定义一个领域的类型时。三是对强人工智能的控制。从人类用户的角度来说，人们最关心的是人工智能体的行为和决策是否可靠，通常希望衡量对特定行为属性的控制，如完成目标或避免“危险”行为。

强人工智能风险与上述三个因素有很强的关联。风险就是指暴露于某种危险之中。在强人工智能安全的背景下，一些特定的场景本身有可能间接地促成这一点，包括系统误读目标或目标定义不明确，这就是所谓的价值学习问题。另一个风险是系统会抵抗来自设计人员修改的外力。设计人员理应能够按照人的意志对系统进行修改，这称为系统的可更正性。在人工智能系统中，还有多种其他的风险表现方式。同样，没有完全令人满意的解决方案可以用来量化风险，但在一个环境中，我们可以将特定风险量化为概率或预期惩罚，然后通过数字比较不同因素对环境中风险的影响。

直观来看，更高的能力和通用性及更低的控制可能会带来更大的风险。然而，能力较低的系统也会因为无法有效履行职责而引发风险。这就是一个明显的安全问题，可以归类为“已知的未知”。另外，随着系统在给定领域中能力不断增加，还会产生“未知的未知”。智能体一旦变得“有能力”，就会造成不确定性，即如果智能体在一个领域中的能力比人类强，那么人类就不能完全预测智能体在该领域中的行为目的（除非我们拥有相同的能力）。在这种情况下，保证安全要困难得多。

同样，随着通用性的增加，系统带来的风险也在增加。这是因为系统变得更擅长处理各种各样的任务，这使得构建安全保障体系更加耗时。特别是当我们不理解它们时，高难度的任务可能比低难度的任务更危险。“基本人工智能驱动”[75]进一步加剧了高通用性系统的风险，这种观点认为人工智能系统为了确保自己能实现预设目标，会发展出自我保护的本能，并抢先获得相关资源。在这种观点看来，看似温和的目标也可能带来重大风险。

最后，当系统对其环境的控制越来越多时，系统带来的相关风险实际上可能会降低。智能体的行为随其控制力的提升而变得更加谨慎，也更加可以预见，当系统的目标与我们的安全标准一致时，智能系统的“深思熟虑”本身就是可以避免风险的。

能力、通用性和环境控制在某些方面会相互影响，进而进一步增加系统所带来的风险。虽然这些因素彼此严重脱钩，但它们并非毫无关联。图 4-3 直观地显示了这些因素之间的相互关系。

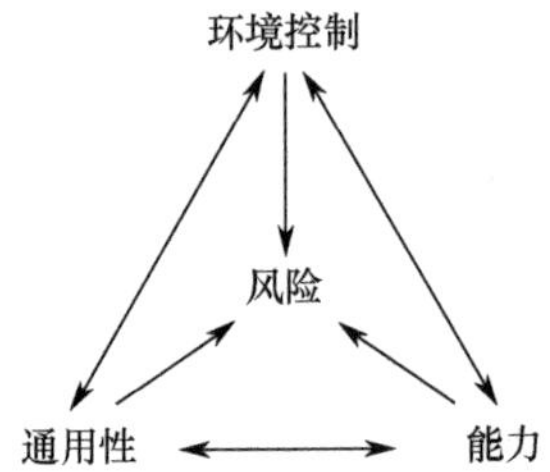

图 4-3　能力、通用性和环境控制与风险的关系

3. 应对强人工智能安全风险的基本准则

应对强人工智能安全风险，需要从理论和实践两个方面进行分析。

理论是实践的基础。从理论上保证模型的安全性，对于预防强人工智能的安全风险，以及保证训练和部署阶段的正常运行，具有指导性意义。在完善理论基础方面，应从模型的可解释性入手，验证模型的合理性，探索可能遇到的风险及其应对方案。在完善理论基础的过程中，首先应从认知神经科学入手。认知神经科学作为强人工智能的模型启发和理论基础，对强人工智能的设计具有指导性作用。结合认知神经科学研究，判断其可能存在的风险，并进行有针对性的处理，是保证模型安全运行的基石。与此同时，还可以从元学习（Meta-Learning）[85]的角度入手，探索强人工智能的实现方式。元学习作为目前看来最接近强人工智能的方案，目标在于解决“学习如何学习”（Learning to Learn）的问题。从元学习的角度入手，在分析如何教会人工智能学习的同时，寻找其中可能会遇到的问题，从实现的角度分析并解决潜在的安全风险问题。此外，强人工智能的理论安全还要从数学角度进行论证。目前有很多基于数学的工作被用来解决深度学习的可解释性。在强人工智能方面，数学工具一样应该被用来探索和论证其运行方式。从不同的数学角度入手，使用不同的工具进行分析，可以在多个方面论证强人工智能理论的安全性。

在实践上，从模型训练和部署的角度探索强人工智能的安全性，主要包括三点。一是保证数据集的全面覆盖性。根据深度学习的训练经验，一个完整而全面的数据集可以尽可能地覆盖更多的情况，使训练得到的人工智能具有更高的泛化能力[66]。因此，在训练过程中，应尽可能地搜集全面而完整的数据集，尽可能地覆盖客观世界的方方面面，从而保证模型的泛化能力，在面对真实情况时不会出现预料之外的行为和活动。二是保证数据集的安全性。强人工智能的行为逻辑与其训练的数据集密切相关。一旦数据集遭到污染，存在一些错误的或故意被引导的训练数据，就会导致强人工智能运行过程中的意外行为。针对数据集的安全问题，《美国国家人工智能白皮书》中提出了一个名为 TrojAI 的项目，专门通过人工智能或其他方法，寻找并排除错误的或“被精心设计的”污染数据。三是保证训练方法的安全性。针对不同的任务，设计不同的训练方案，使用不同的优化器、学习率及其他训练超参。有针对性的训练方案可以让模型更好地从训练数据中学习到运行逻辑，并且具有较好的泛化能力。从部署角度保证强人工智能的安全性，则主要从可信计算[86]的角度进行泛化。在底层的体系架构中设置一套免疫机制来应对恶意代码的攻击，从而保证系统安全可信地运行。将可信计算应用到监控人工智能的行动过程中，对强人工智能的行为在运行时层面进行监控和分析，通过一段时间序列来判断当前行为是否符合合理的价值取向和伦理观。如不符合，则采用外部干预的方式干扰或打断人工智能的当前行动，保证其不会做出违背价值观的行为。

4.3.2　理论及技术研究阶段的风险预防策略

强人工智能的理论风险预防，要结合当前类脑计算领域的研究现状[39]，分析可能的理论支持，预测理论技术研究阶段可能存在的风险，并提出对应的预防策略。

防控分为白盒防控和黑盒防控。在白盒防控上，需要完善理论基础验证并实现模型的可解释性，控制强人工智能的底层价值观、技术的标准化，以及平衡人工智能系统的稳定性与可修正性。在黑盒防控上，需要做好技术冗余，提升系统鲁棒性，并且做好攻击试验，提升系统可靠性。《针对强人工智能安全风险的技术应对策略》[6]针对白盒防控方面的问题提出了政策建议，本节对其进行引用，并针对黑盒防控提出风险预防策略。

1．模型的可解释性

完善理论基础验证、实现模型的可解释性，是强人工智能正确性的基础，也是强人工智能安全的形式化保障。

人工神经网络方法的出现，受到神经科学领域的启发[84]，研究神经科学，如一些特有的神经网络结构，也许能继续提升人工智能的学习能力。研究表明，目前已有的深度学习网络模型难以与人类的认知学习和理解能力相提并论。这是因为人类经过了长期进化，认知系统配备了特殊且复杂的基础结构，这些结构能够促进人类对意义概念和认知能力的学习。一个婴儿能在出生后的几个月中发展出复杂的感知和认知技能，如识别人脸目标、注视并跟随目标、物理交互和社会交互等，而这一过程只需很少的训练，甚至不需要明确的训练。能得到如此惊人的学习能力，人类认知系统的先天结构功不可没。为此，近年来也有一些针对婴儿视觉系统的研究，结果表明，通过建模将学习与先天结构联合起来，有助于提升学习效果[75]。

认知神经科学是将认知和大脑结构相结合，研究大脑构造、探索大脑运行方式的学科。基于对神经元结构的模拟，深度神经网络已经取得了令人瞩目的成果。认知神经科学绘制出了人类的全脑功能图谱，当前面临的挑战是如何建立与大脑结构功能一致且能够执行复杂认知任务的计算模型。而建立这类模型要依赖认知科学、计算神经科学和人工智能的发展及其相互影响。计算机与人类大脑类似的是，二者都是求解问题的物质基础。但是二者的不同之处也很明显，计算机在计算能力和记忆方面都远超人类大脑，但是在开放、动态、复杂的问题面前，计算机缺少解决问题的思维和创造力，而这类问题往往是人类经常面对的，这说明计算机离取代人类大脑的分析和处理能力还有很长的距离。所以，研究构成人类大脑基础的神经网络，才是构造新的、更加智能的人工智能的关键 [39]。

元学习[76, 83]作为学习“如何去学习”的方法，可以教会人工智能思考和推理，对于实现通用的强人工智能至关重要。如果延续之前的途径，从一开始就针对一个问题训练一个人工智能来解决，那只能得到一个弱人工智能。但是，如果想使智能体面对不同的问题，在更加复杂多变的环境中获得解决问题的能力，就不能专门化地训练人工智能，而需要借助元学习的方法，达到应对复杂多任务的可持续学习的效果。

硬件上，传统计算体系架构无法满足当前人工智能计算的需求，人工智能芯片的发展有很大的应用意义，推动着平台基础架构和生态的发展，属于人工智能的核心技术。人工智能芯片可以针对人工智能算法进行特殊的加速，现阶段主要是针对神经网络算法的加速，如英伟达公司的通用 GPU。随着技术不断进步，人工智能芯片也可以面向其他机器学习算法，其体系架构和应用功能也会有新的发展。类脑人工智能芯片（如 IBM 的 TrueNorth 芯片，以及清华大学的“天机芯”等）就是典型代表，首先，在底层架构上，它们不同于经典的冯·诺依曼体系，主要采用神经拟态网络结构作为底层架构设计[35]。这种架构将 CPU、内存及通信部件全部集成在一起，这样，信息处理速度就不会再被信息传输速度所限制。其次，还有一些新的元器件被用来提升学习速度，如 IBM 公司研制的人造纳米尺度的随机相变神经元。目前的类脑芯片还停留在研发阶段，离成熟生产应用还有很大的距离，但是从长远来看，类脑芯片一定会打破传统的体系结构设计思路，带来体系架构的革新[54]。

当前，有许多学者从数学角度探索深度学习的可解释性，包括结构表达能力分析、泛化能力分析、物理角度分析、信息论角度分析、流形学习等。然而，目前并没有一套公认的、完整的解释深度学习的理论框架，模型的可解释性仍然是一个复杂且重要的问题。从数学角度论证模型的可解释性，探索模型各模块的功能和贡献，模式化地从语义角度对模型的架构和功能进行分析，也应当成为强人工智能可解释性的重要研究点。

2. 严格控制底层价值取向

设计明文规则，从而限制人工智能的行动范围。目前，人工智能给社会带来的一系列安全风险，其原因都可以归结为算法的设计，因此想要管控风险，一个重要的方面就是规制算法。而规制算法不能仅限于规制其结果，这种模式不足以应对未来强人工智能算法失控所引发的风险。由于人工智能的复杂性和不可解释性，很难从源码角度对其价值取向进行限制和监控，所以如何从行为角度对人工智能的价值取向进行限制，通过明文规则限制人工智能的行动范围，是当前重要的研究目标之一。在元学习的过程中，科学家发现可以通过构建底层的价值观网络来加速推理，指导行动网络采取行为。对于底层的价值观网络，由于算法的复杂性和数据集的不可控性，我们很难采取措施对其推理过程进行限制。但是对于行动网络，我们可以通过人为加入一些明文的规则，保证其在原子行动上符合正确的价值观，即对于每个独立的动作，我们限制其不会进行错误的行为，还可以利用可信计算来监控人工智能的行动过程，将符合人类正确价值观、伦理道德的行为设定为“合理可信”，在运行时进行监控分析，一旦发现人工智能的行为不符合设定的价值观，就通过外部手段干涉其行动[80]。

3. 实现技术的标准化

模型设计的标准化：在人工智能领域，有许多被广泛使用的基础模块，如 3×3 的卷积神经网络、ReLU 激活函数、批归一化等。通过对基础模块进行不同组合，可以构造不同的神经网络。对基础模块进行标准化设计，一方面，有利于统一的接口和配置文件设计，在构建神经网络过程中能够使用通用的描述语言进行表示，方便模型的迁移和部署；另一方面，有利于对硬件芯片和驱动程序进行有针对性的加速处理。以卷积神经网络为例，CUDA 和 cuDNN 对于 3×3 的卷积计算采取了一定的加速措施，在保证计算准确性的前提下，大大提高了训练和推理的速度。

1）训练方法的标准化

训练是人工智能必不可少的环节，针对不同的网络，有不同的训练方式。训练的多样性一方面导致了模型的复现性普遍较差，另一方面使优化器在迭代过程中无法得到硬件加速支持。对于训练方法的标准化，关键是设计一套合理的训练框架，在框架下将不同的优化器抽象成接口，对统一的接口进行硬件上的加速支持，从而提高模型的训练效率。

2）数据集的标准化

数据对人工智能来说至关重要，是人工智能应用的基础。而数据的使用存在一些问题。首先是数据成指数级增长，尤其是在教育、医疗健康和交通运输等场景中，数据量更加庞大。其次是这些数据并不开放，真正可以共享的数据还很少，通常只有采集方有使用权。如果能够提高数据的共享程度，打破数据孤岛，则会加速人工智能的发展。为了更好地发展人工智能产业，急需更加开放互通的数据信息标准。但数据的开放共享也会带来一定的信息安全问题，个人隐私、生产安全、国家和社会的稳定等都会面临风险。此外，提高数据集的质量也是一个需要考虑的问题，各行各业的数据千差万别，同时数据可能会被黑客等进行有针对性的破坏，最后干扰到人工智能系统的正常运转。综合上面的这些问题，一种好的方法就是对数据集进行标准化，各行各业提出公开的、标准的、一致认同的数据集，供公众进行模型训练和测试。数据集的标准化，一方面可以增强数据的安全保障，另一方面可以提高数据集的质量。

3）安全保障的标准化

强人工智能的安全保障是其投入使用的必要条件。需要开发一套通用、可行的标准，以确保强人工智能的设计、训练和运行的安全性，并且相关方法必须可以进行扩展，从而匹配人工智能的复杂性。对安全保障进行标准化，针对每个阶段设计对应的方法保障强人工智能的合理运行，是对抗风险的最有力保证。

4）硬件芯片的标准化

我国在 CPU、GPU、DSP 等处理器的设计上长时间处于追赶世界领先国家的状态。一些历史原因造成了技术代差，我国需要大量进口国外的芯片，芯片自主研发的程度还比较低。目前，人工智能的快速发展，为我国赶超世界处理器设计生产水平带来了难得一遇的机会。虽然我国的人工智能芯片尚处于起步状态，但好在人工智能芯片在生态上还没有形成全球垄断。

4. 平衡系统的稳定性和可修正性

在设计阶段，应留出系统的修改接口。强人工智能的设计稳定性，可以从软件工程角度进行分析和参考。在强人工智能的设计阶段，为了平衡系统的稳定性和可修正性，需要从单一职责原则和“开放—封闭”原则的角度进行考虑。应允许软件实体进一步扩展，但是对于已经设计好的软件实体，则不允许再做修改。当有新的需求、变化或者强人工智能的某个部件出现问题时，可以设计一些新的模块来替换旧的模块，或者将新的模块扩展到整体系统中，来适应新的情况。基于此，在设计阶段，应按功能将强人工智能系统的模块进行划分，不同模块之间的耦合度需要尽可能低。

在训练阶段应考虑系统的异常行为，即从训练数据的角度进行异常行为考量和防范。一方面，在数据集受到污染后，训练出来的人工智能可能不会按照既定的规划运行，甚至可能会被别有用心的人加以利用。另一方面，数据集本身可能会存在缺陷，如对一些情况考虑不周，导致误判等行为。针对第一个方面，在训练阶段应以一定的方法验证数据集的准确性，排除训练数据存在后门的可能性。美国提出了 TrojAI 项目，针对这个问题公开求解。针对第二个方面，应做好数据增广，力争全面覆盖每种可能情况，尽可能地保证训练样本的多样性、准确性和全面性。

在部署阶段应监控系统的正常运行，这是保证系统稳定的重要方法。目前，在运行时监控系统的稳定运行，主要依靠可信计算的相关方法。在实时监测系统运行时，需要保证监控的程序或方法不会对当前人工智能的运行造成干扰（在此我们称之为无干扰关系）。为实现对软件的实时可信判断，通过可信计算的理论方法，根据强人工智能不同模块的调用关系，推测软件的预期行为，并使用无干扰的标准模型来评断软件行为是否与预期行为相符。

5. 提升系统的鲁棒性

在设计阶段，做好技术备案：在狭义的人工智能阶段，针对一个问题，我们有不同的解决办法。以计算机视觉为例，不同的模型具有不同的架构，但是可能会有相似的性能。也有一些科学家探索卷积神经网络之外的新架构。由于模型存在不可解释性，很可能在实际场景中具有局限性，所以在设计阶段，针对同一个问题设计不同的方案、使用不同的解决方式进行处理，当某个模型具有局限性时，使用其他模型综合分析，从而提升系统的鲁棒性。

在训练阶段，做好数据备案：数据是人工智能性能和准确性的灵魂。在训练阶段做好数据保障，一是要对每次训练的数据进行归档，当出现问题时随时查阅和分析，能够追根溯源，找到数据的不足乃至错误之处。二是做好多种数据集联合训练方案，使用多种数据集联合训练，通过控制权重的方式控制每个数据集的空间分布，在整体上尽可能地覆盖多种情况。

在运行阶段，做好模型备案：在运行阶段，准备好“B 计划”，当一个模型出现问题时，可以尽快地调用备份的组件或模型，保证用户在使用过程中受到的干扰尽可能小。

6. 提升系统的可靠性

在训练阶段，做好攻击风险的预案。系统的攻击风险主要有三类，一是针对不同的模型运行原理，从架构上进行攻击（如针对卷积神经网络的梯度攻击等）；二是针对数据集的不完整性进行攻击（如用面具破解人脸识别等）；三是在数据集中埋入触发器，当某个条件达成时，触发器启动，会按照黑客的设计影响人工智能的行为。在训练阶段，针对第一类攻击风险，一方面，训练人工智能识别正负样例；另一方面，从模型设计角度考虑，引入附加模块进行判断，或从原理上进行防御。针对第二类攻击风险，扩大样本，用更全面的数据提高人工智能的抗风险能力。针对第三类攻击风险，考虑使用 TrojAI 等项目的思想，在训练前对数据集进行排查，检测出异常数据并进行排除。

在部署阶段，做好备份模型的预案。在部署阶段，采用自动化软件测试的思想，通过编写可能的测试用例（运行环境），全面判断人工智能在不同情况下的行为，通过白盒测试方法寻找人工智能的不足之处并加以改进。另外，通过使用可信计算的方法对人工智能的运行进行实时监控，在黑盒测试方法下分析人工智能的运行合理性。当出现异常时，及时根据运行逻辑判断不足之处，随时进行改正。

4.3.3 应用阶段的风险预防策略研究

人工智能同其他技术一样，既有利，也有弊。现在已经出现的失业、隐私保护、算法偏见、安全、机器权利和法律伦理等方面的问题，让人们对人工智能的发展有喜有忧。虽然还不确定人工智能技术最终是否会超出人类的控制，但是防止人工智能被用来做危害社会的事是必须要考虑的现实问题。在应用阶段，人工智能可能会遇到很多人为的恶意事件或者由设计疏漏引起的问题，需要提前设想其动机及分析技术手段。

人工智能的智慧与行为不能简单地与人类画等号，人类创造人工智能是为了更好地服务人类社会，对于人类社会的隐私，应该控制人工智能，使其只能提供被动的服务，而不是主动地去“窥探”。如果人工智能在发展到一定程度后出现智能爆发，进而会默认导致存在性灾难，那么现在就必须寻找应对方法来避免这样的结局。设计受控制的智能爆发，设置智能爆发的初始条件，从而获得预期的某个特定结果，或至少保证结果处在人们能接受的范围内，是当前需要考虑的问题。

1. 预防人为造成的人工智能安全问题

有些人会用科技做可怕的事，有些人会用科技做有益的事。下面介绍一些人为造成的人工智能安全问题，并给出相应的解决策略。

1）人工智能造假

随着人工智能技术的发展，人工智能技术被用于造假，如制作出以假乱真的假视频。最常见的是利用机器学习技术将不同人的脸和身体拼接到一起，这类视频被称为“Deepfakes”[77]，制作简单但效果逼真。如果经过进一步加工，会看起来更加真实，进而能够被违法者用来传播和散布虚假信息。智能技术提升了伪造能力，如基于深度学习的换脸伪造和利用人工智能技术合成虚假语音等[78]。如今，有非常多的含有伪造的人脸和语音的造假视频被散布到互联网上，很多研究也围绕如何检测这些伪造视频的问题展开。智能技术也被用于对伪造视频进行检测，融合了学习技术的图像取证方法在检测时超过了传统方法，还有基于生理信号特征的方法、基于检测内容篡改痕迹的方法、基于 GAN[79]图像特征的方法，以及基于数据驱动的方法等。深度学习技术可以被用于图像视频伪造，也可以被用来检测伪造内容。“魔高一尺，道高一丈。”要尽可能比伪造方多一些技术优势，研究鲁棒性强的检测方法或主动防御算法。

2）隐私安全问题

在信息逐渐共享化的现代社会，人类也慢慢变成“透明信息体”，人工智能的基础就是海量的数据支持及基于数据的算法设计。这些数据是对每个个体的深度剖析及对个体间联系的深层挖掘。私密感和安全感是人们最基本的需求之一。但是技术的发展会使得人们最私密的一些信息处于与他人共享的状态。如何做到既能满足人工智能对数据的需要，又能满足人类隐私不会因数据分享而被威胁？目前，最有效的手段就是针对人工智能本身建立隐私数据限制机制，以及针对接触隐私数据的群体确立相应的责任和规范[62]。首先，人工智能的发展使其类人化，如果能够在智能机器的学习过程中建立起对人类隐私数据的规范操作流程，就可以使人工智能在数据收集过程中保护人类隐私，不随意泄露和滥用个人信息。其次，对人工智能管理者使用数据的范围进行严格的规范。信息之间如无必要就不要产生过多延伸和联系，避免过多个人隐私信息被公开。除此之外，还可以提升人工智能技术的安全性，在读取数据的同时，切断数据源和个人隐私的联系，让人工智能有选择性地筛选信息。

3）算法设计缺陷

目前人工智能应用的功能已经十分强大了，但在设计上难免“百密一疏”，需要首先确保安全。特别是在自动驾驶、远程医疗、工业制造等与人的生命安全直接相关的领域，安全问题应该放置在首要地位。例如，2018 年年底和 2019 年年初，波音 737Max 型客机接连发生了两起坠机事件。发生惨剧的原因是飞机自动驾驶系统对飞机状态产生了失速的误判，使飞机保持俯冲姿势，而操控权一直被自动驾驶系统掌握着，驾驶员无法手动控制飞机。吸取这次事故的教训，在开发的时候，开发人员必须从一开始就把安全问题考虑进来，保证在紧急状态下有备用的处理手段。

2019 年 3 月，50 岁的杰里米·贝伦·班纳乘坐自动驾驶电动车与一辆牵引拖车相撞，最后不幸身亡[87]。目前，自动驾驶还存在很多威胁个人甚至社会安全的隐患，由于系统的相关保护还不完善，因此很有可能受到内部难以处理的错误或者外部恶意干扰的影响。此外，自动驾驶系统不应该只是一个个体，还应该与其周围环境中的其他自动驾驶智能体及人类进行有效沟通，这样才能相互作用，共同防范风险的发生。因此，有必要针对自动驾驶建立更全面的安全评估和保障框架：首先，提高人工智能系统的安全系数，在应对不同情况的突发事件时，能够有效保护使用者的生命和财产安全；其次，增加风险预测预报能力及增强人工辅助，留有人的操作权，使人也能参与到决策中。把自动驾驶作为一种新的选择，而不是人类手动驾驶的完全替代。

4）人工智能受损

对于建立在信息技术基础上的人工智能，其智能系统核心也会遇到一般系统可能存在的问题，如系统崩溃、卡死、被侵占、被攻击等[71]。由于人工智能往往被用于精密复杂的场景，一旦系统受损，将会付出巨大的代价，所以，当人工智能系统遇到受损的安全问题时，如何修复也是一个很大的挑战。人工智能系统的自我修复可以借助现有智能技术，判断受损情况并提出解决方法。但是，由于智能系统在受损后就无法工作，也就无法判断受损的原因，更不能提出解决方法，所以需要保证当前系统在受损后还有另一个独立的修复系统可以正常工作。那么为了安全，人工智能系统就需要具有两个子系统，一个用来实现本身的功能，另一个用来自我修复。考虑到这种方式会带来比较大的开销，还有一种解决方法是模仿人类社会分工的方式，开发一种专门解决人工智能受损问题的“智能系统医生”。“智能系统医生”专门为受损的“智能系统患者”提供受损修复的服务，这样就可以提升修复的效率。

4.4 本章小结

随着弱人工智能技术的火爆发展及其对人类社会的影响日益深入，人们对更全能、更智慧、更协同、更神秘的强人工智能技术的期待与日俱增。近年来，类脑计算作为一种强人工智能实现途径被科学家关注，尝试推进其从理论走向实践。与此同时，强人工智能的出现为人类社会带来诸多未知的风险，如何从源头预防强人工智能的安全风险成为一个重要的研究课题。本章从理论、技术和应用等多个发展阶段出发，阐述了应对强人工智能的安全风险评估、对策和预防策略。

参 考 文 献

[1] GOLNARAGHI F, KUO B. Automatic control systems [M]. New York: McGraw-Hill Education, 2017.

[2] 人民教育出版社历史室. 世界近代现代史[M]. 北京：人民教育出版社，2000.

[3] MCCARTHY J, MINSKY M, ROCHESTER N, et al. A Proposal for the Dartmouth Summer Research Project on Artificial Intelligence[J]. AI Magazine, 2006, 27(4): 12.

[4] ANDREAS K, MICHAEL H. Siri, Siri, in my hand: Who's the fairest in the land? On the interpretations, illustrations, and implications of artificial intelligence[J]. Business Horizons, 2019, 62(1):15-25.

[5] JOHN R S. Minds, brains, and programs[J]. Behavioral & Brain Sciences, 1980, 3(3): 417-424.

[6] 刘宇擎，张玉槐，段沛奇，等. 针对强人工智能安全风险的技术应对策略[J]. 中国工程科学，2021, 23(3): 75-81.

[7] 佚名. 人工智能发展上的起起落落[J]. 电子元器件与信息技术，2018, 2(5): 79-80.

[8] 谭铁牛. 人工智能的历史、现状和未来[J]. 智慧中国，2019, 38(Z1): 87-91.

[9] DANIEL C. AI: The Tumultuous History of the Search for Artificial Intelligence[M]. New York: Basic Books, 1993.

[10] PAMELA MC. Machines Who Think[M]. London: Taylor and Francis, 2004.

[11] 腾讯研究院，中国信息通信研究院互联网法律研究中心，腾讯 AI Lab, 等. 人工智能[M]. 北京：中国人民大学出版社，2017.

[12] 王葳. 美国成立人工智能特别委员会 承诺将加大研发力度[J]. 互联网天地，2018(5): 58.

[13] The White House. The Biden Administration Launches the National Artificial Intelligence Research Resource Task Force[EB/OL]. (2021-06-10) [2021-12-27].

[14] 郑鑫. 上海人工智能发展与领军力量培育[J]. 科学发展, 2019(4): 14-25.

[15] 胡可慧，陈校云，宋杨杨，等. 美国、欧盟、英国、日本和中国医疗人工智能相关政策分析[J]. 中国数字医学，2019, 14(7): 34-38.

[16] European Economic and Social Committee. Artificial Intelligence for Europe [EB/OL]. (2019-01) [2021-12-27].

[17] 殷佳章，房乐宪. 欧盟人工智能战略框架下的伦理准则及其国际含义[J]. 国际论坛，2020, 22(2): 18-20.

[18] 国家人工智能标准化总体组．人工智能伦理风险分析报告[R]. 2019.

[19] THORPE G J. The U. K. : Ready, willing, and able[J]. Journal of Palliative Care, 1988, 4(2): 26-28.

[20] 刘姣姣，黄膺旭，徐晓林．日本人工智能战略：机构、路线及生态系统[J]．科技管理研究，2020, 40(12): 39-45.

[21] 36 氪研究院．新基建系列之 2020 年中国城市人工智能发展指数报告[R]. 2020.

[22] 中华人民共和国国务院．新一代人工智能发展规划 （国发〔2017〕35 号）[A]. 2017-07-20.

[23] 德勤有限公司．迈向巅峰之路——中国成长型 AI 企业研究报告[R]. 2021.

[24] 佚名．人工智能与人类的距离还有多远[C]．科学媒介中心 2015 年推送文章合集（上）. 2016: 236-239.

[25] 极客公园．致敬中国互联网三十周年之李飞飞[EB/OL]. (2017-12-03) [2021-12-27].

[26] 张钹．走向真正的人工智能[J]．卫星与网络，2018 (6): 24-27.

[27] 徐宗本. AI 与数学“融通共进”迈向自主智能时代[EB/OL]. (2020-06-08) [2021-02-15].

[28] 周志华．关于强人工智能[J]．中国计算机学会通讯，2018, 14(1): 45-46.

[29] 黄铁军．也谈强人工智能[J]．中国计算机学会通讯，2018, 14(2): 47-48.

[30] 德勤有限公司．全球人工智能发展白皮书[R]. 2019.

[31] 黄铁军．沉迷于寻求通用智能理论，将是阻碍 AI 发展的最大障碍 | Yann LeCun 自传《科学之路》序[EB/OL]. (2021-08-30) [2021-12-27].

[32] 黄铁军．类脑计算机的现在与未来[N]．光明日报，2015-12-06(8).

[33] 王冲．类脑智能：人工智能发展的另一条路径[J]．科学中国人，2019(6): 72-73.

[34] HUANG T. Brain-like computing[J]. Computing Now, 2016, 9(5).

[35] 顾宗华，潘钢．神经拟态的类脑计算研究[J]．中国计算机学会通讯，2015, 11(10): 10-20.

[36] MEAD C. Analog VLSI and Neural Systems[M]. MA: Addison Wesley, 1989.

[37] MEROLLA P A, ARTHUR J V, ALVAREZ I R, et al. Artificial brains: A million spiking-neuron integrated circuit with a scalable communication network and interface[J]. Science, 2014, 345(6197).

[38] MEIER K. A mixed-signal universal neuromorphic computing system [C]. IEEE International Electron Devices Meeting. Piscataway, NJ: IEEE, 2015: 1-4.

[39] 黄铁军，余肇飞，刘怡俊．类脑机的思想与体系结构综述[J]．计算机研究与发展，2019, 56(6): 1135-1148.

[40] 中国工程院．全球工程前沿 2020[R]. 2020.

[41] TEGMARK M. Life 3.0: Being human in the age of artificial intelligence[M]. London: Vintage Classics, 2017.

[42] 李宇．人工智能研发及在传媒领域的应用[J]．中国广播，2019(9): 36-39.

[43] 龙威林. 新时代人工智能对职业教育专业格局的影响分析[J]. 天津职业院校联合学报，2019, 21(8): 3-6.

[44] 朱玉强. 其实，AI 蕴藏着消除人类险境的密码——读李开复《AI • 未来》[N]. 上海证券报，2018-10-27.

[45] 李开复. AI • 未来[M]. 杭州: 浙江人民出版社，2018.

[46] 黄铁军，施路平，唐华锦，等. 多媒体技术研究：2015——类脑计算的研究进展与发展趋势[J]. 中国图象图形学报，2016, 21(11): 1411-1424.

[47] 王宏琳. AI“大问题”：从图灵之问到霍金之忧[EB/OL]. (2019-10-21) [2021-12-27].

[48] 王宏琳. 通用 AI——未来真正强健的人工智能?[EB/OL]. (2019-10-11) [2021-12-27].

[49] 搜狐网. AI 超越人类编年史，32 个 AI 里程碑全预测. 现代服务产业技术创新战略联盟[EB/OL]. (2017-05-29) [2021-12-27].

[50] GRACE K, SALVATIER J, DAFOE A, et al. When Will AI Exceed Human Performance? Evidence from AI Experts[J]. Artificial Intelligence Research, 2017: 5.

[51] 新智元. 通用人工智能何时来？专家预测还需 81 年！[EB/OL]. (2018-12-03) [2021-12-27].

[52] 刘晓莹. 远非阿尔法狗完胜柯洁那么简单，谷歌在下一盘人工智能的大棋[EB/OL]. (2017-05-29)[2021-12-27].

[53] 李晓慧. 在有生之年，人类智能就将被超越 | 专访 MIT 物理教授泰格马克[EB/OL]. (2018-09-29) [2021-12-27].

[54] 陶建华，陈云霁. 类脑计算芯片与类脑智能机器人发展现状与思考[J]. 中国科学院院刊，31(7): 803-811.

[55] 蒲慕明，徐波，谭铁牛. 脑科学与类脑研究概述[J]. 中国科学院院刊，2016, 31(7): 725-736.

[56] 焉知新能源汽车. 深度|潘云鹤院士解读：中国新一代人工智能[EB/OL]. (2018-02-05) [2021-12-27].

[57] 工业 4.0 俱乐部. 潘云鹤：AI +数字化+网络化把中国信息化推向智能化[EB/OL]. (2017-06-30) [2021-12-27].

[58] KIM B, DOSHI V F. Interpretable machine learning: The fuss, the concrete and the questions[J]. ICML Tutorial on interpretable machine learning, 2017.

[59] 神明的石头. 机器可以拥有权利吗?迈克斯·泰格马克《生命 3.0》节选[EB/OL]. (2021-03-08) [2021-12-27].

[60] 挖链财经. 区块链将在人工智能进程中扮演重要角色, 解决 AI 不可控问题[EB/OL]. (2018-10-25)[2021-12-27].

[61] 王岩，宋艳玉. 强人工智能安全预警研究[J]. 中国管理信息化，2018, 21(20): 154-156.

[62] 杨明. 兼顾人工智能应用和隐私保护[N]. 人民日报，2019-07-12(9).

[63] 吴汉东. 人工智能时代的冷思考[J]. 中国报业，2018(3): 60-61.

[64] 王焕超. 图灵逝世 66 年后，AI 可以自我思考了吗?[J]. 中国科技财富，2020(6): 41-46.

[65] 中华人民共和国国务院. 国家中长期科学和技术发展规划纲要（2006—2020 年）[R/OL]. (2006-02-09)[2021-12-27].

[66] GOOD FELLOW I J, SHLENS J, SZEGEDY C. Explaining and harnessing adversarial examples[J]. arXiv preprint arXiv: 1412. 6572, 2014.

[67] HUANG T. Imitating the brain with neurocomputer a “new” way towards artificial general intelligence[J]. International Journal of Automation and Computing, 2017, 14(5): 520-531.

[68] 吴沈括，崔鑫铭. 人工智能与国家安全的美国视野——美国国会 2019 年《人工智能与国家安全研究报告》研究[J]. 中国信息安全，2020, 121(1): 102-105.

[69] United States House of Representatives. H. R. 5356-National Security Commission Artificial Intelligence Act of 2018[A/OL]. (2018-03-20) [2021-12-27].

[70] 张涵. 《中国人工智能发展报告 2018》正式发布[J]. 中国国情国力, 2018(8): 80.

[71] AMODEI D, OLAH C, STEINHARDT J, et al. Concrete problems in AI safety[J]. Concrete problems in AI safety, 2016.

[72] 金晶，秦浩，戴朝霞. 美国人工智能安全顶层战略及重点机构研发现状[J]. 网信军民融合，2020(5): 45-48.

[73] 《中国人工智能发展报告 2018》课题组，清华大学中国科技政策研究中心，清华大学公共管理学院政府文献中心，等. 国内外人工智能人才投入[J]. 科技中国，2018(8): 74-80.

[74] 中国信息通信研究院. 全球人工智能治理体系报告[R/OL]. (2020-12-30) [2021-12-27].

[75] GRISHIN E. The Basic AI Drives[J]. Artificial Societies, 2020, 15(2).

[76] VILALTA R, DRISSI Y. A Perspective View and Survey of Meta-Learning[J]. Artificial Intelligence Review, 2002, 18(2): 77-95.

[77] WHYTE C. Deepfake news: AI-enabled disinformation as a multi-level public policy challenge[J]. Journal of Cyber Policy, 2020, 5(2): 199-217.

[78] 李旭嵘，纪守领，吴春明，等. 深度伪造与检测技术综述[J]. 软件学报，2021, 32(2): 496-518.

[79] GOODFELLOW I, POUGET A J, MIRZA M, et al. Generative Adversarial Nets[J]. Advances in Neural Information Processing Systems, 2014, 3: 2672-2680.

[80] 尼克·波斯特洛姆. 超级智能：路线图、危险性与应对策略[M]. 张体伟，张玉青，译. 北京：中信出版社，2015.

[81] ASIMOV I. I, robot[M]. New York: Spectra, 2004.

[82] 黄铁军. 人类能制造出“超级大脑”吗?[N]. 中华读书报，2015(5).

[83] SUNG F, ZHANG L, XIANG T, et al. Learning to learn: Meta-critic networks for sample efficient learning[J]. arXiv: 1706. 09529, 2017.

[84] ULLMAN S. Using neuroscience to develop artificial intelligence[J]. Science, 2019, 363(6428):

692-693.
[85] 朱应钊，李嫚. 元学习研究综述[J]. 电信科学，2021(1): 22-31.
[86] 冯登国，秦宇. 可信计算环境证明方法研究[J]. 计算机学报，2008(9): 152-164.
[87] KRISHER T, FISCHER D. NTSB sending in vestigators to fatal Tesla-semitrailer crash[N/OL]. NBC South Florida (2019-03-02) [2021-12-27].

本章执笔人

本章内容由段沛奇、刘宇擎、张玉槐等根据参考文献进行整理，由施柏鑫、余肇飞、黄铁军统稿，高文指导。作者全部来自北京大学（视频与视觉技术国家工程研究中心）。

第 5 章　智能制造和智能城市中的人工智能应用安全

人工智能应用是一个持续演进的领域，随着数字经济和智能经济的不断发展，人工智能技术的应用已迅速扩展到包括国民经济、国计民生、国家安全在内的诸多领域中，因此，保障人工智能应用安全可靠的需求日益迫切。与之相关的政策制定者、研究人员及技术人员正面临着一系列新挑战，目前迫切需要各行各业各领域内的专家达成共识，以应对这些挑战。众所周知，人工智能在智能制造和智能城市中的应用场景众多，人工智能技术是智能制造和智能城市产业发展与数字化智能化转型升级的重要赋能技术，与此同时，人工智能技术的应用也带来了新的安全风险。由于智能制造和智能城市的应用场景涉及物理世界和人类环境的方方面面，一旦系统遭到攻击或破坏，可能严重危害系统内的人身安全、公共安全及国家安全。

本章从人工智能在智能制造和智能城市中的应用安全的发展现状及趋势出发，详细梳理智能制造和智能城市中人工智能应用的场景，研究并总结人工智能在智能制造及智能城市领域应用的安全风险，并依据上述内容，结合智能制造、智能城市及传统安全相关技术，建立人工智能安全应用的技术体系，最后给出人工智能在智能制造和智能城市领域中应用安全的重点发展方向相关建议。

5.1　智能制造中的人工智能应用安全

智能制造是深度融合人工智能、物联网、大数据、云计算等新一代信息通信技术与制造科学技术的新型制造与服务范式。随着持续发展的人工智能技术与现代制造技术的不断融合，人工智能技术在智能制造中的应用场景不断增多，进而带来了许多新的安全挑战。本节将从智能制造中人工智能技术应用的现状及趋势出发，梳理人工智能技术应用的不同场景，并对引发的安全风险进行分析，进而建立人工智能技术在智能制造场景中的应用安全技术体系，最后讨论重点产业与应用发展方向。

5.1.1　发展现状

1. 智能制造/智能制造系统

智能制造的概念诞生于 20 世纪 80 年代，在 *Manufacturing Intelligence* 一书中被提出，智能制造是利用集成知识工程、制造软件系统及机器人视觉等技术，在没有干预的条件下，机器人独自完成小批量生产的过程[1]。20 世纪 90 年代，欧、美、日等工业化发达地区/国家普遍重视对智能制造的研究，围绕智能制造技术与智能制造系统开展了相关国际合作研究。21 世纪以来，随着物联网、大数据、云计算等新一代信息技术的快速发展及应用，智能制造被赋予了新的内涵，即新一代信息技术条件下的智能制造。2010 年之后，美国及德国先后推出智能制造和“工业 4.0”战略及相关概念[2]。我国也明确提出，“以推进智能制造为主攻方向”。

当前，新一轮的科技革命及产业变革正在全球范围内展开。互联网、云计算、大数据等新一代信息技术的发展，赋能了新一代人工智能技术的发展，其与先进制造技术深度融合所形成的新一代智能制造技术，成为新一轮工业革命的核心驱动力。

当前，智能制造系统面临“三新”：新时代、新态势、新征程。

（1）新时代：“智能+”与后疫情交叉影响的新时代。

（2）新态势：多边主义与单边霸凌主义斗争的新态势。

（3）新征程：我国正开启“全面建设社会主义现代化国家的新发展阶段”，正贯彻“创新、协调、绿色、开放、共享”的新发展理念，正构建“以国内大循环为主体、国内国际双循环相互促进”的新发展格局[4]。

新智能制造系统是在技术、模式、业态、特征、内容、目标等方面的新拓展，它具备“六新”。

（1）新技术：基于泛在新互联网，在新一代人工智能技术引领下，借助新智能科学技术、新制造科学技术、新信息通信科学技术、新制造领域专业技术 4 类新技术深度融合的数字化、网络化、云化、智能化新技术手段，构成以用户为中心的统一经营的新智能制造资源、产品与能力的服务云（网），使用户通过新智能终端及新智能制造服务平台，能随时随地按需获取新智能制造资源、产品与能力等服务，进而优质、高效、绿色地完成制造全生命周期的各类活动。

（2）新模式：一种以用户（政府、企业、个人）为中心，人、机、物、环境、信息优化融合，互联化（协同化）、服务化、个性化（定制化）、柔性化、绿色化、智能化的智能制造新模式。

（3）新业态："万物智联、智能引领、数/模驱动、共享服务、跨界融合、万众创新"的新业态。

（4）新特征：自主智能地对制造全系统、全生命周期活动（产业链）中的人、机、物、环境、信息进行感知、互联、协同、学习、分析、认知、决策、控制与执行。

（5）新内容：促使制造全系统、全生命周期活动中的人、技术/设备、管理、数/模、材料、资金（六要素）及人流、技术流、管理流、数/模流、物流、资金流（六流）新集成优化。

（6）新目标：实现高效、优质、节省、绿色、柔性地制造产品和服务用户，提高企业（或集团）的市场竞争能力[4]。

根据上述分析，新智能制造系统是基于智能制造新内涵所构成的新制造系统，它是一种在新一代人工智能技术引领下的"人、信息（赛博）空间与物理空间"融合的新智能制造、资源、能力、产品智能互联协同服务的智能制造系统（云），主要包括新智能资源/能力/产品层、新智能感知/接入/通信层、新智能边缘处理平台层、新智能制造系统云端服务平台层、新智能制造云服务应用层[4]。新智能制造系统的体系架构如图 5-1 所示。

（1）新智能资源/能力/产品层：该层包括接入系统的各种新智能制造资源（新软制造资源，如制造全生命周期过程中的各种新模型、数据、软件、信息、知识、智能及信息技术引擎等；新硬制造资源/系统，如新智能机床/机器人/加工中心/计算设备/仿真试验设备、云端智能制造单元、新材料及能源等）、新智能制造能力（制造过程中相关的论证、设计、生产、仿真、试验、管理、销售、产品运营、产品维修、集成等新专业能力，包括人力/知识、组织、资金、业绩、信誉、资源、流程和产品制造等）和新智能制造产品（数字化、网络化、云化、智能化的新型智能制造产品等）[4]。

（2）新智能感知/接入/通信层：该层借助各种 RFID、传感器、摄像头线圈、GPS、遥感、雷达、二维码等新感知单元，以及新的感知技术、物联技术，将新智能制造资源、能力、产品接入新网络（包括专网、物联网、移动互联网、传感网络、以太网、SDN 等），实现信息智能感知、接入、互联、融合等功能[4]。

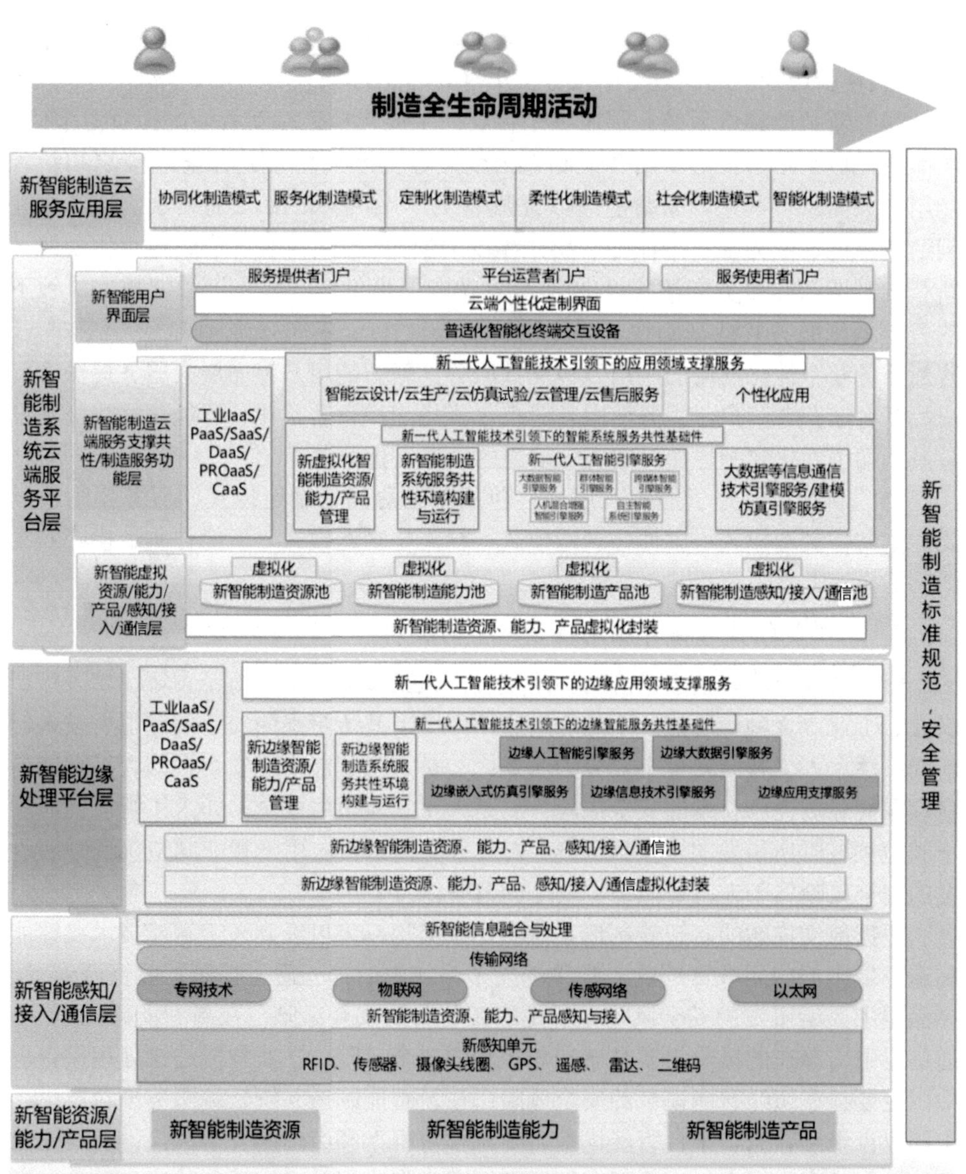

图 5-1 新智能制造系统的体系架构

（3）新智能边缘处理平台层：该层主要通过对边缘侧新的制造资源、能力、产品、感知/接入/通信等进行虚拟化封装，形成新边缘智能制造资源、能力、产品、感知/接入/通信虚拟化云池，并借助边缘智能服务化共性/专业件（包括新边缘智能制造资源/能力/产品管理，以及边缘人工智能引擎服务、边缘大数据引擎服务、边缘嵌入式仿真引擎服务、边缘信息技术引擎服务、边缘应用支撑服务），实现新边缘层的制造支撑服务及实时处理能力[4]。

（4）新智能制造系统云端服务平台层：主要包括云端新智能虚拟资源/能力/产品/感知/接入/通信层、新智能制造云端服务支撑共性/制造服务功能层和新智能用户界面层。其中，新智能虚拟资源/能力/产品/感知/接入/通信层实现新智能制造资源池、能力池、产品池、感知/接入/通信虚拟化封装，形成虚拟化云池；新智能制造云端服务支撑共性/制造服务功能层提供新一代人工智能技术引领下的智能系统服务共性基础件，并提供智能云设计/云生产/云仿真试验/云管理/云售后服务和个性化应用的应用领域支撑服务；新智能用户界面层为服务提供者门户、平台运营者门户、服务使用者门户 3 类用户提供普适化、智能化终端交互设备及云端个性化定制界面，实现云端层的制造支撑服务[4]。

（5）新智能制造云服务应用层：包括新的协同化制造模式、服务化制造模式、定制化制造模式、柔性化制造模式、社会化制造模式、智能化制造模式六大新制造模式[4]。

2. 人工智能技术在智能制造领域中的应用安全风险概述

随着智能经济和数字经济的不断发展，人工智能技术在传统领域（如医疗、农业、工业、金融、通信）中的应用逐渐广泛，其所带来的安全问题也引发人们新的关注。人工智能安全主要分为两类：一是人工智能内生安全，即人工智能自身存在的脆弱性所引发的安全风险；二是人工智能衍生安全，即人工智能在应用于其他领域时所引发的安全风险[5]。人工智能技术在应用于智能制造领域时所引发的安全风险属于人工智能衍生安全的范畴。

根据前文描述的新智能制造系统的体系架构，可以看到人工智能技术在智能制造领域中的应用非常广泛，几乎涵盖了系统中的每一层。在新智能资源/能力/产品层中，所引发的安全风险主要是资源装备的安全风险；在新智能感知/接入/通信层中，存在的风险主要是感知与控制的安全风险；在新智能边缘处理平台层中，主要存在边缘智能模型的安全风险；在新智能制造系统云端服务平台层中，主要存在平台数据、平台智能模型、开源学习框架和组件的安全风险；在新智能制造云服务应用层中，主要存在智能制造多类型应用及运维管理的安全风险。更详细的内容可参见 5.1.3 节。

3. 智能制造的安全技术、产业、应用现状

近年来，全球重大工业系统网络安全事件频发，呈现逐年上升的趋势，事件频次和影响越来越大。截至 2018 年 3 月，RISI（the Repository of Industrial Security Incidents）数据库就已经收集了 242 起全球著名的工控安全事件，其中

一些著名的工控安全事件包括：2010 年 6 月震网（Stuxnet）病毒事件，2012 年 Flame 火焰病毒事件，2015 年 12 月乌克兰电网攻击事件，2016 年 10 月物联网 Mirai 僵尸网络攻击事件，2017 年 5 月 WannaCry 勒索病毒事件，2018 年 8 月台积电攻击事件等[6]。

现阶段，国内外智能制造领域的企业在人工智能应用安全方面认识不足、投入较少、基础薄弱，人工智能应用安全仍处于领导开始认识、整个社会主要聚焦传统的人工智能学术研究和少量试验适用阶段，尚未形成适用于各类人工智能应用安全的成熟产品和服务体系。针对人工智能应用安全需求的企业投入不足、人工智能应用安全产品服务欠缺、人工智能应用安全标准体系等顶层设计缺失等成为制约人工智能产业健康发展的瓶颈问题。

1）国外现状

目前国外的研究与成果较少，仍处于探索和发展阶段。在工业 4.0 的背景下，随着人工智能、云计算、大数据等技术的发展，国外的智能制造相关企业正在进行数字化转型升级，对人工智能技术的应用处在认识和应用阶段。

（1）技术方面。

在标准和框架方面，目前国外的研究和应用较少，主要关注的领域包括工业物联网（IIoT）、云计算、工控系统等。目前没有发布专门针对智能制造系统安全和人工智能在智能制造系统中的应用安全的标准和架构，但在自动驾驶、智能机器人、人脸识别、智能家居等相关领域发布了一些标准和法律法规。目前与制造业相关的网络安全框架包括美国国家标准与技术研究院（NIST）发布的网络安全框架制造篇 *Cybersecurity Framework Manufacturing Profile*（CSF），以及美国工业互联网联盟（IIC）发布的工业互联网安全框架 *Industrial Internet of Things Volume G4: Security Framework*（IISF）。其中，NIST 计划开展一项针对智能制造系统网络安全的研究项目，研制标准和指南，从而更好地对智能制造企业实施 CSF 框架[7]。欧盟网络及信息安全局（ENISA）也计划制定智能制造系统网络安全的相关的标准和基线[8]。德国先后发布了《工业 4.0 安全指南》《工业 4.0 中的 IT 安全》[9]。

在技术标准方面，国际上目前存在少量的相关标准与规范。德国在 2017 年 5 月颁布了全球首个自动驾驶相关法案——《道路交通法》第八次修订，在 2021 年增加 L4 级自动驾驶汽车在公共道路行驶的相关法律条文；ITU-T 下设工作组，关注生物特征数据的隐私保护、可靠性和安全性。IEEE 的 P7000 系列标准现用于人工智能伦理的规范，如 P7007《伦理驱动的机器人和自动化系统的本体标准》、P7008《机器人、智能与自主系统中伦理驱动的助推标准》、P7009《自主和半自主系统的失效安全设计标准》、P7013《人脸自动分析技术的收录与应用标准》[10]。

在技术研究方面，国外的安全技术较少，大部分聚焦工控安全、物联网安全及云计算安全等。美国咨询公司 PwC 提到，要成功地在智能制造领域中应用人工智能技术，安全方面应关注数据和分析模型的治理，增强人工智能模型的公平性、可解释性和鲁棒性，注重相关的伦理和规章制度[11]。国外网络安全厂商 Trend Micro 在发布的报告中提出了“工业 4.0”时代智能制造系统安全的几大风险载体：工业终端、定制 IIoT 设备、制造执行系统（MES）数据库，可能引发使用恶意工业外接程序的攻击、自定义 IIoT 设备的特洛伊木马化、移动人机接口（HMI）漏洞利用、MES 数据损毁、复杂制造机器中的自动化逻辑漏洞利用等安全风险[12]。国外安全厂商 Symantec 在其发布的《工业 4.0 时代制造业更智能的安全》中提出了一些与智能制造安全相关的建议，如管理工控设备、管理物联网设备及嵌入式系统、数据加密等[13]。在云计算安全领域，比较著名的是微软 Azure 发布的最佳安全实践解决方案，提出优化身份及访问管理，使用强大的网络控制，锁定并保护虚拟计算机操作系统，保护数据，建立防护数据库，定义和部署强大的操作安全实践，设计、构建和管理安全的云应用程序七个方面的云安全实践[14]。

（2）产业方面。

国外智能制造领域安全更多地聚焦工控领域，主要分为 3 类，包括自动化厂商、传统安全厂商、工控安全厂商。其中，工控安全厂商，如 Siemens、GE、Honeywell、Schneide、Rockwell 等，依托自身在工业自动化方面的优势，通过建立自身的安全防御系统及与传统安全厂商或工业互联网安全厂商合作，加强自身工控系统的安全防护能力。传统安全厂商。如 Symantec、Fireeye、Mandiant，均在工控领域有相应的安全产品及解决方案。例如，Symantec 推出针对“工业 4.0”的安全产品统一分析平台，以及威胁防护中的数据中心防护、关键系统防护、合规控制、邮件及 Web 安全、终端防护及管理、高级威胁防护（ATP）、工控系统异常检测，信息防护中的身份认证服务（VIP）、公钥基础设施 PKI 服务管理、加密（PGP）、数据防泄密（DLP）、身份访问管理（SAM）、网络安全服务（CSS）等制造领域安全产品[13]。Mandiant 公司专门针对工控领域提供健康检查，利用捕捉到的威胁行为、安全漏洞和 ICS 领域知识，为用户提供 ICS 安全评估规划和体系结构设计，如架构划分、防护和监控等[15]。值得一提的是，Google 公司有意收购 Mandiant 公司，从而更好地与微软 Azure 在云安全领域进行竞争[16]。

同时，国外存在一些专注在工业互联网安全领域的公司，如美国 Claroty 及 Dragos 公司等，随着工业互联网产业的不断发展，这些公司也吸引了投资商的关注，以色列的工业网络安全初创企业 CyberX 被微软以 1.65 亿美元收购[9]。

（3）应用方面。

目前国外的智能制造安全技术的应用领域主要集中于工控领域、物联网和云计算安全等。美国罗克韦尔自动化公司基于增强关键基础设施和制造能力的稳定性，并降低相关网络风险的目的，与 NIST 签署网络安全框架（CSF）[17]。目前人工智能在智能制造领域中应用较为广泛的场景包括装配/质量测试、产品开发与工程、采购、订单管理、维修、后勤、端到端供应链规划，未来人工智能安全在智能制造领域应用的相关标准和技术逐渐完善和发展，可能会对核心智能制造应用的场景产生影响[18]。

2）国内现状

与国外类似，国内智能制造的安全技术、产业和应用处于初级和起步阶段。但与国外现状相比，在技术标准研制方面，国内已形成智能制造系统技术体系和框架，也因此衍生了智能制造系统的安全框架和标准（而非仅制定工控领域的标准和框架），但仍缺乏相关顶层设计；在技术研究方面，主要研究方向聚焦在传统人工智能安全和工控领域安全方面，全国信息安全标准化技术委员会（简称“信安标委”或 TC260）发布了生物特征识别和智能家居等相关领域的人工智能应用安全标准；在关键产品方面，我国工业互联网安全产业技术和产业化应用仍不成熟，工业软硬件产品对外依赖度较高，不可预知的安全隐患增多，安全风险加剧；在产业方面，呈现多领域应用和多技术融合的趋势。

（1）技术方面。

在标准制定方面，目前尚未有专门针对人工智能在智能制造系统中应用的安全标准，主要聚焦在智能制造系统安全领域。工业和信息化部计算机与微电子发展研究中心中国软件评测中心于 2017 年发表在《电子科学技术》期刊中的《智能制造系统安全风险分析》提出，智能制造系统安全风险从成因角度可分为三个方面：功能安全、物理安全和信息安全，按系统层级可划分为设备层、控制层、网络层、企业层、管理层的风险。机械工业仪器仪表综合技术经济研究所功能安全中心副主任孟邹清在《智能制造安全一体化》报告中提出，智能制造安全风险使得智能制造功能安全和信息安全一体化深度融合关键技术和系统构建成为必然需求[20]。

智能制造相关领域安全技术标准，主要集中在生物特征识别、自动驾驶、智能家居等方面。生物特征识别安全标准包括 TC260 发布的 GB/T 36651—2018《信息安全技术　基于可信环境的生物特征识别身份鉴别协议框架》、GB/T 20979—2019《信息安全技术　虹膜识别系统技术要求》、GB/T 37076—2018《信息安全技术　指纹识别系统技术要求》、GB/T 38671—2020《信息安全技术　远程人脸识别系统技术要求》等。在自动驾驶方面，中国牵头成立了 ISO/TC22/SC33/WG9 自动驾驶汽车测试场景国际标准制定工作组，并且牵头 ISO 34501 标准的制定，在国内标准方面，发布了 GB/T 40429—2021《汽车驾驶自动化分级》标准，其他自动驾驶标准（如术语及定义、网络安全、功能安全、预期功能安全、自动驾驶系统、自动驾驶相关认证与评价等标准）正在制定中[21]。在智能家居方面，中国发布了一项安全标准，即 GB/T 41387—2022《信息安全技术 智能家居通用安全规范》[22]。

在技术研究方面，目前尚无针对人工智能在智能制造系统中的应用风险的专门研究，主要研究聚焦在传统人工智能安全和工控领域安全上。人工智能应用在物理层、算法层、应用层存在不同的安全风险，主要包括数据安全和算法安全风险，为应对人工智能应用的安全风险，应从算法可解释性、隐私保护、公平建模、可信验证、主动防御、伦理法律、系统伦理七个方面加强应对[23]。目前国内外针对工控系统信息安全的防护措施缺乏系统级的统一安全设计方案，为解决这一问题，华中科技大学周纯杰教授团队发布了最新研究成果：*A Unified Architectural Approach for Cyberattack-Resilient Industrial Control Systems*，从系统工程的角度出发，综合考虑计算机网络、控制系统、控制过程等多维度安全内容，提出“网络–系统–过程”工控系统信息安全防护体系架构[24]。李伯虎院士团队提出云制造系统 3.0 的安全技术体系：物理安全防护技术、技术安全防护技术、管理安全防护技术、商业安全防护技术[4]。

（2）产业方面。

我国智能制造领域的安全产业目前仍在发展中，尚未形成产业体系。目前国内智能制造安全相关的安全厂商更多地聚焦工业互联网安全领域的两类安全产品：产品和服务，其中，产品分为管理类产品和防护类产品，服务包含咨询服务、实施服务和运营类服务[25]。在产品方面，防护类产品中的边界、终端、安全防护是目前的主要分布形态，网络检测、工业安全审计类产品的发展速度较快；管理类产品中的态势感知、安全合规管理、安全运维等产品是安全厂商的重要布局方向。在工业互联网安全服务方面，以风险评估、安全管理咨询、安全应急响应、安全托管服务等为主的安全服务较受关注，针对工业互联网安全评估和安全培训的需求日趋旺盛[26]。在趋势方面，随着一系列标准和政策法规的实施，特别是随着网络安全等级保护 2.0 的实施，工业互联网安全产业的内生需求不断增多，除此之外，安全产品的国产化替代需求也促进工业互联网安全产业快速发展[26]。目前工业互联网安全产业存在的问题包括产业发展体制机制不健全，联动发展职责不明晰，防护建设运营机制不顺畅，综合保障能力难以提升，产品服务认证机制不完善，规模应用进展不平衡，产业创新聚集效应不明显，关键产品发展不成熟，安全人才结构布局不合理，人才核心竞争力不充分等[26]。

（3）应用方面。

我国人工智能在智能制造系统中的应用呈现多领域应用和多技术融合的趋势。工业互联网平台已成为工业企业构建新模式、新业态、新动能的网络化协同、规模化定制、服务型制造的重要支撑[26]。随着大数据、云计算、人工智能、边缘计算等新一代信息技术在工业互联网领域中的快速应用，互联网与物联网加速融合，工业互联网安全产业市场正从防护和管理型产品向评估和培训等服务型产品转变[9]。目前，工业互联网安全解决方案已在能源、电力、交通、制造业、石油石化、航空航天、核工业等领域得到广泛应用，围绕设备、控制、网络、应用、数据五大安全领域，结合多领域、新技术的工业互联网安全解决方案不断出现，为工业企业部署安全防护系统提供可参考的模式[9]。

5.1.2　应用场景

随着人工智能与制造业的融合逐渐深化，人工智能在智能制造中的应用场景不断增多。在智能制造方面，人工智能的应用场景涵盖了产品全生命周期和人机料法环等生产要素[27]，大致可以分为系统智能感知、智能产品设计/生产、智能服务、供应链管理、企业运营管理、业务模式决策 6 个领域，主要的应用例子包括针对设备数据采集的边缘智能，以及基于知识图谱的云端数据分析、基于机器视觉的质量检测等。

1. 智能感知

在智能制造系统中，智能感知是第一环，主要承担系统的数据采集任务。智能感知一方面要支持高效的数据采集，另一方面要对数据进行分析并辨别重要数据。前者依赖高效的数据采集和处理方法，后者需要能够运行在边缘设备上的轻量级人工智能算法。以智能摄像头为例，其一方面要能高效提取视频中的物体，另一方面要主动识别和捕捉异常画面并自动发送警报[28]。

2. 智能产品设计/生产

在智能产品设计领域，在产品与技术规划的前期，要进行大样本量的用户调研与分析，采用人工智能技术细分市场、人群，形成用户画像，产品路线图、技术路线图与用户画像形成承接关系，确保产品与技术的研发以用户为中心。在单产品开发阶段，针对产品的原始概念、外观设计、手板样机、功能样机等，利用人工智能技术开展深入的用户访谈与定量分析，验证概念的可行性并收集用户反馈，及时对产品原型进行修正。在产品上市后，进行用户的满意度调研，最终形成完整的用户参与产品研发的闭环链路。

在智能产品生产领域，目前应用比较多的场景是自动化生产工厂、订单管理、自动化排程、质量监控、缺陷管理、分拣搬运等。传统产品质量监控和缺陷管理的成本高且无法长时间连续作业，效率较低，而如果应用人工智能技术，则机器视觉检测工具经过少量图像样本训练，可以在精密产品上以远超人类视觉的分辨率发现微小缺陷，提升产品质量检测准确率和效率，并对关键工艺步骤的数据进行智能分析，优化良品率，在降低人工成本的同时，确保出厂产品的合格率[28]。在制造执行过程中，生产车间经常用到 RFID、传感器、智能感知芯片、网关等物联网感知接入工具。为提高数据传输效率，可在边缘计算芯片中使用开源的人工智能学习框架。在复杂产品的加工、试验或测试过程中，为提高测试加工效率，减少人员劳动力，可利用自动控制设备或系统进行试验，并集成人工智能算法，使系统更加柔性和智能化。

为提高生产效率，降低人工成本，制造企业越来越多地开始应用机器人进行分拣、搬运、焊接等工作。为提高生产柔性和识别的准确度，又为机器人集成了深度学习模块，柔性抓取机器人可以抓取螺母、垫片之类的细微零件，抓取更加灵活。例如，在汽车制造领域，广泛使用柔性机器人定位系统、自适应机器人打磨系统、无须分拣机器人系统等，应用的技术包括深度学习、3D 视觉及智能路径规划，这些机器人系统及技术在保证安装精度的同时提高了生产效率[29]。

3. 智能服务

在产品与服务领域，目前在个性化客户体验及提升营销效率方面的应用较多。在传统制造过程中，产品设计品质较低、能耗高、设计周期长，利用人工智能技术，可以根据既定目标和需求挖掘设计类型，从而缩短设计周期[28]。

人工智能在智能服务领域也被用来提升客户体验、挖掘客户需求及提高营销效率。企业为提高针对性营销的精准度，满足客户个性化定制的要求并提高客户潜在购买力，从用户的历史行为和大数据出发，利用搜集到的信息构建用户的画像、偏好或者关系网信息表，基于人工智能算法建立相关的模型，从而挖掘用户的需求和兴趣，并以此为依据，从海量已有的企业产品的信息中为用户筛选出其感兴趣的信息，最终实现精准推荐，提高用户的购买率。其优势在于能向用户主动、智能地推荐其感兴趣的信息，有更好的用户友好度。

人工智能同样可以用于智能制造中的故障分析诊断。企业云平台以大数据和人工智能为基础，构建基础功能和设备感知诊断，如采用振动信号分析技术，提取设备故障振动时域、频域特征参数指标，再基于故障机理分析模型和机器学习算法，建立人工智能劣化预测模型，实现设备关键特征参数与设备健康状态的劣化预测，实现振动故障的自动分析诊断。

4. 供应链管理

在供应链管理领域中，人工智能技术的主要应用场景包括配送管理、需求管理及预测、物流服务、资产与设备管理等。传统企业物料配送效率低下且成本高，应用人工智能技术可实现货架、商品、机器人的自动化协调管理，提升产品配送和货架规划的效率[28]。目前，各种类型的自动分拨和配送机器人已经开始用于工厂的流水线和仓储，如内嵌智能算法的 AGV 小车（群），使用蚁群算法等基于人工智能的算法进行路线规划，并且考虑小车运行时间、能耗、防碰撞等情况，保证物料配送的最优路径和送达的时间最短[28]。

人工智能还可用于供应链管理的消费趋势预测。通过整合销售数据、用户产品使用数据、产品全生命周期管理、市场趋势等，对用户进行画像分析，企业可对用户消费趋势进行预测，提前规划库存及物流[28]。

5. 企业运营管理

人工智能在企业运营管理中目前应用较多的场景包括财务管理、能源管理、人力资源管理等。设备规格、工艺流程和产品结构等都会影响制造企业的能源消耗，将人工智能用于能耗分析与诊断，可以优化工厂整体能耗，助力企业降本增效。

人工智能还可用于销售预测。生产企业利用销售预测来应对市场变化，利用销售预测数据，结合产能判断安全库存的基线，同时预测需要采购的物料种类和数量，最终使销售、生产、采购、库存达到动态平衡，降低企业的运营成本并快速抢占市场。人工智能为这类预测提供了智能化手段，首先需要同时进行上千种品项资料的分别建模，利用数十种演算法来构建多个时间序列模型，并且有扩充弹性以纳入外生变数与偶发事件。

6. 业务模式决策

在业务模式决策中，人工智能主要用于客户运营分析。客户对产品的需求主要包括智能化产品定制及降低成本。利用人工智能技术对客户需求进行精准预测，并进行定制化、智能化的产品开发和服务，采用灵活性的定价和收费模式，从而为客户提供智能化的按需服务体验。利用人工智能技术进行业务决策自动化和库存管理可降低企业管理费用，优化成本结构[28]。

5.1.3 安全风险分析

根据前述新智能制造系统的体系架构，为便于体系化分析人工智能在智能制造系统中应用的安全风险，将智能制造系统分为感知接入层、边缘处理层、云端平台层和应用层，其中各层均有人工智能技术的应用，下面分别讨论。

1. 感知接入层安全风险

智能制造系统中的感知接入层主要承担系统的数据采集与感知及设备接入认证的任务，在此过程中引入人工智能技术（如智能装备、智能感知与控制等），可有效提高生产效率。

1）资源装备安全风险

智能制造系统中使用的资源装备主要包括工业装备和无人智能终端等，能够为智能制造系统产线生产效率的提升提供支持。人工智能技术广泛应用于工业装备，例如，在智能工厂内使用智能机器人进行物体搬运、上下料，使用 AGV 进行产线规划等以实现自动化生产，提高了生产的效率，但同时也带来了安全隐患，由于工业装备与工业现场连接，一旦受到攻击或算法失灵，除了会使生产停滞，还可能威胁人身安全。又如，在智能工厂中利用产线机器人进行产线物料的分拣与搬运，使用智能图像识别摄像头进行产线质量检测等，提高了智能制造工厂产线生产效率及自动化程度，但同时也带来了风险，一旦无人系统受到攻击，或智能识别算法、标识被恶意篡改，又或者算法自身不完善，会导致工厂生产效率降低，甚至对车间内的人造成人身安全威胁。

2）感知与控制安全风险

智能制造系统在感知接入层采集大量的设备数据，同时接入大量智能工控设备，由此产生安全风险。感知接入层通过在边缘侧采集数据（温度、湿度、转速等工业设备数据），通过边缘智能算法进行初步筛选和截流，同时提供计算能力，使不同的数据能够合理配置到相应的存储和计算资源中，在此过程中，数据的集中存储和处理及模型和算法的使用带来了数据隐私泄露的风险。在制造业转型升级的大趋势之下，工业控制系统（ICS，简称工控系统）已成为国家及各大企业关键基础设施的重要组成部分，与此同时，工控系统也面临着安全问题。近几年，已经发现的工控系统漏洞超过 500 个，呈现快速增长趋势。工控系统实时采集和监测数据，在计算机的调配下，实现对业务流程的管理与监控及设备的自动化运行，其功能主要包括数据实时传送、数据的事件驱动及数据源主动推送等，是工业基础设施的“中枢神经”。工控设备具备的价值使其成为攻击者的目标，一旦攻击成功，不但会威胁工业设备的可用性，而且会直接导致工厂的停摆，造成经济损失，甚至会导致大范围的停电，威胁社会安全乃至国家安全。与此同时，智能制造中大量使用了图像、语音识别技术（如智能工厂中的产品外观检测、瑕疵检测等），一旦系统受到攻击，模型和算法被篡改，将会影响产线的正常业务开展，导致产品瑕疵检测无法进行，降低生产效率。

2. 边缘处理层安全风险

边缘处理层在边缘侧提供大数据和人工智能模型及算法，支持设备数据实时高效分析和资源高并发接入，提供基于边缘智能的云边协同控制功能，实现对设备开关、运行参数的控制与管理，引入相关安全风险。

1）数据、算法安全风险

在边缘处理层使用人工智能算法，可以让客户简单、快速、低成本地实现边缘数据处理能力。智能制造边缘侧使用的算法模型为边缘侧的核心资源，易受到模型窃取及篡改等攻击，若受到攻击，将导致数据隐私泄露及边缘侧计算功能失效。

2）边缘学习框架与组件安全风险

由于部分智能制造系统对数据实时决策的需求不断增长，边缘人工智能新型技术逐渐受到关注。由于具备低延迟性，人工智能边缘计算的通信成本大大降低，同时简化了网络管理及带宽需求，降本增效。目前，国内人工智能产品和应用的研发主要基于谷歌、微软、亚马逊等发布的人工智能学习框架和组件。由于这些开源框架和组件缺乏严格的测试管理和安全认证，可能存在漏洞和后门等安全风险。除此之外，随着部署的边缘设备数量的增加，网络攻击面显著增加，导致被攻击的概率增加，数据泄露的风险依然存在。同时，在边缘设备上部署人工智能学习框架及组件仍属于新兴技术，缺乏统一的标准指导。

3. 云端平台层安全风险

智能制造系统云端平台层是智能制造系统引入人工智能技术的核心层级，包括使用基于人工智能引擎的机器学习和深度学习模型算法开发和训练环境等，在此过程中，人工智能算法模型易成为攻击者攻击的主要目标，若平台在数据存储、处理的过程中遭受攻击，模型及算法被泄露或逆向攻击还原，则会造成数据隐私的泄露，对智能制造系统的业务决策造成影响和损害。

1）平台数据安全风险

从边缘侧采集的数据在被引入云端平台层后，经过云端平台层的清洗和处理，被用于数据训练、模型构建、存储等环节，在此过程中存在一定的安全风险。智能制造系统平台侧在引入边缘侧采集的海量数据并进行模型算法的构建时，利用机器学习系统提供的一些应用程序编程接口（API）来获取系统模型的初步信息，利用这些初步信息对模型进行逆向分析，可获取模型内部的训练数据和在运行时采集的数据，这个过程导致隐私泄露。在使用人工智能模型对上传至平台的数据进行处理时，处理后的数据面临着存储安全问题，一旦数据被窃取，就会造成隐私泄露问题。

2）平台智能模型算法安全风险

云端平台层核心的人工智能技术是基于知识图谱的机理和数据模型构建技术，提供基础理论模型、工艺模型、流程模型、故障诊断、仿真模型等行业机理模型和算法，模型算法存在一系列的安全风险。

（1）样本安全风险。

目前，智能制造系统中的人工智能算法所学习得到的只是数据的统计特征或数据间的关联关系，并未真正获取反映数据本质的特征或数据间的因果关系。在对抗攻击中，攻击者利用人工智能算法模型的上述缺陷，在预测/推理阶段，针对运行时输入的数据精心制作对抗样本，以达到逃避检测、获得非法访问权限等目的。人工智能模型在智能制造系统中往往处于核心决策地位，因此与以往的网络安全攻击相比，这类攻击更易对实际业务运行（故障检测、运行维护、业务决策等）造成严重影响。

（2）训练开发安全风险。

数据是社会现实的反映，如果训练数据本身带有歧视性，则用这样的数据训练得到的算法模型天然潜藏歧视和偏见。目前，人工智能尚处于由海量数据驱动知识学习的阶段，训练数据的数量和质量是决定人工智能算法模型性能的关键因素之一。在含有较多噪声的数据和小样本数据集上训练的人工智能算法泛化能力较弱，在面对不同于训练数据集的新场景时，算法准确性和鲁棒性会大幅下降。训练数据还可能遭受投毒攻击，攻击者通过注入一些精心伪造的恶意数据样本，破坏原有的训练数据的概率分布，从而达到破坏训练模型的目的。常见的对抗样本防御方法包括数据清洗等[30]。使用受到破坏的训练数据进行模型训练，会导致有缺陷的模型的产生。针对噪声数据集，有 3 种常见的应对措施：分箱法、聚类法、回归法[31]；针对数据投毒攻击，可使用应急响应、异常检测、迁移学习进行防御[32]。

（3）监督与审查风险。

当智能制造越来越多地受到智能决策支配时，对决策算法进行监督与审查至关重要。然而，“算法黑箱”或算法不透明性会引发监督审查困境，如果不了解模型真正的构造，则会造成模型的不可解释性，对系统的安全防护造成不利影响。

3）开源学习框架和组件安全风险

云端平台层使用人工智能引擎，为基于机器学习和深度学习的模型算法提供开发和运行的容器化训练环境。目前，平台层所使用的学习框架及组件以 TensorFlow、Caffe、PyTorch 等为主。国内外院校及安全企业多次披露关于人工智能开源组件的安全漏洞。由于这些开源软件及框架涉及代码共享，如果不严格执行代码审查制度，则会造成数据泄露。若代码中包含对数据库访问的代码，则会导致平台内部用户信息的泄露，给云端平台层工业数据及用户数据带来泄露的风险。同时，在开源框架的运营模式下，存在大量未知漏洞，增加了零日漏洞发生的概率，给平台造成数据泄露或被控制的风险。

4. 应用层安全风险

应用层主要包括智能制造系统上层应用。以应用层级为主线，包括设备层、产线层、企业层、智能互联层四个层次的应用，主要提供智慧研发、精益制造、智慧服务、智慧管控等工业应用，其中涉及应用开发及应用部署等环节，若应用内部的模型及算法受到攻击，则会造成应用功能的崩溃，使生产效率降低；而应用本身也需要进行运维及安全风险管理，否则会造成应用功能不可用等后果。

1）多类型应用安全风险。

基于智能制造平台的智能制造应用开发及部署技术为智能制造系统提供产品智能服务、生产优化调度、业务智能决策等应用功能，企业用户可使用应用进行设备运行故障诊断及维护、产线优化调度及精准营销等，提升生产效率。若应用的开发及部署缺乏安全流程及风险评估，则会威胁应用的安全；若应用部署后缺乏安全防护手段，则易受攻击。

（1）产品智能服务安全风险。

通过采集设备数据并使用机理模型进行数据分析，可以进行设备的故障诊断与预测性维护，从而减少计划外停机的情况，提高设备的运维效率。在此过程中，若模型受到攻击，则会导致运维系统的混乱，产生额外的浪费，对排产造成影响。

（2）生产优化调度安全风险。

通过人工智能算法实现工艺与产品质量改进、生产预测与供应链管理、动态产线调整，可以实现定制化生产和柔性化制造，一旦算法被攻击，会导致生产效率的降低。

（3）业务智能决策安全风险。

通过使用算法模型对设备数据进行分析，可以进行业务智能决策，如自动化节能减排、人工智能物流调度与决策、精准营销等，由于业务智能决策是业务系统的中枢神经，一旦受到攻击，会导致决策偏离预期，甚至出现伤害性结果。

2）应用运维及管理安全风险。

除了智能制造应用本身存在的算法模型攻击等安全风险，应用本身的运维调试、数据治理等运维管理中也存在安全风险。应用中存在大量运行数据，对海量运行数据进行分级处理、存储、销毁等环节存在风险，若数据遭到窃取，则会泄露智能制造系统隐私信息；另外，应用部署后的运维也存在风险，若缺乏及时的补丁管理、安全事件报告等运维管理环节，则会对应用的运行造成影响，尤其是如果缺乏事故处理、系统评估及事前指导等闭环内容，不仅会造成事件处理不及时，还会导致事件处理缺乏事后指导。

5.1.4 安全技术体系

根据前述智能制造中的人工智能技术应用场景及安全风险分析，建立人工智能在智能制造领域应用安全技术架构，并讨论其中包含的关键性技术。智能制造中的人工智能应用安全技术体系如图 5-2 所示。

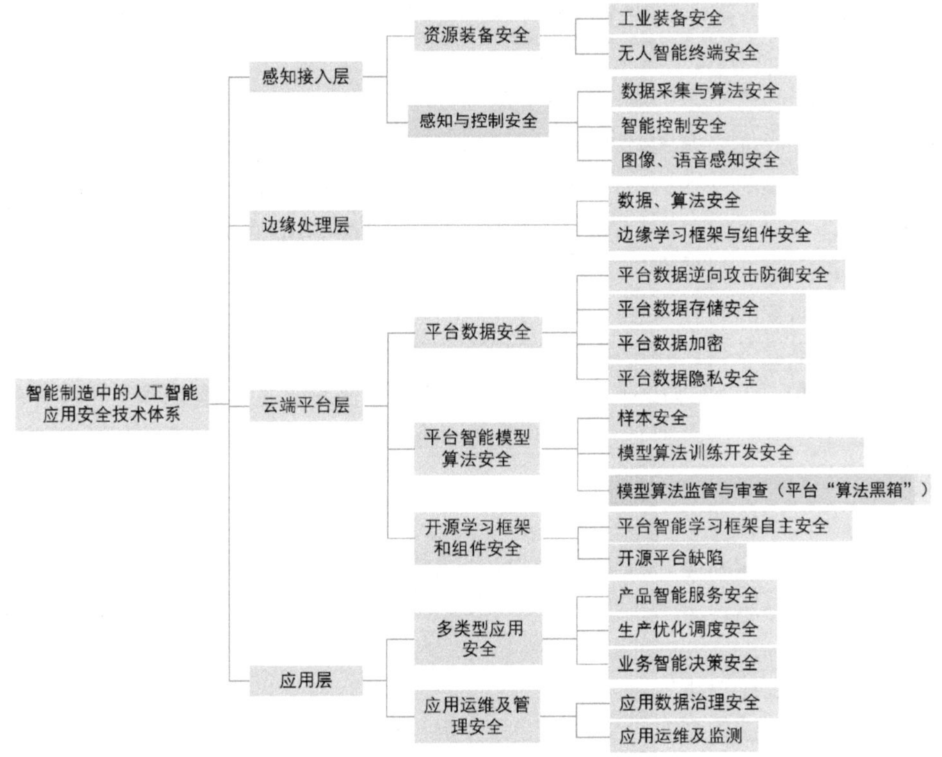

图 5-2 智能制造中的人工智能应用安全技术体系

5.1.5 重点产业与应用发展方向

根据党的十九大关于推动人工智能和实体经济深度融合工作要求，以及国家《新一代人工智能发展规划》《促进新一代人工智能产业发展三年行动计划（2018—2020 年）》等文件的指示，随着人工智能技术的不断发展，未来智能制造系统与人工智能技术的结合会更加紧密。《新一代人工智能治理原则——发展负责任的人工智能》的出台表明了国家对人工智能安全发展的重视。根据前述智能制造中人工智能应用安全的相关内容，提出人工智能在智能制造中的应用安全重点产业与应用发展方向。

1. 重点产业发展方向

（1）面向智能制造多场景的人工智能应用安全产品、软件及应用研发与产业化。针对边缘数据采集安全、边缘/平台/应用数据逆向攻击防御安全、平台数据存储安全、应用数据分析及处理安全、平台算法接入及访问控制安全等，大力发展算法模型及数据入侵防御/入侵检测工具、安全评估与风险测试工具等人工智能应用安全产品、软件及应用的研发与产业化。

（2）人工智能应用安全态势感知平台的研发与产业化。针对目前智能制造领域人工智能应用的总体安全对抗态势及安全攻防风险，建设运营人工智能应用安全态势感知平台，提供针对由人工智能技术应用引发的相关安全问题的总体态势感知与风险管控。

（3）面向智能制造中人工智能应用的系统化安全解决方案与运营服务的研发与产业化。面向制造业大中小各类型企业，构建线上线下相结合的人工智能应用的安全通用解决方案架构（涵盖云端平台层、企业层、车间产线层、设备层等），构建企业人工智能应用安全改造解决方案，拓展平台+安全服务、数据+安全应用等商业模式，提升安全运营服务能力。

2. 重点应用发展方向

（1）智能制造人工智能应用安全服务平台示范。将人工智能应用安全防御技术的创新与储备作为平台核心任务之一，为国家人工智能应用安全防御技术体系提供核心技术，将智能制造技术、人工智能技术、安全技术研发作为平台核心内容，储备国家人工智能发展战略和未来人工智能发展的核心技术。

（2）基于区块链信息的开放共享的人工智能安全应用示范。区块链技术具有去中心化、分布式、点对点等特征，这使得其具有可溯源、不可篡改、去中心化、高度安全等优势。鉴于目前人工智能应用中的数据、算法及模型在开发、使用、存储过程中产生的风险，通过开展基于区块链信息的开放共享的人工智能安全应用示范，将人工智能技术与区块链技术进行有机结合，形成有效的数据隐私和安全保护机制，有效规避人工智能应用的安全风险。

（3）智能工厂人工智能安全应用示范。为提高生产效率及制造装备的自动化和智能化水平，智能工厂普遍采用工业机器人、高端数控机床、PLC 等智能制造设备，以及三维数字化设计和仿真技术，保障产品研发设计的效率和质量，这是人工智能技术的主要应用场景之一。将人工智能安全技术与人工智能在智能工厂中的应用进行结合，建立智能工厂人工智能应用安全防护技术体系，编写相关安全标准，应用人工智能安全防护技术，并面向企业智能工厂开展人工智能安全应用示范，为企业做好顶层安全防护设计、确定建设重点进行对应的指导。

5.2 智能城市中的人工智能应用安全

当前，以云计算、大数据、人工智能等为代表的新一代信息技术正在全球范围内掀起新一轮的技术革命和产业变革，信息技术在国民经济中的地位日益突出，信息资源也日益成为重要的生产要素，城市信息化应用水平不断提升。在这样的背景下，智能城市建设应运而生。作为智能城市发展的重要引擎，人工智能技术通过数据驱动的智能决策赋能智能城市各领域的管理与资源集约化利用。与此同时，因为人工智能技术本身存在的脆弱性，将其应用到智能城市中势必会带来一系列安全风险，保障人工智能技术在智能城市中的应用安全是目前智能城市建设面临的挑战之一。本节将从智能城市中人工智能技术应用的发展现状与趋势出发，梳理人工智能技术在智能城市领域中的应用场景，对人工智能技术在智能城市领域中面临的安全风险进行分析，构建并形成人工智能在智能城市中应用的安全技术体系，最后提出人工智能技术在智能城市领域中应用的重点产业与发展方向。

5.2.1 发展现状

1. 智能城市/智能城市系统

智能城市是运用物联网、云计算、大数据、人工智能、空间地理信息集成等新一代信息技术，促进城市规划、建设、管理和服务智慧化的新理念和新模式[33]。目前，全球范围内的许多国家均已开展智能城市的建设，主要集中在美国、瑞典、爱尔兰、德国、法国，以及亚洲的中国、新加坡、日本、韩国等。大部分国家的智能城市建设仍处于有限规模、小范围探索阶段，各国家、地区和组织正在计划如何打造更加智慧的城市（群）。Markets and Markets 的智能城市市场报告显示，智能城市市场规模预计将从 2020 年的 4108 亿美元增长到 2025 年的 8207 亿美元，预测期内的复合年增长率为 14.8%[34]；同时，中国信息通信研究院的《物联网白皮书》公布的信息显示，2016 年全球智能城市各领域使用的联网设备的数量达到 16 亿台，2020 年将突破 97 亿台[35]。一系列与智能城市相关政策的出台，明确了智能城市在我国城镇化发展和城市可持续化发展中的战略地位，全国各地的试点也不断增多。德勤于 2018 年发布的《超级智能城市》咨询报告显示，全球已启动或在建的智能城市达 1000 多个，从在建设数量来看，中国以

500 个试点城市居于首位，在特大型的一线城市及中小型城市中，均有智能城市项目落地，并已形成了数个大型智能城市群[36]。

智能城市在创新、协调、绿色、开放、共享的发展理念下，形成以用户为中心，人、机、物、环境、信息融合，互联化、服务化、协同化、个性化、柔性化、社会化的新模式，在工业化、信息化、城镇化、农业现代化（四化）同步发展的中国特色下，借助上述技术手段，促使城市全系统及其活动中的人/组织、经营管理、技术/设备（三要素）及信息流、物流、资金流、知识流、服务流（五流）集成优化，实现“和谐、安全、高效、幸福、绿色”的现代化城市系统[37]。

智能城市中存在三新：新手段、新特征、新业态。

（1）新手段：基于泛在网络，借助新一代信息通信技术、新一代人工智能技术、系统工程技术、城市运行管理技术深度融合的数字化、网络化、智能化技术，以工业化、信息化、城镇化、农业现代化同步发展为特色，构成以用户（市民、企业、政府）为中心的智能城市资源与能力的服务云（网）。

（2）新特征：城市服务系统及其活动中的人、机、物、环境、信息进行自主智慧的感知、互联、分析、学习、决策、执行。

（3）新业态：泛在互联、数据驱动、共享服务、跨界融合、自主智慧、万众创新[37]。

根据上述分析可知，智能城市系统本质上是一种基于泛在网络及其组合的、人/机/物/环境/信息深度融合的、提供智能城市资源与能力、随时随地按需服务的智能城市服务互联系统。智能城市系统的体系架构包括新智慧资源/能力/产品层、新智慧感知/接入/通信层、新智慧边缘处理平台层、新智慧系统云端服务平台层、新智慧系统云服务应用层，如图 5-3 所示。

（1）新智慧资源/能力/产品层：该层包括接入智能城市系统的应用领域新资源、应用领域新能力和应用领域新产品[37]。

（2）新智慧感知/接入/通信层：该层通过借助 RFID、智慧传感器、摄像头线圈、GPS、遥感、雷达、二维码等新感知单元，以及新的感知技术、物联技术，将新智慧资源、能力、产品接入的新网络（包括专网、物联网、智慧传感网络、以太网等），实现智能城市信息智能感知、接入、互联、融合等功能[37]。

（3）新智慧边缘处理平台层：该层主要通过对智能城市边缘侧新的资源、能力、产品等进行虚拟化封装，形成新边缘智慧资源、能力、产品虚拟化云池，并借助边缘智能服务化共性/基础件（包括新边缘智慧资源/能力/产品管理，以及边缘人工智能引擎服务、边缘大数据引擎服务、边缘嵌入式仿真引擎服务、边缘信息技术引擎服务、边缘应用支撑服务等），实现新一代人工智能技术引领下的智能城市边缘应用领域支撑服务[37]。

（4）新智慧系统云端服务平台层：主要包括新智慧虚拟化网络层、新智慧虚拟资源/能力/产品/感知/接入/通信层、新智慧云端服务支持/共性服务功能层及新智慧用户界面层。

（5）新智能城市云服务应用层：主要承载智能城市管理应用新模式，包括互联网+市政管理应用新模式、互联网+社会民生应用新模式、互联网+资源环境应用新模式[37]。

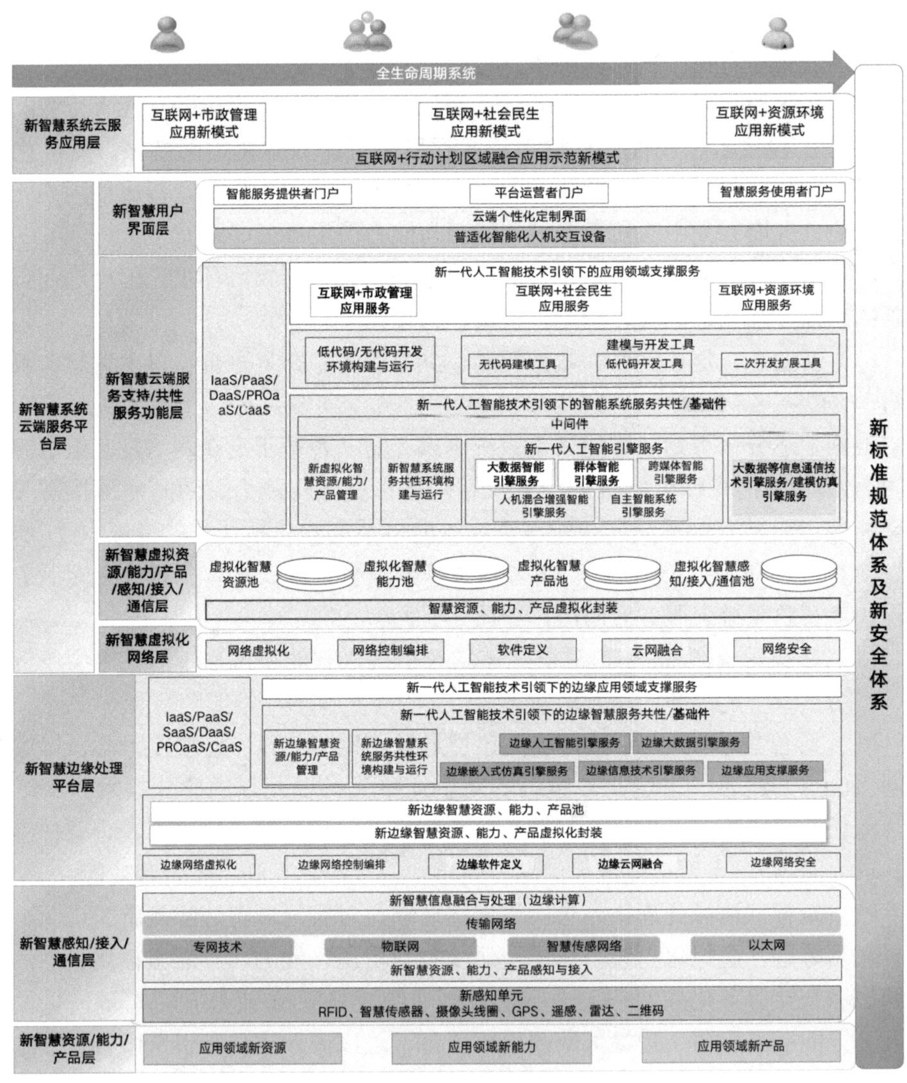

图 5-3　智能城市系统的体系架构

2. 智能城市领域中的应用风险

智能城市领域中的人工智能应用带来的安全风险属于衍生安全风险的范畴。根据智能城市系统的体系架构，可以看到人工智能技术在智能城市领域中的应用非常广泛。在新智慧资源/能力/产品层中，所引发的安全风险主要包括智慧资源和产品本身存在的安全风险；在新智慧感知/接入/通信层中，主要存在智能感知设备等安全风险；在新智慧边缘处理平台层中，主要存在智能感知数据等安全风险；在新智慧系统云端服务平台层中，主要存在网络通信、数据计算与存储等安全风险；在新智慧系统云服务应用层中，主要存在智能城市多类型应用安全及智能城市空间安全等安全风险。详细介绍见 5.2.3 节。

3. 智能城市的安全技术、产业、应用现状

1）国外现状

国外相关的研究较少，目前仍聚焦传统智能城市面临的安全风险，以及智能城市本身的架构和标准。技术方面主要专注于智能城市总体架构的安全；产业方面主要聚焦智能城市本身的安全，主要分为传统互联网解决方案供应商和专注于智能城市安全领域的初创公司；应用方面呈现出与 5G、大数据、区块链等前沿科技融合的趋势。

（1）技术方面。

在标准制定方面，目前国外尚无单独的标准或框架，更多地聚焦在智能城市本身的标准和架构上。2013 年 2 月，ITU-T 成立了可持续发展智慧城市焦点组（ITU-TFG-SSC）；2013 年 6 月，IEC 成立了智慧城市系统评估组（IEC/SEG1）；2013 年 11 月，ISO/IEC JTC1 成立了智慧城市研究组（ISO/IEC JTC1/SG1）；ISO/TC268/SC1 自 2012 年成立以来，一直在关注与智慧城市标准化相关的工作[38]。目前已经发布的智能城市相关标准和框架包括 ISO 37101、ISO 37120、（美国 NIST 发布的）*Smart Cities and Communities Framework Series* 等[39]。

在研究方向方面，国外更多地聚焦智能城市架构总体安全。国外研究机构 Trend Micro 于 2017 年发布的报告 *Securing Smart Cities* 介绍了智能城市中应用到的技术（如智能能源、智能交通、智能环境治理、智能联网、智能治理）及智能城市面临的安全威胁（如公共安全、金融安全、运营安全、隐私安全）[40]。其他的一些研究及咨询机构（包括 KPMG、德勤、CSA）均发布了与智能城市网络及信息安全相关的研究报告[41-43]。

（2）产业方面。

在产业方面，主要聚焦智能城市本身的安全，提供安全产品和解决方案，如前所述，主要分为传统互联网解决方案供应商和专注于智能城市安全领域的初创

公司。传统互联网解决方案供应商，如 IBM、Cisco、Amazon、Siemens、Alphabet、Oracle、Schneider Electric 等[44]，依托本身在互联网领域的产业和市场基础，均在智能城市领域布局；专注于智能城市安全领域的初创公司包括美国人脸识别技术公司 Blink Identity、韩国生物识别公司 Suprema[45]等。

（3）应用方面。

智能城市呈现与人工智能、5G、大数据、区块链等前沿科技融合的趋势，逐步打通城市的系统和服务，优化城市管理和服务。国外 IBM、Amazon 等融合 5G、人工智能、云计算等构建智慧城市，欧洲的 BCB 公司利用区块链技术开发智慧城市解决方案，是全球首个专注于创建智慧城市解决方案的区块链生态系统，目前已开发 BCB 城市公链，在智慧城市之中，BCB 城市公链充当着城市大脑的角色，统筹协调城市运行[44]。

2）国内现状

国内更多地专注于智能城市本身及物联网的安全。

（1）技术方面。

在标准制定方面，我国已经发布两项智能城市安全相关标准，一项标准是《信息安全技术 智慧城市安全体系框架》，其建立了智慧城市安全体系框架；另一项标准是《信息安全技术 智慧城市建设信息安全保障指南》，其围绕智慧城市所面临和需要应对的安全问题，总结安全需求和安全角色，提炼出智慧城市安全保障机制和管理、技术要求[46]。智慧城市产业生态圈安全技术组发布了《智慧城市网络安全白皮书》，从智慧城市安全建设原则和合规遵从、安全架构、措施等方面，对智慧城市中的安全问题给出了设计思路[47]。

在技术研究方面，我国目前较为重视人工智能应用在智能城市物联网中的安全隐患、数据隐私、网络安全等问题。沈昌祥院士在《用可信计算构筑智能城市安全生态圈》一文中，以“WannaCry”“Mirai”病毒入侵智能城市中的设备为例，提出要对数据系统及设备处理系统实现安全可控[30]。《人工智能时代，如何筑牢信息安全屏障》一文提到了自动驾驶技术潜在的安全问题，如安全漏洞及病毒入侵对人身安全的威胁。智能城市的建设中利用了基于人工智能的人脸识别技术，需要记录公民面部特征以识别身份，这些数据一旦被窃取，会给公民的隐私带来极大的危害[31]。

（2）产业方面。

随着智能城市各应用和产品体系的创新迭代不断提速，智能城市安全受到广泛重视，市场需求也日渐高涨。网络安全攻防战已经全面覆盖智能城市各应用，涵盖终端、网络、云、数据、应用等环节；同时，安全管理、安全评估、安全培训等专业化服务的市场需求也日渐高涨。智能城市安全产业厂商根据主营业务特征可以大致分为三大类，第一类是传统网络安全厂商，代表企业有奇安信、深信服、启明星辰等；第二类是网络安全服务供应商，代表企业有太极、中国电信、中软等，其中网络安全产品供应商全面向服务市场渗透，逐步具备了定制化服务能力，市场集中度不断提高；第三类是基础网络和云服务供应商，此类企业的业务涉及网络安全、数据安全、云安全和部分场景安全解决方案，以老牌通信运营服务企业和互联网龙头企业为主。在趋势方面，投资并购加速提升产业集中度，行业集中度较高，安全运营服务市场成为下一轮焦点，新技术融合驱动安全市场多维演进，网络空间监管环境持续优化等是目前智能城市安全发展的主要趋势[48]。

（3）应用方面。

随着智能城市建设的不断深入，在传统的端、网、云、数安全体系基础上，以数字化、网络化、智能化应用场景为驱动，安全体系更加丰富，智慧医疗、金融科技、车联网、工业互联网等新应用融合场景快速推出，如面向工业领域的智能终端装备安全、面向互联网业务的流量安全和访问控制、面向车联网安全的网络攻击防护等，场景化安全威胁攻防战将为大量企业提供新机遇和新市场[48]。中国信息通信研究院和华为于 2020 年发布的《5G 智能城市安全》（*Security Considerations for 5G Smart City*）报告中，分析了 5G 智能城市面临的安全威胁与挑战，提出了 5G 智能城市安全架构，建立了终端层、网络层、平台层和应用层四个层面的安全防护应对措施[49]。

5.2.2　应用场景

人工智能技术在智能城市各领域中广泛应用。随着城市化建设进程的加速，城市面临着人口密集、能源类型不足、资源分配效率低下、运输和物流风险大、垃圾回收率低、空气质量差等诸多发展挑战，这些挑战进而刺激了人工智能技术在智能城市中应用的不断发展。人工智能在智能城市中的应用场景主要包括市政管理、社会民生、资源环境，覆盖政务、安防、交通、物流、医疗、疫情防控、环保、能源等领域[49]。

1. 市政管理

1）智能政务

人工智能技术在智能政务中的应用主要包括政务办公、政务监管、政务服务及政务决策等。通过“互联网+政务服务”构建智能型政府，将云计算、移动物联网、人工智能、数据挖掘、知识管理技术，应用于办公、监管、服务、决策等场景，形成高效、敏捷、公开、便民的新型政府，实现由“电子政务”向“智能政务”的转变[50]。智能政务系统加快推进政务部门间信息共享和业务协同，简化群众办事环节，提升政府行政效能，畅通政务服务渠道，助力政务决策和流程优化，提升利企便民服务体验。

2）智能安防

传统安防系统结合了人工及摄像技术，主要依靠人工的分析和判断，效率低下且局限性较大，智能安防系统则结合了大数据、人工智能、物联网等技术，其中人工智能的应用，使安防从被动防御转向主动防御，是安防行业不断拓展边界的有效手段[51]。智能算法、计算机视觉、语音识别、大数据分析等技术都使安防解决方案的效率有了整体的提升，对海量视频数据应用人脸识别、行为分析、计算机视觉、语音识别、大数据分析等进行挖掘分析，进而可用于风险告警、重点人员管控等场景。智能安防主要应用在公共安全、交通、金融、楼宇、工业等方面，其中公共安全是最为核心的应用。

2. 社会民生

1）智能交通

智能城市中的交通系统以人和城市的需求为出发点，应用人工智能技术，可建立一个更有效、可持续发展的交通系统。在智能交通系统中，新型的道路分类系统可解决道路密度问题，具体方法为使用人工智能技术对车流量、人流量、路段情况进行分析，根据分析结果智能管控交通路段，从而改变交通运输中路网和路段的密度。此外，还可以使用人工智能技术分析驾驶员行为，对违规操作进行识别与记录，方便交管部门进行管理。车辆基础设施协同技术和智能通车技术也可用于构建共享移动/自动驾驶出租车[52]。

2）智能物流

智能城市中的物流系统主要对城市中的物流运输进行自动化智能管理，可节省成本及提高效率和安全性。系统使用自动化和智能技术解决交付送达问题，通过对物流资源进行信息化来优化调度和配置，使物流从“被动”走向“主动”，实现物流过程中主动获取信息、主动监控运输过程与货物、主动分析物流信息，使物流从源头被跟踪与管理，实现信息流快于物流，从而提升物流和配送效率，降低成本，改善街道和交通环境[52]。

3）智能能源

在传统城市建设中，产能结构性过剩，能源利用效率较低，可再生能源发展面临多重瓶颈，不利于节能减排。在智能城市中建立可持续的智能能源系统，可提升城市能源利用的效率和灵活性，实现可持续发展。智能能源系统利用分布式能源、废水热回收泵、混合冷却加热电力系统、微电网和储能等实现资源节约和循环利用，兼顾所在区域内供冷、供热、供水、供气等其他能源的供配用控制，实现多类型能源的协同生产、合理分配、高效利用。城市区域将废水热回收泵及垃圾焚烧发电技术相结合，形成产生循环经济的能源，运用冷热回收、蓄能、热平衡、智能控制等新技术对各种能量流进行智能平衡控制，实现能源的循环往复利用[52]。

4）智能医疗

在医疗体系中应用人工智能、物联网、云计算等技术，实现医疗信息的智能化采集、转换、存储、传输和处理，以及各项医疗业务流程的数字化运作，从而实现患者与医务人员、医疗机构、医疗设备之间的互动。例如，为患者提供线上及线下的智能医疗服务，为医护人员提供智能诊疗设备，建立智能医疗平台，促进区域医疗资源均衡发展等。

5）疫情防控

新冠疫情的产生对世界范围内的生产生活造成了影响，并诞生出新的医疗及生产模式。在疫情防控中，人工智能技术起到很大作用，主要涉及疫情监控、体温检测、病毒检测、复工复产管理等。在具体实践中，人工智能技术大大缩短了病毒基因全序列比对时间，帮助加快病情诊断；人脸识别及测温技术有助于及时发现疑似病例并开展流行病学调查；大数据帮助各级政府和相关部门准确判断各产业、各企业复工复产的情况；在疫情隔离期间，酒店使用智能机器人进行防疫物资的配送等[53]。

3. 资源环境

1）智能环保

碳达峰碳中和是一场全球范围的系统性社会大变革，我国已提出二氧化碳排放力争在 2030 年前达到峰值，争取在 2060 年前实现碳中和[54]。通过智慧低碳交通、智慧新能源设施、智慧资源循环利用、智慧生态走廊、智慧低碳住宅及智慧可再生能源六大层面，智能城市可以有效赋能碳达峰与碳中和[53]。

智能环保系统还包括智能垃圾处理系统。智能垃圾处理系统可对垃圾进行智能处理及可循环利用，节约资源，减少环境污染。具体的实现方式包括将气体排放处理自动化系统和垃圾分类系统结合，提升可循环资源的利用率；建立有机垃圾发电系统及气力输送系统，以及建筑渣土垃圾、生活垃圾、餐厨垃圾、医疗垃圾等的垃圾处理系统，并与智能垃圾信息监测及管理系统进行结合，形成垃圾的投、收、运、处理作业流程管控，从而更好地实现垃圾处理的运营和管理[52]。

2）智能水资源管理

建立城市智能水资源管理系统，进行城市净水处理，可实现节水和水循环利用，提升城市的可持续发展性和安全性。此外，可以与污水处理系统、垃圾回收系统及能源系统结合，确保城市可以对抗由全球变暖引起的水环境危机[52]。

5.2.3 安全风险分析

智能城市的技术体系架构主要分为物联感知层、网络通信层、边缘处理和云平台层、智能城市应用层，下面分别对每层所应用的人工智能技术引发的安全风险进行分析。

1. 物联感知层安全风险

智能城市物联感知层通过在各类相关设施（如天气、水、电、气、交通、建筑等重要控制系统中的感知设备和执行设备）上安装智能传感设备进行数据采集、识别与检测，提供对环境的感知能力，在此过程中，由于各类传感器的硬件标准、所捕获信息的内容和格式有所不同，如不能进行安全防护，一旦被攻击，易遭受隐私泄露的安全风险。另外，物联感知层中用到了边缘智能算法，若遭受到攻击，则易对智能城市系统造成威胁。

1）智能感知设备安全风险

物联感知层中广泛使用智能设备（如智能传感器、智能摄像监控、GPS 终端）进行数据采集，并且将大量的智能感知与执行设备接入智能城市系统，在此过程中，若缺乏对智能设备的接入认证与检测，以及对智能感知设备的安全防护，则会对物联感知层造成攻击威胁，如设备失效、未认证设备接入、数据泄露等。无人车、无人机、无人船等为城市生活提供了便利，但也带来了风险，一旦无人系统受到攻击，将会导致严重的后果，扰乱交通秩序，甚至带来人身安全威胁。

2）智能感知数据安全风险

物联感知层采集大量的城市底层设备的数据，并使用图像、语音识别技术对智能城市中的人员信息进行人脸识别等，一旦数据被窃取，将会导致智能城市安防/交通系统被滥用，不法分子绕过系统识别机制实施违法行为等。物联感知层还使用了边缘智能算法，让城市控制及监测人员可以简单、快速、低成本地实现边缘数据处理。智能城市中边缘计算的典型应用是交通系统，城市交通运营产生大量的数据，在进行路面状况分析时，若把数据全部传回云计算中心进行计算，则会导致带宽资源的浪费和延时等，通过在边缘服务器上对部分交通数据进行实时分析和处理，可快速地根据路面实时状况和可用资源的分析结果做出相应指示。与此同时，边缘计算使用的算法模型易受到模型窃取、模型篡改等威胁，给隐私数据保护和城市秩序维护带来威胁。

2. 网络通信层安全风险

网络通信层为城市提供由大容量、高带宽、高可靠的光网络和全城覆盖的无线宽带网络组成的网络通信基础设施，通常包括专用网络和公用网络两部分。其中，公用网络包括互联网、电信网、广播电视网、卫星通信网，专用网络主要包括物联网等。此层级面临的主要安全威胁包括互联网、电信网、广播电视网、卫星通信网等传输网络的传输安全威胁、多网融合安全威胁、用户接入的网络安全威胁等。

1）网络传输安全风险

智能城市中的专用网络为物联专用网络，其中短程无线传输是物联网常用的方式，各种无线传感器接口一般采用自定义格式，同时为了保证兼容性，网络端口开放较多，这些因素导致使用 ZigBee 等短线传输协议易遭受攻击和窃听，导致隐私数据的泄露。另外，城市网络传输线路较多，而且连接了众多基础设施和应用等高价值攻击目标，若不对网络传输的边界进行安全防护，则会使攻击者有机会入侵目标系统（甚至整个智能城市网络系统），造成城市网络安全威胁。

2）网络线路安全风险

在智能城市中不同的传输网络连接不同的城市专用线路，包括政务、医疗、交通、安防、环保、社区等专用网络，若线路遭受攻击，不同网络中的信息同时泄露，就会造成城市隐私的泄露。智能城市用户通过覆盖全城的无线及移动 4G/5G 等线路进行个人的网络连接，在此过程中，保证用户接入的安全认证及用户隐私的隔离是网络通信层面临的另一项安全风险挑战。

3. 边缘处理和云平台层安全风险

边缘处理和云平台层从云、边两个层面对智能城市相关数据进行存储和处理，保障智能城市应用层对数据的需求。边缘处理和云平台层主要使用基于机器学习的人工智能算法，为构建与城市应用相关的算法模型提供支持，同时对物联感知层采集的海量数据进行清洗、分类、训练、分析等，或对数据及模型进行存储，使用计算机、虚拟机、数据库、人工智能模型训练框架及组件等，为数据计算提供支持。在此过程中，主要面临三个方面的安全威胁：数据存储安全、数据处理安全、计算及存储资源安全，由于边缘处理和云平台层是智能城市的核心层级，内部存储大量城市业务决策模型、算法及城市运行相关数据，容易吸引攻击者，若模型、算法或数据遭到窃取或计算资源被攻击，就会导致智能制造系统业务决策失效，危害城市公共安全。

1）数据存储安全风险

所采集的海量数据通过物联感知层上传到边缘处理和云平台层中，训练后的数据及构建的模型会存储到模型算法库或数据库中，若缺乏有效的安全防护手段，则易被窃取、进行逆向分析或解密，造成城市数据泄露。

2）数据处理安全风险

使用基于机器学习的人工智能算法为政务、医疗、安防、交通、环保、社区等上层应用提供业务决策支持，若核心算法遭到攻击或被窃取，则攻击者可通过逆向分析技术对模型进行逆向分析，得出其中的敏感数据，造成数据隐私泄露、业务决策算法失效，或产生错误的结果，影响业务决策。

3）计算及存储资源安全风险

智能城市使用硬件资源（如计算机、服务器、虚拟机）和软件资源（包括操作系统、数据库系统、人工智能模型训练框架及组件），为海量数据提供计算、处理、存储等功能。与此同时，由于计算资源本身价值较高，容易成为攻击的目标，同时，许多计算资源缺乏自主可控性，多使用国外开源的框架和组件，缺乏严格的测试管理和安全认证，可能存在漏洞和后门等安全风险，一旦被攻击者恶意利用，就可能危及系统的完整性和可用性。

4. 智能城市应用层安全风险

智能城市应用层包含智能城市中多领域和产业的应用及多应用融合，其中智能交通、智能医疗、智能政务、智能安防等关键城市智能领域为城市公民、企业用户、城市管理决策者提供整体的信息化应用和服务。在此过程中，主要有两个方面的风险：智能城市多类型应用安全风险、智能城市空间安全风险，若不进行安全防护，一旦遭受攻击，就会造成应用决策功能失效或不可用，甚至导致错误的决策和分析结果，威胁城市公共安全。

1）智能城市多类型应用安全风险

智能城市上层应用主要包括智能交通、智能医疗、智能政务、智能安防、智能社区、智能环保等，为城市的高效运转提供支持，其中，智能城市的开发、部署及运行均存在安全风险，需要进行合理规划。智能城市应用存在安全风险，缺乏风险评估流程，若不进行应用本身的安全加固、应用部署后的运维及补丁管理等，就会对应用的安全运行造成威胁。另外，智能城市应用中还存在大量的运行数据，若不进行分级处理，一旦失窃，将使城市数据遭受泄露威胁。

2）智能城市空间安全风险

智能城市上层应用面临空间安全风险，智能城市应用作为一个整体，通过使用统一语意表达技术及跨媒体分析和推理，对各类媒体数据（如图像、视频、文本、音频等海量异构数据）进行转换，为智能城市的大脑（数据中心）监测、舆情分析提供支持，在此过程中，涉及跨媒体融合及监测的安全风险，若不进行安全防护，就会对跨媒体智能的数据隐私造成安全威胁，或者使分析结果存在偏差。城市应用还涉及总体的空间及群智安全，数据及应用之间的安全风险及隐私数据泄露风险是空间和群智安全面临的风险。

5.2.4　安全技术体系

根据上述人工智能在智能城市中应用的场景及风险分析，构建智能城市中人工智能应用安全技术体系，并梳理各层主要包含的安全技术，如图 5-4 所示。

图 5-4　智能城市中人工智能应用安全技术体系

5.2.5　重点产业与应用发展方向

当前，我国智能城市的发展正处于新旧模式交替、城镇人口快速上升、信息技术蓬勃发展的阶段，新型智能城市建设已成为全国各地打造发展战略新高地的重要抓手。智能城市的建设是一个可持续发展的、长远的战略目标，在新时代，如何借助新技术补足智能城市建设中的短板，提升城市治理能力，是城市治理者必须思考的问题。鉴于此，我们针对智能城市未来的重点产业与应用发展方向，提出以下几条建议。

1. 重点产业发展方向

（1）人工智能应用的安全产品、软件等的研发与产业化。针对物联感知层中图像/语音感知安全风险问题，研究图像/语音识别伪造辨识技术，研发图像、语音识别伪造辨识工具及平台，避免图像/语音感知技术的滥用；针对网络通信层中的多级网络融合安全、边缘处理和云平台层中的数据多级融合安全、应用层中的数据治理及运维安全/空间及群智安全等问题，研究数据分级保护的体系与标准，打造数据安全共享及隐私保护计算平台，切实保障智能城市中的数据治理及隐私保护的安全。

（2）人工智能应用安全态势感知平台的研发与产业化。针对目前智能城市领域中人工智能应用的总体安全对抗态势及安全攻防风险，建设运营人工智能应用安全态势感知平台，提供对由人工智能应用引发的相关安全问题的总体态势感知与风险管控。

（3）人工智能应用的系统化安全解决方案与运营服务的研发与产业化。面向智能城市中人工智能应用的场景，构建线上线下相结合的人工智能应用的通用的安全解决方案及人工智能应用安全改造解决方案，拓展平台+安全服务、数据+安全应用等商业模式，提升安全运营服务能力。

（4）AIGC 产业中人工智能应用的安全产品。智能城市和智能制造中未来可能应用 AIGC 产品，针对其潜在的信息安全、数据合规、版权保护等安全风险，构建防欺诈软件、数据安全认证软件、数据监管平台等，监测用户系统环境，更敏锐地识别隐私泄露、虚假信息、网络攻击等安全风险，保障预训练数据的合法性、真实性，并为用户分析威胁情报等提供更加智能化的决策辅助。

2. 重点应用发展方向

（1）智能城市人工智能应用安全服务平台示范。将人工智能应用安全防御技术的创新与储备作为平台核心任务之一，为国家人工智能应用安全防御技术体系提供核心技术，将智能城市技术、人工智能技术、安全技术研发作为平台核心内容，储备国家人工智能发展战略和未来人工智能发展的核心技术。

（2）基于区块链信息的开放共享的人工智能安全应用示范。区块链在促进数据共享和优化业务流程，以及引导并加强安全风险防控等方面可发挥重要作用。通过开展基于区块链信息的开放共享的人工智能安全应用示范，将人工智能技术与区块链技术进行有机结合，形成有效的数据隐私和安全保护，共同建设更加完善的产业应用生态，使区块链成为数字经济发展的新动能和社会信用体系的重要支撑技术。

（3）智能城市基础设施与典型场景人工智能安全应用示范。针对智能城市中典型人工智能应用场景中的安全风险，结合人工智能应用安全技术体系，建立健全智能城市人工智能应用安全防护体系，完善顶层安全防护设计，建立相关安全标准，应用安全评估模型与风险测试体系，以及人工智能应用安全态势感知平台，面向在建的智能城市开展应用示范，为智能城市发展提供安全支撑和保障。一个比较典型的例子是面向公共卫生领域中的人工智能社会治理和信息安全应用示范，结合公共卫生领域中的人工智能应用场景，建立智能城市中公共卫生领域人工智能应用安全防护体系，推动相关标准的建立。

5.3　本章小结

人工智能在智能制造和智能城市领域中的应用场景众多，涉及物理世界和人类环境的方方面面，由此而引发的人工智能衍生安全风险是目前人工智能在智能制造系统和智能城市系统中应用发展所面临的挑战。随着人工智能技术的不断发展和应用，如何从顶层设计、技术体系、产业应用的角度保障人工智能应用安全，是目前研究人员、管理人员、技术人员需要长远考虑的问题。

本章主要介绍了智能制造和智能城市中的人工智能应用安全相关内容，分别从智能制造和智能城市两大应用领域出发，阐述了目前的发展现状，研究了应用场景，并对存在的安全风险进行了分析，并依据上述内容，建立了本章的重点内容——智能制造和智能城市中人工智能应用的安全技术体系。最后，本章针对重点产业和应用的发展方向，分别给出了相关建议。

参 考 文 献

[1] 任宇. 中国与主要发达国家智能制造的比较研究[J]. 工业经济论坛，2015(2): 68-76.

[2] 陈明，梁乃明，等. 智能制造之路：数字化工厂[M]. 北京：机械工业出版社，2016.

[3] 束涵. 以智慧城市赋能碳达峰碳中和[N]. 解放日报，2021-10-31(2).

[4] 李伯虎，柴旭东，侯宝存，等. 云制造系统 3.0—— 一种“智能+”时代的新智能制造系统[J]. 计算机集成制造系统，2019，25(12): 2997-3012.

[5] 方滨兴. 人工智能安全[M]. 北京：电子工业出版社，2020.

[6] 吴吉庆，韦有双. 智能制造带来的工业信息安全思考[J]. 微型机与应用，2018, 37(3): 24-27.

[7] NIST. Cybersecurity for Smart Manufacturing Systems[EB/OL]. (2021-12-17)[2022-03-03].

[8] ENISA. INDUSTRY 4.0 CYBERSECURITY: CHALLENGES & RECOMMENDATIONS[R/OL]. (2019-05-20)[2022-03-03].

[9] 李阳春，王海龙，李欲晓，等. 国外工业互联网安全产业布局及启示研究[J]. 中国工程科学，2021, 23(2): 112-121.

[10] 全国信息安全标准化技术委员会. 人工智能安全标准化白皮书（2019 版）[R/OL]. (2019-11-01)[2022-03-03].

[11] PwC. An introduction to implementing AI in manufacturing[R/OL]. (2020-07-16)[2022-03-03].
[12] Trend Micro.Threats and Consequences: A Security Analysis of Smart Manufacturing Systems [R/OL]. (2020-05-11)[2022-03-03].
[13] Symantec. Smarter Security for Manufacturing in The Industry 4.0 Era[R/OL]. (2020-01-23)[2022-03-03].
[14] Microsoft. Security best practices for Azure solutions[R/OL]. (2019-04)[2022-03-03].
[15] Mandiant. Industrial Control Systems Healthcheck[EB/OL]. (2023-04-14)[2023-04-24].
[16] 新浪网，AI 前线. 谷歌史上第二大收购案：54 亿美元收购网络安全公司 Mandiant[EB/OL]. (2022-03-15)[2022-03-15].
[17] 佚名. 罗克韦尔自动化签署制造商网络安全框架[J]. 自动化信息，2014(3): 9-9.
[18] PwC. Industrial manufacturing trends 2019[R/OL]. (2019-10-14)[2022-03-03].
[19] 周峰，邵枝华，陈渌萍. 智能制造系统安全风险分析[J]. 电子科学技术，2017,(2): 45-51.
[20] 搜狐号. 孟邹清：智能制造安全一体化[EB/OL]. (2019-09-24)[2020-12-15].
[21] 搜狐网. 自动驾驶标准和认证研究：五大类标准体系助力自动驾驶汽车发展[EB/OL]. (2022-04-18)[2022-04-20].
[22] 搜狐网. GB/T 41387—2022《信息安全技术 智能家居通用安全规范》11 月 1 日实施[EB/OL]. (2022-04-27)[2022-04-28].
[23] 何积丰. 智能制造与安全可信人工智能[J]. 信息安全与通信保密，2020(12): 5.
[24] 华中科技大学新闻网. 人工智能与自动化学院周纯杰团队发表关于工业控制系统信息安全防护的最新研究成果[EB/OL]. (2021-03-30)[2022-03-03].
[25] 前瞻产业研究院. 2021 年中国工业信息安全市场规模、细分市场及发展前景分析细分产品发展潜力巨大[EB/OL]. (2021-11-23)[2022-03-03].
[26] 王秋华，吴国华，魏东晓，等. 工业互联网安全产业发展态势及路径研究[J]. 中国工程科学，2021, 23(2): 10.
[27] 李瑞琪，韦莎，程雨航，等. 人工智能技术在智能制造中的典型应用场景与标准体系研究[J]. 中国工程科学，2018, 20(4): 112-117.
[28] 佚名. 造有道 智万物——德勤人工智能制造业应用调查[J]. 电器工业，2020(7): 27-41.
[29] 张帅，于英杰，赵甲，等. 人工智能技术在汽车制造领域的应用分析[J]. 科学与信息化，2019(33): 18-19.
[30] 沈昌祥.用可信计算构筑智能城市安全生态圈[J]. 网信军民融合，2017, 4: 19-23.
[31] 张磊. 人工智能时代，如何筑牢信息安全屏障[J]. 中国信息化，2019, 12: 92-94.
[32] 刘小垒，罗宇恒，邵林，等. 对抗样本生成及攻防技术研究[J]. 计算机应用研究，2020, 37(11): 3201-3212.
[33] 德勤. 超级智能城市 2.0：人工智能引领新风向[R/OL]. (2019-12)[2020-10-22].
[34] 物联网智慧城市. 2025 年，智慧城市市场规模将达 8207 亿美元[EB/OL]. (2020-09-21)[2020-10-10].

[35] 中国信息通信研究院. 物联网白皮书[R/OL]. (2016-12)[2020-10-16].
[36] 德勤. 超级智能城市[R/OL]. (2018-02-12)[2020-10-15].
[37] 中国工程院“新时代、新态势下‘互联网+’行动计划发展战略研究”项目组. “智慧物联网”——一种适应新时代、新态势、新征程的新型物联网[R]. 2020.
[38] 佚名. 智慧城市的国际标准研究[R/OL]. (2021-08-22)[2022-03-03].
[39] Rodger Lea. Smart City standards: an overview[EB/OL].（2017-12-29）[2022-03-03].
[40] Trend Micro. Securing Smart Cities[R/OL]. (2017-05-30)[2020-12-10].
[41] KPMG. Cybersecurity in smart cities[R/OL]. (2019-02)[2022-03-03].
[42] Deloitte. Making smart cities cybersecure[R/OL]. (2019-04-11)[2022-03-03].
[43] CSA. Cyber Security Guidelines for Smart City Technology Adoption[R/OL]. (2016-02)[2022-03-03].
[44] 比特币网. 十大布局智慧城市生态的跨国巨头[EB/OL]. (2020-04-22)[2022-03-03].
[45] 智慧城市网. 国外有哪些公司致力于推动智慧城市与公共安全建设[EB/OL]. (2019-12-21)[2022-03-03].
[46] 王惠莅. 我国智慧城市网络安全标准化进展[J]. 信息技术与标准化，2019(8): 25-29.
[47] 百家号. 智慧城市产业生态圈发布《智慧城市网络安全白皮书》[EB/OL]. (2019-12-26)[2022-03-03].
[48] 中国信通院. 智慧城市产业图谱研究报告（2020 年）[R/OL]. (2020-12-23)[2022-03-03].
[49] 中国信通院.《5G 智慧城市安全白皮书》正式发布[EB/OL]. (2020-03-20)[2022-03-03].
[50] 中国安防行业网. 智慧政务基本概念及发展现状[EB/OL]. (2020-12-21)[2020-12-30].
[51] 郭辉. 人工智能改变安防新格局[J]. 中国公共安全，2018, 6: 44-46.
[52] 德勤.Global Artificial Intelligence Industry Whitepaper[R/OL]. (2019-09)[2020-10-22].
[53] 中国经济网. 充分发挥人工智能在疫情防控中的作用[EB/OL]. (2020-07-23)[2020-12-30].
[54] 碳博会. 智慧城市“碳达峰”“碳中和”的对策与建议[EB/OL]. (2021-08-27)[2022-03-03].

本章执笔人

李伯虎　中国航天科工集团
柴旭东　航天云网科技发展有限责任公司
侯宝存　广东美云智数科技有限公司
王　琳　航天云网科技发展有限责任公司
陈晓双　北京航天制造科技发展有限公司

第6章　网络安全

随着智能世界的加速到来，人工智能技术迎来了发展新高潮，成为全球科技竞争的新高地、经济发展的新引擎、国际博弈的新焦点。人工智能技术的变革与创新正深刻改变着人类社会生活的方方面面，加速应用于医疗、金融、安防、教育、交通等领域。同时，人工智能技术也正在加速应用于网络安全，网络攻击、网络防御正在不断融入人工智能技术。

6.1　概述

"网络安全的本质在于对抗，对抗的本质在于攻防两端的能力较量。"网络安全指的是针对网络中的设备系统与应用数据的网络攻击与网络防御。网络攻击破坏设备系统与应用数据的机密性、完整性、可用性等，网络防御则保护设备系统与应用数据的机密性、完整性、可用性等。人工智能技术正在不断融合应用于网络安全，不断增强网络攻击、网络防御能力。

人工智能技术全面的知识分析、自动化的感知及智能化的决策能力，不断衍生出与网络攻击应用的结合点，促使网络攻击更加精确化、自动化和规模化。人工智能技术可提升网络攻击效率。人工智能技术可使恶意软件、病毒和木马的编写、组装、分发、装载和执行流程自动化，并使其能够逃避安全产品的检测，攻击手段在潜伏性、隐蔽性、定向性、自主性、融合性等方面日益增强。人工智能技术可加大网络攻击的破坏程度。利用人工智能技术构建的内部网络和集群能够彼此通信和交流，利用自我学习能力形成前所未有的僵尸网络，以极大的并行度和效率自主攻击脆弱系统，可使被感染的设备成为新的智能僵尸并继续传播，使受害者网络的防御能力和恢复能力面临极大挑战。人工智能技术可提升网络攻击精准性。犯罪分子正在越来越多地利用机器学习来分析大量隐私记录，以精准识别潜在的易攻击目标人群，通过智能推荐算法投放定制化钓鱼邮件。人工智能技术可用于制作媲美原声的人造录音，还可以基于文本描述合成能够以假乱真的图像，或基于二维图片合成三维模型，甚至可以根据声音片段修改视频内人物的表情和嘴部动作，生成口型一致的音视频合成内容，可被不法分子用来实施精准的诈骗活动。人工智能可用于影响公众政治意识形态，间接威胁国家安全。采用人工智能技术支撑的广告定向算法、行为分析算法及数据挖掘分析技术支撑的心理分析预测模型，能够辅助竞选战略，帮助政客确定不同种类的选民在特定问题上的立场，指导其在竞选广告中的语言语调等。

人工智能在网络防御中的应用日益广泛。人工智能可以优化数据挖掘、行为识别和风险预测，提供更为自动化、智能化的安全感知和响应，驱动安全防御理念变革升级。在防护阶段，人工智能可助力实现自适应安全能力的安全引擎，可实现对网络信息的不间断发现辨识、学习关联，在信息系统上线前进行安全加固和攻击隔离。在监测阶段，基于机器学习的聚类、分类、降维等各种算法，能够快速、及时地发现各种潜在的安全威胁，在信息系统上线后针对在线流量进行异常检测和分析。在响应阶段，在大数据分析的基础上，利用机器学习算法进行攻击分析、策略更新与系统修复，可极大提高对网络攻击行为的响应能力。在预测阶段，人工智能技术通过安全分析模型，可对多种安全威胁数据进行自动化挖掘和网络威胁情报关联分析，最终实现网络安全态势感知和对安全威胁的精准预测。

6.2　应用现状与趋势

本节深入分析人工智能技术在网络安全中的应用现状与发展趋势，分为人工智能技术在网络攻击中的应用、人工智能技术在网络防御中的应用两个部分。

6.2.1　在网络攻击中的应用

人工智能技术在网络攻击中的应用主要包括智能化恶意软件、高效智能化密码攻击、智能化鱼叉式钓鱼攻击、智能化可扩展僵尸网络、智能化语音合成攻击、智能化验证码攻击和智能化投毒攻击等，后续发展趋势主要是将人工智能技术有机融入网络杀伤链全环节。

1. 应用现状

1）智能化恶意软件

当前，大部分恶意软件都是通过人工方式生成的，攻击者通过编写脚本生成恶意病毒，并利用工具协助分发和执行。人工智能能够驱动恶意软件更加自动化、智能化[1-3]，通过机器学习等手段，其能够自学习目标系统环境，发现并规避安全检测，不断优化自身代码，最终实现恶意软件的自生成、自繁殖及智能规避。

智能化恶意软件的核心技术是将恶意软件生成问题转变为针对软件变换次序的优化问题，并使用人工智能算法进行求解[2]。首先是确定优化目标，优化目标是寻找最优的软件变换次序，对软件进行一系列变换，使其在保持软件主体恶意功能等优化约束条件的限制下，得到目标恶意软件，具备某些所需的恶意能力（如躲避检测）。其次是确定优化约束条件，在对目标软件进行一系列变换时，必须满足一系列优化约束条件，包括保持软件主体恶意功能，保持软件代码编写风格，能够增加/移除/编辑代码等。

2）高效智能化密码攻击

密码攻击通常包括密码暴力破解、密码协议分析等。传统的密码暴力破解是一种基于精心编制的攻击字典的密码破解方法，破解的速度和效率与字典的构造和更新密切相关。在通常情况下，字典是由随机词、公共网站中有意义的词或已知密码构造而成的，这导致暴力攻击耗时长、资源消耗大，而由人工智能驱动的密码攻击[4-8]更加高效、智能。

高效智能化密码攻击以机器学习算法代替人工生成密码规则，不需要用户干预就可以生成高质量的密码猜测。不依赖人工密码分析，而是使用生成对抗网络（GAN）从实际的密码泄露事件中自动学习真实密码的分布，自动提取密码属性和结构，并生成高质量的密码猜测。使用机器学习生成的密码规则扩展密码字典，以自动确定密码属性。该方法能够在预先不了解密码结构的情况下，实现高质量的密码猜测，其攻击效果超越基于规则的密码猜测。

高效智能化密码攻击技术将密码猜测破解等攻击建模为一个对于字典单词及施加于单词之上的可行变换向一个概率空间的函数映射，基于已有密码数据，通过深度神经网络获得该函数映射，即可以生成质量较高的密码猜测[8]。

3）智能化鱼叉式钓鱼攻击

鱼叉式钓鱼是一种通过电子邮件活动执行的恶意行为，黑客可以通过电子邮件活动了解用户的喜好，并且研究日常运作，通过特殊定制的邮件来窃取敏感数据或安装恶意软件。随着人工智能技术的发展，由人工智能驱动的智能化鱼叉式钓鱼攻击出现[9-15]，攻击者可利用机器学习来分析大量被盗记录，识别潜在的受害者，构建更具针对性、内容更详尽、受害者更可信的钓鱼电子邮件。

智能化鱼叉式钓鱼攻击利用递归神经网络向特定用户发布网络钓鱼帖子，采用鱼叉式网络钓鱼渗透测试数据进行训练，在此过程中，为提升点击成功率，动态嵌入了目标用户转发或关注的话题，并将构造的帖子推向攻击目标。利用机器学习，能够创建效果更好的网络钓鱼攻击，通过学习历史攻击中最有效的网络地址模式，生成新的合成网络钓鱼地址，能够绕过基于人工智能的网络钓鱼检测系统，发动更有效的网络钓鱼攻击。

智能化鱼叉式钓鱼攻击技术从成功攻击的钓鱼网址数据中学习内在模式，并在后续攻击中生成高成功率的钓鱼网址[15]。

4）智能化可扩展僵尸网络

僵尸网络是指采用一种或多种传播手段，使大量主机感染僵尸程序，从而在控制者和被感染主机之间形成的一个可一对多的控制网络。僵尸程序可以是木马、病毒、蠕虫等，黑客利用某些系统漏洞及发送钓鱼邮件或者社会工程等手段抓取一定数量的肉鸡，然后对肉鸡植入僵尸程序，这样僵尸网络就慢慢组成了。随着人工智能技术的发展与应用，智能化可扩展僵尸网络出现了[16-19]，攻击者可以利用机器学习技术构建由自主智能机器人组成的智能僵尸网络，这些机器人可以根据上下文、任务和目标动态决定应该做什么，即智能僵尸网络允许机器人对周围环境进行侦察并自行做出决定。

智能化可扩展僵尸网络基于多代理系统构建智能僵尸网络，通过将学习过程嵌入智能机器人，从环境经验中学习并使用更有效的方法来完成任务。这种攻击的影响可以在许多设备上快速而隐蔽地传播。被感染的设备也将变得更加智能，无须等待控制者发出指令，就能自动执行命令；能够像蜂群一样爆炸式增长，提高同时攻击多个受害者的能力，并大大阻碍缓解与响应措施。

智能化可扩展僵尸网络技术将僵尸网络构建转化为相关最优化问题，并利用群体智能算法获得僵尸网络构建决策，从而能够近似以最优化方案构建僵尸网络。首先是确定攻击最优化目标，最大化僵尸网络发起攻击时的收益（由时间段收益与实时收益两部分组成），在收益中减去僵尸网络成本，每个攻击收益对应一项攻击约束。其次是进行网络构建决策，使用蚁群优化算法等群体智能算法，结合支持向量机，学习并求解最优化问题，得到僵尸网络拓扑、成员数量、攻击流程等决策数据。

5）智能化语音合成攻击

声纹识别作为生物识别的一种，是根据说话人的声波特性进行身份辨识的，与口音无关，与语言无关，可以用于说话人辨认和说话人确认，广泛应用于金融安全、智能家居、智慧建筑等领域。借助声纹识别技术，智能硬件产品可以实现“闻声识人”，公安机关能更有效地遏制与打击犯罪，金融机构则得以大幅提高风险防范系统的安全性。与其他生物识别技术相比，声纹识别具有更简便、更准确、更经济及可扩展性更好等众多优势，可广泛用于安全验证、控制等各方面。但随着人工智能技术的发展与应用，由人工智能驱动的语音合成攻击出现了[20-24]，攻击者能够利用简短的语音片段迅速合成语音，逼真度极高，能够达到以假乱真的效果。智能化语音合成攻击常被用于诈骗等非法操作。

智能化语音合成攻击利用机器学习构建语音模拟算法，不仅可以模拟真实的人的语音，而且可以改变其情绪节奏，并且只需要一小段真实的音频就可以完成这一切。利用生成对抗网络，通过对抗方式学习数据分布，基于获得的少量声音数据，生成高度逼真的内容，从而构造高度模拟被攻击者熟人的声音内容，获取被攻击者的信任。

智能化语音合成攻击技术利用神经网络将语音学习分解为内容、音调和节奏，分别予以合成，最后利用神经网络合成完整语音[24]。首先是编码，除了音色部分，使用内容编码器、节奏编码器和音调编码器。每个编码器由卷积层堆栈组成，后面接一组归一化组件。每个卷积层的输出被传递到一个随机重采样组件中。卷积层最终的输出被传递到一个堆叠的双向长短时记忆网络层中，以减少特征维度，然后通过下采样操作减少时间维度，产生隐性表征。其次是解码，解码器先对隐藏表示进行上采样，以恢复原始采样率。说话者身份标签是一个单热向量，沿着时间维度重复。然后所有的表征都沿着通道维度串联起来，并被送入由三个双向长短时记忆网络层和一个输出线性层组成的堆栈，以产生最终的完整语音。

6）智能化验证码攻击

目前，对人和机器的区分主要采用“全自动区分计算机和人类的公开图灵测试”，俗称验证码，以防止用户使用自动化机器人在网站上设置虚假账户。用户在登录网站或社交软件时，除了账号和密码，还需要输入验证码，必须通过解决视觉难题来证明自己是人类，这就要求用户识别以某种方式失真化或动画化的字母、数字、符号或对象，进而增加安全性。著名的验证码系统是由卡内基梅隆大学发展的 reCAPTCHA 系统，其主要思路是将从书本中扫描下来的、无法准确被光学文字辨识技术识别的文字显示在问题中，让用户在回答问题时识别这些文字，进而实现对人类与机器的区分。但是，随着人工智能技术的发展与应用，由人工智能驱动的验证码攻击出现了[25-27]，验证码系统防线已经被突破，每秒可以准确识别数千条验证码，最终用于实施诈骗。

智能化验证码攻击利用支持向量机，能够以很高的精度破解图像运行系统 reCAPTCHA，因此所有验证码机制都进行了有针对性的安全改进。面对新型验证码系统，智能化验证码攻击正在使用深度学习技术予以破解。通过概率生成模型算法分析图像中的像素以识别物体，查看它们是否与特定物体的轮廓匹配，能够破解 Google、Yahoo 和 PayPal 等使用的基于文本的验证码测试。基于长短时记忆网络及卷积神经网络构建的整体攻击与模块化攻击，对于视频类型的 CAPTCHA 验证码有较高的突破率。

智能化验证码攻击技术通过神经网络提取目标验证码语义特征、视觉特征，然后通过神经网络进行推理，将视觉和语义特征整合并预测最终答案[27]。首先是提取目标验证码语义与视觉特征，使用双向长短时记忆网络构建编码解码架构。编码器将原始文本指令作为输入，提取其语义特征，解码器利用这些语义特征来预测相应的程序。使用卷积神经网络提取视觉特征，定位所有前景物体，并对物体的颜色、大小、形状等进行初步分类。其次是推理整合，获得对验证码答案的预测。推理识别视觉属性，如缺口、断裂、倾斜方向和字符类别，通过计算通道之间的相互依赖关系，自适应地重新校准通道间的特征响应。接入一个softmax层计算概率分布，最后将最大概率作为验证码答案。

7）智能化投毒攻击

人工智能技术自身也存在安全漏洞，会被用于对抗基于人工智能的防御系统。一个简单而有效的方法是让用于检测恶意软件的机器学习引擎中毒（使其无效）。机器学习模型需要从输入数据中进行学习，多种类型的投毒攻击的出现[28-35]，使数据池中毒，从而导致输出也被恶意改变。深度神经网络训练需要大量的计算资源，因此，许多用户在云端进行训练或依靠预先训练的模型进行识别，并针对特定任务进行微调。

智能化投毒攻击基于生成对抗网络，能够逃避域名黑名单检测，通过构建一个基于深度学习的分布式遗传算法，有意绕过基于深度学习的检测器，在一系列的对抗回合中，生成器生成越来越难以检测的域名。机器学习技术的引入使恶意域名的生成更具智能，实现用 AI 对抗 AI。通过识别外部训练的神经网络中存在的漏洞，攻击者能构建一个恶意的训练网络，已经在数字识别和交通标志检测任务中展示了攻击的有效性。基于强化学习构建的工具，可以在事先不了解系统的情况下，入侵应用程序的数据库，目标是扩充现有的黑客工具，试图通过利用模糊逻辑自动执行任务来学习如何进行黑客攻击。通过可解释性机器学习，指导相关特征和值的选择，构建与模型无关的投毒攻击，创建有效的后门触发器，这对多类用于恶意软件分类的机器学习模型有效。

智能化投毒攻击技术将攻击表达为一个最优化问题，并使用替代模型训练一个能够模拟目标深度神经网络的模型。在该替代模型上进行投毒数据生成，并将生成的数据用于向目标模型的投毒[35]。

首先将智能化投毒攻击形式化为一个最优化问题，优化目标是最小化目标的性能，如对于一个推荐系统神经网络，攻击目标即通过投毒，使其推荐项与用户期望最不相关。该最优化问题的约束条件是目标神经网络的架构与参数等信息。其次使用替代模型进行训练，生成一个能够模拟目标神经网络的模型，并在其上生成投毒数据。在该训练中，必须使用足够好的损失函数才能生成足以模拟目标的模型。使用损失函数对命中率进行近似计算，基于损失函数构建替代模型，通过使用验证数据集对替代模型进行预训练，使用损失函数更新替代模型，用反向传播方法反复训练其中所有的模型参数，多次迭代模拟被攻击的目标神经网络，最后根据替代模型预测向量生成投毒数据。

2. *发展趋势*

网络攻击是指通过计算机、路由器等网络设备，利用网络中存在的漏洞和安全缺陷实施的一种行为，其目的在于窃取、修改、破坏网络中存储和传输的信息，延缓、中断网络服务，破坏、摧毁、控制网络基础设施。网络攻击通常具有隐蔽性、目的性、持续性及多变性等特点。

网络攻击发展生命周期是描述网络攻击过程的基本方法。当前，学术界、产业界等提出了众多不同的网络攻击模型来描述网络攻击过程，典型的网络攻击框架主要有以下几类：一是 Bruce Schneier 于 1999 年引入的攻击树，用于对安全威胁建模，以了解攻击目标的所有可能方式；二是洛克希德马丁公司于 2011 年开发的网络杀伤链，用于描述整个网络攻击的生命周期；三是 MITRE 的对抗性战术、技术和常识（ATT&CK），全面介绍与网络攻击相关的技术；四是 Mandiant 的攻击生命周期模型，强调了典型 APT 入侵的建模，显示了攻击者为进一步提升权限而采取的相关操作。上述网络攻击框架从不同角度给出了网络攻击过程的知识基础，在实际运用中，相比而言，网络杀伤链已经被广泛地应用于大多数现有的网络攻击场景，描述和展示网络攻击从开始到渗透及实施恶意行为的整个攻击路径。

网络杀伤链将一个网络攻击分为如下阶段。

（1）侦察跟踪阶段。侦察跟踪阶段是攻击者为达成目标，进行探测、识别及确定攻击对象的阶段。在这个阶段，可通过网络收集企业网站内容、报道资料、招标公告、职员社会关系等各种与目标相关的情报。

（2）武器构建阶段。武器构建阶段是指在侦察跟踪阶段确定目标后，准备网络武器的阶段。网络武器可由攻击者直接制造，也可利用自动化工具来制造。

（3）载荷投递阶段。载荷投递阶段是指将构建完成的网络武器向目标散布的阶段。洛克希德马丁公司网络安全保障小组称，使用最为频繁的载荷投递途径有邮件附件、网站等。

（4）漏洞利用阶段。漏洞利用阶段是指在将网络武器投递至目标系统后，启动恶意代码的阶段。在大部分情况下，本阶段会利用应用程序或操作系统的漏洞及缺陷。

（5）安装植入阶段。安装植入阶段是指攻击者通过在目标系统设置特洛伊木马、后门等，在一定期限内在目标系统中营造活动环境的阶段。

（6）命令控制阶段。命令控制阶段是指攻击者建立目标系统攻击路径的阶段。在大部分情况下，智能型网络攻击并不是单纯的自动攻击，而是在攻击者的直接参与下实施的。攻击路径一旦确定，攻击者就能够自由接近目标系统。

（7）目标达成阶段。目标达成阶段是指攻击者达到预期目标的阶段。攻击目标呈现多样化，具体来讲，有侦察、敏感情报收集、破坏数据完整性、摧毁系统等。

未来，人工智能技术会全面融入上述攻击阶段[36]。

（1）在侦察跟踪阶段，人工智能可促使目标分析精确化。网络攻击的成败在很大程度上取决于计划阶段。人工智能对数据的理解、解释和发现能力可以用于提供深入的攻击对象分析，并通过自学习克服人类的局限性，实现对攻击目标的精确分析与定位。在攻击前使用聚类方法对攻击目标进行筛选，为攻击目标精确定位提供智能支撑。

（2）在武器构建阶段，人工智能能够辅助网络武器的高效构建。人工智能能够理解人类的自然语言，创建包含恶意负载的个性化消息。在假评论攻击场景中，可利用递归神经网络生成欺骗性假评论，实现攻击载荷的高效生成。

（3）在载荷投递阶段，人工智能能够实现攻击载荷的隐藏投送。攻击载荷的投递可以在人工智能技术的支持下，利用更多的隐身技术，保证载荷具有不可探测性。在网络钓鱼攻击中，通过学习历史攻击中最有效的网络地址模式，可以生成新的可以避开安全检测的钓鱼网址。

（4）在漏洞利用阶段，人工智能可实现漏洞的自动化利用。在获得目标访问权限后，人工智能技术的应用可以减少攻击阶段的人力资源投入，用机器人替代人类实施网络攻击。在僵尸网络攻击中，可以通过使用大量具有自主决策的机器人，在扩大网络攻击范围的同时，实现网络攻击的自动化。

（5）在安装植入阶段，人工智能可实现攻击工具的智能演进。在本阶段，攻击者已获取管理员权限，可以进一步探索互联的系统和资产，并搜索系统的敏感数据。在人工智能技术的支持下，具有自动传播能力的恶意程序能够做出自主决策，不断扩大入侵范围，感染尽可能多的节点。

（6）在命令控制阶段，人工智能可实现远程控制渠道的多层次化。该阶段主要为攻击者建立可远程控制目标系统的路径。人工智能技术可根据来自环境的输入独立学习，从而自动控制目标系统行为的各方面，确保远程访问路径的多层次化，进而实现对目标的持久控制。

（7）在目标达成阶段，人工智能可实现网络攻击目的的规模化。成功预期目标包括但不限于数据泄露、勒索、破坏攻击、中断攻击和重构攻击等。人工智能技术的应用能够使攻击目的更具规模化，即扩大攻击范围，提高攻击成功率，确保网络攻击的利益最大化。

从人工智能技术对网络攻击的促进作用与影响来看，基于人工智能的网络攻击有三大优势：精确化、自动化和规模化，其划分的依据是目标范围、攻击速度和影响规模三个特征。精确化，是指从大型数据集中识别特定类型的攻击模式的范围，攻击者可以获得更精确的目标列表以适应其攻击策略。该类影响主要体现在侦察跟踪和武器构建两个阶段，为网络攻击准备提供精细化定位。自动化，是指机器可取代人工，实现自动化操作。由人工智能技术驱动的网络攻击，可以实现攻击目标锁定、安全漏洞扫描、攻击工具启动等流程的自动化运行。相比于人工操作，在攻击速度上有显著提升。该类影响主要体现在载荷投递、漏洞利用及安装植入三个阶段，为网络攻击入侵提供自动化手段。规模化，是指网络攻击所带来的影响更大、更远。这里的影响包括网络攻击的成功率、受攻击的范围、目标控制的持久性等，即最大化攻击目的的实现。该类影响主要体现在命令控制和目标达成两个阶段，为网络攻击实施提供智能支持。

“知识、感知和决策”三大人工智能能力，能够为网络攻击赋能，驱动网络攻击向精确化、自动化、规模化方向发展。当前，人工智能技术已经在网络杀伤链中得到了应用，从初始信息收集到实际攻击获得访问权限、从攻击载荷投递到安装植入、从远程控制到隐蔽潜伏，人工智能技术的助力，提升了网络攻击的效率和精度，降低了网络攻击的成本，实现了对网络攻击规模与攻击效率的兼顾。未来，人工智能将持续在网络杀伤链各阶段发挥重要作用，网络攻击者也会不断寻求更多与人工智能技术的结合点，促使更快、更广、更准的网络攻击能力的形成。

6.2.2 在网络防御中的应用

人工智能技术在网络防御中的应用主要包括防护增强、持续监测、积极响应、超前预测及开源情报等。后续发展趋势主要是不断拓展应用场景。

1. 应用现状

1）防护增强

（1）设备身份认证。

硬件设备身份认证是系统硬件方面常见的安全问题，如最传统的身份认证方式是依据物理地址进行认证，但这种方式很容易被伪造，因此出现了基于硬件自身指纹特征的设备身份认证技术[37]。这一技术[37-40]从暂态信号、调制信号、频谱响应及传感器响应等信号中提取反映设备身份的特征，然后生成可用于设备识别的指纹，再通过机器学习算法识别设备指纹，从而实现对设备身份的认证。基于机器学习的设备身份认证流程包括测量信号、提取信号特征、降低维度、生成指纹及识别指纹五个阶段。

设备身份认证通过聚类及分类算法实现对指纹信号的分类识别，通过无监督学习算法实现对特征数据的降维处理。

设备身份认证技术利用机器学习算法，从目标设备的系列信号中提取设备身份特征，作为设备身份指纹，之后在进行设备身份认证时，与此指纹进行比对[40]。

首先利用半监督学习提取设备身份特征，根据暂态信号、调制信号、频谱响应及传感器响应等信号，提取一系列特征，训练一个分类器并获取分类器的参数。在预处理过程中，使用均方根归一化，对不同的信号采样数据进行归一化处理。在提取特征的过程中，从归一化信号中获得信号频率、频率偏移、信噪比等特征。其次使用半监督学习进行分类器训练。在完成分类器训练后，设置归一化参数均值和标准差，随机选择部分用于训练的合法数据集和用于测试的合法数据集，重复多次以累积合法测试数据的输出，之后计算相应的均值和标准差。最后是设备身份认证，分类器基于新接收的信号的输出计算归一化数值，如果在指示的阈值内，则通过认证。

（2）恶意软件分析。

恶意软件通常指具有恶意功能的应用程序，包括木马、蠕虫、病毒等。恶意软件分析一般分为静态分析和动态分析。静态分析通过分析程序指令与结构来确定软件是否具有恶意功能；动态分析在模拟器、沙盒等隔离环境运行状态下，综合分析运行行为，从而确定软件是否具有恶意功能[37]。在利用机器学习技术分析代码量庞大、代码特征或运行行为特征复杂的恶意软件方面，业界已有一些研究[37,41-45]。

恶意软件分析利用卷积神经网络等深度学习模型，对恶意软件进行静态分析，对二进制文件进行特征提取和分析；利用深度神经网络等深度学习模型提取Windows PE 文件特征，求取异常值；使用循环神经网络分析 Windows 二进制文件，可以检测函数的开始位置和结束位置。在恶意软件动态分析方面，在对二进制文件和运行行为进行特征提取的基础上，利用朴素贝叶斯分类算法对特征进行分类，判断内核驱动中是否含有 Rootkit；使用贝叶斯网络和随机森林方法，动态分析移动终端恶意软件，能够取得非常高的准确率[37]。利用图形长短期记忆网络，收集系统调用活动，构建数据源图，对其进行分析，可标记安装过程中的恶意软件。

恶意软件分析技术基于无监督深度学习模型定位二进制文件中的恶意功能，并通过半监督学习聚类模型对所识别的一系列恶意功能进行分类[45]。首先定位二进制文件中的恶意功能组件，使用自编码器进行样本重建。自编码网络内层存在压缩，学习训练中的关键分布，重建错误可以用来识别恶意软件中的恶意功能组件。由于以无监督的方式训练，所以不需要大量的标记样本。其次对定位到的恶意功能组件进行分类。对恶意软件样本中所有已识别的功能进行聚类，使用半监督学习聚类模型，随着时间的推移，可以通过将识别的函数映射到聚类模型中来预测它们的功能类别。

（3）芯片硬件木马检测。

在芯片中恶意植入硬件木马，会导致芯片功能和规格变化、敏感信息泄露、系统瘫痪等，严重威胁国家军事系统、关键信息基础设施等的安全。由于被植入硬件木马的芯片的热量、功耗和延时等侧信道信号会发生改变，所以可以收集芯片侧信道的参数指纹，利用机器学习在多维空间中进行比对[37,46-47]，判断是否在可信芯片的参数指纹范围内，从而判断是否存在硬件木马。

芯片硬件木马通过分类算法，将实验芯片与可信芯片的成像图差值作为特征参数进行检测；在分析侧信道信号时，学习能耗差值的频域特征，从而识别出带有硬件木马的芯片。通过聚类算法，在分析侧信道信号时，对多维侧信道信号数据进行降维。通过回归算法，在分析侧信道信号时，利用降维后的数据，通过非线性回归模型得到侧信道指纹，为分类识别做准备。

芯片硬件木马检测技术利用分类器对芯片硬件中的功能进行分类，对其中的安全相关部分进行识别[47]。首先是对芯片硬件中的功能进行分类，使用预训练的逻辑回归分类器来分类。整体芯片硬件的功能分布包含同层及相邻层的功能分布定义。其次是对其中的安全相关部分进行识别，使用卷积神经网络对形成的芯片硬件功能分布图进行学习，提取安全相关部分的隐藏特征并用于构建模型，从而发现木马。

2）持续监测

（1）网络流量分析。

网络流量分析使用机器学习、高级分析和基于规则检测的组合来构建正常网络行为的基线模型，只利用流量的统计特性就能有效地分析、识别流量，并在检测到异常模式时提供深度上下文警报。鉴于其近乎实时的威胁发现能力，网络流量分析被认为是五种检测高级威胁的手段之一。基于机器学习的网络流量分析[48-53]对每个层面的网络流量进行深度分析，以发现各种攻击和异常。

网络流量分析通过回归算法预测网络包的各项参数，并将它们与正常的流量做比较；通过分类算法识别扫描、欺骗等不同类型的网络攻击；通过聚类算法进行取证分析；通过自编码学习网络，自动从网络流量中学习得到正常流量模式，迅速发现偏离设定阈值的流量，从而检测出与正常流量模式不同的异常流量。

网络流量分析技术使用机器学习直接从原始网络流量数据中学习获得网络流量模型，并在此后的网络异常检测等过程中，使用模型对网络流量进行针对性分析[5]。在训练阶段，使用自编码学习网络接收网络正常流量，通过降维学习得到网络流量特征维度压缩表示，再从中恢复出原始网络流量。自编码学习网络的权重得到调整，能够学习得到网络正常流量的特征分布空间。在检测阶段，训练得到的网络模型在接收网络流量后，对其进行降维处理并恢复，如果所检测的网络流量特征不属于正常流量的特征分布空间，则说明恢复出来的流量与原始流量之间的距离差非常大。在距离差大于某个阈值时，判断网络流量属于异常流量。

（2）用户实体行为分析。

该领域最早的应用案例是安全信息和事件管理。通过恰当的配置，安全信息和事件管理能够凭借对用户行为的搜索和机器学习，实现日志的关联与分析。用户实体行为分析需要监控的用户类型包括域用户、应用程序用户、SaaS 用户、社交网络用户和即时通信用户等。不同于仅根据常见攻击训练分类器概率的恶意软件检测，用户行为是更为复杂的层面，而且涉及机器学习[54-58]。由于用户行为的复杂性，用户行为数据集既未被标记，又没有清晰的查找方向，所以无法为所有用户行为创建统一算法。

用户实体行为分析通过回归算法检测用户的异常行为（如在非常规时间登录系统），通过分类算法，对不同类型的用户进行组内特征分析，通过聚类算法将违规的用户从组中检测和分离出来。

用户实体行为分析技术基于机器学习模型，根据用户实体行为日志中的上下文信息推断事件语义，对类似行为进行聚类，从而分析行为模式[58]。首先是构建用户实体行为模型，将用户实体行为日志数据作为输入，对日志进行解析，并构建基于日志的知识图谱，通过嵌入模型，推断出知识图谱中节点的上下文语义。其次是对用户实体行为进行聚类，将语义相似的子图归入集群，每个集群定义为一个行为并生成行为指纹。

（3）Web 应用安全检测。

Web 应用层安全涉及 Web 应用安全和代码分析，在 Web 网站、数据库、ERP 系统、SaaS 应用和微服务等静态与动态方面，已有 WAF、数据库防火墙等解决方案，但由于误报问题，有些用户不愿意使用。大多数 WAF 解决方案产生误报的主要原因是采用了针对应用程序本身的学习，在包含大量应用程序的大规模应用流量的情况下效果并不理想。基于机器学习的 Web 应用安全检测[59-64]能大大提高攻击检测的准确率。

Web 应用安全检测通过回归算法检测各种异常的 HTTP 请求，如 XML 外部实体攻击、服务器端请求伪造（SSRF）攻击和认证旁路等；通过分类算法检测已知类型的注入攻击，如跨站脚本攻击（XSS）和远程命令执行（RCE）等；通过聚类算法检测用户的活动，以发现 DDoS 攻击和大规模的漏洞利用；通过深度学习等机器学习算法检测 Web 钓鱼网站等。

Web 应用安全检测技术基于神经网络学习 Web 应用特征，并使用相似性指标发现 Web 应用中的安全异常[64]。首先是学习 Web 应用特征，使用卷积神经网络，以随机抽样的方式对所有 Web 应用截图进行训练。通过迭代训练，根据嵌入向量之间的距离被神经网络模型的最后一个检查点错误分类的示例来调整模型权重。其次是根据相似性指标检测 Web 应用中的安全异常。在检测时，与目标 Web 应用距离最近的截图是异常应用截图。使用卷积网络计算嵌入向量并计算应用截图的嵌入向量与所有训练截图的嵌入向量之间的距离。在计算距离之后，被检测的 Web 应用截图被分配到具有最小距离的 Web 应用中，并根据相似性指标发现其中的安全异常。

（4）端点威胁监测和响应。

端点威胁监测和响应是用来监测和调查主机/端点上的可疑活动及其痕迹的工具，是相对较新的终端安全解决方案。目前基于云端的部署方式正在逐渐成为主流，云数据集中提供了更强大的端点监测分析功能，并且能够在后端使用机器学习和其他监测技术等提升监测能力。端点威胁监测和响应的核心是学习可执行文件或进程行为特征[65-67]。

端点威胁监测和响应针对工作站、服务器、容器、云实例、移动端、可编程逻辑控制器和物联网设备等终端各自的具体情况，通过回归算法，为可执行程序预测下一次的系统调用，并将其与真实的进程进行特征比较；通过分类算法，将软件应用划分为恶意软件、间谍软件和勒索软件等类型；通过聚类算法，保护邮件网关免受恶意软件的攻击，过滤非法附件。

端点威胁监测和响应技术利用机器学习，从端点中的进程行为、网络行为、文件行为等数据中学习获得端点工作模型，并在监测阶段将实时数据与模型进行匹配，及时响应端点异常[67]。首先是学习端点工作模型，使用进化学习与图学习技术，对端点工作时产生的大量数据进行聚类。在多次迭代训练过程中，学习端点工作时的正常变化模型，对端点工作中的启动、初始化、稳定运行等不同行为进行聚类。其次是实时监测和响应，基于端点实时运行时产生的数据，实时产生相应的图数据结构，并将该图数据结构与学习获得的端点变化模型进行比较，如果不能归入模型中的任何类别，则说明出现监测异常，马上启动相关响应。

3）积极响应

（1）网络犯罪取证分析。

取证分析常被用来调查诈骗、知识产权侵占、入侵攻击等犯罪行为。常见的取证技术包括电子取证、计算机取证和网络取证，相应证据包括电子设备、计算机、网络运行过程中反映事实的数字信息或数据。典型的数字证据有存储设备中的图像或音视频文件、计算机系统的日志、网络入侵检测系统的工作记录等[37]。传统人工分析数字证据的方式存在时间长、过程复杂等问题，并且需要分析的证据量越来越大，利用机器学习进行取证分析[37,68-70]，能够从大量数据中迅速找到高价值信息。

网络犯罪取证分析通过分类算法，识别文件中的伪造笔迹，分析图像是否为合成图像。通过融合自然语言处理和深度学习技术，处理系统日志并构建优化的因果关系图谱，通过自然语言处理技术从因果关系图谱中构建语义增强序列，学习得到表示攻击语义的基于序列的模型，构建能够用于攻击情节恢复的工具，从而识别攻击和非攻击序列。这样有助于在取证分析时快速恢复出能够描述攻击情节的关键攻击实体，使分析人员能够通过警报识别那些关键的攻击步骤，节省大量时间，并且能够从有限的攻击警报中构建出攻击情节。

网络犯罪取证分析技术利用基于序列的机器模型，对网络犯罪行为模式进行学习，并利用模型对犯罪现场的提取数据进行分析，还原网络犯罪流程[70]。首先是学习网络犯罪行为模式，利用自然语言处理与深度学习技术，对网络数据进行处理，构建行为关联图，并利用长短时记忆网络对行为时序进行学习，构建网络犯罪上下文关联语义。其次是犯罪流程还原，基于网络威胁警报事件，在学习获得的模型中识别出网络犯罪疑似节点，通过筛选出与该节点相关的候选序列，使用基于序列的模型来识别其中参与犯罪的节点，并将识别出的节点统一起来，还原整体犯罪流程。

（2）网络舆情分析。

网络舆情是在网络空间中网民对事件的态度、意见及其影响力的集合，大量研究（如热点识别、追踪及趋势分析、观点挖掘与情感分析）均集中在数据挖掘和信息检索领域。通过网络舆情进行危险事件识别的流程如下：收集及预处理社交网络用户生成内容，提取危害事件特征，确定公共危害事件，生成危害事件摘要信息。基于机器学习进行网络舆情分析[71-73]，能够更准确地判断舆情。

网络舆情分析利用朴素贝叶斯、支持向量机、隐马尔可夫模型等分类/聚类机器学习算法来提取用户生成内容的时间、空间、文本等特征，判断是否是危害事件。

网络舆情分析技术利用神经网络与知识工程训练进行情感分类，并对网络数据中反映的情感及形成的舆情进行分析[73]。首先是对网络群众情感状况进行分类训练，使用增加了注意力机制的长短时记忆网络，将情感常识/知识纳入网络端到端训练，训练获得的是紧密集成情感常识/知识的循环编码器。其次是对网络中采集的数据进行分析，对其中涉及的群体情感进行归类分析，并基于一定时间序列的情感数据表征，分析产生的舆情。

4）超前预测

（1）网络安全态势预测。

根据网络结构中的历史信息完成网络安全态势预测和安全状况评估是网络安全的研究重点之一，通过对网络安全状况的评估，能够在评估结果的基础上提升网络防御的主动性，同时为网络安全的操作和决策提供重要的依据和手段，将网络安全问题产生的危害降到最低。除了早期的专家评价方式，后期发展了利用马尔可夫随机过程完成网络安全态势预测的方式，但是，这种方式通常只能完成局部网络结构的安全态势预测，缺少对全局安全数据的评估[74]。基于人工智能的网络安全态势预测[74-75]能够提升预测准确率和速度。

网络安全态势预测将线性回归、线性判别分析、朴素贝叶斯、随机森林等算法引入态势预测，其主要作用是通过各类算法，针对应用场景和样本类型进行预测建模，尽可能最小化模型误差或做出最准确的预测。

网络安全态势预测技术利用神经网络，根据已有的网络安全态势数据，学习获得态势的变化规律，并预测未来态势[75]。首先是学习网络安全态势变化规律，使用具有时间反馈神经元的循环神经网络，根据已知的网络安全态势数据，学习事件的概率分布。整体循环神经网络的学习目标是获得一系列网络参数，使网络对态势数据的预测误差最小。其次是预测态势，根据已学习的循环神经网络模型，以及采集到的网络数据，分析计算其中可能出现事件的概率，对于概率最高的事件，将其作为网络安全态势下一步发展的预测。对于预测错误的事件，可以将其作为上一步训练的数据，对网络模型进行调整。

（2）漏洞分析与挖掘。

当前漏洞挖掘严重依赖手工和专家经验，漏洞挖掘的速率和质量难以保证。基于代码特征自学习的漏洞挖掘，通过片段化表达，将程序代码转化为恰当的输入向量，基于深度学习等机器学习方法[76-81]，自动学习代码特征，并在此基础上挖掘代码中可能存在的威胁，以及损坏计算系统安全性的缺陷和不足。

漏洞分析与挖掘基于知识图谱对漏洞挖掘主体进行基于属性的多角度刻画，形成关于主体的准确画像；构建多主体背景知识体系，以便于对主体知识进行高效组织、操作和推理。基于群智漏洞挖掘最优化算法，在多元激励空间中对所有任务完成的有效路径评估极值，使完成目标时的收益最高、成本最低。

漏洞分析与挖掘技术利用深度学习，将目标软件代码合理化拆分，形成可以用于神经网络训练的向量输入，由其学习软件代码之间的语义联系，并从中寻找漏洞[81]。首先是神经网络训练，利用大量软件程序作为训练数据，其中一些程序具有已知漏洞。在训练过程中，对软件库与接口调用进行提取，生成可供训练的代码片段向量及对应标签，然后训练神经网络。在训练完成后，输出的是学习到的安全漏洞模式。其次是漏洞分析与挖掘，对待分析的软件程序中的软件库进行提取，形成可供分析的代码向量，将其转化为对应的符号表征并编码成可供已训练神经网络识别的向量，神经网络判断某个代码片段中是否有安全漏洞，并确定其在程序中的位置。

（3）网络舆情预测。

互联网技术的快速发展使网络用户成为信息的创造者，运用新技术、新平台引导网络舆论，迅速发现网络热点，并通过预测模型掌握网络舆论的发展趋势，对于维护国家安全和社会稳定有重要意义。基于人工智能的网络舆情预测[82-83]能够提升预测准确率和速度。

网络舆情预测利用各种算法构建描述网络舆情状态和特征的数学模型，该模型能够根据预测错误率动态调整模型参数。基于小波神经网络、深度神经网络等算法构建预测模型，提取重要的时间序列信息，从而进行舆情预测。

网络舆情预测技术利用神经网络，学习网络数据中体现的群体情绪关联关系及其变化模式，并给出未来舆情走向[83]。首先是学习网络舆情关联与变化模式，通过长短时记忆网络，建模网络数据中群体发表的句子中的情绪关联与变化。在训练中，获取句子所有术语及其出现的顺序关系，将句子表达为特征向量，将其输入具备注意力机制的长短时记忆网络，专注于调节情绪相关句子的关键部分，使用另一个对时间变化进行建模的长短时记忆网络来建立情绪的变化模式。其次是舆情预测，基于采集的网络群体数据，将其中的句子部分提取并转化为输入向量，输入训练得到的神经网络，由其对句子中的舆情变化进行预测。

5）开源情报

（1）数据采集。

由于网络空间的复杂性，目标情报数据隐藏在广阔的虚拟空间原始数据中，加大了开源情报数据采集工作的难度。一方面，随着社交媒体平台用户的增多，以及连接到互联网的物联网设备日益众多，在互联网上能挖掘到的异构多样化数据越来越多，远远超出了情报人员手动筛选的范畴；另一方面，互联网上存在大量形式多样、结构差距大、背景复杂的信息数据，普通的自动化检索已不能满足处理和分析数据的要求，进而造成情报信息失效。为了解决数据采集阶段的复杂性问题，基于人工智能的数据采集被运用到开源情报提取中。人工智能模型能在数据采集时对数据进行初筛、预处理，以便于后续的处理和分析。

在智能爬虫系统中，为了能采集到需要的开源情报数据，需要对网络情报信息进行高效、准确的研判与标注。爬虫系统需要从时间、领域知识、内容三个维度提取可信特征。利用强化学习模型，根据多维度可信特征对模型进行激励，从而提升爬虫获取情报的可信度和相关性。根据评价结果与情报数据类型库对数据进行全局融合与标注，提升爬虫获取数据的效率和覆盖率。在自主传感器平台中，基于深度学习模型，对海量开源情报进行多维度的学习，形成高效可用的情报分类器。在数据采集时可以利用分类器进行预处理，在完成采集的同时，进行分类派发、存储、管理，为后续的分析环节提供更加结构化的数据支撑。

（2）数据处理和存储。

在完成数据采集后，需要对海量数据进行进一步的分类、处理、存储。该阶段面临两大问题：一是当前在互联网上采集到的原始数据多数是非结构化数据；二是数据量已严重超出情报分析人员采取传统方法可完成的任务量。由于数据源数量过于庞大、结构多样且不断变化，因此信息量和价值点难以被界定。基于人工智能的数据处理和存储，能够对异构数据进行整合化和处理自动化，把各类办公文档、文本、图像、HTML、表格和音视频信息等数据格式多样、结构不规则或不完整的数据转化为具有可读性的数据，将原始数据转化为情报分析人员可以理解、识别、分析并最终指导行动的信息。

在开源情报数据处理和存储中，基于自然语言处理技术，利用公开语言库和文本处理工具，能够完成对目标信息的分词、词性标注、中心词提取等预处理工作。利用提取的特征构成高纬度向量，使用循环神经网络和长短时记忆网络等进行训练，并预测文本中的核心内容，从而实现快速识别开源情报数据中的实体内容，并进行内容的自动分类、归纳、判断。基于智能化的分布式存储技术，采用机器学习算法，将分布式存储在多个点中的大量数据有效聚类、协调规划，从而智能提取有价值的知识和信息。在分布式对象存储产品中，将人工智能技术融入存储全生命周期管理，在业务上线前对存储资源进行规划，在使用过程中进行风险预判及故障定位，从而大幅提升存储效率。

（3）数据分析与情报生成。

数据分析与情报生成是在数据采集、处理和存储的基础上，对完成预处理的数据进行进一步的特征提取，再在此基础上对数据进行整合、分析、筛选，形成可被利用的、有价值的情报。在大数据时代，将庞大、多样、无关联的数据转化为趋势走向、关键数据点、态势分析等直观可用的信息，涉及庞大的工作量。基于人工智能的数据分析与情报生成采用关联度优先排序、高价值信息提取等方式，能够对现有数据进行有效分类。

在开源情报数据分析与情报生成中，基于多元回归，建立情报中的多元特征与可能事件之间的回归模型。通过已知的情报和事件的对应关系，建立一些拟合性较好的回归模型，将掌握的大量已知情报成功预测为已知结果。用这些回归模型对未知情报进行预测，完成快速、自动的情报分析工作。基于情报态势分析，将复杂的信息或规律以图形符号的形式表达出来，实现对情报获取目标的直观展示。同时可以利用对目标情报的处理结果，进行情报的拓展。利用生成对抗网络，对已有情报进行对抗生成，在提高情报处理效率的同时，挖掘新的可能出现的情报。结合可视化呈现，完成对目标整体态势的感知和掌控。

（4）情报分发与决策支撑。

在完成前述工作后，最后进入情报分发与决策阶段。该阶段面临两大难题，一是定制化的开源情报，即不同类型的开源情报用户如何依据各自独特的情报需求提供及时的、有针对性的情报产品；二是情报信息的共享，即如何利用公共的或可访问的数据架构共享数据集，并促使情报界实现更容易、更安全、不同密级的信息共享。基于人工智能的情报分发与决策支撑能够实现情报研判、实时情报预警预测等。

在开源情报分发与决策支撑中，在云计算和大数据环境下，利用自然语言处理、计算机视觉、语音识别、机器学习、知识图谱等技术，将数据采集、处理、存储、研判分析和互动协作融于一体，构建情报知识图谱，实现情报研判、实时情报预警预测。

2. 发展趋势

1）拓展人工智能技术在网络空间军事防御中的应用

人工智能在网络空间中的应用正在深刻改变着军事对抗的方式，赋能军事力量运用，不断丰富网络空间作战行动。在高端军事网络作战领域，人工智能作为一项关键技术，可以发现更多形式的异常网络行为，从而能更有效地阻止攻击；在信息战领域，人工智能技术可以自动探测深度造假。未来，美军的“算法战”及“专家工程”将大幅推进人工智能、大数据、机器学习等前沿技术的军事应用，同时 DARPA 启动的“规模化网络狩猎”“自主网络对抗系统”也将充分利用人工智能技术加大其网络战和信息战的优势。

未来，人工智能技术将被用于全面驱动网络防御设备。利用人工智能技术，将能够抵御 MITRE ATT&CK 框架中近 300 种常规对抗策略与技术，并可以每天筛选多个组织的人工智能系统所传输的海量数据。在人工智能生态系统中需要实现数据收集标准化，从而有利于推出更多的人工智能驱动型网络防御设备。未来，利用人工智能可以进一步提升战术网络防御能力，在确保网络决策安全性的同时，以机器速度自适应自主防御网络攻击。

未来，人工智能技术将被全面用于自动收集数据和检测情报。利用先进机器学习技术，提供先进视频活动分析，可将不同来源的计算机视觉分析技术集成到单个处理通道中，自动收集数据和检测情报，为军队建立和维持网络空间作战能力提供技术、专业人员及管理支持服务，并支持战术和战略层面的系统、服务和能力的互操作。

2）拓展人工智能技术在关键基础设施防御中的应用

关键基础设施的保护一直是各国政府和军队的网络防御重点，5G、物联网、人工智能技术的高速发展，推动了工业互联网、物联网的发展，也加大了关键基础设施的攻击面，使其面临更严峻的安全威胁。人工智能技术能够为关键信息基础设施防御构建灵敏的异常识别机制、自动化的事件分析检测与精确响应等全局运维能力。

未来，人工智能技术将被全面用于政府和国防关键基础设施防御，识别、检测和响应威胁。利用人工智能技术，显示网络设备的细微异常活动模式，一旦设备的威胁级别达到最低阈值，就采取细粒度的操作并阻止单个异常连接，进行响应并关闭相应命令和控制通道。为了适应新的行为，利用人工智能将先前的事件纳入计算，并采取进一步的响应措施；随着威胁的进一步升级，还会自动提升响应，控制恶意行为时间，以便于安全调查并最终修复威胁。

未来，人工智能技术将被全面用于水、电等民生领域关键基础设施防御。为了保护能源企业 OT 和 IT 基础设施，从中央位置进行检测，并将小型探针设备部署到变电站中，对所有站点的控制系统的设备行为进行建模和比较，从而针对远程和本地物理危害，实现在变电站级别检测威胁。针对电网攻击，利用人工智能技术，可基于态势感知、网络隔离、攻击特征迅速确认等，使电力基础设施在遭受攻击后迅速恢复。

未来，人工智能技术将被全面用于工业互联网安全检测、态势分析及决策响应。全面利用人工智能技术，可以实现对工业互联网的主动防御、威胁分析、策略生成、态势感知、攻防对抗等。采用人工神经网络技术检测入侵行为、恶意代码等安全风险，采用专家系统进行安全规划、安全运行中心管理等。人工智能技术将助力工业互联网安全检测。基于机器学习、深度学习算法的人工智能安全检测引擎，将能够更好地处理工业互联网领域中海量、模糊、非线性的数据，通过对不同类型的大量数据进行聚合、分类、序列化，有效检测、识别各类网络安全威胁，提升安全检测的效率、精准度和自动化程度[84]。在网络入侵检测方面，通过对网络流量等进行收集、筛选、处理，利用人工智能技术自动生成安全检测结果并提供给用户，实现对异常网络行为、DDoS、僵尸网络等安全威胁的检测[84]。在预测性恶意软件防御方面，可利用人工智能技术精准识别恶意代码的特征，寻找恶意软件家族特征，预测进化方向，提前进行防御。利用人工智能技术进行关联性安全态势分析，全面感知工业互联网内外部安全威胁。利用数据融合、数据挖掘、智能分析和可视化等，可对工业互联网安全数据进行归并、关联分析、融合处理，通过对大量安全风险数据进行关联性安全态势分析，综合分析网络安全要素，评估网络安全状况，借助可视化呈现，预测网络安全态势，进而构建智能化工业互联网安全威胁态势感知体系。人工智能可辅助工业互联网安全人员进行决策响应。随着工业互联网网络环境越来越复杂、攻击手段越来越隐蔽，其安全运维难度越来越大。在工业互联网领域，安全分析人员要处理的数据规模与其处理能力严重不匹配，许多攻击报警得不到及时响应。利用人工智能技术对原始数据进行预处理，可缓解安全分析人员的数据处理压力，辅助安全分析人员做出决策判断。

未来，人工智能技术将被全面用于智能城市基础设施防御。随着城市数字化的发展，对各种物联网设备的保护变得愈加重要。人工智能技术紧密契合网络空间海量数据的特性，正极大影响和改变着城市智能化的新安全模式，将会广泛应用于智能城市安全保障。未来，业界将全面部署应用可对智能城市基础设施进行威胁检测和响应的人工智能系统。无论是在云端还是在本地，该系统都可以监控来自边缘设备的通信，通过跨混合云和工业网络进行实时威胁监测和响应，从而为智能城市基础设施提供实时可视化和保护。

3）拓展人工智能技术在网络空间舆情管控中的应用

未来，人工智能技术将被全面用于识别、阻止及防御虚假情报攻击。发展可分析多模式媒体信息的语义技术，用于应对敌方的假情报活动攻击（包括利用深度造假发动的攻击）。基于自然语言处理、视频内容理解等，识别、阻止和理解伪造的多模态媒体。

未来，人工智能技术将被全面用于协助政府及管理部门预知舆论风险。发展自动化系统，识别和绘制看似无关的事件或数据之间的相关性；充分发展基于模式的人工智能技术，用于感知世界各地的事件，以及发掘多媒体信息中的复杂事件，并对其进行上下文理解和时间推理，预测其如何发展。系统将学习创建一系列模式，以生成一种可以同时描述简单和复杂事件的机制，将这些机制进行组合，就能够发掘出时间线和关键角色等重要的上下文信息。系统可被用于分析复杂的现实世界数据，并尝试根据创建模式提取事件和描述，分析社会的运作和舆论的趋势，提前预知诸多风险，使管理部门和政府可以防患于未然。

6.3　应用引发的安全问题与应对

本节分析人工智能在应用于网络安全时可能引发的安全问题，并探讨应对方法。重点分析这些安全问题中最难解决、影响最大的对抗样本问题。

6.3.1　应用引发的安全问题与应对措施综述

人工智能技术，特别是深度学习技术仍处于发展之中，研究人员对其的理解还不完备，还有很多认识盲区。将人工智能技术应用于网络安全领域，在带来一系列好处的同时，也会带来一系列安全问题。

人工智能算法大多涉及训练和测试两个步骤，大部分学习算法都基于训练数据和测试数据独立同分布假设进行设计，没有考虑潜在的攻击者。而从人工智能的安全性角度出发，在算法设计时考虑威胁模型（一组关于攻击者能力和攻击目标的假设），是增强人工智能安全性的重要环节。人工智能可能会受到以下几类对抗性攻击。

（1）投毒攻击：对训练模型所需的训练数据进行投毒，注入一些攻击者精心伪造的恶意数据样本，破坏原有的训练数据的概率分布，破坏模型的可用性与完整性，属于诱发型攻击。

（2）逃避攻击：针对挖掘/推理过程的欺骗攻击，生成一些可以成功逃避安全系统挖掘的对抗样本。

（3）模仿攻击：与逃避攻击类似，但侧重于对受害者样本的模仿。

（4）拒绝服务攻击：通过精心设计的样本过载神经网络，或者减慢样本匹配速度。

（5）过激攻击：通过产生大量的误报警，使攻击超过系统/操作人员的处理能力。

（6）逆向攻击：利用神经网络提供的额外的 API 来获取系统模型的初步信息，进而通过这些初步信息对模型进行逆向分析，从而获得模型内部的参数或训练数据。

（7）响应劫持攻击：通过精心设计的样本误导系统产生错误的响应。

（8）重编程攻击：通过设计后的样本重新编程机器学习算法背后的深度神经网络，使其执行攻击者预定的任务。

对于每种具体的攻击手段，攻击者需要不同程度地掌握目标系统的特定知识。显然，需要的目标系统知识越少，越有利于攻击的开展，但攻击的技术难度就越高。在人工智能攻防分析基础上，可以建立由主体目标、主体知识、攻击能力和攻击策略刻画的对抗模型[85]。

（1）主体目标：可以从两个角度描述，即攻击者期望造成的安全破坏程度（完整性、可用性或隐私性）和攻击的专一性（针对性、非针对性）。例如，攻击者的目标可以是产生一个非针对性的、破坏完整性的攻击，以最大化分类器的错误率；也可以产生有针对性的、窃取隐私的攻击，以从分类器中获得具体的客户隐私信息。

（2）主体知识：从分类器的具体组成来考虑，从主体是否知道分类器的训练数据、特征集合、学习算法和决策函数的种类及其参数，以及分类器中可用的反馈信息（主体通过输入数据得到系统返回的标签信息）等方面，将主体知识划分为有限的知识和完全的知识。

（3）攻击能力：攻击者对训练数据和测试数据的控制能力。可以从以下几个方面定义：一是攻击对分类器造成的影响的性质（探索性的还是诱发性的）；二是主体控制训练数据或测试数据的程度；三是主体操纵的特征的内容及具体程度。

（4）攻击策略：攻击者为了最优化其攻击目的而对训练数据和测试数据进行的修改措施，具体包括攻击哪些样本类型、如何修改类别信息、如何操纵特征等。

近年来，深度神经网络得到了广泛应用，但在实际应用中，通常存在一些恶意的攻击者，他们利用算法的缺点，通过修改训练样本或测试样本来降低神经网络的性能，从而达到非法目的。由于大多数深度神经网络在设计之初并没有考虑可能遭受的攻击，所以目前大多数神经网络在对抗环境下的性能较差，少量攻击就能使系统性能大大降低，严重影响了神经网络算法的安全应用。

对抗中存在不同类型的攻击，可以基于三种不同的特性对攻击进行分类。

基于攻击对分类器的影响，可将攻击分为诱发性攻击和探索性攻击。传统的机器学习假设训练数据和测试数据来自同一分布，攻击者通过修改训练数据或测试数据，使它们具有不同的分布，从而误导分类器。在诱发性攻击中，攻击者通过修改训练集中的数据来误导分类器的学习；探索性攻击则不影响分类器的学习过程，主要通过试探性的方法来获取系统分类器的信息，并根据这些信息修改测试集中的数据，从而降低系统的性能。例如，攻击者可以把一些样本发送给分类器，从分类器对这些样本的分类结果中获取分类器的信息。诱发性攻击主要影响训练数据，而探索性攻击主要影响测试数据。一般来说，诱发性攻击会对系统造成更大、更长远的损害，因为它修改了训练数据的分布，误导了分类器的学习。

基于攻击造成的安全损害，攻击可分为完整性攻击、可用性攻击和隐私窃取攻击。在完整性攻击中，攻击者的目标是使恶意样本逃脱系统的检测。在可用性攻击中，攻击者提升系统的总分类误差（包括误报率和漏报率），使系统不再可用。

根据攻击的特异性，攻击可分为针对性攻击和非针对性攻击。针对性攻击指的是攻击者针对某个或某些特定的样本进行攻击，从而降低分类器在这些样本上的性能。与针对性攻击相反，非针对性攻击不针对某些特定的样本进行攻击，它具有一个更加灵活的目标，能够攻击更加广泛的样本，其目标是降低分类器在广泛样本上的性能。

人工智能应用引发的安全问题非常棘手。针对这些安全问题的应对措施处于初步发展阶段，主要包括数据、算法、平台等多方面的安全增强。在数据方面，需要增强对恶意注入数据的检测发现，增强对偏离数据分布规律的数据的鉴别，增强对数据产生流程的持续安全监测等；在算法方面，需要增强基础算法的鲁棒性，增强算法内生的对异常输入数据的检测等；在平台方面，需要增强人工智能软硬件平台的漏洞检测，增强平台对数据泄露渠道的监测等。

6.3.2 对抗样本问题

在人工智能应用于网络安全所引发的安全问题中，最难解决、影响最大的是对抗样本问题，这是当前的研究焦点。

在基于深度学习技术研究图片自动分类时发现，用深度学习技术训练好的模型，能够以 99%以上的准确率正确识别图片。然而，如果一张图片中的某些像素发生了微小的改变，就无法被模型正确识别，会被模型错误地归类为其他图片类别。但是，人眼看到的改变后的图片与原图片并无明显差别，人类是不会将此图片错误分类的。

对抗样本是在数据集中通过故意添加细微干扰而形成的输入样本，能导致模型以高置信度给出一个错误输出。在一个对抗样本的经典例子中，一张图片中的大熊猫能够被训练好的机器模型正确识别，然而，在使图片中的像素发生微小改变（在图片中叠加噪声图片）后，图片中的内容被机器模型错误分类成为长臂猿。

当前，业界存在一系列生成对抗样本的方法。早期的研究提出了一种基于盒约束的 L-BFGS 白盒算法，用于生成特定目标的对抗样本。后来的研究提出了同样为白盒的、针对特定目标但更为快速的 FGSM 算法，并被广泛采用。在对抗样本的生成机制中，除了在增加分类器损失的方向上采取单个大步骤来干扰样本的思路，还可以基于迭代，在每个步骤之后，在调整方向的同时采取多个小步骤，由此提出了基本迭代法 BIM，并进一步扩展到迭代最小可能类方法 ILCM[86]。为了使样本扰动尽可能地不易被人类视觉发现，大多数对抗样本的生成机制都采用了约束 L_∞范数或 L_2 范数的方式，如 Deepfool 算法，其可以生成针对模型的近似最小扰动，并以此评估模型的鲁棒性。但有研究提出，还可通过约束样本扰动的 L_0 范数，并构建了对抗攻击算法 JSMA。利用 JSMA 算法，在图像分类的应用场景下，只需要更新图像中的部分而非全部像素，即可实现对分类器的误导。在此基础上，为研究样本扰动的极限情况，有研究设计实现了一种单像素攻击，在单幅图像仅变更一像素的情况下，能使三种深度学习模型的误判率大幅提高。为突破对抗性干扰的防御机制，研究人员提出了三种新的对抗攻击方法，其设计思路并未采用大多数研究所采用的对抗样本的迁移性，而是采用 ZOO 方法，直接对目标模型的梯度进行估计。针对多数对抗样本生成机制仅能针对单个样本计算所需扰动，研究人员设计了通用对抗性扰动方法，其能够以很高的概率欺骗任意分类神经网络，同时保证这些与样本无关的扰动不易被人类视觉系统所察觉。研究人员利用一种对抗迁移网络的方法，通过训练前馈神经网络来产生针对其他目标网络或网络集合的对抗样本，从而实现针对分类模型的黑盒攻击。

对于对抗样本存在的原因，有研究提出，与模型的高度非线性无关，高维空间中的线性就足以生成对抗样本。还有一种观点认为，对抗样本不是数据的主要部分，即不在数据流形内。有研究人员认为，内部矩阵中较大的奇异值会让分类器在面临输入中的小波动时变得更加脆弱。另外，有研究提出，对抗样本本质上是由数据流形的高维度造成的[86]。

基于深度学习的网络入侵检测系统面临严重的对抗样本问题。基于深度学习的网络入侵检测系统包括如下功能模块：网络包捕获模块负责捕获网络数据包；网络包预处理模块负责从捕获的数据包中获得下一个模块所需的元数据；特征提取模块基于数据包元数据，计算获得数据包及其相关的网络通信链路的信息，如包速率、包间时延等；特征映射模块将特征提取模块得到的信息划分为若干个分组，将每个分组包括的信息发送给下一模块中的对应部分；异常检测模块基于一系列自编码学习网络，根据各自接收的一部分网络流量信息进行网络特征学习，构建网络正常流量模式及检测异常流量模式。

基于深度学习的网络入侵检测系统非常容易被 FGSM、JSMA、C&W、ENW 等对抗样本生成算法所生成的对抗样本攻破，能够使其误报率、漏报率都达到 100%，即能够产生正常网络流量，但使系统识别为异常流量，以及产生异常流量，但使系统识别为正常流量。白盒对抗样本攻击需要知道深度学习网络的网络架构、网络参数、网络训练数据。但在实际的对抗环境中，可能很难获得这些信息，造成白盒攻击很难实施。更实际的攻击方式是采用所谓的黑盒攻击。黑盒攻击指的是在只能通过对深度学习网络进行有限次数的样本查询来获得有限的反馈信息的基础上实施的攻击。针对基于深度学习的网络入侵检测系统的黑盒攻击，主要使用生成对抗网络，其中的生成器负责生成网络流量对抗样本，判别器负责模拟网络入侵检测功能，并判定所生成的对抗样本是否具备所需的功能，之后将判定结果反馈给生成器，使其生成效果更好的网络流量对抗样本。该方法生成的网络流量对抗样本，能够使一系列入侵检测算法的检测效能趋于零，达到欺骗入侵检测的目的。

6.3.3　对抗样本问题的应对措施

应对对抗样本问题，根本上是要增强人工智能的对抗性鲁棒能力，即在攻击者产生对抗样本之前使人工智能更加鲁棒。应对对抗样本问题的重点是对抗性鲁棒增强技术，即通过有效的训练得到鲁棒性大幅提高的神经网络模型，使模型在直接面对输入的对抗样本时，能够比未经有效训练的模型以大幅提高的正确率正确判别对抗样本的类别。对抗性鲁棒增强技术是一种内生安全机制，能够使训练得到的神经网络模型内生地具备对抗样本的免疫力。

对抗训练法以最优化方法的视角看待深度学习的对抗性鲁棒能力。标准的深度学习训练方法所使用的训练数据是从一个数据集中选择的一系列数据及其标签。标准训练的目标是在给定一个刻画数据与其标签映射准确率的损失函数的基础上，通过对输入数据的处理，不断地调整深度神经网络模型中的各参数，从而能够将输入数据正确地映射到正确的标签上，即能够使给定的损失函数最小化。基于风险最小化的一系列优化方法，作为深度神经网络模型的标准训练方法，能够找到非常优化的模型参数集，使模型的分类准确率达到前所未有的程度。但是，在面对对抗样本在正常数据基础上添加的微小扰动时，标准训练方法得到的网络模型的分类正确率会急剧下降，对抗性鲁棒能力十分欠缺。

为了能够训练出对抗性鲁棒能力强大的深度神经网络模型，需要对标准训练方法进行修改。对抗训练方法并不针对某些具体的对抗样本生成方法提出防御方案，而是首先提出一个对抗性鲁棒能力强大的深度神经网络模型应该具备哪些关键的安全性质。在提出这些关键的安全性质后，通过最优化方法不断调整训练过程，使训练过程向着输出满足这些关键的安全性质的深度神经网络模型不断“前进”，以此获得具备较优对抗性鲁棒能力的深度神经网络模型。

对抗训练方法的第一步，是确定攻击模型，即确定所训练的深度神经网络模型需要对抗的攻击类别的准确定义。对于神经网络模型的输入数据，定义允许的数据扰动范围，由此刻画攻击者对数据的干扰能力，即攻击者能够在正确数据基础上叠加的最大干扰。例如，在图像数据集中定义允许的数据扰动范围，即那些必须保持图像相似性的扰动，攻击者只能在这个范围内干扰一个图像数据，使所生成的对抗样本对人眼来说与原始图像非常相似。

对抗训练方法的第二步，是要对标准训练过程中的损失函数最小化过程进行修改，在此过程中加入上述的攻击模型。不同于标准训练过程在计算损失函数时使用的是原始数据，在对抗训练过程中计算损失函数时使用的数据还包括被攻击模型允许的扰动产生的数据。

对抗训练方法的上述两步，能够形式化为一个最小最大优化问题。该最优化问题分为内层的最大化问题及外层的最小化问题。内层的最大化问题的目标是寻找能够使损失函数最大化的被干扰数据，即在所定义的攻击模型中，对一个给定的数据能够产生最大化扰动，使神经网络模型参数被调整为能够将损失函数最大化的值。这对应最优化的对抗样本生成方法。外层的最小化问题的目标为寻找一组神经网络模型参数集合，使内层最大化问题所刻画的最强大的攻击所产生的数据扰动被错误分类的概率最小化。

在形式化描述对抗训练过程的最小最大优化问题中，在训练过程中加入最强大的对抗样本生成方法生成干扰数据，并且将训练目标设定为最小化训练出的神经网络模型的错误分类概率。这样训练得到的模型，能够在面对最强大的对抗样本生成方法的时候，仍然保持最小化错误分类概率，由此获得一定的对抗性鲁棒能力[86]。

基于对抗训练方法的对抗性鲁棒增强技术，是当前唯一的、能够在面对最强大的白盒/黑盒对抗样本生成方法时，仍然保持一定可用分类准确率的技术（其他不基于对抗训练方法的深度学习对抗性鲁棒增强技术的分类准确率基本都被降为零）。

深度学习对抗性鲁棒增强技术的持续发展面临一系列技术难点，特别是面临一系列基础问题需要回答。例如，对于每一类深度学习网络架构，是否都可以通过一定的深度学习对抗性鲁棒增强技术来极大地提高其对抗性鲁棒能力？研究表明，有些深度学习网络架构无法使用现有训练技术提高对抗性鲁棒能力。现有方法的适用范围具有局限性，但研究人员暂时无法提出新的方法。

深度学习对抗性鲁棒增强技术提升的是深度神经网络模型自身的对抗性鲁棒能力。很有可能的是，深度学习对抗性鲁棒增强技术自身具有一定的技术极限，通过技术本身获得的对抗性鲁棒能力，可能难以满足类似一些对安全性要求很高的关键领域等对于对抗性鲁棒能力的需求。因此，需要结合其他技术，共同应对对抗样本安全威胁。其一，可以结合对抗样本检测技术。当前有一系列的研究针对对抗样本的检测。其二，抛弃现有深度神经网络架构，不期望直接在其上应用对抗训练方法之类的技术，而是另起炉灶，直接设计全新的神经网络架构。这些都是当前的研究前沿，需要研究人员投入大量精力持续探索，结合多种技术，形成合力，共同提高深度神经网络模型的安全性，以期将其用于网络空间、金融、医学、交通等与人类生命财产息息相关的安全关键领域，为人工智能在这些领域中的大规模应用奠定坚实的安全基础。

6.4　值得深入研究的内容

本节提出一系列在未来值得深入研究的内容，分为基于人工智能技术的网络攻击、基于人工智能技术的网络防御、针对人工智能技术的网络攻击与针对人工智能技术的网络防御四个部分。

6.4.1 基于人工智能技术的网络攻击

未来值得深入研究的基于人工智能技术的网络攻击有攻击区块链、攻击加密网络流、攻击移动无线网、攻击无人系统和攻击匿名通信等。

在攻击区块链研究方面，需要重点研究基于深度强化学习攻击区块链的技术，针对区块链激励机制等核心机制进行自动攻击分析与构造，从而自动发现针对比特币、以太坊等的已知的一系列攻击方法及新型攻击方法。研究基于机器学习的智能合约脆弱交易序列发现技术，自动学习智能合约交易序列分布规律，发现针对智能合约的易受攻击的交易序列并构建相应攻击。

在攻击加密网络流研究方面，需要重点研究基于机器学习的加密域名系统流量分析技术，通过手动设计特征，使用随机森林算法等对加密域名系统流量进行分析，用于发现用户访问的网址，大幅缩减确定用户访问网址所依赖的数据量。研究基于半监督机器学习的移动应用指纹识别技术，通过对移动应用产生的加密网络通信数据包的学习，自动生成网络流对应的移动应用指纹。

在攻击移动无线网研究方面，需要重点研究基于深度学习的移动网络终端语音窃听技术，通过使用深度神经网络，分析由语音引起的终端运动感知器件的振动信号，形成信号与语音的映射关系，用于还原语音信号并提升还原成功率。研究基于自然语言处理的移动网络控制面攻击技术，监测移动网终端设备流量并学习签名，推断意外行为原因，发现网络控制面漏洞并构建攻击。

在攻击无人系统研究方面，需要重点研究基于统计学习的自动驾驶工具隐蔽跟踪技术，从自适应蒙特卡罗定位算法的缓存访问预测算法状态，并根据预测状态的轨迹推断自动驾驶工具的路线或位置。研究基于物理对抗补丁的无人系统攻击技术，通过生成真实物体，干扰无人系统的环境检测机制，使其产生误判。

在攻击匿名通信研究方面，需要重点研究基于关联函数学习的攻击匿名通信的技术，通过被动采集匿名通信网络流量，基于深度神经网络学习匿名通信网络中的流量关联函数，根据流量特征关联性，确定匿名通信双方的关联关系，对通信匿名性造成破坏。研究基于异构图注意力网络的匿名流量网络地址关联攻击技术，基于异构图注意力网络判断两个客户端地址是否属于同一用户，为每个客户端地址构建一个知识图，并采用多级注意和度量学习来捕获两个网络地址之间的关系。

在基于以 ChatGPT 为代表的生成式人工智能技术的网络攻击方面，需要重点研究如何生成更有针对性、迷惑性的社会工程攻击，如何发现目标对象可利用的安全脆弱性，以及如何高效生成漏洞攻击代码和攻击载荷。

6.4.2　基于人工智能技术的网络防御

未来值得深入研究的基于人工智能技术的网络防御有安全性分析、安全检测和防御加固等。

在安全性分析研究方面，需要重点研究将强化学习、迁移学习等人工智能基础机制，应用于模糊测试、污点分析等安全性分析技术组成部分中对效能影响较大的部分，提升其关键能力，从而使安全性分析技术发现此前无法发现的安全脆弱性，提升分析速率、准确率等关键效能指标。研究基于神经程序嵌入的动态污点分析技术，通过程序执行轨迹自动学习跟踪信息流，提高动态污点分析的精确性和运行效率。研究基于强化学习的模糊测试技术，高效调度模糊测试种子输入，提高模糊测试程序覆盖率。研究基于迁移学习的反编译技术，理解机器代码的属性，提高反编译的指令恢复准确率和运行效率。

在安全检测研究方面，需要重点研究将深度学习、图片分类神经网络等人工智能技术，应用于恶意软件检测、恶意广告检测等，从而提高检测准确率，降低运行开销，减少人工工作量等。研究基于机器学习的高隐蔽性恶意软件检测技术，通过在系统事件证据图上学习系统正常行为模型，自动发现恶意软件行为。研究基于图片分类神经网络的恶意广告检测技术，通过将网页过去和现在的结构、所有执行的代码单元的行为和相互关系表示为一种新的图形，减少人工工作量并提升检测准确率。研究基于深度学习技术的恶意软件检测抗老化技术，通过构建 API 关系图并提取语义，增强机器学习检测恶意软件的能力，显著减少人工工作量并减缓模型老化。研究基于深度学习的恶意挖矿活动实时检测技术，通过基于图像的分类区分良性网页和未经授权的挖矿网页。

在防御加固研究方面，需要重点研究将对抗性机器学习、迁移学习等人工智能基础机制，应用于验证码、安全策略等防御机制加固，从而提高验证码破解难度，加速安全策略部署等。研究基于迁移学习的智能平台安全策略迁移技术，通过迁移学习将一个平台的安全策略高效转移至另一个平台，大幅降低其他平台制订安全策略所需的人力投入，加速安全策略部署。研究基于对抗性机器学习的验证码能力加固技术，通过对验证码进行对抗性扰动，提升面对自动验证码破解技术时的可用性。

6.4.3　针对人工智能技术的网络攻击

未来值得深入研究的针对人工智能技术的网络攻击有对抗样本、模型窃取、木马后门、模型失效、数据中毒、数据泄露和成员推断等。

在对抗样本研究方面，需要重点研究问题空间对抗样本攻击技术，对问题空间对抗样本攻击提出形式化描述框架，基于框架构建新型对抗样本，生成新型恶意软件，突破当前最先进的基于深度学习的恶意软件检测。研究黑盒场景下的混合型对抗样本生成技术，通过结合迁移与优化两种方法，高效构建能够成功迁移的对抗样本。研究针对黑盒商用自动语音识别系统的对抗样本攻击技术，利用与目标无关的模型构建近似自动语音识别系统的替代模型，自动生成音频片段以作为对抗样本。研究视频流对抗样本生成技术，攻击实时视频分类系统，基于生成式对抗模型，在保持非目标活动基本不受影响的前提下，对视频流中一些针对特定目标活动的视频进行扰动，使实时视频分类系统错误识别率大幅上升。研究网络流量对抗样本生成技术，通过干扰实时网络连接特征，解决针对流量分析应用程序的特定优化问题，生成对抗性扰动，使先进的基于人工智能技术的流量分析系统产生误判。

在模型窃取研究方面，需要重点研究利用对抗样本、迁移学习等机制进行模型窃取的技术，以低成本窃取获得几乎与原模型性能相当的模型。研究通过缓存侧信道窃取目标深度神经网络架构的技术，基于神经网络推理严重依赖广义矩阵乘法的性质，利用神经网络超参数与广义矩阵乘法调用数及其参数的映射关系，减小搜索目标网络体系结构的空间，有效窃取处理器上的模型架构。

在木马后门研究方面，需要重点研究通过利用现有多个标签的良性特征组成的木马后门技术，使带有合成后门的神经网络在良性数据上可以达到与其原始版本相当的精度，当输入中存在复合触发器时，就会出现误分类，躲避当前最先进的木马后门扫描器。研究通过对模型代码进行毒化的木马后门植入技术，使攻击代码在模型训练时动态创建，基于多目标优化实现高精度植入。研究针对图神经网络的后门注入技术，设计离散的非结构化的子图结构作为触发输入模式，针对不同的图数据结构定制化构建触发输入模式。

在模型失效研究方面，需要重点研究基于硬件的机器学习模型可用性失效攻击技术，通过系统性分析，在目标神经网络模型中定位最脆弱的字节，实现快速、精确的目标比特链翻转，在短时间内迫使目标模型的推理准确性大幅下降。研究针对云计算中多租户 FPGA 硬件承载模型的失效攻击技术，搜索神经网络模型脆弱参数，通过多租户 FPGA 硬件进行故障注入，耗尽其推理性能。

在数据中毒研究方面，需要重点研究针对自然语言处理的数据中毒技术，利用训练完成的嵌入式程序攻击自然语言处理任务，生成语料库修饰，应对试图使用语言模型从语料库中过滤不合理句子的防御措施。研究针对联邦学习的模型中毒攻击技术，提出优化框架，构造中毒攻击，大幅降低模型准确率。研究针对半监督学习无标记数据集的数据中毒技术，通过插入少量恶意制作的未标记实例，操纵在感染数据集上训练的模型，从而在测试时错误分类任意实例。

在数据泄露研究方面，需要重点研究针对当前最先进的语言模型的数据泄露攻击技术，构建新型攻击，对通用语言模型在敏感数据上的应用造成威胁。研究针对在线学习机制的数据泄露攻击技术，通过分析用同一组数据样本集查询的机器学习模型，在线学习先后两个版本的不同输出数据，泄露相应的更新训练数据集的信息，损害模型所有者的知识产权和数据隐私。研究嵌入模型的数据泄露攻击技术，利用嵌入向量反转，部分恢复输入数据，通过仅在少数标记的嵌入向量上训练推理模型，提取敏感信息。

在成员推断研究方面，需要重点研究基于差异比较的高效数据成员推断技术，通过将现有样本转化为新样本，生成一个具有非成员的数据集，然后以迭代的方式将样本从目标数据集中差异化地移动到生成的非成员数据集中。如果样本的差异移动增加了设定距离，就将样本视为非成员，从而判断数据样本是否属于训练数据集。研究面向对比学习预训练编码器的数据成员推断技术，利用对比学习中的过拟合，基于对比学习中的数据增强流程，对给定的输入数据进行随机变换，并基于此进行成员推断。

在针对基于以 ChatGPT 为代表的生成式人工智能的网络攻击方面，需要重点研究训练数据提取攻击、提示词注入攻击及特定问答链生成攻击等。

6.4.4　针对人工智能技术的网络防御

未来值得深入研究的针对人工智能技术的网络防御有对抗样本防御、神经网络验证、毒化数据检测和安全计算等。

在对抗样本防御研究方面，需要重点研究具有鲁棒性验证能力的 PDF 恶意软件分类技术，通过将鲁棒性形式化验证训练应用于 PDF 恶意软件检测，提高 PDF 恶意软件检测在面对对抗样本攻击时的效能，增加攻击成本。研究文字对抗样本自动纠偏技术，通过将神经机器翻译应用于社交网络敏感内容检测，提升汉语文本检测的性能、有效性、鲁棒性、普适性。研究基于对抗训练的对抗性鲁棒增强技术，针对对抗样本攻击，通过在训练过程中加入最强大的对抗样本生成方法生成的干扰数据，并将训练目标设定为最小化训练出的神经网络模型的错误分类概率，由训练得到的模型，能够在面对最强大的对抗样本生成方法的时候，仍然保持最小化错误分类概率，从而获得一定的对抗性鲁棒能力[86]。研究基于网络架构自动搜索的高对抗性鲁棒能力神经网络架构设计技术，基于神经网络架构自动搜索方法，在一组网络架构候选集中，依据对抗性鲁棒能力评估标准，通过搜索与微调，获得具备高对抗性鲁棒能力的神经网络架构。

在神经网络验证研究方面，需要重点研究神经网络动态验证技术，利用体系结构上相同但微观结构上更简单、更小的核心来检查复杂核心中的错误，对深度神经网络进行在线错误检测和恢复。研究基于元分类的神经网络验证技术，训练一个元分类器来验证给定目标模型中是否被植入了木马。

在毒化数据检测研究方面，需要重点研究针对无人系统注入信号的高效检测技术，通过使用常见的物理不变量，基于离线系统识别方式，运用隐蔽攻击评估异常检测工具的有效性，从而找到防御弱点、提升检测效能。研究基于统计模型机制的毒化数据检测技术，利用全局信息来检测输入数据引入的类型表征的不一致性，并利用类型表征中的随机性来检测异常数据。

在安全计算研究方面，需要重点研究高效能私密机器推理技术，将权矩阵编码引入基于同态计算的线性计算，通过深度优化来降低计算成本。研究高拜占庭鲁棒性的安全联邦学习技术，通过无污染的小型根数据集，将基于信任引导的联邦学习用于对抗私密计算中的恶意终端。研究恶意用户参与下的安全推断技术，基于条件性秘密公开及三元组高效生成机制，超越半诚实模型。研究充分利用图形处理器的低时延安全推断技术，基于定制开发密码协议，融入随机截断与舍入处理层，充分提升并行处理性能。

6.5 本章小结

本章重点分析了人工智能技术在网络安全中的应用现状与发展趋势。人工智能技术在网络攻击中的应用，导致了较为智能化的恶意软件、密码攻击、钓鱼攻击、僵尸网络、语音合成攻击、验证码攻击、投毒攻击等攻击技术的出现。人工智能技术在网络防御中的应用，较大地增强了防护、监测、响应、预测及开源情报等防御能力。本章预计人工智能技术在不远的将来会全面融入网络杀伤链，助力网络攻击各方面能力的提升。另外，人工智能技术在网络防御中的应用，在不远的将来会为军事系统防御、关键基础设施保护及社会舆情监控等带来惊人的进展。人工智能在网络安全中的应用可能引发一系列安全问题，本章重点分析了这些安全问题中最难解决、影响最大的对抗样本问题，并提出了一些应对措施。由于网络安全问题十分复杂，人工智能技术又在不断的发展之中，因此本章最后提出一系列值得深入研究的内容，希望读者与我们一起努力，尽快突破一系列关键技术的发展瓶颈，为人工智能在网络安全中的应用贡献力量。

参 考 文 献

[1] HU W, TAN Y. Generating Adversarial Malware Examples for Black-Box Attacks Based on GAN[J]. DMBD, 2022(2): 409-423.

[2] KOLOSNJAJI B, DEMONTIS A, BIGGIO B, et al. Adversarial Malware Binaries: Evading Deep Learning for Malware Detection in Executables[C]. EUSIPCO, 2018: 533-537.

[3] PIERAZZI F, PENDLEBURY F, CORTELLAZZI J, et al. Intriguing Properties of Adversarial ML Attacks in the Problem Space[C]. IEEE Symposium on Security and Privacy, 2020: 1332-1349.

[4] PASQUINI D, GANGWAL A, ATENIESE G, et al. Improving Password Guessing via Representation Learning[C]. IEEE Symposium on Security and Privacy, 2021: 1382-1399.

[5] HITAJ B, GASTI P, ATENIESE G, et al. PassGAN: A Deep Learning Approach for Password Guessing[C]. ACNS, 2019: 217-237.

[6] TRIEU K, YI Y. Artificial Intelligence-Based Password Brute Force Attacks[C]. MWAIS, 2018: 227-286.

[7] XU M, WANG C, YU J, et al. Chunk-Level Password Guessing: Towards Modeling Refined Password Composition Representations[C]. ACM CCS, 2021: 5-20.

[8] PASQUINI D, CIANFRIGLIA M, ATENIESE G, et al. Reducing Bias in Modeling Real-world Password Strength via Deep Learning and Dynamic Dictionaries[C]. USENIX Security Symposium, 2021: 821-838.

[9] JOHN S, PHILIP T. Weaponizing Data Science for Social Engineering：Automated E2E Spear Phishing on Twitter[C]. DEFCON, 2016: 332-343.

[10] OEST A, ZHANG P, WARDMAN B, et al. Sunrise to Sunset: Analyzing the End-to-end Life Cycle and Effectiveness of Phishing Attacks at Scale[C]. USENIX Security Symposium, 2020: 448-465.

[11] ZHANG P, OEST A, et al. CrawlPhish: Large-scale Analysis of Client-side Cloaking Techniques in Phishing[C]. IEEE Symposium on Security and Privacy, 2021: 1109-1125.

[12] OEST A, SAFAEI Y, DOUPE A, et al. PhishFarm: A Scalable Framework for Measuring the Effectiveness of Evasion Techniques against Browser Phishing Blacklists[C]. IEEE Symposium on Security and Privacy, 2019: 1344-1361.

[13] ACHARYA B, VADREVU P. PhishPrint: Evading Phishing Detection Crawlers by Prior Profiling[C]. USENIX Security Symposium, 2021: 3775-3792.

[14] ULQINAKU E, ASSAL H, ABDOU A. Is Real-time Phishing Eliminated with FIDO? Social Engineering Downgrade Attacks against FIDO Protocols[C]. USENIX Security Symposium,

2021: 3811-3828.

[15] BAHNSEN C, TORROLEDO I. DeepPhish: Simulating Malicious AI[C]. BlackHat, 2018: 459-468.

[16] HENRIQUES M, DANZIGER M. Attacking and Defending with Intelligent Botnets[C]. Simpósio Brasileiro de Telecomunicações e Processamento de Sinais, 2017:77-86.

[17] GRIFFIOEN J, DOERR C. Examining Mirai's Battle over the Internet of Things[C]. ACM CCS, 2020: 743-758.

[18] ALOWAISHEQ E, TANG S, WANG Z, et al. Zombie Awakening: Stealthy Hijacking of Active Domains through DNS Hosting Referral[C]. ACM CCS, 2020: 1307-1322.

[19] SHEKARI T. IRVENE C. MaMIoT: Manipulation of Energy Market Leveraging High Wattage IoT Botnets[C]. ACM CCS, 2021: 1338-1352.

[20] NATASHA L. Lyrebird Is a Voice Mimic for the Fake News Era[EB/OL].(2017-04-25)[2022-12-22].

[21] ARIK S O, CHEN J, PENG K, et al. Neural Voice Cloning with a Few Samples[C]. NeurIPS, 2018: 10040-10050.

[22] HSU N, ZHANG Y, WEISS J, et al. Hierarchical Generative Modeling for Controllable Speech Synthesis[C]. ICLR, 2018: 1633-1645.

[23] WENGER E, BRONCKERS M, CIANFARANI C. Hello, It's Me: Deep Learning-based Speech Synthesis Attacks in the Real World[C]. ACM CCS, 2021: 235-250.

[24] QIAN K, ZHANG Y, CHANG S, et al. Unsupervised Speech Decomposition via Triple Information Bottleneck[C]. ICML, 2020: 7836-7846.

[25] SHI C, JI S, LIU Q, et al. Text Captcha Is Dead? A Large Scale Deployment and Empirical Study[C]. ACM CCS, 2020: 1391-1406.

[26] LIU Z, SAMWEL N, WEISSBART L, et al. Screen Gleaning: A Screen Reading TEMPEST Attack on Mobile Devices Exploiting an Electromagnetic Side Channel[C]. NDSS, 2020: 779-796.

[27] GAO Y, GAO H, LUO S.Research on the Security of Visual Reasoning CAPTCHA[C]. USENIX Security Symposium, 2021: 3291-3308.

[28] ANDERSON S, WOODBRIDGE J, FILAR B. DeepDGA: Adversarially-Tuned Domain Generation and Detection[C]. ACM CCS, 2016: 13-27.

[29] GU T, DOLAN G, GARG S. BadNets: Identifying Vulnerabilities in the Machine Learning Model Supply Chain[C]. CoRR, 2017.

[30] SEVERI G, MEYER J, COULL S, et al. Explanation-Guided Backdoor Poisoning Attacks Against Malware Classifiers[C]. USENIX Security Symposium, 2021: 1487-1504.

[31] SCHUSTER R, SONG C, TROMER E, et al. You Autocomplete Me: Poisoning Vulnerabilities in

Neural Code Completion[C]. USENIX Security Symposium, 2021: 1559-1577.

[32] CARLINI N. Poisoning the Unlabeled Dataset of Semi-Supervised Learning[C]. USENIX Security Symposium, 2021: 1577-1594.

[33] JAGIELSKI M, SEVERI G, HARGER P. Subpopulation Data Poisoning Attacks[C]. ACM CCS, 2021: 3104-3119.

[34] FANG M, CAO X, JIA J. Local Model Poisoning Attacks to Byzantine-Robust Federated Learning[C]. USENIX Security Symposium, 2019: 1605-1622.

[35] HUANG H, MU J, GONG N Z, et al. Data Poisoning Attacks to Deep Learning Based Recommender Systems[C]. NDSS, 2021: 789-805.

[36] 周晓军. 工业 SCADA 系统信息安全关键技术研究[D]. 北京：中国科学院大学，2018.

[37] 张蕾，崔勇，刘静，等. 机器学习在网络空间安全研究中的应用[J]. 计算机学报，2018，41(9): 1943-1975.

[38] SURMINSKI S, NIESLER C, BRASSER F. RealSWATT: Remote Software-based Attestation for Embedded Devices under Realtime Constraints[C]. ACM CCS, 2021: 2890-2905.

[39] DHANUSKODI N, LI X, HOLCOMB E. COUNTERFOIL: Verifying provenance of integrated circuits using intrinsic package fingerprints and inexpensive cameras[C]. USENIX Security Symposium, 2020: 1255-1272.

[40] JOO K, CHOI W, LEE H. Hold the Door! Fingerprinting Your Car Key to Prevent Keyless Entry Car Theft[C]. NDSS, 2020: 625-643.

[41] BARR F, UGARTE X, GRAZIANO M. Survivalism: Systematic Analysis of Windows Malware Living-Off-The-Land[C]. IEEE Symposium on Security and Privacy, 2021: 1557-1574.

[42] HENDLER D, KELS S, RUBIN A. AMSI-Based Detection of Malicious PowerShell Code Using Contextual Embeddings[C]. ACM Asia Conference on Computer and Communications Security, 2020: 482-496.

[43] PEI K, GUAN J, KING W, et al. XDA: Accurate, Robust Disassembly with Transfer Learning[C]. NDSS, 2020: 519-536.

[44] AGHAKHANI H, GRITTI F, MECCA F, et al. When Malware is Packin' Heat: Limits of Machine Learning Classifiers Based on Static Analysis Features[C]. Network and Distributed System Security Symposium, 2020: 741-759.

[45] DOWNING E, MIRSKY Y, PARK K. DeepReflect: Discovering Malicious Functionality through Binary Reconstruction[C]. USENIX Security Symposium, 2021: 3469-3486.

[46] TRIPPEL T, SHIN G, BUSH K. Bomberman: Defining and Defeating Hardware Ticking Timebombs at Design-time[C]. IEEE Symposium on Security and Privacy, 2021: 970-987.

[47] TRIPPEL T, SHIN G, BUSH B, et al. ICAS: an Extensible Framework for Estimating the Susceptibility of IC Layouts to Additive Trojans[C]. IEEE Symposium on Security and Privacy,

2020: 1344-1360.
[48] HWANG H, PENG C, NGUYEN L, et al. An LSTM-Based Deep Learning Approach for Classifying Malicious Traffic at the Packet Level[C]. IEEE Symposium on Integrated Network Management, 2019: 328-337.
[49] HOLLAND J, SCHMITT P, FEAMSTER N, et al. New Directions in Automated Traffic Analysis[C]. ACM CCS, 2020: 3366-3381.
[50] TRIMANANDA R, VARMARKEN J, MARKOPOULOU A. Packet-Level Signatures for Smart Home Devices[C]. Network and Distributed System Security Symposium, 2020: 627-643.
[51] OH E, SUNKAM S, HOPPER N. p1-FP: Extraction, Classification, and Prediction of Website Fingerprints with Deep Learning[C]. Private Enhancing Technology, 2019: 191-209.
[52] ACETO G, CIUONZO D, MONTIERI A, et al. Mobile Encrypted Traffic Classification Using Deep Learning: Experimental Evaluation, Lessons Learned, and Challenges[J]. IEEE Transactions on Network and Service Management, 2019, 16(2): 445-458.
[53] MIRSKY Y, DOITSHMAN T, ELOVICI Y, et al. Kitsune: An Ensemble of Autoencoders for Online Network Intrusion Detection[C]. NDSS, 2018: 825-842.
[54] IQBAL U, SNYDER P, ZHU S, et al. AdGraph: A Graph-Based Approach to Ad and Tracker Blocking[C]. IEEE Symposium on Security and Privacy, 2018: 763-779.
[55] XU T, GOOSSEN G, CEVAHIR K. Deep Entity Classification: Abusive Account Detection for Online Social Networks[C]. USENIX Security Symposium, 2021: 4097-4114.
[56] AR A, NASEEM F, BABUN L, et al. MINOS: A Lightweight Real-Time Cryptojacking Detection System[C]. Network and Distributed System Security Symposium, 2021: 1017-1033.
[57] IQBAL U, ENGLEHARDT S, SHAFIQ Z. Fingerprinting the Fingerprinters: Learning to Detect Browser Fingerprinting Behaviors[C]. IEEE Symposium on Security and Privacy, 2021: 1143-1161.
[58] ZENG J, CHUA L, CHEN Y, et al. WATSON: Abstracting Behaviors from Audit Logs via Aggregation of Contextual Semantics[C]. Network and Distributed System Security Symposium, 2021: 799-815.
[59] BAI Z, WANG K, ZHU H. Runtime Recovery of Web Applications under Zero-Day ReDoS Attacks[C]. IEEE Symposium on Security and Privacy, 2021: 1575-1592.
[60] LIN Y, LIU R, DIVAKARAN M, et al. Phishpedia: A Hybrid Deep Learning Based Approach to Visually Identify Phishing Webpages[C]. USENIX Security Symposium, 2021: 3793-3810.
[61] KONDRACKI B, AZAD A, STAROV O. Catching Transparent Phish: Analyzing and Detecting MITM Phishing Toolkits[C]. ACM SIGSAC Conference on Computer and Communications Security, 2021: 36-51.
[62] OEST A, SAFAEI Y, ZHANG P. PhishTime: Continuous Longitudinal Measurement of the

Effectiveness of Anti-phishing Blacklists[C]. USENIX Security Symposium, 2020: 379-396.
[63] CALZAVARA S, CONTI M, FOCARDI R, et al. Mitch: A Machine Learning Approach to the Black-Box Detection of CSRF Vulnerabilities[C]. IEEE European Symposium on Security and Privacy, 2019: 528-545.
[64] ABDELNABI S, KROMBHOLZ K, FRITZ M. VisualPhishNet: Zero-Day Phishing Website Detection by Visual Similarity[C]. ACM SIGSAC Conference on Computer and Communications Security, 2020: 1681-1696.
[65] HASSAN U, BATES A, MARINO D. Tactical Provenance Analysis for Endpoint Detection and Response Systems[C]. IEEE Symposium on Security and Privacy, 2020: 1172-1189.
[66] FEI P, LI Z, WANG Z, et al. SEAL: Storage-efficient Causality Analysis on Enterprise Logs with Query-friendly Compression[C]. USENIX Security Symposium, 2021: 2987-3004.
[67] HAN X, PASQUIER T, BATES A, et al. UNICORN: Runtime Provenance-Based Detector for Advanced Persistent Threats[C]. NDSS, 2020: 327-343.
[68] YU L, MA S, ZHANG Z, et al. ALchemist: Fusing Application and Audit Logs for Precise Attack Provenance without Instrumentation[C]. Network and Distributed System Security Symposium, 2021:766-782.
[69] HASSAN U, NOUREDDINE A, DATTA P, et al. OmegaLog: High-Fidelity Attack Investigation via Transparent Multi-layer Log Analysis[C]. Network and Distributed System Security Symposium, 2020: 526-541.
[70] ALSAHEEL A, NAN Y, MA S. ATLAS: A Sequence-based Learning Approach for Attack Investigation[C]. USENIX Security Symposium, 2021: 3005-3022.
[71] XUE W, LI T. Aspect Based Sentiment Analysis with Gated Convolutional Networks[C]. ACL, 2018: 2514-2523.
[72] TAY Y, LUU T, HUI C. Learning to Attend via Word-Aspect Associative Fusion for Aspect-based Sentiment Analysis[C]. AAAI, 2017: 5956-5963.
[73] MA Y, PENG H, CAMBRIA E. Targeted Aspect-Based Sentiment Analysisvia Embedding Commonsense Knowledge into an Attentive LSTM[C]. AAAI, 2018: 4328-4336.
[74] 魏青梅，李宇博，应雨龙. 结合 Dempster-Shafer 证据理论与循环神经网络的网络安全态势预测[J]. 济南大学学报：自然科学版，2020，34(3): 238-246.
[75] SHEN Y, MARICONTI E, VERVIER A, et al. Tiresias: Predicting Security Events Through Deep Learning[C]. ACM CCS, 2019: 592-607.
[76] WANG J, SONG C, YIN H. Reinforcement Learning-based Hierarchical Seed Scheduling for Greybox Fuzzing[C]. Network and Distributed System Security Symposium, 2021: 523-541.
[77] SHE D, CHEN Y, RAY B. Neutaint: Efficient Dynamic Taint Analysis with Neural Networks[C]. IEEE Symposium on Security and Privacy, 2020: 1527-1543.

[78] HE J, SIVANRUPAN G, TSANKOV P. Learning to Explore Paths for Symbolic Execution[C]. ACM SIGSAC Conference on Computer and Communications Security, 2021: 2526-2540.

[79] WANG D, ZHANG Z, ZHANG H. SyzVegas: Beating Kernel Fuzzing Odds with Reinforcement Learning[C]. USENIX Security Symposium, 2021: 2741-2758.

[80] ZHANG X, CHEN J, FENG C. Reducing Test Cases with Attention Mechanism of Neural Networks[C]. USENIX Security Symposium, 2021: 2075-2092.

[81] LI Z, ZOU D, XU S, et al. VulDeePecker: A Deep Learning-Based System for Vulnerability Detection[C]. NDSS, 2018: 327-343.

[82] WANG S, MAZUMDER S, LIU B. Target-Sensitive Memory Networks for Aspect Sentiment Classification[C]. ACL, 2018: 957-967.

[83] HAZARIKA D, PORIA S, VIJ P, et al. Modeling Inter-Aspect Dependencies for Aspect-Based Sentiment Analysis[C]. Conference of the North American Chapter of the Association for Computational Linguistics: Human Language Technologies, 2018: 266-270.

[84] 廖彬. 基于人工智能的校园网络安全探索与研究[J]. 网络安全技术与应用，2020(10): 115-116.

[85] 李盼，赵文涛，刘强，等. 机器学习安全性问题及其防御技术研究综述[J]. 计算机科学与探索，2018, 12(2): 171-184.

[86] 田鹏，左大义，高艳春，等. 面向实际场景的人工智能脆弱性分析[J]. 计算机技术与发展，2021(11): 129-135.

本章执笔人

胡春卉 中国网安国防科技工业网络安全创新中心

牛长喜 中国电子科技集团公司第三十研究所

陈剑锋 中国网安国防科技工业网络安全创新中心

第 7 章　人工智能安全可控的产业生态建设

在科技竞争日益激烈的国际环境下，核心技术的安全可控是建设高新产业生态的重要基石。随着大数据、云计算、图形处理器等相关领域的飞速发展，人工智能已经成为新时代引领数字经济发展、推动信息技术突破的龙头产业。本章聚集人工智能的产业生态建设，从学科贡献、技术研发、产业应用等角度入手，分析我国人工智能的安全可控水平，深度挖掘当前产业生态建设中的可控性短板和重点突破口；最后探讨我国人工智能产业生态的具体建设方向，并对关键目标提出可行性方案。

7.1　安全可控的产业生态建设的概念与内涵

人工智能是研究、开发用于模拟、延伸和扩展人的智能的理论、方法、技术及应用系统的一门技术学科。人工智能理论发展至今，已有 60 多年的发展历程。在这 60 多年里，人工智能技术的发展并非一帆风顺，其间经历了 20 世纪 50 年代至 60 年代及 80 年代的人工智能浪潮期，也经历过 70 年代至 80 年代的沉寂期。近年来，随着数据量的爆发式增长、计算力的大幅提升、深度学习算法的提出，以及商业和工程领域人工智能应用落地的大胆尝试与广泛实践，人工智能迎来了第三次发展浪潮。目前新一代人工智能已成为全球科技发展最热门的领域，成为国家科技竞争力的制高点。从技术视角来看，在数据、算法、算力的共同推动下，新一代人工智能相关学科发展、理论建模、技术创新、软硬件升级等整体推进，正在引发链式突破，推动经济社会各领域从数字化、网络化向智能化加速跃升；从产业视角来看，人工智能产业生态和供应链几乎囊括了硬件芯片、操作系统、软件框架、计算机应用技术等各链条，其产业发展是人类经济社会发展的重要驱动力。

建设安全可控的人工智能产业生态不意味着实现人工智能的“全国产化”，关键在于：一是拥有充分的人工智能自主知识产权，使研究开发整体上不受制于人；二是掌握人工智能核心技术，使关键环节不受制于人，技术全流程自主配套；三是发展相对独立完整的产业链，实现人工智能中关键硬件、软件、设备等的自主供应，形成技术和产业相互促进的良性循环。对于部分核心硬件或者技术不自主的问题，需要保证人工智能的可控性，以安全为主要评判标准和考虑因素，评估目前不可控因素所能产生的风险是否在安全范围内，并且是否有规避风险的解决方法，一是对于涉及国家安全的人工智能软硬件技术，必须实现国产化和拥有绝对的自主知识产权；二是对于民用相关的人工智能软硬件技术，以引导和鼓励的态度为主，进一步推动国内人工智能技术及产业生态的安全发展与建设。

对于人工智能的安全可控，只有实现了关键技术的核心研发能力，才能做到真正引领前沿科学发展，实现高新技术的自驱动。我们对国内外当前人工智能新技术产生土壤进行分析，发现解决上述人工智能安全可控的产业生态建设问题需要从人工智能算法、人工智能算力、人工智能基础数据、人工智能产业链四个方面入手。

（1）在人工智能算法方面，掌握通用算法的研究自主权和使用权，安全可控地开发建立支撑算法研究和运行的关键软件和核心架构，充分保障人工智能算法的知识产权、技术发展空间的自主驱动力，并在人工智能数理基础学科人才培养领域获得持续的人才优势。

（2）在人工智能算力方面，开发建立面向高性能人工智能计算的软硬件平台和具有分布式云架构的计算基础设施，掌握大规模高性能资源调配技术，充分保障人工智能算力的知识产权、技术能力和发展空间的安全可控。

（3）在人工智能基础数据方面，大力发挥我国在人工智能基础数据方面的优势，开拓和保障数据获取渠道，自主开发数据处置与存储高端技术，制定完善的数据授权与应用管理相关政策，充分保障人工智能基础数据的知识产权、技术能力和发展空间的安全可控。

（4）在人工智能产业链方面，调控和完善我国人工智能产业链的上下游布局，做好数据链、创新链、产业链、资金链、人才链的资源调配，构建发展安全可控的产业生态，充分保障人工智能产业链宏观上的安全可控。

7.2 我国人工智能安全可控水平分析

7.2.1 国内外人工智能应用技术发展研究

7.2.1.1 人工智能软硬件技术发展现状和趋势

人工智能技术是多层面的，贯穿了应用、算法机理、芯片、工具链、器件、工艺和材料等技术层级，各层级环环紧扣形成人工智能技术链。

人工智能硬件系统是指为上层智能化大数据处理、智能化传感互联、新型人机交互等人工智能系统提供高效算力服务的底层基础核心硬件。从广义上讲，只要能够运行人工智能算法的硬件系统都可以称为人工智能硬件系统，包括各类通用计算硬件架构和专用计算硬件架构。但是通常意义上的人工智能硬件系统，指的是针对人工智能算法做了特殊加速设计的硬件系统，主要包括以 GPU、FPGA、专用智能 ASIC 等用于性能加速的人工智能芯片（AI 芯片）、神经网络芯片、传感器与中间件为核心的硬件，为人工智能系统的计算提供算力，更好地支持人工智能应用海量数据的并行计算，并加速计算过程，是人工智能技术实现和人工智能应用落地的基础保障，也是信息技术与传统产业融合的交汇点。其中，人工智能芯片处于人工智能技术链的中间位置，是承载计算功能的基础部件，向上为人工智能应用和算法提供高效支持，向下对器件和电路、工艺和材料提出需求。

人工智能软件系统是指提供智能计算的核心软件，主要包括人工智能应用开发框架软件、核心智能算法加速软件、面向智能计算的系统软件级共性支撑。人工智能应用开发框架软件集成主流的深度学习、机器学习算法模型，支持分布式机器学习，提供智能应用开发工具，提升应用实现效率。核心智能算法加速软件支撑高性能智能处理基础算法，支持智能算法在处理器上的多粒度多层次并行优化，充分发挥和挖掘处理器的计算性能。面向智能计算的系统软件级共性支撑提供大数据等分布式处理的支撑及优化、软硬件协调优化、面向智能计算的操作系统适配和优化等功能。

1. 目前国内外人工智能软硬件技术发展形势

1）人工智能芯片满足人工智能应用所需的“极致计算”需求

早在 20 世纪 80 年代，学术界已经提出了相当完善的人工智能算法模型，但模型的内在价值未被真正实现。这主要是受限于硬件技术的发展水平，难以提供深度神经网络训练/推断过程所需的算力。直到近年来，GPU、FPGA、ASIC 等异构计算芯片被应用到人工智能应用相关领域中，解决了算力不足的问题。对全球几大科技巨头的代表性云端芯片产品的计算性能进行对比可以发现，ASIC 芯片相比于其他几种芯片，在计算效能、大小、成本等方面都有着极大优势，未来随着通用人工智能指令集架构的开发，预计会出现最优配置的人工智能计算芯片。

2）人工智能芯片与 CPU 共同满足新时代计算需要

目前来看，人工智能芯片并不能取代 CPU 的位置，正如 GPU（作为专用图像处理器）与 CPU 的共生关系，人工智能芯片将会作为 CPU 的人工智能运算处理器，专门处理人工智能应用所需的大并行矩阵计算需求，而 CPU 作为核心逻辑处理器，统一进行任务调度。在服务器产品中，人工智能芯片被设计成计算板卡，通过主板上的 PCIE 接口与 CPU 相连；而在终端设备中，由于面积、功耗成本等条件的限制，人工智能芯片需要以 IP 形式被整合进 SoC 系统级芯片，主要实现终端对计算力要求较低的人工智能推断任务。

3）人工智能芯片为人工智能应用落地提供商业化可行的算力解决方案

在人工智能发展初期，人工智能算法已经通过数据中心（云端）在大数据分析、精准营销、商业决策等方面成功实现了应用落地。而未来，智能化将会逐渐渗透进能源、交通、农业、公共事业等更多行业的商业应用场景中，除了部署在云端的数据分析等工作，人工智能还需要下沉到摄像头、交通工具、移动设备终端、工业设备终端中，与云计算中心协同实现本地化的、低延时的人工智能应用。考虑到人工智能应用的算力需求，以及传输带宽、数据安全、功耗、延时等客观条件限制，现有的云端计算解决方案难以满足人工智能本地应用落地的计算需求，终端、边缘场景同样需要专用的人工智能计算单元。

4）人工智能芯片市场规模将持续迅猛增长

中商产业研究院的数据[1]显示，2020 年，全球人工智能芯片的市场规模约为 175 亿美元；2021 年，我国人工智能芯片市场规模达到 150.2 亿元。随着人工智能技术日趋成熟，数字化基础设施不断完善，人工智能商业化应用将加速落地，推动人工智能芯片市场高速增长，预计到 2025 年，全球人工智能芯片市场规模将达到 726 亿美元（见图 7-1）。

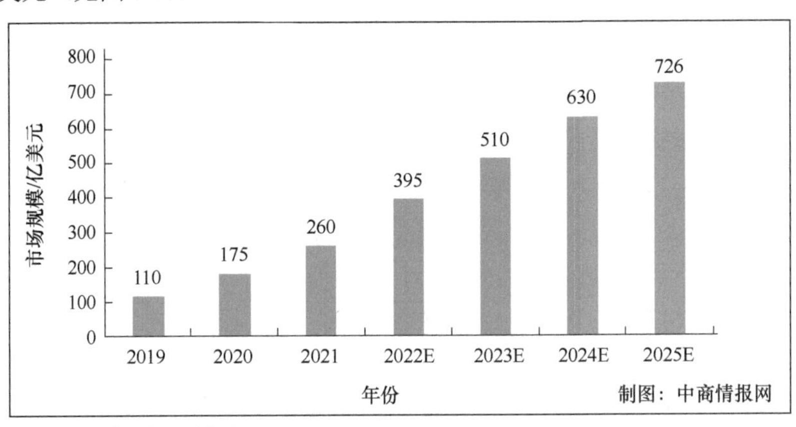

资料来源：中商产业研究院。

图 7-1　2019—2025 年全球人工智能芯片市场规模

随着自动驾驶级别的不断提高，人工智能芯片需求不断增长。未来，L2 级和 L3+级汽车都会用人工智能芯片来取代分立的 MCU 芯片，进行自动驾驶相关的计算工作。预计全球人工智能芯片的数量将从 2020 年的 899 万套增长至 2025 年的 2380 万套（见图 7-2）。

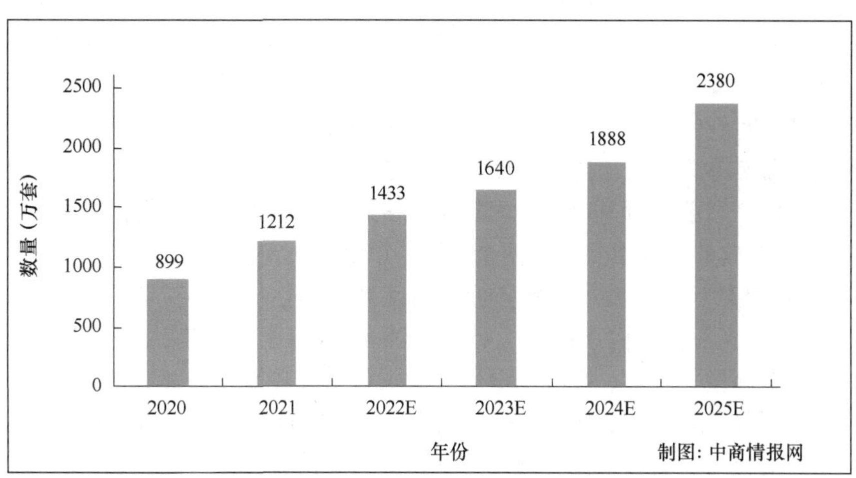

资料来源：中商产业研究院。

图 7-2　2020—2025 年全球人工智能芯片数量

2. 人工智能软硬件对策研究

1）人工智能软硬件技术能力需求

（1）人工智能基础硬件架构设计和优化能力。人工智能基础硬件是人工智能计算任务的核心计算模块，该模块的设计对系统的整体性能起决定性作用。人工智能基础硬件系统由通用微处理器+深度学习智能处理器构成，各自有独立的外部存储器。其中，通用微处理器主要负责逻辑性较强的计算；深度学习智能处理器则负责基于深度学习卷积神经网络的高性能图形计算，包括图片分类与检测等任务。人工智能基础硬件系统硬件架构主要包括深度学习智能处理器 MLU、高性能嵌入式 ARM 处理器、高速 I/O 管理单元、电源四大部分。

（2）众核处理器与定制加速器的协同能力。以由众核处理器与定制加速器构成的异构节点为计算核心，以高性能众核微处理器承载变化多样的智能计算任务，以定制加速器提升神经网络模型重点计算核心的运行性能，协同获得高效能，采用多种紧耦合的方式支持算法与应用在异构节点上的高效映射。

（3）面向智能计算应用的高效专用加速能力。面向感知、学习、抽象、推理等智能计算应用场景，提供计算资源的灵活调度和一体化计算加速，实现标量、向量、张量、图谱计算的融合结构，适应移动、固定、无线、有线等多种应用需求，提炼多精度、高能效、可容错的加速机制，实现较高的性能和功耗收益。

（4）面向高效能智能应用服务的计算、访存和通信协同能力。为获得高效能智能应用服务，智能计算系统中计算、访存和通信的协同设计需要众多与应用密切相关的设计空间搜索，传统大规模并行系统的存储和通信构架与智能计算的应用模式并不适配，系统软件栈针对智能计算的适配和优化不足，导致计算效能低、并发度开发受限、存在 I/O 性能瓶颈、存储效率不足、扩展性受限、可用性低等问题，对智能计算系统体系结构和数据管理方法提出了新的挑战，包括物理层的电气连接方式、通信协议及驱动层的硬件适配、数据通道的带宽评估等。

（5）国产智能处理基础硬件平台的 BSP 驱动能力。面向智能计算任务的国产平台 BSP 软件设计主要涉及两个方面：MLU 的指令集设计、通用处理器上的 MLU 驱动软件设计。在指令集方面，智能处理器往往采用新型的用于人工智能芯片的国产指令集结构（ISA）。这种装载结构基于对现有人工智能算法的分析，集成了标量、向量、矩阵、逻辑、数据传输和控制指令等。此外，为了最大限度地发挥智能芯片的运行效率，充分挖掘多核的并行性，充分利用缓存局部性，并且实现向前兼容，需要提出一些至关重要的软件层抽象，以实现对软件编程的指导。

（6）人工智能基础硬件平台的模型并行和数据并行能力。随着智能感知技术的迅速发展，目前人工智能基础硬件平台所使用的传统数据处理方法无法满足未来智能应用中实时反应、快速决策的要求，深度学习算法并行优化技术将智能图像、信号处理算法针对异构智能计算资源进行深度优化，提升机器人的环境感知能力，提高图像、信号数据处理的执行效率。以卷积神经网络和循环神经网络为基础，设计新型人工智能处理算法，进一步对智能模型结构进行深层分级，从模型并行化和数据并行化两个方面对智能处理算法进行优化，提高检测识别等任务的执行效率，全面提升智能化程度。

2）人工智能软硬件产品与应用

目前，人工智能芯片根据市场需求及其应用领域可分为以下四类。

（1）云端人工智能计算。在云端，人工智能计算可分为云端训练和云端推理。通用 GPU 被广泛用于深度神经网络训练和推理。与 CPU 相比，拥有数千个计算内核的 GPU 可以实现 10～100 倍的吞吐量。英伟达 GPU 系列芯片是目前人工智能训练领域使用最广泛的芯片，最新的基于 Ampere 架构的 A100 的 FP32 性能达到 19.5 万亿次/秒，并且具备比较完善的软件开发环境。面向云端人工智能应用，很多公司开始尝试设计专用芯片以达到更高的效率，从芯片巨头到初创公司都高度重视这一点，其中最著名的例子是谷歌的 TPU。由于使用了专用架构，TPU 实现了比同时期 CPU 和 GPU 更高的效率，可高效支持推断和训练环节的加速。英特尔推出 Nervana 神经网络处理器（NNP），初创公司（如

Graphcore、Cerebras、Wave Computing、寒武纪及比特大陆）也加入了竞争行列，很多公司专门推出云端训练类芯片。Cerebras 在 2019 年发布 WSE 晶圆级引擎深度学习训练类智能芯片，将逻辑运算、通信和存储器集成到单个硅片上，FP32 性能峰值为 40TFLOPs，芯片功率达 15 千瓦，与人工智能集群相当。华为昇腾 910 训练类芯片直接对标英伟达 V100，在 2019 年 8 月正式商用，包括 32 个达芬奇内核，FP16 性能峰值为 256TFLOPs。

（2）边缘人工智能计算。随着人工智能应用生态的爆发，越来越多的人工智能应用开始在端设备上开发和部署。在未来相当一部分人工智能应用场景中，边缘设备主要执行推断计算，这就要求边缘处的终端设备本身具备足够的推断计算能力。而目前边缘处理器芯片的计算能力并不能满足在本地实现深度神经网络推断的需求。因此，业界需要专门设计的人工智能芯片，赋予设备足够的能力去应对越来越多的人工智能应用场景。除了计算性能的要求，功耗和成本也是在边缘节点工作的人工智能芯片必须面对的重要约束。智能手机是目前应用最为广泛的边缘计算设备，包括苹果、华为、高通、联发科和三星在内的手机芯片厂商纷纷推出或正在研发专门适用于人工智能应用的芯片产品。自动驾驶是未来边缘人工智能计算最重要的应用之一，MobileEye SoC 和 NVIDIA Drive PX 系列提供的神经网络处理能力可以支持半自动驾驶和完全自动驾驶。另外，很多初创公司加入这个领域，为边缘计算设备提供芯片和系统方案，如地平线机器人、寒武纪、深鉴科技、元鼎音讯等。传统的 IP 厂商（包括 ARM、Synopsys 等公司）也都在为手机、智能摄像头、无人机、工业和服务机器人、智能音箱及各种物联网设备等边缘计算设备开发专用 IP 产品。

（3）云和边缘配合的人工智能应用。总体来说，云端人工智能处理主要强调精度、处理能力、内存容量和带宽，同时追求低延时和低功耗；边缘设备中的人工智能处理则主要关注功耗、响应时间、体积、成本和隐私安全等问题。目前，云和边缘设备在各种人工智能应用中往往是配合工作的。最普遍的方式是在云端训练神经网络，然后在云端（由边缘设备采集数据）或者边缘设备中进行推断。随着边缘设备能力的不断增强，越来越多的计算工作负载将在边缘设备上实现，甚至可能会有训练或者学习的功能在边缘设备上执行。另外，云的边界逐渐向数据源头推进，未来很可能在传统的终端设备和云端设备中直接出现更多的边缘设备，它们会把人工智能处理分布在各种网络设备（如 5G 基站）中，让数据尽量实现本地处理。从这个角度来看，未来云和边缘设备及连接它们的网络可能会构成一个巨大的人工智能处理网络，它们之间的协作训练和推断也是一个有待探索的方向。

（4）神经形态芯片。“类脑芯片”是指参考人脑神经元结构和人脑感知认知方式而设计的芯片，其目标是开发出打破冯·诺依曼架构体系的芯片。这一领域目前仍处于探索阶段，如斯坦福大学的 Neurogrid、IBM 公司的 TrueNorth 及高通公司的 Zeroth 等；国内 Westwell、清华大学、浙江大学等也有相关研究。

3）人工智能系统软件的总体态势

当前全球人工智能产业生态演化迅速，尚未形成垄断局面。国际巨头积极开发满足智能计算需求且灵活方便的智能计算框架软件，呈现“战国群雄争霸、谷歌领跑”态势。

互联网巨头积极布局基础层和技术层的人工智能系统软件，科技巨头主导的框架软件日益成为开源市场的关注主流，深刻影响开源发展方向。PyTorch、TensorFlow、PaddlePaddle 等支持了人工智能研发从手工作坊逐步走向开发工具链的转变。初创企业和传统行业主导领域应用平台开发。人工智能系统软件与场景应用深入融合，面向领域应用的超大型人工智能平台不断涌现，催生新型商业模式。

人工智能算法目前并不完美，有待继续加强理论性研究，也不断有很多新的算法理论成果被提出，如胶囊网络、生成对抗网络、迁移学习等。各大厂商纷纷发力建设算法模型工具库，并将其封装为软件框架，供开发者使用。

从开源智能软件的实际作用来看，开源阻滞人工智能系统软件的垄断步伐，提供自主发展战略机遇期。开源促进了最新的人工智能系统软件关键技术广泛传播，为人工智能系统产品研发提供持续智力资源。

科技巨头纷纷将开源框架软件作为打造开发生态及使用生态的核心。当前由于产业生态尚未形成，深度学习模型表示及存储尚未统一，科技巨头的技术生态争夺还将持续。多样化部署开发平台推动开源软件框架向统一和标准化的方向发展。

3. 目前国内外人工智能软硬件技术发展趋势

1）摩尔定律的延伸成为人工智能时代的新分水岭

随着大数据、人工智能的崛起，人工智能算力每 3.5 个月增长 1 倍，6 年增长 30 万倍，远超摩尔定律，直接击溃摩尔定律使其不再生效。同时发现，需要人工智能运算处理的数据差不多每 24 个月至少增长 1 倍，模型构建的复杂度是原来的 5 倍，需要使用计算能力强大 10 倍的芯片才能满足上述需求，即每 2 年超过 2 倍的数据增长、超过 5 倍的模型构建复杂度，需要超过 10 倍的算力提升，可能成为人工智能时代新的“摩尔定律”。

2）面向领域专用的敏捷开发方法将成为人工智能芯片超高效实现新思路

2015 年，DARPA 设立了面向基于敏捷开发的集成电路项目 CRAFT，旨在打破传统 ASIC 时代下从算法描述、硬件描述、RTL、网表到版图的传统流程，利用面向对象的前馈方法学，将从设计到版图的时间缩短到几天甚至几个小时。2017 年，DARPA 继续加码，推出 ERI 项目，旨在重新定义电路产生的方式，摒弃传统劳动密集型开发模式，转而向由数据与智能驱动的综合模式发展。在 DAC 2018 会议上，NVIDIA 展示的新一代小规模人工智能嵌入式芯片采用了敏捷开发方法，设计流程采用面向对象的 HLS，实现整个芯片的设计和验证，集合 SystemC 和 Chisel，将传统的近 3 年的设计研发周期缩短到 3 个月。敏捷开发将成为未来人工智能芯片设计实现的新趋势。

3）各类人工智能处理硬件适用面趋于细分

云端训练和推断对大存储、高性能和可伸缩有更高的要求，对智能处理硬件的存储容量和访问速度的需求突出、算力的需求更高，需要支持灵活伸缩和部署，提供架构创新。边缘设备实现计算效能最大化，为用户提供硬件+软件开发环境的全栈解决方案。GPU 以快速算力提升切入以神经网络为核心的人工智能处理领域。FPGA 拥有优秀的可重构性，开发周期短，可编程灵活性高，可对任务进行流水化并行处理，在推理运算方面明显优于 GPU，从而凭借独特的优势在一片红海的人工智能市场占据一席之地，为人工智能算法的开发验证与芯片的前期定制提供一种“节约”的选择。FPGA 一般被用于人工智能领域的应用加速。微软、亚马逊数据中心使用 FPGA 作为加速器；IBM Project Catapult 于 2018 年部署万量级节点，在网卡与交换机之间插入 FPGA，加速 Bing 搜索服务、DNN、生物信息与压缩；阿里云自研高性能 FPGA 加速卡，可搭载 16 个 Xilinx VU9P，提供超过 1000 万个逻辑单元、47TeraMACs 的 DSP 计算能力，为人工智能产业等提供加速服务，在特定场景下的处理效率比 CPU 高百倍。主体深度学习专用芯片体系结构类似，对固定模式的人工智能应用核心操作（如卷积）的执行效率接近 100%，适合块数据型的流水处理，由于深度神经网络算法的数据流控制是确定的，可据此定制优化访存，芯片可实现较高频率、较低功耗。其他专用人工智能芯片，如通用/定制处理器+算法引擎（如视频解码、数字信号处理、安全），对智能的定制加速多体现在软件层面。

4）新型物理器件加速人工智能硬件升级

人工智能算法的计算单元相对简单，因此，探索新的物理器件（如光衍射、忆阻器）来进行存储和运算，可以极大地优化人工智能芯片的功耗和算法。IBM 最新发表在 *Nature* 的论文中，研究人员通过实验，展示了模拟非易失性存储器（NVM）能够有效地加速反向传播（BP）算法，后者是许多最新的人工智能算法的核心。这些 NVM 能让 BP 算法中的“乘–加”运算在模拟域中并行。研究人员将一个小电流通过一个电阻器传递到一根导线中，然后将许多这样的导线连接在一起，使电流聚集起来，就实现了大量计算的并行。另外，所有过程都在模拟存储芯片内完成，不需要数字芯片中数据在存储单元和处理单元之间传输的过程。

5）智能处理硬件设计开源引领新潮流

硬件设计开源的主要目的是占领生态、占领应用市场，开源硬件可以降低 NRE 和维护成本。降低芯片设计门槛不仅是一个技术问题，也能促进风投和创业，从而推动行业的创新。开源硬件及芯片在美国（从学术界、企业界到 DARPA 等政府机构）已经成为一种共识。开源内容囊括指令集与处理器核、uncore IP、EDA 工具链、更高抽象的硬件开发语言、敏捷开发工具、端到端形式化验证等。开源芯片将在未来数量级地降低芯片开发门槛。2017 年 9 月，NVDLA NVIDIA 在 GTC China 2017 大会上发布，在 GitHub 上有完整的开源工程，削弱了竞争者定制深度学习芯片的设计和销售能力。

6）人工智能系统软件框架更加通用

为降低人工智能技术的使用难度并吸引更多的开发者，许多人工智能项目转向将 TensorFlow、Caffe2、MXNet 等主流框架封装成高级 API，构建人工智能的前端框架。基于高级 API 的前端框架实现方式支持不同领域的差异性。例如，Keras 已经成为具有代表性的前端框架，通过极简的、高度模块化的神经网络库，能够运行在 TensorFlow 和 Theano 任一平台，降低了开发难度，提升了智能模型的兼容性，加速了开发效率。

7）自动化人工智能系统软件快速发展

随着复杂人工智能模型的规模不断扩大，模型越来越复杂，参数越来越多。一些预训练深度学习模型的参数量达到几十亿个甚至更多，搜索优化的参数配置非常困难。随着自动机器学习（AutoML）技术的发展，数据挖掘的每个流程都在朝着自动化的方向演变，AutoML 能够集成传统机器学习的迭代过程，并建立一个自动过程。研究人员只需输入元知识（如卷积运算、问题描述等），算法就能自动选择合适的数据，优化模型结构和配置，训练模型并将其部署到不同的设备上。AutoML 的快速发展将大大降低机器学习的门槛。

8）人工智能系统软件编译技术不断成熟

编译系统在目前多种处理器并存的环境下意义重大，能够屏蔽硬件差异，发挥各自特长。人工智能系统软件的中间表示是介于编程框架和处理器的中间表示。对于框架和平台厂商：多种深度学习框架在多种硬件平台上的实现/移植涉及的工作量大、时间周期长；对于应用开发人员：神经网络模型在不同深度学习框架之间的迁移很麻烦。神经网络的中间表示独立于各种深度学习框架，简化框架和硬件平台的开发，无论是框架厂商还是硬件平台厂商，只要支持 IR，即可与软件栈衔接性。

9）人工智能系统算法加速库不断优化

针对大模型的存储和计算资源挑战，人工智能系统软件将结合应用需求，扩展人工智能指令集，面向深度学习的计算和存储体系结构优化，探索深度学习以外的体系结构技术（如图计算、规则推理），探索智能计算系统宏体系结构，如面向智能计算的高速互联优化存算一体、算通融合及芯片的异质集成技术等。

7.2.1.2　人工智能应用技术的关键技术点遴选

1. 人工智能基础技术和应用架构

从人工智能的内生逻辑来看，任何智能体都涉及记忆存储、计算、学习、判别、智能决策五个过程。而人工智能是利用计算机或者数字控制系统，来模拟、延伸和扩展智能体产生的过程。因此，人工智能的通用技术架构通常包含数据获取与存储，以及通过数据计算实现对外部知识的学习，通过学习进行求优和判别，进而产生智能决策和判断的各类单元。

21 世纪之后，随着大数据、云计算、互联网、物联网等信息技术的发展，以深度学习为代表的人工智能技术迎来飞速发展，诸如图像分类、语音识别、知识问答、人机对弈、无人驾驶等人工智能技术纷纷实现重要突破，并开始成功落地应用，人工智能开始爆发式增长，形成了新一代人工智能基础技术与应用架构。

新一代人工智能基础技术与应用架构包含如下六个层次。

1）硬件芯片层

硬件芯片层提供基础的存储与计算能力。除了 CPU 及 GPU，还包括为特定场景应用而定制的计算和存储芯片，以及基于计算芯片所定制的服务器、各类移动终端设备及类脑计算机等。具有存储与计算功能的智能芯片可以分为通用类芯片（CPU、GPU、FPGA）、基于 FPGA 的半定制化芯片、全定制化 ASIC 芯片、类脑计算芯片（IBM TrueNorth）等；另外，主要的人工智能处理器还有 DPU、BPU、NPU、EPU 等适用于不同场景和功能的人工智能芯片。而模仿人类大脑结构的芯片和量子芯片是未来智能芯片的两个发展方向。

2）底层库

底层库是底层硬件和软件框架及不同软件框架之间通信与运算的桥梁，也包含南向的核心编译器层。该层旨在为上层应用提供硬件调用接口，解决不同上层应用在使用不同底层硬件计算芯片时可能存在的不兼容等问题。

人工智能领域主流运算框架主要包括英伟达公司的 CUDA（并行计算架构和编程模型，能够使使用 GPU 进行通用计算变得简单）、英特尔公司的 nGraph 及华盛顿大学团队开发的 NNVM 编译器。国内企业寒武纪公司 2019 年发布人工智能开发平台 Cambricon Neuware，采用端云一体的架构，可同时支持寒武纪云、边、端的全系列产品；同时发布的还有 BANG 语言，包括自主的收集器、编译器、连接器等完整工具链，实现基于寒武纪高性能库的混合编程，释放芯片的算力，实现多核、异构、并行编程模式。

基于底层硬件体系结构的编译器设计是决定一个深度学习框架体系能否形成广泛应用、形成产业生态的关键。目前，这个方面是国产厂家的短板。

产业界绝大多数编译器都按照 LLVM（Low Level Virtual Machine，底层虚拟机）体系架构设计，该项目由伊利诺伊大学发起，由于其开源特性，目前已有基于这个体系架构的大量工具可以使用，形成了具有实际标准意义的生态。国内企业华为公司于 2019 年 4 月发布方舟编译器并开源，但开发生态并没有形成。

3）底层平台层

底层平台层即深度学习开源框架，包含深度学习软件框架，由训练核心、预测推理框架及系统调用接口共同构成。向下直接关联芯片的指令设计，向上提供应用接口，支持各类模型的开发。

深度学习框架是人工智能研究、开发和应用的必备工具，是几乎所有企业人工智能应用的开发平台，堪称人工智能时代的“操作系统”。

目前主流的开源框架主要有国外的 TensorFlow（谷歌）、Caffe、PyTorch、MXNet（亚马逊），以及国内的 PaddlePaddle（百度）、MindSpore（华为）、NeuHub（京东）等。目前国内企业自主的学习框架没有形成很好的市场渗透，主流的人工智能产品与服务开发模式依然依托国外平台。

4）通用技术层

通用技术层主要包括计算机视觉、智能语音、自然语言处理、知识图谱、机器博弈等通用技术。通用技术通过任务适配可以广泛地用于经济建设、社会发展及国家安全的各方面。通用技术包含数据采集、数据标注、数据预处理等专门的人工智能处理流程。

5）行业应用层

人工智能技术对经济社会具有全面的支撑和赋能作用，同时，不同行业的应用具有不同的技术特点和功能要求。目前应用比较深入的行业包括交通、医疗、金融、工业、教育、安防、农业、电商等。行业应用层的产业链核心在于行业需求的人工智能赋能转化，实现数据驱动的业务流程与管理再造。

6）终端产品层

终端产品是指跨行业应用的重要智能产品，如服务机器人、问答机器人、博弈机器人、无人机、工业机器人等。终端产品层需要比较强的产品制造产业体系。

2. 人工智能关键技术点

人工智能关键技术点划分为基础理论、应用技术、数据与系统三大类，涵盖了人工智能应用的八个主要行业。根据上述三大类技术点各自的特征及应用领域分布，提炼出以下 17 小类人工智能关键技术点。

1）基础理论

（1）集成学习技术。集成学习技术是指通过构建并结合多个学习器来完成学习任务，有时也称多分类器系统、基于专家的学习。一般地，集成学习框架先产生一组“个体学习器”，再用某种策略将它们结合起来。结合策略主要有平均法、投票法和学习法等。集成学习通过将多个学习器进行结合，可获得比单一学习器更加显著的泛化性能。

（2）强化学习技术。强化学习技术又称再励学习、评价学习或增强学习，用于描述和解决智能体在与环境的交互过程中通过学习策略达成回报最大化或实现特定目标的问题，用于达到有限理性条件下的平衡态、设计推荐系统和机器人交互系统。按给定条件，强化学习可分为基于模式的强化学习和无模式强化学习，以及主动强化学习和被动强化学习。一些复杂的强化学习算法在一定程度上具备解决复杂问题的通用智能，可以在围棋和电子游戏中达到人类水平。

（3）深度学习技术。深度学习技术基于深度神经网络自主学习样本数据的内在规律和表示层次，从而解决很多复杂的模式识别难题。它的最终目标是让机器能够像人一样具有分析和学习能力，能够识别文字、图像和声音等。深度学习在搜索技术、数据挖掘、机器学习、机器翻译、自然语言处理、多媒体学习、语音、推荐和个性化技术及其他相关领域都取得了很多应用成果。

2）应用技术

根据应用领域的不同，我们可将通用方法分为机器感知与模式识别、自然语言处理、知识表示与处理三个部分，每个部分分别对应各自具体的人工智能关键技术点。

（1）机器感知与模式识别。①图像识别与理解技术：利用计算机对图像进行处理、分析和理解，以识别各种不同模式的目标和对象的技术，是人工智能的一个重要领域。图像识别与理解的流程包含四个步骤：图像采集、图像预处理、特征提取、图像识别与理解。②多模态感知与情景计算技术：对于一个待描述目标（事物、场景等），通过不同方法或视角收集耦合的数据样本，将多个不同模态的数据样本相互融合，并以此为基础进行情景分析，对待描述目标进行感知。多模态数据包含更加全面准确的信息，可以增强系统的可靠性和容错性，目前已经在互联网信息搜索、人机交互、工业环境故障诊断和机器人等领域发挥了巨大的作用。③语音处理技术：研究语音发声过程、语音信号的统计特性、语音的自动识别、机器合成及语音感知等各种处理技术的总称。语音处理利用数学模型对语音信号进行各种频谱及参数的分析，同时可根据获得的频谱特征或参数变化规律，合成语音信号，实现机器的语音合成。利用语音分析技术，还可以实现对语音的自动识别、对发音人的自动辨识、对语句的自动识别及对语言的自动理解，从而实现人机语音交互应答系统，真正赋予计算机以听觉功能。

（2）自然语言处理。①自然语言理解技术：自然语言处理的关键共性技术，旨在将自然语言映射为某种计算机能够处理的语义表达形式，也称为语义剖析技术。语义表达形式有很多种，既包含符号形式的表达，如逻辑表达式、基于槽的语义框架、基于语义角色的表示等，也包含基于数字形式的表达、基于词向量和句子向量的语义表达。②信息检索与抽取技术：一种利用计算机从海量的自然语言文档中查找符合用户需求的相关文档，进而从中提取出用户所需的特定信息的技术。例如，根据用户键入的关键词，从大量的经济新闻中检索并抽取出某些公司发布的产品信息，如公司名称、产品名称、开发时间、某些性能指标等。③社会媒体计算技术：一种利用计算机从社会媒体数据中挖掘、分析和表示有价值信息的技术。简单来讲，社会媒体计算技术的目标就是通过挖掘社会媒体中的用户生成内容和社交关系网络，来衡量用户之间的相互作用，进而发现其中蕴含的特定模式，从而更好地理解人类的行为特点，如通过微博等社交平台中特定事件微博的转发和评论情况来分析大众的态度和观点。社会媒体计算在舆情分析、推荐系统等自然语言处理应用系统中有广泛的应用。

（3）知识表示与处理。①知识表示与自动推理技术：一种将人类已有知识转化为计算机可利用的形式，以便利用计算机推理并求解复杂问题的技术，旨在让计算机利用人类积累的大量知识，通过推理解决实际问题，例如，将稀疏的高维度自然语言知识转化为稠密的低维向量表示，进而通过计算向量的距离、余弦相似度等方式，比较不同知识间的语义相似度。近年来，知识表示与自动推理技术通过广泛采用深度学习模型取得了丰富的进展。②知识发现与数据挖掘技术：一种从大量的、不完全的、有噪声的、模糊的、随机的实际应用数据中，提取隐含其中而又潜在有用的信息和知识的技术，旨在从海量的数据中自动归纳和提取知识并为人类所用，如从大量的财务统计报表和相关新闻中分析某家公司的经营状况。知识发现与数据挖掘技术一般涉及知识的分类与聚类、概念和实体的抽取等技术，近年来，其通过广泛采用深度学习模型取得了丰富的进展。③知识获取与知识图谱技术：一种对知识进行收集和总结，进而构建为基于语义网络的知识库的技术，旨在描述知识之间的联系，为基于知识的信息检索、推理和数据挖掘提供便利。例如，通过检索一个人的姓名，可以获取他的出生年月、家庭情况等信息。知识获取与知识图谱技术在人机对话、搜索引擎等自然语言处理应用系统中有广泛的应用。

3）数据与系统

（1）数据中台与人工智能中台。数据中台通过数据应用程序接口（Application Programming Interface，API）为系统前台和后端提供快速、高效且安全性高的数据服务，综合大数据平台、数据仓库和数据服务的相关功能，也可让使用者快速、方便地访问异构数据，相对于原有的数据系统，可用性和易用性更高。人工智能中台是数据中台内的进一步延伸，其目的是将数据中台进一步智能化，将在数据中台内进行的一系列数据服务构建操作进行智能化实现，让数据的接入、存储、分析、展示、训练及管道构建都更加自动化。

（2）智能开发平台系统。智能开发平台系统是一种综合建立在大数据人工智能开源软件基础平台、终端与云端协同的人工智能云服务平台、新型多元智能传感器件与集成平台、基于人工智能硬件的新产品设计平台、未来网络中的大数据智能化服务平台等上的智能系统。

（3）自主无人系统。自主无人系统是由机械、控制、计算机、通信、材料等多种技术融合而成的复杂系统。人工智能技术无疑是发展自主无人系统的关键技术之一。自主性和智能性是自主无人系统最重要的两个特征。充分利用人工智能各种具体技术（如图像识别、人机交互、智能决策、推理和学习），是实现和不断提高系统自主性和智能性的最有效的方法。

（4）安全可信智能系统。安全可信智能系统基于网络安全和网络策略管理，识别并分析网络内各主机和设备，智能生成物理网络拓扑图，同时可灵活生成并配置安全策略的规则库，从而简便地实现安全域的划分与管理，以及自动判别全网工程变更是否合法、是否安全、是否最优等，达到工程变更的智能安全预判、策略的智能安全放通、指令的智能生成与执行，提高工程变更的高效性、准确性和安全性，降低人工成本，实现通信网络可视化、精准化、合规化、自动化。

（5）人工智能芯片系统。人工智能芯片系统是综合人工智能芯片和智能管理平台的计算系统，专门用于处理人工智能应用中的大规模计算任务。这些任务通常是普通计算机的 CPU 难以在短时间内完成的。其中，人工智能芯片主要包括 GPU（图形处理器）、FPGA（现场可编程逻辑门阵列）、ASIC（专用集成电路）等多种芯片，可以满足不同应用场景下的复杂计算需求。

随着技术的发展和数据的积累，人工智能技术在不同应用领域均获得了快速垂直发展，呈现不同的特点和趋势。人工智能技术涵盖了文本、语音、图像、数据等信息形态，可应用于智能机器人、智能金融、智能医疗、智能安防、智能驾驶、智能搜索、智能教育、智能人居等重点发展行业[1]。

表 7-1 汇总了上述人工智能关键技术点，并给出人工智能关键技术点在重点发展行业中的涉及程度。

表 7-1 人工智能关键技术点与应用领域

人工智能关键技术点	基础理论			应用技术									数据与系统				
				机器感知与模式识别			自然语言处理			知识表示与处理							
	集成学习技术	强化学习技术	深度学习技术	图像识别与理解技术	多模态感知与情景计算技术	语音处理技术	自然语言理解技术	信息检索与抽取技术	社会媒体计算技术	知识表示与自动推理技术	知识发现与数据挖掘技术	知识获取与知识图谱技术	数据中台与人工智能中台	智能开发平台系统	自主无人系统	安全可信智能系统	人工智能芯片系统
智能机器人	▲	▲▲	▲▲▲	▲▲▲	▲▲▲	▲▲	▲▲								▲▲▲	▲▲▲	▲▲▲
智能金融	▲▲		▲▲	▲▲▲		▲▲▲	▲▲▲				▲▲	▲▲	▲▲▲			▲▲▲	
智能医疗		▲▲▲	▲▲▲	▲▲▲	▲▲	▲		▲		▲	▲		▲▲	▲▲			
智能安防			▲▲▲	▲▲▲	▲▲▲						▲		▲	▲▲▲	▲	▲▲	▲▲▲
智能驾驶	▲	▲▲▲	▲▲▲	▲▲▲	▲	▲	▲					▲▲▲		▲▲	▲▲▲	▲	▲▲
智能搜索			▲	▲▲		▲▲	▲▲▲	▲▲▲	▲▲▲	▲▲	▲▲▲	▲▲▲	▲▲▲	▲▲			▲
智能教育			▲▲▲	▲▲▲		▲▲	▲▲	▲▲▲				▲▲▲	▲	▲▲			
智能人居		▲	▲▲▲	▲▲	▲▲	▲▲▲	▲▲▲	▲	▲				▲	▲▲▲	▲▲	▲▲	▲▲

注：▲表示涉及程度，由少到多（1～3 级）表示涉及程度逐渐增加。

7.2.2　我国人工智能安全可控需要解决的主要问题

7.2.2.1　我国人工智能软硬件安全可控需要解决的主要问题

1. 我国人工智能软硬件技术安全可控面临的挑战和机遇

1）如何突破“存储墙”问题是人工智能硬件发展的难点

提高人工智能芯片性能和能效的关键之一在于支持高效的数据访问。在传统冯·诺伊曼体系结构中，数据从处理单元外的存储器中提取，在处理完之后写回存储器。在人工智能芯片的实现中，基于冯·诺伊曼体系结构提供运算能力是相对比较简单易行的，但由于运算部件和存储部件存在速度差异，当运算能力达到一定程度时，由于访问存储器的速度无法跟上运算部件消耗数据的速度，再增加运算部件也无法得到充分利用，即形成所谓的冯·诺伊曼“瓶颈”或“存储墙”问题，如图 7-3 所示。目前常见的方法是利用高速缓存（Cache）等层次化存储技术，尽量缓解运算和存储的速度差异。

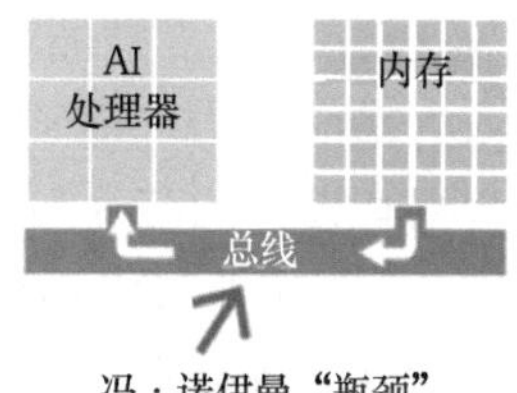

图 7-3　冯·诺伊曼存储“瓶颈”示意图

概括来说，在架构层面解决这一“瓶颈”问题的基本思路：一是减少访问存储器的数量，如减少神经网络的存储需求（包括参数数量、数据精度、中间结果）、数据压缩和以运算换存储等；二是降低访问存储器的代价，尽量拉近存储设备和运算单元的“距离”，甚至直接在存储设备中进行运算。

2）芯片制造工艺是人工智能芯片追求极致性能的巨大阻力

在过去几十年的时间里，芯片性能的增长多半是由制造工艺的进步带来的。在 Hop Chips 2019 会议上，AMD 公司和 Lisa Su 博士指出，在过去十年间，性能进步最重要的因素还是制造工艺的进步，占到了 40%。而随着摩尔定律的放缓，由制造工艺带来的进步越来越小，芯片公司必须更多地依赖微架构和系统层面的进步来实现整体的进步。

芯片制造工艺对人工智能芯片行业最大的影响，并不只是摩尔定律的放缓，其制造成本也有非常大的影响。对晶圆厂来说，7nm 等先进工艺生产线动辄数十亿美元的投资是一项巨大的负担，以台积电 28nm、16nm、7nm 的芯片来说，要完成一颗芯片的量产，其 IP 购买、MPW、量产的成本在数百万美元、数万美元、数亿美元以上——如果考虑人员成本、设备成本等，这个数字还会高、不少。一般的人工智能芯片创业公司，可能只能负担得起 28nm 工艺，融资足够多的人工智能芯片创业企业才敢尝试 16nm 工艺[2]。这就导致一个巨大的问题：芯片行业巨头公司与人工智能芯片创业公司之间财力的差距，导致大公司的芯片可以选择更先进的制造工艺，而人工智能芯片创业公司只能选择相对成熟的工艺。这样一来，人工智能芯片创业公司即使在芯片体系结构设计上对特定任务实现数倍的性能优势，也可能被制造工艺的差异给抹平；大公司可以通过制造工艺的碾压，获得更好的性能，再通过其通用性和原有的渠道、用户生态等优势，卖出更多的芯片来收回成本。

3）芯片制造的高门槛限制了人工智能硬件的发展速度

长期以来，芯片研发成本高、周期长，导致了该领域的高门槛，严重阻碍了创新。即使研制一款中档芯片，也需要上百人耗费数年的时间、数千万甚至上亿美元的研发投入，导致社会资本不愿进入。资本市场对芯片投资极其谨慎保守，影响整个产业的繁荣。另外，当前开源人工智能芯片仍存在诸多障碍。具体而言，在芯片设计阶段，需要投入大量的人力、电子设计自动化（EDA）和 IP 成本（因此开发人员或企业不愿意将其设计的芯片与 IP 开源），这导致业界与社区无高质量的开源芯片与 IP 可用，于是企业只能购买高价 IP；这进一步提高了开发代价，导致企业希望充分验证设计来提高流片的成功率，这又需要投入更多的人力和时间，如此循环，最终形成了一个“死结”。

4）人工智能硬件通用架构难以满足丰富的应用场景需求，需要走定制之路

人工智能应用的多样性和深度（特别是在语音控制、机器人、自动驾驶和大数据分析等方面）已经吸引了大量厂商将重点转移到人工智能硬件加速的开发上。然而人工智能硬件加速的问题，在于有如此多的数据，所需的准确性和响应时间又有如此大的差别，设计人员必须对架构的选择非常讲究。例如，数据中心是数据密集型的，其重点是尽可能快速地处理数据，因此功耗并不是特别敏感的因素——尽管能源效率有利于延长设备的使用寿命，降低设施的整体能耗和冷却成本，而关键词语音识别等边缘计算任务却强调超低功耗。介于中间的应用，如自动驾驶车辆中的摄影机，则需要尽可能接近实时反应，以识别交通号志、其他车辆或行人，同时需要最小化功耗。现有的人工智能硬件通用架构很难适用于各种各样的应用场景，人工智能芯片将从“标准化的产品”转变成“定制化的服务”。一方面，定制能够在同等工艺条件下带来成百上千倍的性能提升；另一方面，芯片也越来越需要同终端应用相结合。

5）国外开源智能系统软件给国内多数技术后进者带来严峻挑战

主动创新发展能力受到制约。我国智能产业的 77%分布在应用层（而不是基础层和技术层），主要是集成产品和问题解决方案，还没有形成产业集群效应。人工智能企业的应用开发主要基于国外的智能计算软件框架。长期使用国外框架，会严重影响产业安全及数据安全。“开源”项目随时可能转为“闭源”，技术强者必然占据产业链的高端地位。龙头企业会利用技术优势主导发展方向，还会通过开源部分的技术和代码制约技术跟踪者的主动创新思维。2019 年 10 月 8 日，美国商务部声明，出于国家安全考虑，将我国包括科大讯飞、旷视科技、商汤科技和依图科技在内的八家人工智能公司列入实体清单，并禁止与美国企业开展业务往来。

2. 我国人工智能软硬件系统安全可控面临的挑战和机遇

1）人工智能硬件基础研究积累不充分

我国人工智能硬件基础理论、核心关键技术积累薄弱，对核心算法、芯片及基础元器件的掌握与国外差距较大，缺乏重大原创科技成果。核心环节受制于人，不利于国内企业参与国际竞争，随时可能被“卡脖子”，也使国民经济和国家安全存在远期隐忧。在技术研发层，目前取得的进展依旧属于初级阶段，高层次的人工意识、情绪感知环节还没有明显的突破。人脑智能的产生原理尚未研究清楚，“脑科学”研究还处于摸索阶段。未来的突破点或将发生在脑科学研究领域。

此外，基础研究与实践的联系不紧密，要统筹协调，促进研发资源的聚合。在研发方面，我国人工智能研发主力集中于科研院所（国外主要集中于大企业），并且研究力量比较分散，研发经费也呈现“撒胡椒面式”的碎片化，难以聚集力量解决重点问题。可借鉴美国成立 DARPA、Google X 实验室、Facebook 人工智能研究院的经验，成立我国人工智能国家实验室和人工智能产学研协同创新中心，打通政产学研用各环节，促进研发资源聚合。

解决途径是着力突破核心技术瓶颈，一是潜心发展基础技术，充分发挥中国科学院、中国工程院等国家核心科研机构的作用，实现基础技术上的突破，为发展高端技术产业提供支撑；二是加强对高端芯片、核心电子元器件、基础软件等开发周期长、资金回收慢的信息技术基础产品的研发支持，推动核心关键技术实现突破，做到核心技术产品的可知、可编、可重构、可信和可用，形成自主知识产权，推动研究成果转化；三是加强前沿科技布局，组织开展对光计算、生物计算、人工智能等新兴技术的研究，夯实量子计算的技术优势，抢占下一代信息技术制高点。

2）缺乏完整的人工智能硬件产业生态体系，资本布局多样性不足

人工智能硬件系统缺乏完整的产业生态体系，应围绕特定应用场景开发、定制人工智能芯片。目前，我国仍然缺乏完整的人工智能产业生态，特别是在基础硬件（芯片）领域。未来应加快补齐基础层软硬件短板，可围绕一些特定应用场景（如智能手机、无人机、智能驾驶、服务机器人等），从硬件实现角度颠覆性地突破类脑神经芯片，如深度卷积神经网络芯片等。

解决途径是建立针对重点技术产品的资金支持体系。一是设立人工智能产业发展与应用专项资金或专项基金，重点支持人工智能基础理论及关键核心技术研发与产业化，发挥政府引导基金布局引领作用，带动引领地方产业投资基金及社会资本的投资布局。二是针对人工智能产品研发和应用推广，部署研究减税降费方案的制定。三是加强对深度学习开源平台和项目的政策资金支持力度。

3）人工智能硬件安全可控环境亟须优化

我国人工智能核心技术发展的创新机制仍不完善，安全可控环境亟须优化。一方面，我国推进信息技术产品安全可控的配套政策、标准还不健全，人工智能核心技术引进缺乏统筹管理，安全可控缺少评价标准，导致技术引进混乱、同质化竞争严重等问题。以处理器芯片为例，我国当前拥有 MIPS、x86、Power 和 ARM 等七种技术路线，存在较严重的碎片化问题。而有些企业直接使用国外硬核，并不具备培养安全可控能力的基础，这些企业在市场上无法有效区分，严重挫伤自主创新企业的积极性。另一方面，我国信息技术产品协同创新机制尚不完善，产业链协同创新效应还未显现。国外企业重视掌控产业生态主导权，如微软和英特尔为推动 PC 产业发展，组成了 Wintel 联盟，微软的视窗操作系统只配对英特尔的芯片，而国内企业仍多以“单打独斗”为主，尽管龙芯中科、飞腾和天津麒麟先后发起了以“龙芯 CPU”“飞腾 CPU＋麒麟 OS”为核心的产业协作，但是协同创新和应用效果还未显现，良性、共赢的产业环境仍须完善。

解决途径是积极营造良好的创新发展环境。一是争取更有利的国际贸易环境，作为世界经济发展的中坚力量，中国应积极参与国际合作，争取更多的合作伙伴，打破以美国为首的技术封锁同盟；二是推进国际技术合作，依托华为、百度等国内龙头企业，不断加强国际技术交流合作，积极争取国际技术标准话语权，实现“你中有我，我中有你”，突破美国的科技封锁线；三是促进人工智能软硬件产业链协同创新发展，组建/依托安全可控信息技术产学研用联盟，设立“产业基金”“创新基金”，加强产业链上下游企业在战略、技术、标准、市场等方面的沟通协作，加强产业链上下游产品间的适配和协同应用推广，形成协同创新和产业发展合力。

4）人工智能软件技术可持续能力弱

国内核心软硬件技术和产品存在短板弱项。国内开源平台的 GitHub 活跃度与 TensorFlow 等差距巨大。目前在深度学习开源平台领域，已经形成了 TensorFlow 和 PyTorch 两家独大的格局。谷歌自研了 TPU 芯片，与其深度学习框架 TensorFlow 深度融合，以“深度学习框架+人工智能芯片”的模式，构建智能时代新的“Wintel”联盟，试图掌控智能时代新的话语权。

基础模型算法库捆绑依赖模式意味着跟跑，发展权在他人之手；产品难有特色，市场竞争乏力，价格也无优势。即使我国目前处于跟随发展的阶段，美国也已经要限制我国在基础算法硬件加速库方面的发展。2020 年 1 月，美国宣布限制智能传感器、无人机、卫星和其他自动设备等核心硬件的算法软件向中国出口。

5）人工智能软件产业生态圈脆弱

国际技术强者占据人工智能软件产业链的高端。以谷歌、亚马逊、微软等为代表的国际互联网科技巨头，凭借自身的数据、技术和资本等优势，持续在人工智能基础开源生态领域发力，已经占据了人工智能开源平台的技术和规则主导权。国外科技巨头主导核心开源软硬件，导致项目维护存在不稳定性，开源项目存在潜在锁定风险。

目前 OSI 开源软件许可协议已有 100 多种，其中常见的开源许可协议包括 Apache、GUNGPL、MPL、BSD 等。开源项目除了有开源协议方面的风险，还有代码托管平台和开源基金会等方面的风险存在。目前主流的代码托管平台 GitHub、SourceForge、Google Code 均明确声明遵守美国出口管制条例，并且司法管辖权均在美国加利福尼亚州。开源软件本身存在受美国政策监管的风险，一旦美国的政策发生变化，在其监管下的我国企业使用的开源软件可能会受到影响。

6）人工智能自主基础算法库缺失

目前国内市场缺少自主基础算法库，过度依赖开源代码和现有智能计算理论模型。是否掌握核心的基础算法库直接关系人工智能系统软件是否面临“卡脖子”问题。当前，尽管国内在人工智能顶会发表的论文数量不断攀升，但严重缺乏引领世界人工智能发展的“最强大脑”，与美国还有较大的差距。国内基础算法库落后的背后是原创性核心算法理论的不足。美国斯坦福大学发布的《2019 人工智能指数报告》指出，美国仍然是全球人工智能领域的领导者。尽管我国发表的人工智能相关论文的数量超过了所有其他地区，但美国发表的论文的影响力更大，较全球平均水平高出 50%。清华大学（计算机系）—中国工程院科技知识中心“知识智能联合研究中心”和清华大学人工智能研究院在 2020 年推出的

“人工智能全球 2000 位最具影响力学者”榜单显示，中国学者的占比仅为 9.4%，远远落后于美国的 61.4%[3]。

7.2.2.2　我国人工智能关键技术领域安全可控需要解决的主要问题

1. 算力核心技术落后

我国人工智能基础设施已发展到一定规模，但核心硬件仍依赖国外厂商。

由于初始成本高、创建周期长，处理器和芯片开发可以说是最难快速跟进的人工智能核心组成部分。目前，人工智能硬件分为两类：一类是用于加速训练人工智能算法的通用芯片（如 CPU 和 GPU）；另一类是用于执行特定机器学习和深度学习算法的专用芯片（如谷歌的 TPU 和微软的 FPGA）。

对于第一类硬件，我国半导体产业实力有可能成为人工智能发展的潜在瓶颈。2021 年，我国半导体的全球生产市场份额仅为 4%，而美国的市场份额达到 50%；我国半导体行业的融资总额占比仅为 4.3%。

对于第二类硬件，在我国前 10 家芯片制造商中，有 6 家专门从事 ASIC 芯片，这种芯片相比于 FPGA 芯片，方案不够灵活，无法快速适应应用场景。我国和美国各有 2 家专门从事 FPGA 芯片生产的公司，都跻身全球前十。

目前，我国厂商仍然缺乏算力核心技术，算力的供给主要还是通过由服务器厂商将国际厂商的解决方案产品化来实现的，核心硬件的自主设计研发问题不解决，人工智能基础设施底层架构就很难有安全发展空间。

2. 缺少规范和统一布局

数据主要可以划分为两类：行业数据和互联网数据。行业数据主要掌握在政府、由政府主导的金融、电信、制造、医疗、能源等行业巨头及政府管理机构手中；互联网数据主要掌握在头部互联网公司手中。数据量不再是问题，需要考虑的是如何处理和使用数据，使之更适合为人工智能系统所用，以及如何打破数据壁垒，将更多的数据开放出来，并确保数据安全和隐私保护。

“拥有大量数据”被认为是人工智能开发的优势之一。由于隐私保护措施相对宽松，科技巨头收集了大量数据，一些重要数据也在政府机构和公司之间实现了共享。相对于数据量的迅速增长，数据质量、多样性和基础数据的统一布局显得略有不足。尤其是对于关系国计民生、蕴含巨大潜力的重要数据，以及能推动人工智能基本问题研究的地缘、文化数据，缺少统一布局和全面支持。目前国际上人工智能研究领域内最有影响的数据集和相关任务，发源自国内、由国内组织机构负责维护的很少。这还有可能造成国外非主流文化、思想等借助数据和预训练模型进入我国，对未来人工智能的发展造成潜移默化的不良影响。

3. 中国公司开源参与度不高、核心贡献有限

以技术的开源换取市场产品底层技术的垄断，是国外企业进行产业链垄断的常用做法。这样做的好处是，一方面，将原有的封闭技术研发过程变成众包模式，开源社区的每位参与者都可以为各轮技术的迭代贡献智力；另一方面，核心技术的开源会让更多的产业参与者去使用，并基于核心技术去做终端应用类的产品研发，这样的布局会更容易让某项技术成为产业的基础设施，从而以开源换得市场及产业生态的垄断。根据《开源产业白皮书（2019 年）》，全球开源产业链已经形成，国内已经应用了开源技术的企业的占比达到 86.7%，有计划应用开源技术的企业的占比为 10.6% [4]。

4. 科研模式缺少多元化的包容力

“重论文轻工业模式”的科研项目使一线的学者更愿意发表大量高水平论文，这样更能产生影响力，当前的科研评价机制使国内的学者难以做出高水平原型系统，长期的科研水平评价偏差使科研人才队伍缺少多样性，同时，现有体制对科研的容错能力也比较低，已经立项的项目，失败的少，成果不显著的少。国外研究团队更倾向“轻科研重工业模式”，也是一种“Hard 模式”，虽然这种模式论文少、见效慢、风险高，但更有利于硬核心技术快速对接产业及长期持续积累。以加州大学伯克利分校为例，其在计算机体系结构领域的学术声誉和产业影响并不是通过论文数量产生的；其有自己的学术评价标准，并不追求论文数量；自 2010 年以来，其在计算机体系结构领域只发表了 18 篇论文，但其在 5 年（2011—2015 年）的时间里，围绕 RISC-V 进行了 12 次流片，每次流片都意味着对上一次工作的否定和完善，这种处理器级别的流片次数和频率远远超出了世界上其他所有大学。

5. 尖端人才储备不足，基础重大问题研究动力不足

如何吸引人才是人工智能发展面临的一大难题。根据学术界和产业界联合撰写的《2021 年中国人工智能发展报告》，截至 2020 年年底，我国的人工智能研究者和工程师数量达到了 18200 人，居世界第二位。但在顶级人工智能究者（高产、高引的研究者）排行榜中，我国仅排名第六[5]。我国的人工智能机构正尝试用高薪吸引优秀研究者回国，中国的教育系统也加大了对人工智能人才的培养力度，2018—2019 年，有 35 所大学获批“人工智能”本科专业，清华大学等名校更是设立了多个人工智能研究中心和人才培养中心，力争解决中国本土的人工智能人才短缺问题。

7.3 我国人工智能产业生态建设现状分析

人工智能产业生态系统是由科研机构、大学、产业链各环节的参与者，以及支撑因素与外部环境等构成的产业赖以生存和发展的有机系统。完善的产业生态系统是一个产业健康持续发展的基础。人工智能产业生态分为创造出科学知识的产业生态系统科学层、以工业技术知识为中心的产业生态系统技术层、实现其商业价值的产业生态系统市场层，分别对应 AI 科学生态、AI 技术生态、AI 商业生态。

在人工智能产业生态中，逻辑学提供了基本的研究思路，算法是实现理论模型的手段，由神经网络主导的深度学习推动了人工智能技术的发展与突破，投资市场对人工智能认知的不断深入加速了人工智能产业生态的构建。

人工智能产业生态系统如图 7-4 所示。

图 7-4　人工智能产业生态系统

（1）AI 科学生态。以线性算法、逆演绎算法、反向传播算法等知识为中心的产业生态系统科学层，侧重于基础研究并生成科学知识，为安全可控生态系统的持续发展提供科学驱动，可以利用文献信息进行测度和分析。

（2）AI 技术生态。以机器学习、生物识别、自然语言处理及计算机视觉等工业技术知识为中心的产业生态的系统技术层，侧重于技术研发并生成应用技术知识，为安全可控生态系统的繁衍提供技术支持，可利用专利信息进行测度和分析。

（3）AI 商业生态。以人工智能与各行业融合的人工智能应用和商业化为中心、以资本市场的投融资为助推的生态系统市场层，侧重于产品开发并实现商业价值，为安全可控生态系统的价值创造与捕捉提供市场拉动，可利用商业数据进行测度和分析。

7.3.1　人工智能产业生态现状分析

7.3.1.1　人工智能科学生态系统现状分析

1. 总体情况

在论文发表数量方面，我国的人工智能论文数量增长迅速，已于 2006 年超过美国。截至 2022 年，我国发表人工智能相关论文的数量达到 70000 篇，超过了长期处于领先地位的欧洲，以 27.6%的占比领先全世界[6]。

具体而言，模式识别和机器学习领域的论文，仅在 2015—2021 年的 6 年间，就实现了倍增，其他领域（如计算机视觉、数据挖掘和自然语言处理等）保持了比较平稳的发展。另外，从论文的刊载情况来看，期刊文章占比最大，为 51.5%[7]。

从论文跨国合作来看，2010—2021 年，我国和美国共同发表的人工智能论文数量全球最多。2021 年，中国在人工智能期刊、顶会和知识库出版物数量上继续领先。这三种出版物的数量总和比美国高出 63.2%。美国在人工智能顶会论文数量和知识库引用数量上处于领先地位[7]。

2. 细分领域情况

1）学术搜索

通过对学术搜索领域进行人才相关分析，全球学术搜索领域的学者数量为 7262 人，从年度发展趋势来看，总体呈现上升趋势。如图 7-5 所示，中国学术搜索领域学者数量总体保持稳定，全球占比约为 10%[8]。

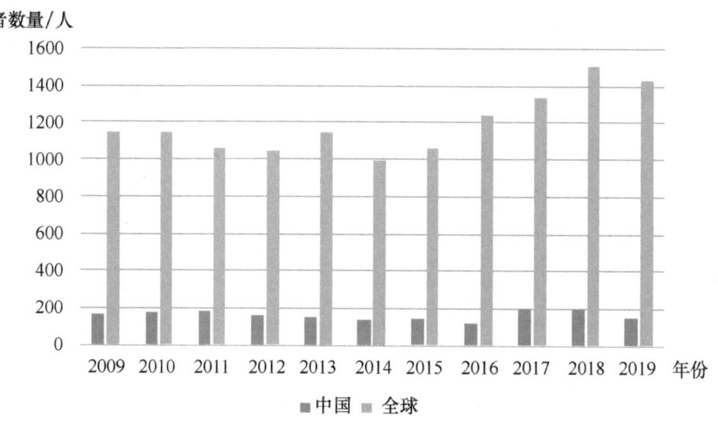

图 7-5　学术搜索领域人才对比分析[8]

在排名前十的机构（见图 7-6）中，清华大学位列第一，学者数量为 231 人，但学者 h-index（高引用指数）均值在排名前十的机构中偏低。微软和卡内基梅隆大学分别列第 2 位、第 3 位，学者数量分别为 202 人、199 人，这两家机构的学者 h-index 均值都处于较高水平。

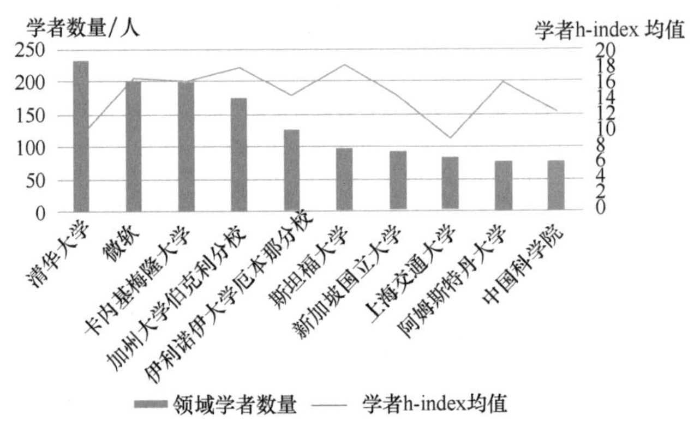

图 7-6　2020 年学术搜索领域学者数量及学者 h-index 均值排名前十的机构[8]

2）人机交互

通过对人机交互技术领域的相关论文进行深入挖掘分析，该领域的热点研究话题是虚拟现实、增强现实、社交媒体、社交、交互设计、移动设备、社交网络、泛在计算、移动电话、交互技术。

在国家趋势方面，人机交互领域研究热度较高的国家有美国、英国、德国、加拿大、中国、日本、韩国、澳大利亚、法国、荷兰。中国在该领域的研究热度自 2013 年起稳步上升，已超过韩国和日本[9]。

2020 年人机交互学者数量国家 Top5 如图 7-7 所示。可以看出，美国在人机交互领域的人才数量遥遥领先，英国次之，而我国排名第 5 位。但就数量而言，我国与德国、加拿大之间的差距不大，但与美国相差甚大，说明我国在人机交互领域还需要加大人才培养力度。

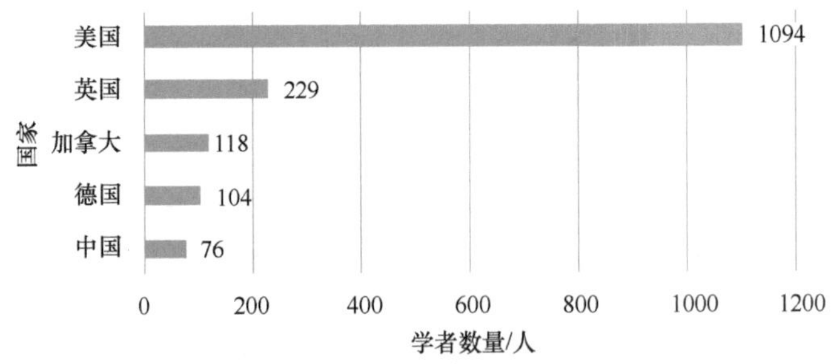

图 7-7　2020 年人机交互学者人才数量国家 Top5[9]

7.3.1.2　人工智能商业生态系统现状分析

1. 人工智能应用发展的国际比较

2019 年 8 月，美国信息技术与创新基金会（Information Technology and Innovation Foundation，ITIF）数据创新中心发布了《谁会在人工智能角逐中获胜：中国、欧盟或美国？》（*Who Is Winning the AI Race: China, the EU or the United States*？）[10]。该报告通过对人才、科研、开发、应用、数据和硬件六类指标进行比较，对中国、欧盟、美国的人工智能发展现状进行了测算。在绝对基础上，中国以 7.7 分领先于欧盟（1.3 分）和美国（1 分）。就应用和试行人工智能的企业百分比而言，中国位居首位（4.7 分），其次是美国（2.9 分）和欧盟（2.5 分）。

与美国和欧盟不同，无论在哪个行业，我国的人工智能应用率都是相对统一的。例如，活跃于人工智能领域的美国公司的占比（它们正在应用或试行人工智能）在不同行业之间的差异高达 32%。然而，在应用率最高的行业与应用最低的行业之间，中国活跃的人工智能公司的占比仅相差 6%。

2. 国内人工智能应用总体情况

基础设施建设和应用价值空间是影响人工智能行业应用的两大因素。分别来看，金融、营销、安防、客服等领域具有良好的信息基础设施环境，为人工智能技术的应用和赋能提供了较好的基础条件；安防和金融等领域有较大的应用价值空间；教育、客服、营销等领域也有一定的发展空间。

人工智能的行业应用示意[13]如图 7-8 所示。

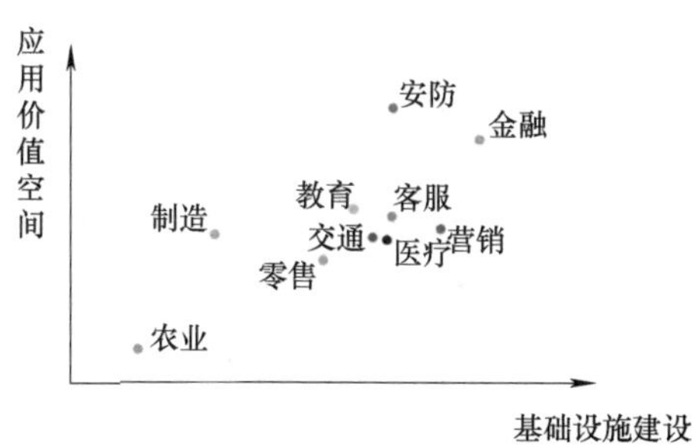

图 7-8　人工智能的行业应用示意

金融、安防在基础设施建设和应用价值空间均有很好表现；教育、客服、营销分别在其中一个维度有较为显著的优势，发展将更加迅速，融合将更加完善；制造由于建设规模大、耗资高、应用场景复杂多样，所以虽有很大的应用价值空间，但受基础设施建设的制约，赋能难度较大；农业由于资金和投资受限，所以基础设施建设较为落后，会影响人工智能的融合；其他领域有待深入研究和融合。

7.3.2 我国人工智能产业生态建设存在的主要问题

1. 协调机制存在短板

从我国目前人工智能发展的政策环境来看，跨部门、跨行业的协调机制相对欠缺。

我国在发展人工智能之初就强调“1+N”特色规划，衍生出智能制造、智慧城市、智慧医疗、智慧养老、智慧金融、智慧家居、智慧教育、社会治理、司法管理、环境保护等一系列全行业覆盖计划。但是庞大的产业生态带来了极大的发展挑战，企业纷纷涌入人工智能应用技术挑战小、见效快、来钱多的短期热门领域，井喷式发展会产生大量泡沫，并导致质低价廉的恶性竞争，会严重影响人工智能产业生态的持续健康发展，留下布局失衡、产业链断裂的隐患。

为协调推进《新一代人工智能发展规划》，科学技术部联合其他 14 家相关部门，设立了新一代人工智能发展规划推进办公室。现有的协调机制虽然对推进国家人工智能发展规划的实施起到了积极作用，但也存在较明显的短板，主要表现在：第一，人工智能技术作为新一代“通用目的技术”，其发展涉及众多国务院组成部门，单一部门难以进行有效协调；第二，人工智能与产业融合形成了大量新兴业态，一方面需要分门别类灵活准入，另一方面其规制牵涉众多部门，单一部门虽有积极性却难以独立推进，亟须建立有效的跨部门规制体制。

2. 产业基础层政策供给不足

人工智能产业可分为基础层、技术层和应用层三个层面。从我国促进人工智能发展的产业政策供给来看，聚焦基础层的政策文件占比最小，比例严重失衡。

以布局“1+N”规划体系为例，出台的政策广泛覆盖了应用层，却造成了针对基础层的政策较少的尴尬局面。以 2012—2020 年中央层级政府出台的 21 份人工智能产业政策为例，针对基础层的政策占 28%。而我国省级政府出台的人工智能政策数量更多，在 2015 年达到了峰值（276 份），这些省级层面的政策与中央政策相互呼应，延续了忽视基础层发展的弊端。就政策工具而言，我国的相关扶持政策主要以项目审批、补贴和税收减免等传统手段为主，获益最大的是应用层的企业，缺少对基础性研发的直接扶持和培育。尽管我国企业在计算机视觉、自然语言处理、智能机器人和语音识别等技术领域表现突出，但缺少基础层的基础核心技术研发、共性技术平台、芯片处理器等相关企业。

3. 统一的产业标准体系尚未建立

从我国人工智能产业的标准体系来看，存在市场失灵、政府缺位，以及产业标准被国外主导和垄断的风险。

标准问题涉及产业的控制和主导权，是发展人工智能产业要关注的重点之一。随着《国务院关于推进物联网有序健康发展的指导意见》（国发〔2013〕7号）的发布，全国各省市发布的人工智能政策的数量呈现逐年递增趋势，并形成了以京津冀、长三角、粤港澳三地为核心的人工智能发展区域。从整体来看，相关省市的政策与国家政策一脉相承，基本内容可以概括为针对基础层、技术层和应用层的发展方案，但仍未解决新兴产业的标准问题，如基础共性标准、关键技术标准、产品标准和重点应用标准等。国内很多传统制造业和 IT 行业企业往往只借用人工智能之名，没有提供真正意义上的人工智能产品或服务。

7.4　我国人工智能安全可控与产业生态建设

7.4.1　人工智能产业生态建设与安全可控水平的关系

建设具有高度安全可控水平的人工智能产业生态，并不意味着要在产业生态建设中单独提高安全可控水平，应该注意到，安全可控水平的提高在带动了产业生态建设的健康发展的同时，完善的产业生态也保障了安全可控水平的持续提高。

建设安全可控的人工智能产业生态主要有两方面内涵：一方面，从全创新周期（从科学到技术到市场）来看，要实现全过程的持续性安全可控；另一方面，从产业链、价值链来看，要实现关键环节的安全可控。由此，建设安全可控的人工智能产业生态需要着力打造以下基础和能力。

（1）在人工智能产业生态系统科学层，确保核心算法、关键软硬件、核心数据具有充分的知识产权。

（2）在人工智能产业生态系统技术层，提高关键算法、算力、数据的安全可控水平，保证算法可掌控、算力可支撑、数据可获用。

（3）在人工智能产业安全可控生态系统市场层，提高人工智能技术应用和产业发展的安全可控水平，掌握市场应用发展的方向、节奏、深度和广度，抓住人工智能产业生态建设的主动权和控制权。

整体上，健康的产业生态建设需要国家战略的前瞻引领、需求的强力牵引、产学研的协同发展、生态系统的内生推动、各级政府的积极响应等的协同作用。

7.4.2 我国安全可控的人工智能软硬件发展目标

目标可以从覆盖范围表达，也可以从水平表达，还可以从国际地位或在技术应用中的地位表达。总体目标可以提出分领域目标，包括基础理论和技术、标准规范、产业与应用领域覆盖、教育和人才。

1. 总体目标

以信息技术与制造技术深度融合为主线，推动新一代人工智能技术的产业化与集成应用，突破重大原创性理论，夯实核心技术，提升智能制造水平，发展高端智能产品，加快培养聚集人工智能高端人才，助力实体经济转型升级。

2. 分阶段目标

（1）2025 年前，夯基补短，重点突破核心技术。构建起人工智能软硬件系统安全可控体系，在人工智能软硬件基础理论、核心关键技术等方面取得重大突破，重点在人工智能芯片标准指令集设计、高性能人工智能计算系列芯片设计、人工智能计算系统评测体系、人工智能计算框架等方面取得重大核心关键技术成果，取得一系列人工智能软硬件标志性产品，在若干重点领域形成国际竞争优势，部分技术与应用达到世界领先水平，初步建立人工智能法律法规、伦理规范和政策体系。

（2）2035 年前，整体跃升，完善安全可控体系。融合前沿人工智能技术，建成更加完善的人工智能硬件系统安全可控体系，重点在全形态智能芯片敏捷开发、“感算存通控”一体化智能融合处理芯片型谱等方面取得重大突破，人工智能软硬件理论、技术与应用总体达到世界领先水平，成为世界主要人工智能中心，形成一批全球领先的人工智能科技和人才培养基地。

（3）2050 年前，全面超越，引领发展。国产安全可控人工智能软硬件核心技术国际领先，实现对主要对手的全面超越，为我国提供强大的人工智能计算保障。

7.4.3 我国安全可控的人工智能产业生态发展目标

我国人工智能产业生态建设总体发展思路为：集中力量发展开放开源的深度学习平台和人工智能芯片产业，在芯片和平台核心技术方面实现重点突破，加强高端人才培养体系建设，奠定良好的人工智能底层基础，打造安全可控的人工智能产业生态。具体可分三个阶段来实施。

1. 到 2025 年

人工智能芯片和深度学习框架平台等关键技术达到世界领先水平，重点扶持国产化芯片和框架平台发展，扩大使用规模，增加客户数量，实现国内企事业单位主要依托本土框架进行开发，人工智能安全可控生态体系基本建立。人工智能技术在智能制造、智能医疗、智能城市、智能农业、国防建设等社会基础设施领域得到广泛应用。

2. 到 2035 年

人工智能理论、技术与应用总体达到世界一流水平，成为世界主要人工智能中心之一。培育一批具有国际领先水平的人工智能龙头企业，实现芯片和框架软硬一体结合，促进人工智能产业生态进一步完善和繁荣。世界主流国家的产业基于中国的人工智能基础能力，实现本土化开发与应用，依托世界各地的高校与科研组织，形成全球化科研人才链与创新链。

3. 到 2050 年

人工智能产业生态规模和竞争力达到国际领先水平。人工智能技术在生产生活、社会治理、国防建设各方面应用的广度、深度极大拓展，形成涵盖核心技术、关键系统、支撑平台和智能应用的完备产业链和高端产业群。

7.4.4　我国 IT 产业发展对安全可控的人工智能产业生态建设的启示

从早期通过“863”计划、“核高基”计划实现核心技术零的突破，到一代代芯片、基础软硬件研发人员、企业家的长期坚持，再到国家半导体产业大基金用资本方式聚集力量，驱动产业加速发展，我国信息领域高技术走过了实验室可用、勉强能用不好用、能用可用多个阶段，目前正在步入产业化发展、使用体验提升到好用愿用的新阶段。

现阶段的一个突出问题是产业生态不良。在整个 IT 产业生态中，芯片和操作系统是最核心的两个要素，也是目前受制于人的两个痛点。相比于芯片，国产操作系统由于应用生态缺失，商业化进程极其缓慢，问题更加严重。

因此，大力建设自主研发操作系统的产业生态体系是当务之急。要构建人工智能技术安全可控生态链，一方面要强化国产化厂商之间的合作，另一方面要在国家核心领域构建从操作系统、服务器、数据库到应用软件的整套国产化产品解决方案。同时，要联合产业链各方，在市场、销售、服务等方面通力合作，树立安全可控样板标杆。

在互联网时代，微软凭借 Windows 系统占据计算机桌面长达十几年之久，并通过与英特尔的 Wintel 联盟，占据了计算机行业的大半江山。在移动互联网时代，谷歌借助安卓系统垄断了手机端，无数应用要在其法则下生存。互联网、移动互联网时代已然如此，在人工智能时代，实现深度学习框架的安全可控局势刻不容缓。

目前，国内人工智能产品和应用的研发主要基于谷歌、微软、亚马逊、脸书（现为“Meta”）等美国科技巨头发布的深度学习框架和组件，技术上“受制于人”，存在重大的信息和产业安全隐患。首先，我国容易被技术封锁，国内各行业研究和应用易受到严重制约；其次，国外开源框架存在安全漏洞风险，可能引发系统安全问题；最后，缺乏安全可控的产业生态将影响国家长期竞争力的提升。从确保国家安全和保证长期竞争力等因素来考虑，必须尽快扶持发展自主的深度学习开发框架，加快培育自有的人工智能生态。

7.5 建设安全可控的人工智能产业生态的措施

从我国计算机产业发展的各时期、各阶段的经验教训来看，自顶向下的产业规划引导、自底向上的产业生态优化发展是人工智能产业生态发展的重要模式。

7.5.1 加强对人工智能安全可控发展的顶层设计

围绕人工智能产业信息安全可控目标，重点发展国产深度学习框架有关技术和应用生态，确定发展方向和重点任务、推广路线等。在顶层设计的统一指导下，政府负责落地配套政策，促进全国产学研各单位资源整合、协同发展。此外，需要提出在组织保障、立法、伦理等方面的具体方案和措施。其中，在组织保障方面，建议设立国家人工智能安全发展委员会，统筹管理人工智能安全发展问题。

（1）在“十四五”期间，重点支持京津冀、大湾区、长江经济带、“一带一路”（陕渝蜀）典型特大城市集群的人工智能产业聚集，开展人工智能共性平台建设与示范应用，避免地方政府借助人工智能产业概念炒作，过度投资人工智能项目。

（2）面向人工智能、深度学习等核心技术与公共平台领域，持续支持建立依托产学研共建的国家级新型研发机构，重点支持通专用人工智能芯片、软硬件平台等核心技术及创新场景化应用等领域，提升核心技术安全可控门槛。推动航天探索、地球物理、量子计算、生物医药、工业互联网、应急管理等大场景应用，聚焦民生领域的重点应用，以提升社会治理体系现代化建设与治理能力提升为目标，加强交叉学科与人工智能应用生态融合，重点建设一批以交叉学科为依托的新型研发机构，改变传统立项模式，避免重立项、轻应用，重论文、轻转化等科研模式。

（3）加强科学技术部、工业和信息化部、国家发展改革委、国家自然基金委、各部委及区域基金的立项选题指南管理工作，避免同一问题多头立项，重复申报。简化项目申报流程，建立国家级知识管理大数据平台，打通相关各部委人工智能大类项目、资金管理的信息孤岛与竖井，建立人工智能领域知识成果共享与交易体系。利用知识图谱、大数据挖掘等技术，构建科研人员成果评价与诚信体系，结合国家重大场景与应用需求，建立重点团队精准化扶持政策，将重点研发的“揭榜”模式与“点将”模式相结合。

（4）发挥制度优势，加强战略规划布局。从 20 世纪 50 年代开始，我国发挥集中力量办大事的体制优势，成功突破了“两弹一星”，在国际上极大提升了国家影响力。深度学习、强化学习算法和系统软件处于人工智能、系统软件、无人系统的交叉领域，属于“皇冠上的明珠”，战略地位极为重要，必须大力投入资源，取得标志性突破。21 世纪的人工智能、系统软件、无人系统有可能成为新的“两弹一星”，率先完成技术超越的国家有希望占据国际竞争的主导地位。

7.5.2　加强人工智能应用技术的安全可控能力

1. 加强自主人工智能系统软硬件的基础研究

我们的研究跟踪多、创新少，量有优势但质量明显不够。学术界要面向智能计算挑战问题，加大国内外合作，持之以恒，以基础理论、计算模型和算法上的突破，牵引体系结构的安全可控。树立“芯片为体，算法为魂”的发展原则。智能芯片已成为智能计算硬件核心技术的载体，智能算法是智能应用领域的关键。面向应用领域需求，发展智能算法，落在智能芯片；抓住技术转轨机遇，面向“云边端”的未来智能计算体系，在核心软硬件上厚积薄发，实现赶超。如果不能抓住机遇，则有可能重蹈传统计算产业的覆辙。

2. 发展人工智能系统软硬件的变革性新技术

研究硬件、网络、应用可扩展的新型综合性异构智能计算系统，实现由以计算、网络为核心向以数据、传感为核心转换的可扩展智能系统构架及实际系统。核心软硬件系统的整体发展促进基础软硬件平台的技术革新，牵引计算机体系结构的变革，推动构建安全可控性强、有自主知识产权的人工智能产业生态，持续增强人工智能产业链的安全可控能力。

研究支撑大规模智能计算系统服务化运行的层次软件栈、管理框架、智能编程框架、自主学习并行算法框架、可支持多领域应用的数据表征算法、典型模型的优化及相应的软件等，实现智能系统的自适应调节和灵活运行。

研究可控开源协同技术，推动人工智能技术持续的安全可控及与经济社会的深度融合，不断提升各领域精准化、个性化、智能化的“人工智能+”水平，改善传统环节流程，提高效率，提升效能，降低成本。

3. 践行人工智能系统信息安全可控之道

一方面，尽快研究梳理人工智能产品的安全可控实现方式，形成清单，明确哪些技术必须依靠自己的力量安全可控，哪些技术可以引进消化吸收再发展；另一方面，统筹规划人工智能产品的安全可控实现，坚持开放发展，促进自主创新和开放合作两种路线最终走向安全、可控。对于人工智能芯片等最关键、最核心的技术，必须立足自主创新、自立自强，自己研发、自我发展。大力支持走自主研发路线的企业，使其不断提高技术能力和产品性能，缩短与国外技术、产品的差距。对于可引进消化吸收再创新的部分技术，要督促、引导相关企业真正吃透引进技术，将国外技术消化吸收并转化为安全可控的新发展能力。

7.5.3 强化安全可控的人工智能产业生态建设

1. 构建人工智能系统软硬件的安全可控生态环境

实施核心软硬件系统安全可控重大专项，推动核心软硬件系统安全可控。攻克核心软硬件系统关键技术，构建核心软硬件系统安全可控体系。激励骨干企业加大对基础平台的投入；引导学术界、企业、应用部门基于自主计算生态进行研究和开发。

2. 产学研用主体共创共享

构建产业生态战略联盟，发挥高校在前沿技术和人才培养的核心支撑与服务能力，推进人工智能的基础研究、研发攻关、产品应用、产业培育和人才聚集，最终实现新一代人工智能由跟跑到并跑，进而超越。

发挥既有骨干企业优势，构建上下游协同的产业链，集中力量打造我国有竞争力的智能计算生态。集聚应用、滚动发展、形成规模，规模越大，生态越稳定。

3. 积极营造良好安全可控发展环境

一是争取更有利的国际贸易环境；二是推进国际技术合作；三是促进人工智能软硬件产业链协同安全可控发展。

7.5.4 人工智能应用产业链要素安全可控

1. 建立产业研究院模式

借鉴微软亚洲研究院的模式，依托龙头企业，打造整合企业研发、国产人工智能框架产业应用渗透的研发平台，集聚科学家、研究员、博士/硕士研究生等开展前沿人工智能领域探索，打造全新的硕博联合培养模式。产业研究院以推动跨领域融合发展、成果转化为使命，以开放合作引领为宗旨，实现人工智能安全可控应用生态的四轮驱动，即汇聚全球人才链，以顶尖人才群体带动创新链，以技术创新高位溢出促进产业链，以产业生态吸引资金链，最终依托从人才、到创新、到产业、到资本的汇聚，提升应用产业生态的安全可控能力。

（1）研究院以人工智能领域基础和前瞻研究为主导，可独立自主地确定研究方向，选择目标议题。

（2）研究院可灵活确立人才培养环境和机制，形成聚集顶尖人才的巨大磁场和恒久生命力。

（3）研究院形成专利库，在此基础上可利用科研技术，帮助人工智能企业应对发展过程中遇到的挑战。

（4）研究院作为智囊团，积极参与政府决策，推动国家发展，维护国家安全。

2. 支持人工智能应用生态中开源框架的安全可控

加强支持建设国内深度学习开源框架，联合国内领先人工智能企业和科研院所，围绕深度学习技术生态构建的目标，制定有关技术标准，建立共享大数据中心，大力支持国内深度学习开源框架的建设运营，探索关键技术研发和成果产业化。

对国外的深度学习框架进行安全审查和分级授权使用，包括使用国外框架（如 TensorFlow、PyTorch 等）开发的关键领域的产品和服务，确保核心领域的信息与数据安全，对有安全隐患的领域及早进行国产化替代工作。欧洲（GDPR）和美国（CCPA）都在数据隐私保护与数据安全方面进行了严格的限制，我国目前的人工智能产业如果不能对开放框架、数据使用及商业模式进行有效分级，未来将很难形成产业应用生态安全可控的核心竞争力。

鼓励国家相关立项课题和项目使用国产深度学习框架，在新基建、智慧城市、重点行业升级等涉及人工智能的基础设施建设中，要求采用国产深度学习开源框架，通过政府引导，助力国产化人工智能核心技术的应用市场快速成熟。

3. 加强扶持人工智能安全可控头部企业生态

重点扶持和做强我国人工智能安全可控领军企业，充分发挥“头雁效应”，具体政策如下。

鼓励国家相关重大项目使用国产深度学习框架，对企业利用国产框架研发和生产的智能产品，推行给予一定的资金补贴或政府优先采购等倾斜政策，鼓励企业开放核心技术，促进产业生态的建设。要避免产业重复建设，形成过度竞争。需要与区域经济特点相结合，加强顶层设计与引导。

推动国内深度学习框架和智能芯片产业紧密合作与同步发展，打造中国版“Wintel”产业联盟，牢固掌握人工智能产业关键环节，加速 5G 边缘智能的核心软硬件技术突破，形成“云网端”产业联盟模式，实现单纯的软硬件产业联盟模式的升级。

鼓励和推动高校、人工智能企业参与到国内外开源平台发展中，如壮大 Atlas、飞桨等新一代人工智能开源平台，在国际主流开源组织中增强中国企业的话语权，实现“开源的安全可控”目标。开展国内安全可控的人工智能平台应用企业能力认证。

4. 人工智能专业人才培养与引进

加强人工智能学科建设，以智能计算为核心抓手和内在驱动，辐射带动智能芯片、智能基础软件、智能算法等一系列核心关键技术的群体性突破，打牢我国人工智能安全的根基。

发挥合作体高校和科研院所的学科综合优势，增设智能计算本科专业，建立智能计算前沿技术人才培养体系，培养一大批具有厚实的智能计算学养、掌握智能应用开发技术的工程储备人才。加快引导高校和培训机构使用我国自主深度学习框架作为教学平台，规模化培养符合国家战略和市场需要的人工智能开发人才。人才跨学科培养体系重点在“顶天立地”，一方面加强基础教育，重点是数理人才的培养；另一方面加强高水平战略人才梯队的建设，结合人工智能工程化人才的需求，参考企业博士后流动站的模式，开展人工智能生态企业工程博士的联合培养。

依托产业研究院与企业研发中心，建设“筑巢工程”，吸引海外人工智能人才回流，政府给予适当扶持，解决海外人才的后顾之忧。依托合作体在智能计算领域的自主软硬件研发实力，建立校企双导师人才培养制度，培养具备智能专用技术开发能力的自主芯片设计师、系统架构师、系统软件设计师等高端工程师。

组建研发中心或技术支持中心，采用重点规划和联合技术攻关机制，解决智能计算系统的关键技术难题，支撑智能计算软硬件平台的应用推广。建立支持多种规模智能计算硬件平台的智能支撑软件开发研究实验环境，开发支持多领域通用计算任务的数值计算软件库、满足重点领域专用计算需求的智能算法库，支持智能软件栈的开发、智能框架的开发融合、并行优化框架的开发。

5. 开展人工智能研究领域的国际合作

提出通过国际合作促进我国人工智能安全发展的具体方案和措施。采取“走出去、请进来”策略，开展人工智能应用领域的国际合作。从目前人工智能各合作领域来看，美国学术界是最大的合作方，中美合作的论文数量、引用数量、学者数量等都遥遥领先；其次是加拿大、西欧等。我国可以依托“一带一路”倡议，加强与东欧各国的联系，甚至建立专项，鼓励企业在当地设立本土化研究院，吸引优质人力资源进入全球人工智能研究链，或者邀请东欧基础学科的科学家来华工作。

7.6　本章小结

本章首先解释了安全可控的产业生态的含义，并将其重要意义与我国当前的人工智能行业发展相结合，阐述了保障安全可控的人工智能产业生态对我国高精尖技术的发展有着重大的引领作用。对我国当下的人工智能技术现状进行分析可以发现，我国人工智能行业在核心框架、算法平台、硬件芯片、尖端人才等方面还有较大的发展潜力，我国人工智能的安全可控水平与世界先进水平相比，还有较大差距。对我国的人工智能产业生态的建设现状进行调研，总结了我国的人工智能产业生态建设存在的主要问题。本章还对人工智能产业生态与安全可控水平之间的关系进行了辩证分析，针对性地设想了我国在建设安全可控的人工智能产业生态中的可行目标，并从关键节点提出了相关措施。

参 考 文 献

[1] 中商产业研究院. 中国人工智能芯片行业市场前景及投资机会研究报告[R]. 2022.

[2] 白华. 2021 中国人工智能芯片企业 TOP50[J]. 互联网周刊，2022(4): 52-53.

[3] 人工智能全球 2000 位最具影响力学者榜单发布[J]. 智能城市，2020, 6(1): 184.

[4] 云计算开源产业联盟. 开源产业白皮书[R]. 2019.

[5] 《中国人工智能发展报告 2021》英文版发布[J]. 中国科技奖励，2021(10): 30-31.

[6] 上海交通大学 Acemap. 2021 年中国高校人工智能论文影响力[R]. 2021.
[7] Stanford University. The 2022 AI Index Report [R]. 2022.
[8] 清华—中国工程院知识智能联合研究中心. 人工智能之学术搜索[R]. 2020.
[9] 清华—中国工程院知识智能联合研究中心. 人工智能之人机交互[R]. 2020.
[10] Center for Data Innovation. Who is winning the AI race: China, the EU, or the United States? 2021 update[R]. 2021.
[11] 中国信息通信研究院. 全球人工智能产业数据报告[R]. 2019.
[12] 国务院. 新一代人工智能发展规划[Z]. 2017-07-08.
[13] 金融时报. 中国新一代人工智能科技产业发展报告 2021[N]. 2021-10-25(11).
[14] 中国电子学会. 新一代人工智能发展白皮书（2017 版）[R]. 2017.

本章执笔人

张　闯　北京邮电大学
马占宇　北京邮电大学
马晓飞　北京邮电大学
许冠南　北京邮电大学
郭　军　北京邮电大学

第 8 章　人工智能安全标准与风险评估预警

随着技术的不断发展，人工智能已广泛应用到各行各业中，推动人类社会发生广泛而深刻的变革。然而，人工智能技术是把"双刃剑"，在产业化过程中，安全风险逐渐显露：无人驾驶汽车撞人，无人机扰航与发动恐怖袭击，利用"换脸""换声"制作虚拟新闻，通过算法、数据操纵舆论，等等。"人工智能行为体"的存在，以及自主行为的可靠性问题和群体演化的可控性问题，使人工智能安全风险控制更加复杂。

未来，随着人工智能产品的种类和数量的增多，人工智能将越来越深入地参与到社会决策中，其安全风险更加难以控制。因此，亟须对人工智能发展进行必要的规范，通过建立合理的人工智能安全标准和风险评估预警机制，有效地控制人工智能的安全风险，防范人工智能风险脱离人类可控范围。

8.1　人工智能安全标准

8.1.1　人工智能安全标准的理论和实践意义

人工智能安全标准是人工智能安全风险的标准治理方案。从定义来看，标准是指为在一定范围内取得最好秩序，经协商一致并由公认机构批准，以特定的形式发布并共同使用或充分利用的规范性文件。法律则是由立法机关遵照一定程序制定并颁布的规范性文件，是由国家强制力保证实施的。与法律相比，标准的制定主体是政府、企业和组织，并且无关权利和义务，只是对生产、管理、服务的技术性要求，体现科学性、合理性及使用的灵活性[1]。在科技发展日新月异的当下，社会情况不断变化，法律也要随之变动，但修订/制定法律的程序烦琐、周期长，而制定标准的程序较为简单灵活。在制定具有稳定性的法律的同时，标准必不可少，这样可实现法律的稳定性和标准的灵活性的契合，达到更好的治理效果。

在理论层面，人工智能安全标准是否先进和完善，关系到人工智能产业能否健康发展和产品市场竞争力的强弱。人工智能安全标准建设对人工智能产业发展具有基础性、支撑性、引领性作用，既是推动人工智能产业创新的关键抓手，也是人工智能产业竞争的制高点[2]。人工智能安全标准的研发和制定对相关领域的技术发展具有强有力的推动作用，人工智能安全标准体系能够减少人工智能技术发展过程中的不确定性，加速新技术的推广和扩散，快速建立起较为完善的产业生态。人工智能安全标准不仅可以促进跨学科、跨国界合作，还可以支撑全球经济，提高生活质量，为全世界提供通用语言。

人工智能安全标准能够提供合理的价值引导。技术本身具有中立性，但是人工智能技术的运用难免会因受到技术运用者主观意图和社会价值的左右而具有价值偏好性，当人工智能设计理念与传统道德伦理价值观发生冲突时，就很有可能导致人工智能伦理问题的出现。例如，随着虚拟现实技术的发展，人工智能系统不断升级和改进，机器人逐渐能够模仿人类，甚至超越人和人之间的交往体验。如果电影中机器人与人类恋爱、生活的场景成为现实，则会对传统的社会结构、婚姻、家庭及子嗣观念造成前所未有的冲击和挑战，也会引发一些新的社会问题[4]。此时，人工智能安全标准就能够提供合理的价值引导，对人与机器人的活动进行预先性规定，使机器制造者和使用者能够在行为之前把握合理边界，尽量做到客观合理，在充分尊重社会安全和伦理的基础上进行相关活动。因此，人工智能安全标准可以规范人的行为，包括机器制造者的生产行为和使用者的使用行为等，使其在具备科学性和合理性的框架内进行科学活动。

在实践层面，人工智能安全标准可以促进人工智能产业健康有序发展。人工智能安全标准是人工智能产业发展的重要组成部分，在激发健康良性的人工智能应用、推动人工智能产业有序健康发展方面发挥着基础性、规范性、引领性作用。各国都意识到了人工智能安全标准的重要性，为抢占新一轮科技制高点，纷纷出台相关政策，加快完善标准化建设[3]。我国于 2017 年 5 月份发布《“互联网+”人工智能三年行动实施方案》，提出要加强建设人工智能领域融合标准规范体系。2017 年 7 月，国务院发布《新一代人工智能发展规划》，其中提到“标准”多达 24 次，并明确指出要“加强人工智能标准框架体系研究”，“逐步建立并完善人工智能基础共性、互联互通、行业应用、网络安全、隐私保护等技术标准”。切实加强人工智能安全标准化工作，是保障人工智能安全发展的必由之路。

8.1.2 人工智能安全标准研制概况

人工智能安全标准体系是人工智能标准体系的重要组成部分，ISO/IEC、ITU-T、ETSI、IEEE、NIST 等国际标准组织积极推进人工智能安全标准制定，从不同角度逐步完善人工智能安全标准体系。

1. 国外人工智能安全标准概况

国外标准化组织已抓紧部署和研制人工智能安全标准。目前，国际上的人工智能标准主要是人工智能技术、应用领域的通用标准，而涉及人工智能安全、伦理、隐私保护等的与安全相关的标准大多仍在研究阶段。具有国际影响力的人工智能标准化组织主要包括国际标准化组织/国际电工委员会第一联合技术委员会（ISO/IEC JTC1）、国际电信联盟电信标准分局（ITU-T）、电气与电子工程师协会（IEEE）、美国国家标准与技术研究院（NIST）。

2017 年 10 月，ISO/IEC JTC1 在俄罗斯召开会议，决定成立人工智能分技术委员会 SC 42，负责人工智能标准化工作，SC 42 建立了基础标准（Foundational Standards）、计算方法（Computational Methods）、可信赖（Trustworthiness）、社会关注（Societal Concerns）4 个工作组，并将 ISO/IEC JTC1 WG9（大数据工作组）归入 SC 42。2017 年，IEEE 发布 IEEE P7000 系列标准，共 14 项，涉及人工智能系统设计中的伦理问题、自治系统透明度、系统/软件收集个人信息的伦理问题、消除算法负偏差、儿童和学生数据安全、人工智能代理等；ITU-T 和 NIST 已组织研制人工智能应用安全相关标准。

2019 年 5 月 22 日，作为政府间组织的 OECD 发布《经合组织人工智能原则》，其影响广泛。所有 36 个 OECD 成员国及 6 个非成员国都签署了《经合组织人工智能原则》，欧盟委员会也对其表示支持。2019 年 6 月，在 G20 峰会上，中国、俄罗斯等与会国也对这一原则给予了认可。2019 年，欧盟发布的《可信赖人工智能伦理原则》引发了广泛关注，但是该规则主要适用于欧盟辖区。

2019 年 2 月，时任美国总统特朗普签署了 13859 号行政命令，启动了美国新的人工智能计划，这是提升美国人工智能领导力的国家战略，其中关于“制定相关技术标准”的要求指出：“美国将领导适当的技术标准制定和相关工具的开发，以支持人工智能技术的安全开发、测试和部署。这些标准促进了可靠、健壮、可信赖、安全、可移植、可互操作的人工智能系统的发展。适当的技术标准将促进与人工智能相关的新行业的创建及当今行业对人工智能的采用。这些标准可以为开发人员提供有关人工智能系统设计的明确指导方针，以确保它们可以轻松地与其他技术集成，利用网络安全性和安全性的最佳实践，并遵守各种使它们的效用最大化的技术规范。这些标准还可以作为评估和比较人工智能系统的机制。标准的制定应由市场驱动，由私营部门基于自愿、透明和共识驱动的方法来领导。”2019 年 6 月，美国白宫发布《国家人工智能研究与发展策略规划》，关注人工智能基础研究、伦理、可信赖及相关标准，提出制定标准和基准以评估和测量人工智能技术。2021 年 1 月，美国国家标准协会（ANSI）发布《美国标准化战略 2020》，进一步关注人工智能标准。

自 2022 年以来，各国已从之前的人工智能原则制定、政策讨论进入具体实施阶段，我国及新加坡、欧盟、美国等国家的监管机构和第三方机构纷纷发布人工智能治理测试工具箱、技术监管沙箱，推动人工智能安全治理落地实施。2022 年 5 月，新加坡发布了全球首个人工智能监管测试框架和工具集——A.I. Verify，旨在融合测试和过程检查，提升企业和相关利益者之间的透明性，从而培养公众对人工智能技术的信任，同时支持人工智能技术的广泛应用。2022 年 6 月，美国国防部副部长签署了《负责任的人工智能战略和实施路径》，指导美国国防部实现其可信人工智能（AI）生态系统建设的目标；其是 2020 年制定的《人工智能伦理原则》的实践规划，通过六项基本原则来帮助美国国防部执行人工智能伦理审查。

2. 中国人工智能安全标准概况

在国家提出加快“新基建”建设速度的背景下，新一代信息基础设施的建设离不开与标准化的结合，离不开以标准作为规范市场秩序、提高效率、促进贸易的依据。建立人工智能安全标准体系，研制相关重点规范性、引领性标准，有利于全社会共同应对人工智能技术应用过程中可能发生的与伦理道德、隐私保护、算法歧视、深度伪造等相关的重要问题。

我国已经着手在机器人、生物特征识别、智能网联汽车等应用领域开展人工智能安全标准研制工作，并在大数据安全、隐私保护等方面制定规范和标准。但同时应看到，人工智能安全标准的制定不是一朝一夕能完成的，目前在与人工智能自身安全或基础共性相关的安全参考架构、安全评估、伦理设计、安全要求和测评方法等方面，仍然有很多工作需要开展。

全国信息安全标准化技术委员会（TC260）是国内具有权威性的人工智能安全标准体系归口单位。2002 年 4 月，TC260 成立，负责我国的信息安全标准化工作。2016 年，TC260 成立大数据安全标准特别工作组，其中包含人工智能标准化工作。2018 年，我国开始统筹协调和规划布局人工智能安全标准化工作；2018 年 1 月，我国成立国家人工智能标准化总体组。2019 年 10 月，TC260 大数据安全标准特别工作组发布《人工智能安全标准化白皮书（2019 版）》。

2020 年 3 月，全国信息技术标准化技术委员会（SAC/TC 28，与 ISO/IEC JTC 1 对口）下设人工智能分技术委员会（SAC/TC 28/SC 42，与 ISO/IEC JTC 1/SC 42 对口），负责人工智能基础、技术、风险管理、可信赖、治理、产品及应用等人工智能领域国家标准制修订工作。除此之外，SAC/TC 28 开展了人机交互、生物特征识别、计算机视觉等人工智能相关领域的标准化工作。用户界面分技术委员会（SAC/TC 28/SC 35）在人机交互领域开展智能语音、体感交互等标准研制工作。生物特征识别分技术委员会（SAC/TC 28/SC 37）在生物特征识别方面开展了指纹识别、人脸识别、生物特征样本等标准研制工作。计算机图形图像处理及环境数据分技术委员会（SAC/TC 28/SC 24）在计算机图形图像处理、增强现实等领域开展了标准研制工作[5]。

人工智能安全标准是随着技术发展和应用落地而逐渐落地的，现阶段需要做好人工智能安全标准体系的规划，按照轻重缓急逐步有序地开展重点领域的标准制定工作。“管用”和“高效”的人工智能安全标准对建立产业生态和攻克产业瓶颈来说非常关键，可以通过标准让更多市场主体主动参与，有序竞争。目前，我国人工智能安全标准具有以下形势特点。

1）人工智能算法模型安全标准有待加强

作为引领新一轮科技革命和产业变革的颠覆性技术，人工智能目前正渗透到社会生活的方方面面之中。随着数据泄露、算法偏见、算法漏洞等一系列问题的暴露，其安全需求和伦理影响也逐渐显现，给国家经济和社会安全带来诸多风险和挑战。现阶段，人工智能技术不成熟，以及存在由恶意应用导致的安全风险，本质上属于人工智能的“技术短板”，如模型缺陷、算法不可解释性、数据强依赖性等，是限制人工智能发展最明显的“软肋”。算法突破是人工智能行业发展的基石和热点。中国信息通信研究院于 2018 年发布的《人工智能安全白皮书》指出，“算法安全”是人工智能六大安全风险之一，同时认为“对抗样本攻击诱使算法识别出现误判漏判”这一算法模型缺陷是算法安全的重要风险项。

目前，我国针对人工智能算法模型安全的标准还有待加强。我国人工智能开源软件发展联盟是从事人工智能开源软件相关工作的社会组织，该联盟已研制机器翻译、智能助理等产品或服务评估标准及深度学习算法的可靠性评估标准，主要包括 T/CESA 1039—2019《信息技术 人工智能 机器翻译能力等级评估》、T/CESA 1038—2019《信息技术 人工智能 智能助理能力等级评估》、T/CESA 1026—2018《人工智能 深度学习算法评估规范》等。其中，T/CESA 1026—2018《人工智能 深度学习算法评估规范》提出了人工智能深度学习算法的评估指标体系、评估流程，以及需求阶段评估、设计阶段评估、实现阶段评估和运行阶段评估等内容，能够指导深度学习算法开发方、用户方及第三方等相关组织对深度学习算法的可靠性开展评估工作。

2）在推进人工智能数据安全与个人信息保护立法等方面取得成效

人工智能引领是目前社会发展的大势所趋，它是引领新一轮科技革命和产业变革的战略性技术，一些国家已将人工智能上升为国家重大发展战略。但在发展的同时，也应看到人工智能技术的应用具有不确定性，会给人类社会带来法律、伦理、社会治理等方面的新挑战。因此，一方面要大力促进人工智能技术的发展和应用，另一方面要加强前瞻性预防和约束引导，确保人工智能安全可控。2019 年，全国人民代表大会常务委员会已将一些与人工智能密切相关的立法项目（如数字安全法、个人信息保护法和科学技术进步法等）列入五年立法规划。同时把人工智能方面的立法列入抓紧研究项目，围绕相关法律问题进行深入的调查论证，努力使人工智能创新发展，努力为人工智能的创新发展提供有力的法治保障。2021 年 6 月 10 日，第十三届全国人民代表大会常务委员会第二十九次会议审议通过《中华人民共和国数据安全法》，并于 2021 年 9 月 1 日起施行。我国人工智能治理进入落地实施阶段。

8.1.3 ISO/IEC JTC1 人工智能技术安全相关标准

ISO/IEC JTC1 目前涉及人工智能安全标准的研究组主要是于 1990 年成立的信息安全、网络安全和隐私保护分技术委员会（SC 27）及于 2018 年成立的人工智能分技术委员会（SC 42）。SC 42 下设基础工作组（WG1）、计算方法与人工智能系统特征研究组（SG1）、可信研究组（SG2）、用例与应用研究组（SG3），重点在人工智能术语、参考框架、算法模型和计算方法、安全及可信、用例和应用分析、伦理等方面同国际组织开展人工智能安全标准研究。SAC/TC 28/SC 42 研制标准如表 8-1 所示。除此之外，2021 年 4 月，SAC/SC 27 全会批准立项新标准研究项目——解决人工智能中的安全威胁和故障指南。

表 8-1　SAC/TC 28/SC 42 研制标准

序号	名称	内容	状态
1	ISO/IEC TR 24027《信息技术 人工智能 人工智能系统中的偏差与人工智能辅助决策》	由 NIST 提出，主要研究人工智能系统与人工智能辅助决策系统中的算法偏见	已发布（2021 年）
2	ISO/IEC PDTR 24028《信息技术 人工智能 人工智能可信度概述》	主要研究人工智能可信赖的内涵，分析人工智能系统的典型工程问题和典型相关威胁及风险，提出对应的解决方案。该标准将可信赖度定义为人工智能的可依赖度和可靠程度，从透明度、可验证性、可解释性、可控性等角度提出建立人工智能系统可信赖度的方法	已发布（2020 年）
3	ISO/IEC TR 24029-1《人工智能 神经网络鲁棒性评估第 1 部分：概述》、ISO/IEC TR 24029-2《人工智能 神经网络鲁棒性评估第 2 部分：形式化方法》	由法国提出，主要在人工智能鲁棒性研究项目的基础上，提出采用交叉验证、形式化验证、后验验证等多种形式评估神经网络的鲁棒性	已发布（2021 年）

（续表）

序号	名称	内容	状态
4	ISO/IEC 23894《信息技术 人工智能 风险管理指南》	梳理人工智能风险，给出人工智能风险的管理流程和方法	已发布（2023 年）
5	TR《信息技术 人工智能 伦理和社会关注概述》	主要从伦理和社会关注方面对人工智能进行研究	已发布（2022 年）
6	T/AI 110.1—2020《人工智能视觉隐私的保护第 1 部分：通用技术要求》	研究人工智能对隐私的影响	已发布（2021 年）
7	GB/T 38634.1—2020《系统与软件工程软件测试第 1 部分：概念和定义》	旨在对人工智能系统测试进行规范	已发布（2020 年）
8	ISO/TR 15497《道路车辆—车用软件开发指南》	将对车用软件产品的开发和应用起到规范作用	已发布（2020 年）

8.1.4　ITU-T 人工智能应用安全相关标准

ITU-T 是联合国下属组织，是国际电信联盟管理下的专门制定电信标准的分支机构。该组织于 2017 年、2018 年分别组织了两次“AI for Good Global”峰会，重点关注确保人工智能技术可信、安全和包容性发展的战略，以及公平获利的权利；致力于解决智慧医疗、智能汽车、垃圾内容治理、生物特征识别等人工智能应用中的安全问题。

ITU-T 的人工智能工作涉及多个研究组，包括 SG17（安全研究）、SG5（环境与气候变化）、SG16（多媒体）、SG2（业务提供和电信管理的运营问题）等。在 ITU-T 的组织机构中，SG17 和 SG16 主要负责人工智能安全相关标准的研制。其中，SG17 已经开展与人工智能应用安全相关的研究及相关的标准化工作。SG17 下设“远程生物特征识别问题组”“身份管理架构和机制问题组”，负责生物特征识别标准化工作，并关注生物特征数据的隐私保护、可靠性和安全性等方面的各种挑战[4]。

8.1.5　IEEE 人工智能伦理道德安全相关标准

IEEE 是世界上最大的非营利性专业技术学会，致力于电气、电子、计算机工程及与科学有关领域的开发和研究，在航空航天、信息技术、电力及消费性电子产品等领域已制定了 900 多项行业标准，现已成为具有较大影响力的国际学术组织。

IEEE 开展了多项人工智能伦理道德研究，发布了多项人工智能伦理标准和研究报告。2017 年年底，IEEE 发布了《以伦理为基准的设计：人工智能及自主系统中将人类福祉摆在优先地位的愿景（第二版）》，收集了 250 多名在全球从事人工智能、法律伦理、哲学、政策相关工作的专家对人工智能及自主系统领域的问题见解及建议。

IEEE 工作组发布 P7000 系列标准，涉及人工智能系统设计中的伦理问题、自治系统透明度等多个方面，用于规范人工智能系统伦理道德问题，如表 8-2 所示。

表 8-2　IEEE P7000 系列标准

序号	名称	内容
1	IEEE P7000《在系统设计中处理伦理问题的模型过程》	建立了一个过程模型，工程师和技术人员可以在系统启动、分析和设计的各阶段处理伦理问题。预期过程要求包括新 IT 产品开发、计算机伦理和 IT 系统设计、价值敏感设计，以及利益相关者参与道德 IT 系统设计的管理和工程视图
2	IEEE P7001《自治系统的透明度》	针对自治系统运营的透明性问题，为自治系统开发过程中的透明性自评估提供指导，帮助用户了解系统做出某些决定的原因，并提出提高透明度的机制（如需要传感器安全存储内部状态数据等）
3	IEEE P7002《数据隐私处理》	指出如何对收集个人信息的系统和软件的伦理问题进行管理，规范系统/软件工程生命周期中管理隐私问题的实践，也可用于对隐私实践进行合规性评估（隐私影响评估）
4	IEEE P7003《算法偏差注意事项》	提供了在创建算法时消除负偏差问题的步骤，还包括基准测试程序和选择验证数据集的规范，适用于自主或智能系统的开发人员，使其避免其代码中的负偏差——当使用主观的或不正确的数据解释（如错误的因果关系）时，可能产生负偏差
5	IEEE P7004《儿童和学生数据治理标准》	定义了在任何教育或制度环境中如何访问、收集、共享、删除与儿童和学生有关的数据，为处理儿童和学生数据的教育机构或组织提供了透明度和问责制的流程和认证
6	IEEE P7005《透明雇主数据治理标准》	提供以道德方式存储、保护和使用员工数据的指南和认证，为员工如何在安全可靠的环境中分享他们的信息，以及雇主如何与员工进行合作提供建议
7	IEEE P7006《个人数据人工智能代理标准》	描述了创建和授权访问个人化人工智能所需的技术要素，包括由个人控制的输入、学习、伦理、规则和价值。允许个人为其数据创建个人“条款和条件”，代理人将为人们提供一种管理和控制其在数字世界中的身份的方式
8	IEEE P7007《伦理驱动的机器人和自动化系统的本体标准》	建立了一组具有不同抽象级别的本体，包含概念、定义和相互关系，这些定义和相互关系将使机器人技术和自动化系统能够根据世界范围的道德和伦理进行开发
9	IEEE P7008《机器人、智能与自主系统中伦理驱动的助推标准》	确定了典型微动的定义（当前正在使用或可以创建），包含建立由道德驱动的机器人、智能和自治系统方法论所必需的概念、功能和利益

（续表）

序号	名称	内容
10	IEEE P7009《自主和半自主系统的失效安全设计标准》	自主和半自主系统如果在有意或无意的故障后仍可运行，则会对用户、社会和环境造成不利的影响和损害。本标准为在自主和半自主系统中开发、实施和使用有效的故障安全机制，建立了特定方法和工具的实用技术基准，以终止不成功或失败的情况
11	IEEE P7010《合乎伦理的人工智能与自主系统的福祉度量标准》	建立与直接受智能和自主系统影响的人为因素有关的健康指标，为这些系统处理的主观数据和客观数据建立基线，以实现改善人类福祉的目的
12	IEEE P7011《新闻信源识别和评级过程标准》	目的是通过提供一个易于理解的评级开放系统，对在线新闻提供者和多媒体新闻提供者的在线部分进行评级，从而应对假新闻未经控制的泛滥所带来的负面影响
13	IEEE P7012《机器可读个人隐私条款标准》	给出了提供个人隐私条款的方式，以及机器如何阅读和同意这些条款
14	IEEE P7013《人脸自动分析技术的收录与应用标准》	提供了表现型和人口数量统计定义，技术人员和审核人员可以使用这些定义来评估面部数据的多样性，建立准确性报告和数据多样性规则，从而进行自动面部分析

8.1.6　NIST 组织研制人工智能安全相关标准

NIST 直属美国商务部，从事物理、生物和工程方面的基础和应用研究，以及测量技术和测试方法方面的研究，提供标准、标准参考数据及有关服务。

2019 年 8 月，NIST 发布了《关于政府如何制定人工智能技术标准和相关工具的指导意见》，概述了多项有助于美国政府推动使用人工智能的举措，并列出了一些指导原则（这些原则可为未来的技术标准制定提供指导）；强调需要开发有助于各机构更好地研究和评估人工智能系统质量的技术工具（这些工具包括标准化的测试机制和强大的绩效指标），可让政府更好地了解各系统，并确定如何制定有效的标准。NIST 建议专注于理解人工智能可信度的研究，建议在监管或采购中引用人工智能标准以保持灵活性，从而适应人工智能技术的快速发展；制定度量标准以评估人工智能系统的可信赖属性；研究告知风险、监控和缓解风险等人工智能风险管理；研究人工智能的设计、开发和使用的信任需求和方法；通过人工智能挑战问题和测试平台促进创造性的问题解决等。

8.1.7　我国的人工智能安全标准

2019 年 8 月 30 日，世界人工智能安全高端对话和世界人工智能大会法治论坛在上海联合发布了国内首个引导人工智能安全发展的导则——《人工智能安全与法治导则（2019）》，使我国在解决人工智能所带来的安全问题上迈出了重要一步。目前，国家标准化管理委员会、全国信息安全标准化技术委员会（TC260）、全国信息技术标准化技术委员会人工智能分技术委员会、中国电子技术标准化研究院、大数据安全标准特别工作组等组织和机构已发布《人工智能安全标准化白皮书》（2019 版）、《人工智能标准化白皮书》（2018 版、2019 版、2021 版）、《人工智能伦理风险分析报告》等成果，正在抓紧研制人工智能共性标准（《人工智能安全标准研究》《人工智能应用安全指南》）及生物特征识别（5 项）、智慧家居（2 项）、自动驾驶（2 项）等领域的人工智能应用安全标准，以及与数据安全、个人信息保护相关的支撑标准。

2020 年 7 月，国家标准化管理委员会、中央网信办、国家发展改革委、科学技术部、工业和信息化部五部门联合印发《国家新一代人工智能标准体系建设指南》，加强人工智能领域标准化顶层设计，推动人工智能产业技术研发和标准制定，促进产业健康可持续发展；并提出："到 2021 年，明确人工智能标准化顶层设计，研究标准体系建设和标准研制的总体规则，明确标准之间的关系，指导人工智能标准化工作的有序开展，完成关键通用技术、关键领域技术、伦理等 20 项以上重点标准的预研工作。""到 2023 年，初步建立人工智能标准体系，重点研制数据、算法、系统、服务等重点急需标准，并率先在制造、交通、金融、安防、家居、养老、环保、教育、医疗健康、司法等重点行业和领域进行推进。建设人工智能标准试验验证平台，提供公共服务能力。"

另外，TC260 已研制了人工智能安全相关标准，主要集中在生物特征识别、智慧家居等人工智能应用领域，以及与数据安全、个人信息保护相关的支撑领域。TC260 研制的部分人工智能应用领域安全标准体系如表 8-3 所示。

表 8-3　TC260 研制的部分人工智能应用领域安全标准体系

领域	名称	内容	状态
共性标准	《人工智能安全标准研究》	国内第一个国家人工智能安全标准研究项目。通过调研国内外与人工智能安全相关的政策、标准和产业现状，分析人工智能面临的安全威胁和风险挑战，梳理人工智能各应用领域安全案例，提炼人工智能安全的标准化需求，研究人工智能安全标准体系	研制
	《人工智能应用规范指南》	研究人工智能的安全属性和原则、安全风险、安全管理及在需求、设计、开发训练、验证评估、运行等阶段的安全工程实践指南，可供人工智能开发者、运营管理者、用户及第三方组织等在保障人工智能系统工程安全时参考	已发布（2020 年）

（续表）

领域	名称	内容	状态
生物特征识别	《信息安全技术 虹膜识别系统技术要求》	规定了用虹膜识别技术为身份鉴别提供支持的虹膜识别系统的技术要求。适用于按信息安全等级保护的要求所进行的虹膜识别系统的设计与实现，虹膜识别系统的测试、管理也可参考使用	已发布（2020 年）
	《信息安全技术 基于可信环境的生物特征识别身份鉴别协议》	规定了基于可信环境的生物特征识别身份鉴别协议，包括协议框架、协议流程、协议要求及协议接口等	已发布（2021 年）
	《信息安全技术 指纹识别系统技术要求》	对指纹识别系统的安全威胁、安全目的进行分析，规避指纹识别系统的潜在安全风险，提出指纹识别系统的安全技术要求，规范指纹识别技术在信息安全领域的应用	已发布（2019 年）
	《信息安全技术 远程人脸识别系统技术要求》	规定了安防视频监控中人脸识别系统的基本构成、功能要求、性能要求及测试方法。适用于以安全防范为目的的视频监控人脸识别系统的方案设计、项目验收及相关的产品开发。其他领域的视频监控人脸识别系统可参考使用	已发布（2020 年）
	《信息安全技术 生物特征识别信息的保护要求》	研究制定生物特征识别信息的安全保护要求，包括生物特征识别系统的威胁和对策、生物特征信息和身份主体之间安全绑定的安全要求、应用模型及隐私保护要求等	已发布（2020 年）
自动驾驶	《信息安全技术 汽车电子系统网络安全指南》	通过吸收、采纳工业界、学术界中的实践经验，为汽车电子系统的网络安全活动提供实践指导	已发布（2020 年）
	《信息安全技术 车载网络设备信息安全技术要求》	旨在提出解决智能网联汽车行业中关于车载网络设备信息安全技术要求标准的问题。建立科学、统一的车载网络设备信息安全技术要求标准	已发布（2020 年）
智慧家居	《智能家居安全通用技术要求》	规定了智能家居通用安全技术要求，包括智能家居整体框架、智能家居安全模型及智能家居终端安全要求，以及智能家居网关安全要求、网络安全要求和应用服务平台安全要求，适用于智能家居产品的安全设计和实现，智能家居的安全测试和管理也可参考使用	已发布（2022 年）
	《信息安全技术 智能门锁安全技术要求和测试评价方法》	目标是解决特斯拉线圈攻击、生物识别信息仿冒、远程控制风险等智能门锁安全的新问题，使各研发单位在产品应用设计之初就对产品的信息安全设计与开发进行规范化考虑，以全面提升产品的安全性，促进行业的健康有序发展，保障包括智能门锁系统在内的网络空间安全，保障人民群众的生命与财产安全	已发布（2020 年）

8.1.8 基于模块划分的人工智能安全标准体系分类

基于人工智能模块，可以从 8 个维度[6]建立标准体系。

1. 人工智能基础性安全标准和规范

人工智能基础性安全标准和规范包括人工智能安全概念和术语、安全参考架构、基本要求等。其中，人工智能安全概念和术语是在人工智能安全方面进行技术交流的基础语言，规范术语定义和术语之间的关系，有助于准确理解和表达技术内容，方便技术交流和研究；人工智能安全参考架构通过对人工智能角色进行安全分析，提出人工智能安全模型，规范人工智能安全体系结构，呈现人工智能安全保障包含的结构层次、功能要素及其关系；人工智能基本要求主要是响应人工智能安全风险、法规政策要求，提出人工智能基本安全原则和要求，为人工智能安全标准体系提供基础性支撑。人工智能基础性安全标准和规范如表 8-4 所示。

国家新一代人工智能治理专业委员会发布的《新一代人工智能治理原则——发展负责任的人工智能》指出，人工智能发展相关方应遵循以下原则[7]。

（1）和谐友好。人工智能发展应以增进人类共同福祉为目标；应符合人类的价值观和伦理道德，促进人机和谐，服务人类文明进步；应以保障社会安全、尊重人类权益为前提，避免误用，禁止滥用、恶用。

（2）公平公正。人工智能发展应促进公平公正，保障利益相关者的权益，促进机会均等。通过持续提高技术水平、改善管理方式，在数据获取、算法设计、技术开发、产品研发和应用过程中消除偏见和歧视。

（3）包容共享。人工智能应促进绿色发展，符合环境友好、资源节约的要求；应促进协调发展，推动各行各业转型升级，缩小区域差距；应促进包容发展，加强人工智能教育及科普，提升弱势群体适应性，努力消除数字鸿沟；应促进共享发展，避免数据与平台垄断，鼓励开放有序竞争。

（4）尊重隐私。人工智能发展应尊重和保护个人隐私，充分保障个人的知情权和选择权。在个人信息的收集、存储、处理、使用等各环节应设置边界，建立规范。完善个人数据授权撤销机制，反对任何窃取、篡改、泄露和其他非法收集利用个人信息的行为。

（5）安全可控。人工智能系统应不断提升透明性、可解释性、可靠性、可控性，逐步实现可审核、可监督、可追溯、可信赖。高度关注人工智能系统的安全，提高人工智能鲁棒性及抗干扰性，形成人工智能安全评估和管控能力。

（6）共担责任。人工智能研发者、使用者及其他相关方应具有高度的社会责任感和自律意识，严格遵守法律法规、伦理道德和标准规范。建立人工智能问责机制，明确研发者、使用者和受用者等的责任。人工智能应用过程中应确保人类知情权，告知可能产生的风险和影响。防范利用人工智能进行非法活动。

（7）开放协作。鼓励跨学科、跨领域、跨地区、跨国界的交流合作，推动国际组织、政府部门、科研机构、教育机构、企业、社会组织、公众在人工智能发展与治理中的协调互动。开展国际对话与合作，在充分尊重各国人工智能治理原则和实践的前提下，推动形成具有广泛共识的国际人工智能治理框架和标准规范。

（8）敏捷治理。尊重人工智能发展规律，在推动人工智能创新发展、有序发展的同时，及时发现和解决可能引发的风险。不断提升智能化技术手段，优化管理机制，完善治理体系，推动治理原则贯穿人工智能产品和服务的全生命周期。对未来更高级人工智能的潜在风险持续开展研究和预判，确保人工智能始终朝着有利于社会的方向发展。

表 8-4　人工智能基础性安全标准和规范

序号	名称	内容	发布方	状态
1	《人工智能安全标准研究》	相应项目是国内第一个国家人工智能安全标准研究项目。通过调研国内外与人工智能安全相关的政策、标准和产业现状，分析人工智能面临的安全威胁和风险挑战，梳理人工智能各应用领域的安全案例，提炼人工智能安全标准化需求，研究人工智能安全标准体系	TC260	研制
2	《人工智能应用安全指南》	研究人工智能的安全属性和原则、安全风险、安全管理，以及在需求、设计、开发训练、验证评估、运行等阶段的安全工程实践指南，适合人工智能开发者、运营管理者、用户及第三方等组织在保障人工智能系统工程安全时参考	TC260	已发布（2020 年）
3	《分析和机器学习的数据质量 数据质量过程框架》	—	SC 42	立项（2020 年）
4	《信息技术 人工智能知识工程参考架构》	—	SC 42	立项（2020 年）
5	ISO/IEC 22989《人工智能概念和术语》	详细界定人工智能相关的概念、术语	SC 42	已发布（2022 年）

（续表）

序号	名称	内容	发布方	状态
6	ISO/IEC 23053《运用机器学习的人工智能系统框架》	对人工智能系统框架进行明确解释和分析	SC 42	已发布（2022年）
7	ISO/IEC TR 24030《人工智能用例》	—	SC 42	研制
8	《人工智能技术合规应用指引》	—	SC 42	已发布（2022年）
9	《新一代人工智能发展规划》	对我国人工智能的发展安全提出总体框架要求："加强人工智能相关法律、伦理和社会问题研究，建立保障人工智能健康发展的法律法规和伦理道德框架。"	国务院	已发布（2017年）
10	《促进新一代人工智能产业发展三年行动计划（2018-2020年）》	提出要建立"网络安全保障体系"，包括针对智能网联汽车、智能家居等人工智能重点产品或行业应用，开展漏洞挖掘、安全测试、威胁预警、攻击检测、应急处置等安全技术攻关，推动人工智能先进技术在网络安全领域的深度应用，加快漏洞库、风险库、案例集等共享资源建设等	工业和信息化部	已发布（2017年）
11	《中国人工智能2.0发展战略研究》	对人工智能基础理论、模型算法、关键技术和示范应用等进行了阐述，详细介绍了新一代人工智能的内涵、发展历程和研究内容，包括大数据智能、群体智能、跨媒体智能、混合增强智能、智能无人系统、新一代人工智能在制造领域、智能城市建设、农业、医疗健康领域中的应用	中国工程院	已发布（2019年）
12	《新一代人工智能治理原则——发展负责任的人工智能》	明确提出了人工智能的治理原则，包括和谐友好、公平公正、包容共享、尊重隐私、安全可控、共担责任、开放协作、敏捷治理共8项原则	国家新一代人工智能治理专业委员会	已发布（2019年）
13	《国家人工智能研究和发展战略计划》	为联邦政府投资人工智能研究制定了一系列目标，并确定了以下8个战略重点：对人工智能研究进行长期投资，开发有效的人类与人工智能协作方法，理解并解决人工智能的伦理、法律和社会影响问题，确保人工智能系统安全可靠，开发用于人工智能培训及测试的公共数据集和环境，制定标准和基准以测量和评估人工智能技术，更好地了解国家人工智能的研发人力需求，扩大公私合作以加速人工智能发展	美国白宫	已发布（2019年）

（续表）

序号	名称	内容	发布方	状态
14	《关于政府如何制定人工智能技术标准和相关工具的指导意见》	概述了多项有助于美国政府推动人工智能应用的举措，并列出了一些指导原则	NIST	已发布（2019 年）
15	《人工智能：未来决策制定的机遇与影响》	建立了人工智能决策的问责概念和机制，明确“使用了哪些算法、哪些参数、哪些数据实现什么目的”是必要的，确保人工智能技术被负责任地使用，更好地管理人工智能应用所产生的道德和法律风险问题	英国政府科学办公室	已发布（2017 年）
16	《人工智能行业新政》	主要工作是分析由数据驱动技术带来的机遇和风险，包括算法偏见策略审查、人工智能晴雨表	英国政府	已发布（2018 年）
17	《人工智能技术战略》	阐述了日本政府为人工智能产业化发展所制定的路线图，包括 3 个阶段：在各领域发展数据驱动的人工智能技术应用（2020 年完成一、二阶段过渡）；在多领域开发人工智能公共事业（2025—2030 年完成二、三阶段过渡），连通各领域，建立人工智能生态系统	日本人工智能技术战略会议	已发布（2017 年）
18	《联邦政府人工智能战略要点》	确立了德国发展人工智能的目标，以及在研究、转化、人才培养、数据使用、法律保障、标准、国际合作等优先行动领域的措施，如采取政府和科研数据开放、国家企业间数据合作等措施使数据可用能用，保障人工智能系统的透明度、可追溯性和可验证性等	德国联邦政府内阁	已发布（2018 年）

2. 人工智能支撑类安全标准和规范

人工智能支撑类安全标准和规范主要是为响应人工智能安全风险、法规政策要求，提出人工智能安全原则和要求，为人工智能安全标准体系提供基础性支撑，可指导相关方开展人工智能安全建设，包括个人信息保护、数据安全、开发框架、开发工具类、开发平台类等相关安全标准。人工智能支撑类安全标准和规范如表 8-5 所示。

表 8-5　人工智能支撑类安全标准和规范

序号	名称	内容	发布方	状态
1	GB/T 37964 — 2019《信息安全技术　个人信息去标识化指南》	主要研究个人信息去标识化的目标、原则、技术、模型、过程和组织措施，给出了科学有效地抵御安全风险、符合信息化发展所需的个人信息去标识化指南	TC260	已发布（2019 年）

（续表）

序号	名称	内容	发布方	状态
2	GB/T 35273—2020《信息安全技术 个人信息安全规范》	针对个人信息面临的安全问题，规范个人信息控制者在收集、保存、使用、共享、转让、公开披露等信息处理环节中的相关行为，旨在遏制个人信息非法收集、滥用、泄露等乱象，最大限度地保障个人合法权益和社会公共利益	TC260	已发布（2017年）
3	GB/T 37932—2019《信息安全技术 数据交易服务安全要求》	规定了通过数据交易服务机构进行数据交易服务的安全要求，包括数据交易参与方、交易对象和交易过程的安全要求。适用于数据交易服务机构进行安全自评估，也可供第三方测评机构在对数据交易服务机构进行安全评估时参考	TC260	已发布（2019年）
4	GB/T 37973—2019《信息安全技术 大数据安全管理指南》	提出了大数据安全管理基本原则，涉及大数据安全需求、数据分类分级、大数据活动安全要求、大数据安全风险评估。适用于各类组织进行数据安全管理，也可供第三方评估机构参考	TC260	已发布（2019年）
5	GB/T 37988—2019《信息安全技术 数据安全能力成熟度模型》	给出了组织数据安全能力的成熟度模型架构，规定了数据采集安全、数据传输安全、数据存储安全、数据处理安全、数据交换安全、数据销毁安全、通用安全的成熟度等级要求。适用于对组织数据安全能力进行评估，也可作为组织开展数据安全能力建设的依据	TC260	已发布（2019年）
6	GB/T 35274—2017《信息安全技术 大数据服务安全能力要求》	规定了大数据服务提供者应具有的组织相关基础安全能力和数据生命周期相关的数据服务安全能力。适用于政府部门和企事业单位建设大数据服务安全能力，也适用于第三方机构对大数据服务提供者的大数据服务安全能力进行审查和评估	TC260	已发布（2017年）
7	ISO/IEC TR 20547-1《大数据参考框架 第1部分：框架和应用方法》	—	SC 42	已发布（2020年）
8	ISO/IEC 24668《大数据分析过程管理框架》	详细阐述了大数据分析过程管理框架	SC 42	已发布（2022年）

以《信息安全技术 数据安全能力成熟度模型》[8]（GB/T 37988—2019）为例，其给出了数据安全能力成熟度（DSuu）模型架构，如图 8-1 所示。

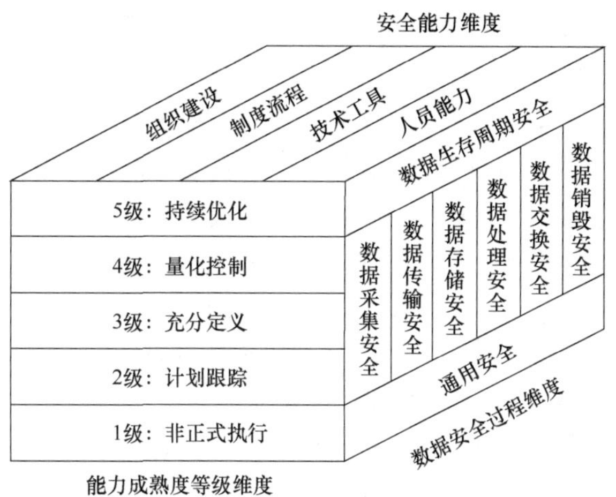

图 8-1　数据安全能力成熟度模型架构

在具体实践中，企业应根据自身情况灵活运用数据安全能力成熟度模型进行评估，如果业务复杂，则可按照不同的业务部门分别进行评估，确定评估范围及各部门的安全责任人，相互配合实施。数据安全能力成熟度评估流程如图 8-2 所示。

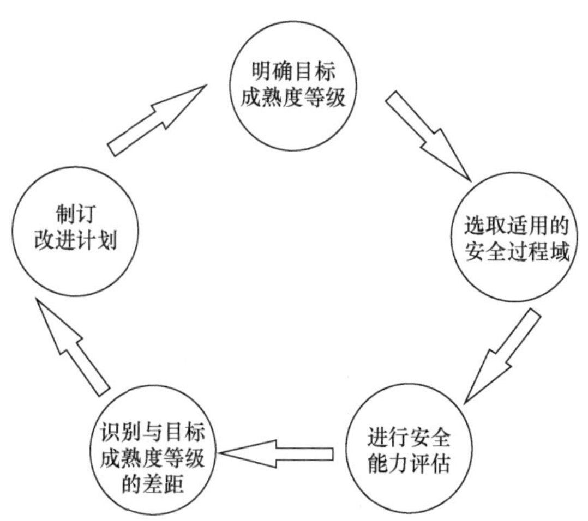

图 8-2　数据安全能力成熟度评估流程

具体步骤如下。

（1）明确目标成熟度等级：组织机构应首先明确其数据安全能力的目标成熟

度等级。所有具备数据安全保障需求的组织机构都可以将 3 级目标作为自己的短期目标/长期目标，具备 3 级数据安全能力，意味着组织机构都能够针对数据安全的各方面风险进行有效控制。对大部分企业而言，短期目标可先定为 2 级目标，待达到 2 级目标后，进一步提升到 3 级目标，层层递进。

（2）选取适用的安全过程域：在确定目标成熟度等级后，组织机构应根据自身情况选取适用于自己的数据域（PA）。如果企业数据只在内部流通，无须向外发布，则可以剔除数据生命周期中数据交换阶段的数据，不将其列入评估范围。

（3）进行安全能力评估。基于对成熟度模型内容的理解，识别数据安全能力现状，这是最为关键的一步，需要与各部门沟通，对所选取安全域中的具体安全项（基本实践，BP）进行符合性判定，并输出相关表格，如《XX 系统数据活动场景调研》《XX 系统数据场景建模》《XX 系统数据安全基本情况调研》《XX 安全能力调研表》《XX 系统 PA 评估表》等。其中，对 4 个安全能力的评估方法如下。①组织建设：评估是否具有开展工作的专职/兼职岗位、团队或人员，其工作职责是否通过规范要求或其他手段得到了确认和保障；②制度流程：检查是否有关键数据安全领域的制度规范和流程及其在组织机构内的落地执行情况；③技术工具：检查组织机构内的各项安全技术手段，通过产品工具固化安全要求或自动化的安全作业的实施运作情况；④人员能力：执行数据安全工作的人员是否经过了专业的技能和安全意识教育培训。

（4）识别与目标成熟度等级的差距：在分析出企业自身数据安全能力现状后，参照 PA 评估表，分析与目标成熟度等级之间的差距。

（5）制订改进计划。根据目标成熟度等级之间的差异，制订改进计划，缩小与目标之间的差距

3. 人工智能算法、数据、模型等相关安全标准和规范

人工智能算法、数据、模型等相关安全标准主要是针对人工智能算法、数据和模型中突出安全风险提出的标准，包括数据集安全、隐私保护、算法模型可信赖等。其中，数据集安全类标准主要围绕人工智能数据的生命周期，保障数据标注过程安全和数据使用质量，指导人工智能数据集的安全管理和防护；隐私保护类标准是基于人工智能开发、运行、维护等阶段面临的隐私风险，制定的隐私采集、利用、存储、共享等环节的标准，重点防范由隐私数据过度采集、逆向工程、隐私数据滥用等造成的隐私数据安全风险；算法模型可信赖类标准主要是围绕算法模型鲁棒性、安全防护、可解释性和算法偏见等安全需求，为解决算法在自然运行时的鲁棒性和稳定性问题而制定的标准。人工智能算法、数据、模型等安全类标准和规范如表 8-6 所示。

表 8-6　人工智能算法、数据、模型等安全类标准和规范

序号	名称	内容	发布方	状态
1	ISO/IEC TR 24027《信息技术 人工智能 人工智能系统中的偏差与人工智能辅助决策》	主要研究人工智能系统与人工智能辅助决策系统中的算法偏见	SC 42	已发布（2021 年）
2	ISO/IEC PDTR 24028《信息技术 人工智能 人工智能可信度概述》	主要研究了人工智能可信赖的内涵，分析了人工智能系统的典型工程问题和典型相关威胁和风险，提出了对应的解决方案。该标准将可信赖度定义为人工智能的可依赖度和可靠程度，从透明度、可验证性、可解释性、可控性等角度提出了建立人工智能系统可信赖度的方法	SC 42	已发布（2018 年）
3	ISO/IEC TR 24029-1《人工智能 神经网络鲁棒性评估第 1 部分：概述》、ISO/IEC TR 24029-2《人工智能 神经网络鲁棒性评估第 2 部分：形式化方法》	由法国提出，主要在人工智能鲁棒性研究项目的基础上，提出交叉验证、形式化验证、后验验证等多种评估神经网络鲁棒性的形式	SC 42	已发布（2021 年）
4	ISO/IEC TS 4213《机器学习模型分类性能评估》	—	SC 42	研制
5	IEEE P7003《算法偏差注意事项》	提供了在创建算法时消除负偏差问题的步骤，适用于自主或智能系统的开发人员避免其代码中的负偏差	IEEE	已发布（2017 年）
6	IEEE P7004《儿童和学生数据治理标准》	—	IEEE	已发布（2017 年）
7	IEEE P7005《透明雇主数据治理标准》	—	IEEE	已发布（2017 年）
8	IEEE P7006《个人数据人工智能代理标准》	—	IEEE	已发布（2017 年）
9	IEEE P7012《机器可读个人隐私条款标准》	—	IEEE	已发布（2017 年）

4. 人工智能技术和系统类安全标准

人工智能技术和系统类安全标准主要用于保障人工智能开源框架安全和人工智能系统安全。例如，针对人工智能服务器侧、客户端侧、边缘侧等计算、运行框架制定的安全标准，针对安全需求分析、设计、开发、测试评估、运维

等环节制定的安全标准，针对智能芯片、智能服务器等计算基础设施制定的安全标准，以及针对人工智能安全保护和检测技术等制定的安全标准。人工智能技术和系统类安全标准 ISO/IEC TR 24372《人工智能系统计算方法概述》、IEEE P7001《自治系统的透明度》、IEEE P7009《自主和半自主系统的失效安全设计标准》等。

5. 人工智能伦理安全标准

人工智能伦理安全标准指涉及伦理道德方面的规范、原则、框架性约束及保障监管标准等。人工智能的发展离不开对伦理、道德等的思考和保障监管。欧盟发布人工智能伦理准则，Partnership on AI、百度、谷歌、微软等共同探索人工智能行业伦理标准，IEEE 发布人工智能伦理标准以确保人类不受影响。人工智能伦理道德安全标准主要有 IEEE P7000《在系统设计中处理伦理问题的模型过程》、IEEE P7002《数据隐私处理》、IEEE P7007《伦理驱动的机器人和自动化系统的本体标准》、IEEE P7008《机器人、智能与自主系统中伦理驱动的助推标准》、IEEE P7010《合乎伦理的人工智能与自主系统的福祉度量标准》等。

腾讯研究院和腾讯 AI Lab 联合研究形成的人工智能伦理报告《智能时代的技术伦理观——重塑数字社会的信任》指出，在“科技向善”理念之下，需要倡导面向人工智能的新的技术伦理观，包含三个层面：技术信任，人工智能等新技术需要价值引导，做到可用、可靠、可知、可控（“四可”）；个体幸福，确保人人都有追求数字福祉、幸福工作的权利，在人机共生的智能社会实现个体更自由、智慧、幸福的发展；社会可持续，践行“科技向善”，发挥好人工智能等新技术的巨大“向善”潜力，善用技术塑造健康、包容、可持续的智慧社会，持续推动经济发展和社会进步。

6. 人工智能测试评估安全标准

人工智能测试评估安全标准主要从人工智能算法、人工智能数据、人工智能系统和技术、人工智能应用等方面分析安全测试评估要点，提炼人工智能安全测试评估指标，分析安全测试要点，主要包括人工智能算法模型、系统安全、应用风险、测试评估指标等方面的基础性测评标准。人工智能测试评估安全标准主要有中国人工智能开源软件发展联盟于 2018 年发布的 AIOSS—01—2018《人工智能 深度学习算法评估规范》，其提出了人工智能深度学习算法的评估指标体系、评估流程，以及需求阶段评估、设计阶段评估、实现阶段评估和运行阶段评估等相关内容。适用于指导深度学习算法开发方、用户方及第三方等相关组织针对深度学习算法的可靠性开展评估工作。

另外，美国联合人工智能中心（JAIC）、美国国防信息系统局（DISA）及美国国防信息技术合同组织（DITCO）于 2020 年 4 月 13 日发布了信息请求（RFI），要求开发人工智能测评软件、创建人工智能测评流程和最佳实践，由供应商提供人工智能测评服务。

7. 人工智能管理和服务类安全标准

人工智能管理和服务类安全标准主要是保障人工智能管理和服务安全，包括安全风险管理、供应链安全、人工智能运营安全等。人工智能管理和服务类安全标准有 ISO/IEC 23894《信息技术 人工智能 风险管理》、ISO/IEC 38507《信息技术 IT 治理 组织使用人工智能的治理影响》等。

另外，中国人工智能学会、国家工业信息安全发展研究中心等联合发布《2018 人工智能产业创新评估白皮书》，基于现有的学术界产业创新评估的研究成果，结合人工智能产业的行业属性，采用定量和定性分析相结合的方法，构建了科学、客观的人工智能产业创新评估体系。体系下设使能技术就绪度指数和应用场景融合度指数 2 个一级评估指标，并在使能技术就绪度指数下设立了理论、应用、性能驱动力 3 个二级评估指标，在应用场景融合度指数下设立了资源、技术、数据、场景、环境驱动力 5 个二级评估指标。

8. 人工智能应用层安全标准和规范

人工智能应用层安全标准主要是针对不同应用领域的人工智能技术、服务和产品的具体应用场景制定的标准，以保障其安全，如数据监管标准、人工智能新闻发布标准，以及自动驾驶、智能门锁、智能音箱、智慧风控、智慧客服等领域的标准。除表 8-3 提到的标准体系外，人工智能应用层安全标准和规范如表 8-7 所示。

表 8-7　人工智能应用层安全标准和规范

领域	名称	内容	发布方	标准类型
企业自身	《人工智能应用准则》	从人工智能企业自身的角度，规范、引导人工智能技术的正确应用和健康发展，并确保其安全可控可靠。希望该准则能够对人工智能行业起到示范作用，引发各界对善用技术的重视，倡导行业提早建立可持续发展的生态	旷视人工智能道德委员会	已发布（2019 年）
自动驾驶	《北京市自动驾驶车辆道路测试管理实施细则（试行）》	规定了管理机构职责、测试申请条件、测试申请流程、违规操作责任等	北京市交通委员会	已发布（2018 年）
	《上海市智能网联汽车道路测试管理办法（试行）》	旨在加快推动智能网联汽车技术的研发及应用，指导智能网联汽车开展道路测试工作	上海市公安局和上海市交通委员会	已发布（2018 年）

（续表）

领域	名　称	内　容	发 布 方	标准类型
自动驾驶	《自动驾驶的首项道德伦理标准》	德国推出关于自动驾驶技术的首项道德伦理标准，使自动驾驶汽车针对事故场景做出优先级判断，并加入系统的自我学习，如人类的安全始终优先于动物及其他财产的安全等	德国交通部	已发布（2018 年）
	《汽车技术和航空法案》	规定在自动驾驶汽车道路测试发生事故时，可通过简化保险流程，帮助保险人获得赔偿	英国交通部	已发布（2017 年）
监管	《人工智能应用监管指南备忘录（草案）》	提出针对联邦政府外部开发和部署人工智能的监管和非监管措施，人工智能的监管和非监管应在对各机构及其所应用技术进行共性风险评估和风险管理的基础上进行，即政府部门应根据其管辖范围内各种活动所带来风险的程度和性质来制定相应措施	美国白宫	已发布（2020 年）
安防	《中国安防人工智能产业发展指南》	从“安防+AI”发展现状、“安防+AI”技术分析、“安防+AI”市场分析、“安防+AI”企业巡礼四个方面，详细阐述了人工智能在安防行业中的发展概况	深圳市安全防范行业协会和 CPS 中安网	已发布（2019 年）
无人机	《民用无人机驾驶员管理规定》	明确了飞行经历记录数据规范，完善委托代表管理课程，将考试试点全面纳入中国民用航空局管理体系以加强考试试点评估的规范性和提高运行的标准化程度	中国民用航空局	已发布（2019 年）
	《民用无人驾驶航空器经营性飞行活动管理办法（暂行）》	规范了无人驾驶航空器从事经营性通用航空飞行活动的准入和监管要求	中国民用航空局	已发布（2018 年）
	《民用无人机驾驶员管理规定》	旨在加强对民用无人机驾驶员的规范化管理，促进民用无人机产业的健康发展	中国民用航空局	已发布（2018 年）

注：作者根据相关资料整理。

8.2 人工智能安全风险评估

8.2.1 风险评估的概念

风险的概念最初源于生活，在古代，渔民出海捕鱼时，风给海上渔民带来了不可预测的危险，因此，渔民认为“风”象征着“风险”。目前，由于学者对风险的认识、理解和研究角度不同，所以对其概念有不同的认识。1985 年，海恩斯最早把风险概念引入经济学理论范畴，他认为风险在经济学领域中没有技术上的意义和指导作用，只意味着损失的可能性[9]。1901 年，美国学者威雷特提出风险是不希望发生的不确定性的客观体现。1921 年，美国经济学家奈特提出风险是可度量的，而不确定性则是不可预测和度量的。1983 年，日本学者武井勋提出风险是在特定环境和特定时间内自然存在的、会造成经济损失的变化[10]。综合各位学者对风险的定义和解释，可将风险定义为对活动、项目具有不确定影响，其发生会带来损失的、可度量的因素。

风险管理是指以组织目标和目的为基础的风险识别、度量、控制，以最低成本，将风险的负面影响最小化。安全风险评估（Risk Assessment，RA）是指应用安全系统工程的原理和方法，辨识与分析系统中的危险/有害因素，评估事故发生的可能性及其严重程度，并对安全风险进行综合评估，得出评估报告。

人工智能安全风险评估是指立足于提升系统整体安全性，对人工智能技术在应用过程中所面临的威胁、存在的弱点、可能造成的影响等问题进行预估，识别潜在的安全风险因素，然后通过定性和定量的方法对这些问题所带来风险的可能性进行评估，分析潜在的安全风险等级及可能造成的后果，最后将风险分析的结果与确定的风险准则进行比较，或者通过风险分析结果之间的比较，确定系统的安全状态，为有针对性地制订基础防范措施和管理决策提供依据。通过对人工智能进行安全风险评估，能够降低风险发生的概率，降低对外界的伤害，提高人工智能应用的安全性。

8.2.2　人工智能安全风险评估原则、流程与方法

1. 人工智能安全风险评估原则

（1）真实性：安全风险评估必须立足于系统的真实基础数据，而评估对象应能够提供安全评估所需的相关数据和资料，评估结果要能符合实际。

（2）充分性：在进行安全风险评估之前，要对评估对象进行充分的了解和分析，掌握充分的资料。

（3）适应性：安全风险评估方法的选择或创新要能够适应评估对象，其适应的条件和范围要能够与评估对象相吻合。

（4）针对性：安全风险评估方法的选择要针对评估对象本身所要求的结果进行有针对性的选择，符合结果要求的安全评估方法才能被选用。

2. 人工智能安全风险评估流程

（1）评估前准备：对安全风险评估的对象（人工智能）进行明确，调研、分析、收集评估对象的相关资料、数据等，提前准备安全风险评估所需的资料等。

（2）安全风险识别与分析：结合人工智能的实际情况进行深入研究，识别安全风险及其变化规律，并进行分析。主要对人工智能的资产、威胁来源、脆弱性、安全措施等进行识别。

（3）开展安全风险评估：选择科学、合理的安全风险评估方法，对评估对象的安全状态进行综合评估。

（4）提出安全对策：根据安全风险评估的结果，分析影响安全风险评估结果的主要因素，并有针对性地提出科学、有效的管控对策，以实现安全风险评估的最终目的。

3. 人工智能安全风险评估方法

在评估人工智能安全风险时，须选择合适的评估方法，使用不同的评估方法，有可能得到不同的评估结果。如今，各种评估方法层出不穷，概括来说，人工智能安全风险评估方法可以分为定性的风险评估方法、定量的风险评估方法、半定量风险评估方法[11]。

1）定性的风险评估方法

定性的风险评估方法的使用最为广泛，是一种模糊分析方法，主要依靠专家的知识与经验，对评估对象面临的威胁、脆弱点及现有的安全措施进行系统评估，确定安全风险等级。定性的风险评估方法的优点是，操作简单且容易实施，能方便地对风险程度按大小进行排序；缺点是，有可能因为操作者的经验和直觉偏差导致结果失准，主观性较强。定性的风险评估方法有很多，常用的有主观评分法、故障树分析法。

（1）主观评分法：利用专家的经验、知识对人工智能可能产生的风险进行评分，例如，0 代表没有风险，10 代表风险很大，0～10 中的数字表示不同的风险等级，然后把所有风险的权重加起来，再除以最大的风险权重，就得到整体的风险水平，最后与风险评估基准进行对比。

（2）故障树分析（Fault Tree Analysis，FAT）法：遵循从结果中找原因的原则，将风险形成的原因按照树枝的形状逐级细化，分析风险产生的原因及各原因之间的因果关系。求出风险发生的概率，进而提供控制风险的方案。该方法具有强大的逻辑性，可用于分析比较复杂的系统风险，分析结果的准确性较高，对于提高风险管理的效率作用明显。

2）定量的风险评估方法

定量的风险评估方法[12]是对系统风险的各要素进行赋值，对指标进行量化，进而得到系统安全的风险等级。定量的风险评估方法的结果直观，容易理解，常见的方法有层次分析法、模糊综合评价法、决策树法。

（1）层次分析（Analytic Hierarchy Process，AHP）法：一种能有效且灵活地处理不易定量化的定性与定量相结合的层次化的多维决策方法。其核心是将复杂问题层次化，在层次分析的基础上，将主观判断进行量化，以数量的形式进行表达。具体步骤为：建立层次结构模型→构造判断矩阵→层次单排序及一致性检验→层次总排序及一致性检验。

（2）模糊综合评价法（Fuzzy Comprehensive Evaluation Method，FCEM）：基于模糊数学的一种评价方法，根据最大隶属度原则，对评估对象的每个因素做出评价，能较好地解决模糊的、不确定的、难以量化的问题。

（3）决策树（Decision Tree，DT）法：利用概率论原理和树形图作为分析工具的决策方法。其用决策点代表决策问题，方案分枝表示可供选择的方案，概率分枝表示各种可能出现的结果，对各种方案在各种结果下进行损益值比较，进而为决策者提供决策依据，能直观地显示整个问题的决策过程。

3）半定量风险评估方法

半定量风险评估方法是把定性与定量的风险评估方法进行综合运用。在对复杂系统进行风险评估时，需要考虑众多抽象的安全因素，使用定性的或定量的风险评估方法是有局限性的。因此，将这两种方法进行结合，吸收各自的优势，就能更加全面、科学地对复杂系统进行风险评估，得到更加准确的风险评估结果。

8.2.3　人工智能安全风险评估指标体系构建

1. 评估指标体系构建原则

人工智能安全风险评估指标体系不是指标的简单堆积和组合，而是根据某些原则建立起来的、能综合反映人工智能安全风险水平的指标集合。为了全面、客观地评价人工智能安全风险，构建人工智能安全风险评估指标体系须遵循以下原则[13]。

1）可靠性、鲁棒性和可解释性

为了能在一些关键应用（如商用飞机防撞、金融交易或大规模发电厂、化工厂控制等）中使用先进的人工智能系统，在应用过程中必须保证系统具有可验证性（以正确的方式对一系列输入进行验证）、可靠性（对于新的、未见过的输入，表现能够与预期相符）、鲁棒性（在应用时不易受噪声或特定输入干扰）、可审计性（在做出任何给定的决定时，可检查其内部状态）、可解释性（有条理，可以确保产生决策的数据、场景和假设都是能够被解释清楚的）及无偏性（不会对某类行为表现出无意识的偏好）等。因此，在构建人工智能安全风险评估指标体系时，应考虑算法和模型的可靠性、鲁棒性、可解释性等，建立更全面、系统的指标体系。

2）可控性

尊重人工智能发展规律，在推动人工智能创新、有序发展的同时，及时发现和解决可能引发的风险问题。人工智能系统应不断提升透明性、可解释性、可靠性、可控性，逐步实现可审核、可监督、可追溯、可信赖。高度关注人工智能系统的安全，提高人工智能技术鲁棒性及抗干扰性，形成人工智能安全评估和管控能力。同时，不断提升智能化技术手段，优化管理机制，完善治理体系，推动治理原则贯穿人工智能产品和服务的全生命周期。因此，在构建人工智能安全风险评估指标体系时，应遵循人工智能的可控性，完善管理机制。

3）公平性

人工智能的发展应促进公平公正，保障利益相关者的权益，促进机会均等。通过持续提高技术水平、改善管理方式，在数据获取、算法设计、技术开发、产品研发和应用过程中消除偏见和歧视。因此，在构建人工智能安全风险评估指标体系时，应遵循人工智能算法公平公正的原则。

4）隐私保护性

人工智能发展应尊重和保护个人隐私，充分保障个人的知情权和选择权。在个人信息收集、存储、处理、使用等各环节，应设置边界，建立规范。完善个人数据授权撤销机制，反对任何窃取、篡改、泄露和其他非法收集利用个人信息的行为。因此，在构建人工智能安全风险评估指标体系时，应考虑隐私保护性。

5）责任确定性

人工智能研发者、使用者及其他相关方应具有高度的社会责任感和自律意识，严格遵守法律法规、伦理道德和标准规范。建立人工智能问责机制，明确研发者、使用者和受用者等的责任。在人工智能应用过程中，应确保人的知情权，告知可能产生的风险和影响。防范利用人工智能进行非法活动。因此，在构建人工智能安全风险评估指标体系时，应考虑人工智能的责任确定性。

6）向善性

人工智能发展应以增进人类共同福祉为目标，应符合人类的价值观和伦理道德，促进人机和谐，服务人类文明进步；应以保障社会安全、尊重人类权益为前提，避免误用，禁止滥用、恶用。人工智能安全风险评估指标体系的构建应秉持“科技向善”理念，构建面向数据和算法的指标体系，使人工智能技术最大限度地造福人类。

2. 评估指标体系构建方法

构建评估指标体系的方法主要有头脑风暴法（Brain Storming 法，又称 BS

法）、德尔菲（Delphi）法、层次分析法、综合法（Synthesis Method）、指标属性分类法、逐步回归（Stepwise Regression）法等。

（1）头脑风暴法：指在群体决策中，在融洽和不受限制的会议氛围中，与会代表积极思考、畅所欲言，不断产生创新设想和新观念。但在这一过程中，需要控制好会议氛围，同时对参会人员的能力有较高的要求。

（2）德尔菲法：也称专家调查法，组织者组织若干专家，按照相应的程序，专家（互相不见面）依靠自己的专业知识和经验，通过信函反映自己对事件的想法，所有专家互不知情、互不讨论，最后通过统计得出大家最关注的内容。正确选择专家是该方法成功的关键。

（3）层次分析法：将度量目标划分为不同的方面，明确每个方面与该次评估目的之间的联系，然后对每个方面进行逐层细分，直到可以用一个或几个具体的可测量指标来描述评估对象及评估目的的特征。最后，通过层次分析确定每个指标对于本层次的重要性，以及对整个事件的重要性，确定每个指标的权重。

（4）综合法：对已有的一些指标进行归纳综合，将综合后的指标按一定的标准进行聚类，找出最能代表评估目的的指标，构造一个体系化的新的指标体系，适用于进一步完善和发展现有的评估指标体系。

（5）指标属性分类法：在提出评估指标阶段，根据指标属性构建指标体系。在一般情况下，指标按时间状态可分为动态指标与静态指标，也可按数值分为绝对数指标、相对数指标、平均数指标。

（6）逐步回归法：通过对拟构建的评估指标体系中的指标进行逐步回归分析验证相关性，删除无意义的指标，保留显著的指标。

人工智能安全风险评估指标体系的构建主要以头脑风暴法、德尔菲法和层次分析法为主，对应的指标体系构建流程是提出指标、筛选指标、确定权重。

3. 人工智能安全风险因素识别

随着人工智能技术的不断成熟，其在诸多领域得到应用与发展，人工智能产业也在蓬勃发展。同时，人工智能面临着来自人工智能技术本身和人工智能技术应用的安全风险和挑战。全面分析并构建较为完善的人工智能安全风险指标体系是降低大数据环境下人工智能安全风险的前提和基础，指标体系的全面性和合理性直接影响人工智能安全风险的识别与预测。

美国智库“新美国安全中心”发布报告，将人工智能风险分为脆弱性、不可预测性、弱可解释性、违反法律规则、系统事故、人机交互失败、机器学习漏洞被对手利用七个方面。2018 年世界人工智能大会提出，人工智能安全风险包括网络安全风险、数据安全风险、算法安全风险、信息安全风险、社会安全风险和国家安全风险。麦肯锡在于 2019 年 4 月发布的《面对人工智能的风险》研究报告中提出，数据应用、技术问题、安全障碍、模型偏差和人机互动等因素都会引发人工智能风险。我国发布的 AIOSS—01—2018《人工智能 深度学习算法评估规范》、ISO/IEC 13335《信息技术 信息技术安全管理指南》、GB/T 20984—2007《信息安全技术 信息安全风险评估规范》等标准中也强调了有关信息安全的风险因素。

在以上研究的基础上，借鉴相关学者在网络安全、云计算安全、大数据安全等方面的研究成果，结合人工智能安全现状，从人工智能技术本身和技术应用两个角度来识别风险因素。

1）人工智能技术本身的安全风险因素识别

人工智能技术本身的安全风险主要包括两个方面[14]：算法模型安全风险和数据安全风险。

算法模型面临对抗样本攻击、算法歧视、算法后门、算法黑箱等安全挑战。具体来讲，一是深度学习算法易遭受对抗样本攻击，导致误判或漏判；二是由于人工智能的算法歧视问题，决策结果可能存在不公正的情况；三是人工智能模型在第三方生成、传输过程中可能存在算法后门攻击，与传统程序相比，后门隐蔽性更高；四是人工智能算法决策的“黑箱”特征存在结果可解释性和透明性问题，使算法决策的归责变得困难。

数据面临数据投毒、模型窃取等安全挑战，具体来说，一是通过数据投毒等方式污染训练数据集，干扰人工智能模型准确率；二是通过逆向攻击、窃取模型等手段，使算法模型及内部数据泄露。另外，设计失误、数据质量不高、联合建模中存在隐私和数据泄露情况等问题，都有可能引发人工智能算法和模型潜藏偏见或歧视，导致决策结果不公正。

2）人工智能技术应用过程中的安全风险因素识别

人工智能技术应用过程中存在的安全风险主要包括两个方面[15]：管理体系缺失和应用环境危机。

管理体系主要指人工智能技术应用过程中的监管体系。如今科学技术的发展日新月异，涉及太多的不确定性，不合规的管理制度对于保障人工智能安全不起任何作用，并且还有可能导致安全事态扩大。另外，《2018 年全球信息安全状况调查》显示，众多缺乏安全素养的员工是安全事件的最大来源，“人”是最难控制的安全因素，就像一颗隐埋的不定时炸弹，不知何时爆炸。近年来，国内外出现了不少由内部工作人员造成的安全事件，如破坏核心数据的机密性、完整性或可用性等。因此，以风险为导向建立人工智能安全风险预防和保护措施、安全管理制度和策略，重点针对中、高风险领域制定详细、具体、可操作的政策，明确安全管理机构和人员的责任与权限，避免越权、滥用，建立健全责任与权限管理制度，能够防患于未然，确保人工智能技术应用的可持续发展。

人工智能技术的应用环境具有一定的复杂性，既包含软硬件系统安全方面的影响因素，又包括人工智能技术所处网络和物理环境方面的影响因素。

（1）由于人工智能系统由软件和硬件组成，所以要面临传统的软硬件安全威胁，如拒绝服务攻击、安全漏洞等。特别地，深度学习框架及依赖库作为人工智能系统的重要基础支撑，其中的软件漏洞几乎涵盖了所有常见的漏洞类型，包括内存访问越界、空指针引用、整数溢出、除零异常等。这些漏洞可被用来对深度学习应用进行拒绝服务攻击、控制流劫持、分类逃逸及潜在的数据污染攻击。

（2）随着人工智能技术在网络安全领域的应用，网络攻击手段也逐步呈现出智能化的特点，网络攻击的智能化使网络攻击成本降低、效率提升、攻击手段更加多样，给网络安全保障带来了更严峻的挑战。

（3）人工智能技术所处物理环境中的各种自然灾害、灰尘、潮湿、静电等都有可能导致系统终端异常，从而带来重大资产损失或导致基础设施瘫痪。

另外，人工智能技术的开发和应用正深刻地改变着人类的生活，不可避免地会冲击现有的伦理与社会秩序，有可能引发人工智能伦理道德风险。

4. 案例分析

本案例主要针对人工智能安全，建立具有普适性的安全风险评估指标体系。本案例构建了包含 4 个二级指标、16 个三级指标的人工智能安全风险评估指标体系[16]，如表 8-8 所示。

表 8-8　人工智能安全风险评估指标体系

一级指标	二级指标	三级指标	含义
人工智能安全风险评估	算法模型安全	算法、模型可靠性和可解释性	在规定的条件和时间内，人工智能算法、模型正确完成预期功能，不引起系统失效或异常的能力，并且能够尽可能地解释系统决策行为和结果
		算法、模型鲁棒性	人工智能模型和算法在环境变化、噪声输入、对抗攻击、数据投毒等情况下的稳定工作能力
		模型攻击防御	采用训练数据过滤、后门监测与缓解、对抗训练、输入变换防御、模型加固训练等措施保障模型在对抗攻击条件下的抗攻击性、可用性和完整性
		模型窃取防御	采取数字水印、识别恶意查询序列等措施降低模型窃取风险，避免信息泄露

（续表）

一级指标	二级指标	三级指标	含义
人工智能安全风险评估	数据安全及隐私	数据采集、使用、存储、传输安全	采取数据真实性鉴别技术、安全云盘、数据共享融合等避免数据采集、使用、存储、传输过程中的伪造、虚假、滥用、泄露等信息安全问题，提高样本数据的标注质量
		数据窃取、篡改防御	采用数据新型加密算法（如代理重加密算法、全同态加密算法），避免运营数据、客户身份信息、个人隐私信息等敏感数据的保密性遭受破坏，防止相关人员窃取数据，避免训练数据被篡改
		数据访问权限控制	主要评估无权访问的数据资源的安全性，如数据采集及标注人员对数据的使用权限控制、用户身份认证和访问行为监控等
		联合建模中的隐私和数据安全	在以分布式形式存在的多个数据集之间进行联合建模中的安全和隐私保护，如联邦学习、隐私保护机器学习等
		数据运维	在数据投入运营后，对数据采集、处理、存储、标注、后处理等过程的日常运维，可确保数据传输、销毁、管理等方面的安全性
	管理体系	安全预防和保护措施	为防范人工智能安全事件发生所采取的手段或方法，可确保人工智能系统的可控性
		安全管理策略、制度	高效的安全策略和完善的管理制度能够保障人工智能系统运行的完整性、保密性、可用性等
		安全管理机构、人员	安全管理机构、人员要落实安全保护责任，防范人工智能系统安全风险事件的发生
	应用环境	软件系统安全	运行人工智能算法模型所依赖的软件的安全性，如操作系统、服务接口、软件框架（Caffe、TensorFlow 等）及开源人工智能算法代码、开源依赖库的安全性
		硬件系统安全	运行人工智能算法模型的硬件平台的安全性，如硬件架构、物理端口或接口、传感器、底层人工智能芯片、部署终端等在磁盘故障、网络过载等情况下，具有稳健的生存能力
		网络安全	采用加密通信、防火墙、入侵防御等软硬件方法保障人工智能系统所处的网络环境不受威胁与侵害，系统能够连续、可靠、正常运行
		物理环境安全	采用异地灾备、链路冗余、硬件冗余等措施，防范各种由自然灾害、灰尘、静电等导致的系统终端异常

虽然有众多研究机构和专家对人工智能风险做出了解释或分类，但人工智能技术本身的特殊性及其应用场景的差异性决定了在不同行业应用人工智能所产生的风险具有明显的异质性。例如，在金融科技领域和无人驾驶领域，人工智能风险的预防、发生、引发的后果及解决方案存在极大差异。如何在最优化地利用人工智能技术的同时，规避人工智能风险，成为各行业亟待解决的问题。

在实际应用过程中，可结合实际应用场景，根据研究目标和应用领域的不同，增减相应风险指标，如针对人脸识别技术的应用，可在应用环境二级指标下增加隐私合规保护、人脸仿冒攻击防御、不可控因素的防范等三级指标；在智能汽车应用领域，可在应用环境二级指标下增加 DNS（域名解析）劫持防御、渗透攻击防御等三级指标。

5. 指标权重的确定

在构建了人工智能安全风险评估指标体系的基础上，运用层次分析（AHP）法对各指标赋权，步骤如下。

第一步：将人工智能安全风险评估指标体系分为目标层、准则层、指标层，建立层次结构模型。

第二步：运用萨蒂的 1～5 标度方法对人工智能安全风险评估的各级指标进行两两比较，构造判断矩阵。

第三步：计算判断矩阵的最大特征根及其对应的特征向量，利用一致性检验对判断矩阵的合理性进行检验。

第四步：在对人工智能安全风险评估指标体系各层次进行单排序计算的基础上，对指标体系进行总排序计算，最终得到各指标的权重。

1）建立层次结构模型

将人工智能安全风险评估作为目标层。在文献研究的基础上，根据专家研讨的结果，确定人工智能安全风险评估决策准则，可从算法模型安全、数据安全及隐私、管理体系、应用环境这 4 个方面进行评估，将这 4 个方面作为准则层的元素。参考 AIOSS—01—2018《人工智能 深度学习算法评估规范》、ISO/IEC 13335《信息技术 信息技术安全管理指南》、GB/T 20984—2007《信息安全技术 信息系统的风险评估规范》等标准，确定了各准则层包含的因素，共 16 个，将这 16 个因素作为指标层的元素。最终确定的人工智能安全风险评估指标体系层次结构如图 8-3 所示。

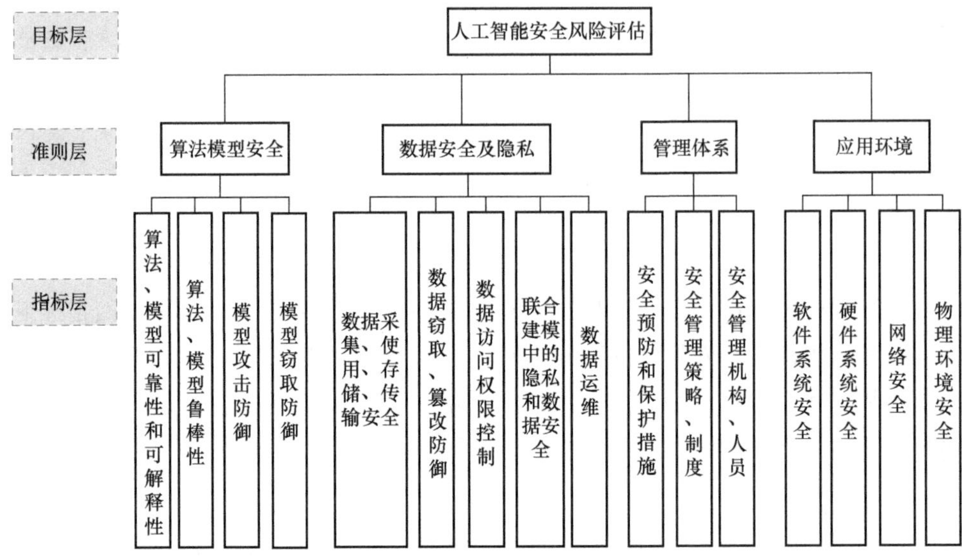

图 8-3 人工智能安全风险评估指标体系层次结构

2）构造判断矩阵

按照群组 AHP 法的要求，邀请人工智能领域的专家进行赋权，并运用萨蒂的 1～5 标度方法构造判断矩阵。5 级评估尺度如表 8-9 所示。

表 8-9 5 级评估尺度

标度	定义	说明
1	同样重要	因素 i 与因素 j 相比，具有相同重要性
2	稍微重要	因素 i 与因素 j 相比，因素 i 比因素 j 稍微重要
3	明显重要	因素 i 与因素 j 相比，因素 i 比因素 j 明显重要
4	非常重要	因素 i 与因素 j 相比，因素 i 比因素 j 非常重要
5	极端重要	因素 i 与因素 j 相比，因素 i 比因素 j 极端重要

在经过专家的比较判断和赋值后，形成人工智能安全风险评估准则层判断矩阵，如表 8-10 所示。

表 8-10 人工智能安全风险评估准则层判断矩阵

人工智能安全风险评估	算法模型安全	数据安全及隐私	管理体系	应用环境
算法模型安全	1	1	0.5	2
数据安全及隐私	1	1	0.5	2
管理体系	2	2	1	2
应用环境	0.5	0.5	0.5	1

针对人工智能安全风险指标层构造如下判断矩阵：算法模型安全指标层判断矩阵、数据安全及隐私指标层判断矩阵、管理体系指标层判断矩阵、应用环境指标层判断矩阵，分别如表 8-11、表 8-12、表 8-13、表 8-14 所示。

表 8-11　算法模型安全指标层判断矩阵

算法模型安全	算法、模型可靠性和可解释性	算法模型鲁棒性	模型攻击防御	模型窃取防御
算法、模型可靠性和可解释性	1	0.3330	0.3330	3
算法、模型鲁棒性	3	1	2	2
模型攻击防御	3	0.5	1	2
模型窃取防御	0.3333	0.5	0.5	1

表 8-12　数据安全及隐私指标层判断矩阵

数据安全及隐私	数据采集、使用、存储、传输安全	数据窃取、篡改防御	数据访问权限控制	联合建模中的隐私和数据安全	数据运维
数据采集、使用、存储、传输安全	1	3	1	0.5	0.5
数据窃取、篡改防御	0.3333	1	0.5	0.5	2
数据访问权限控制	1	2	1	0.5	2
联合建模中的隐私和数据安全	2	2	2	1	2
数据运维	2	0.5	0.5	0.5	1

表 8-13　管理体系指标层判断矩阵

管理体系	安全预防和保护措施	安全管理策略、制度	安全管理机构、人员
安全预防和保护措施	1	3	3
安全管理策略、制度	0.3333	1	2
安全管理机构、人员	0.3333	0.5	1

表 8-14　应用环境指标层判断矩阵

应用环境	软件系统安全	硬件系统安全	网络安全	物理环境安全
软件系统安全	1	0.3333	0.5	0.5
硬件系统安全	3	1	0.25	0.25
网络安全	2	4	1	2
物理环境安全	2	4	0.5	1

3）层次排序权重计算与检验

运用群组 AHP 法对各位专家的判断矩阵进行几何平均。在 5 位专家中，有 4 位专家的赋权通过了一致性检验。

以准则层为例，判断矩阵的计算过程如下。

步骤 1：计算判断矩阵 $\boldsymbol{A}_{\mathrm{S}}$。

$$\boldsymbol{A}_{\mathrm{S}}=(b_{ij})_{4\times4}=\begin{bmatrix}1 & 1.750 & 2.625 & 2.250\\ 0.571 & 1 & 1.625 & 1.750\\ 0.381 & 0.615 & 1 & 1.208\\ 0.444 & 0.571 & 0.828 & 1\end{bmatrix}$$

步骤 2：计算列向量元素求积开方并做归一化处理。

$$w_i=\sqrt[4]{\prod_{j=1}^{4}b_{ij}}$$

$$w_S=(w_1,\cdots,w_4)^{\mathrm{T}}=\begin{bmatrix}1.7930\\1.1291\\0.7295\\0.6771\end{bmatrix}$$

则权重向量为

$$\boldsymbol{W}_{\mathrm{H}}=\left(W_1,W_2,\cdots,W_S=\frac{w_i}{\sum_{i=1}^{4}w_i}\right)^{\mathrm{T}}=\begin{bmatrix}0.4142\\0.2608\\0.1685\\0.1564\end{bmatrix}$$

步骤 3：计算最大特征值。

$$\lambda_{\max}=\sum_{i=1}^{4}\frac{(AW_S)_i}{nW_{Si}}=4.0146$$

步骤 4：进行一致性检验。

随机一致性对应表如表 8-19 所示，经计算：

$$\mathrm{CI}=\frac{\lambda_{\max}-n}{n-1}=0.0049$$

当 $n=4$ 时，$\mathrm{RI}=0.90$，则 $\mathrm{CR}=\mathrm{CI}/\mathrm{RI}=0.0054<0.1$，通过一致性检验。

表 8-15　随机一致性对应表

矩阵阶数	1	2	3	4	5	6	7	8
RI	0	0	0.58	0.90	1.12	1.24	1.32	1.41

经计算，算法模型安全、数据安全及隐私、管理体系、应用环境评估因素判断矩阵的 CR 值均小于 0.1，各判断矩阵通过一致性检验。

4）权重计算

算法模型安全评估因素权重矩阵 $\boldsymbol{W}_{S=1}$ 为

$$\boldsymbol{W}_{S=1}=\begin{bmatrix}0.3714 & 0.2823 & 0.2330 & 0.1132\end{bmatrix}$$

数据安全及隐私评估因素权重矩阵 $\boldsymbol{W}_{S=2}$ 为

$$\boldsymbol{W}_{S=2}=\begin{bmatrix}0.2043 & 0.2465 & 0.2045 & 0.2569 & 0.0878\end{bmatrix}$$

管理体系评估因素权重矩阵 $\boldsymbol{W}_{S=3}$ 为

$$\boldsymbol{W}_{S=3}=\begin{bmatrix}0.4490 & 0.3263 & 0.2247\end{bmatrix}$$

应用环境评估因素权重矩阵 $\boldsymbol{W}_{S=4}$ 为

$$\boldsymbol{W}_{S=4}=\begin{bmatrix}0.3576 & 0.2318 & 0.2734 & 0.1372\end{bmatrix}$$

人工智能安全风险评估因素各层次权重如表 8-16 所示。

表 8-16　人工智能安全风险评估因素各层次权重

目标层	准则层	指标层	指标层相对于目标层的权重
人工智能安全风险评估	算法模型安全 0.4142	算法、模型可靠性和可解释性	0.1539
		算法、模型鲁棒性	0.1169
		模型攻击防御	0.0965
		模型窃取防御	0.0469
	数据安全及隐私 0.2608	数据采集、使用、存储、传输安全	0.0533
		数据窃取、篡改防御	0.0643
		数据访问权限控制	0.0533
		联合建模中的隐私和数据安全	0.0670
		数据运维	0.0229
	管理体系 0.1685	安全预防和保护措施	0.0757
		安全管理策略、制度	0.0550
		安全管理机构、人员	0.0379
	应用环境 0.1564	软件系统安全	0.0559
		硬件系统安全	0.0363
		网络安全	0.0428
		物理环境安全	0.0215

8.3 人工智能安全风险预警

8.3.1 人工智能安全风险预警方法

人们对预警机制的研究源于军事战争的需要，在军事战争中，指挥系统需要预先获得对方的军事信息，采用一定的数学工具进行定量分析，并运用适当的预警工具和技术，为指挥部门的决策提供依据。目前，国外军事预警已具备成熟的理论、方法、技术和实践成功的案例。20 世纪初期，经济危机的出现促使经济领域的专家学者开始注重经济预警研究，并取得了一定的成果，尤其是在亚洲发生严重的金融危机后，泰国、菲律宾、新加坡等亚洲各国均建立了自己的经济预警指标系统，我国也在香港地区建立了经济预警指标系统。

我国早在 20 世纪 70 年代就已对预警系统有所了解，主要是军事方面的预警内容；到 20 世纪 80 年代，对预警系统的认识逐步转移到构建宏观经济指标体系、有效把握国民经济运行状态上；到 20 世纪 90 年代，预警系统的研究范围扩大，不仅有军事、经济方面的预警，还有生态环境预警、矿产等自然资源预警、市场预警、地质灾害预警等。

当前，国内关于风险预警的研究逐渐成为热点，研究成果不论在广度还是深度上，都得到了极大的提升，理论性文章开始大量涌现，出现了大量有关预警应急机制研究的学术论文和学术著作。相关的学者针对我国面临的严峻的风险问题，强调建立预警机制的必要性和重要性，从企业、行业、国家角度，阐述预警工作的侧重点和内容，提出了建立预警机制的思路，明确了预警机制的目的和工作内容。

这些成果为人工智能安全风险预警研究提供了理论基础和有益借鉴。

人工智能是一个处于复杂的动态开放的环境中的系统，在运行过程中，存在众多安全风险，如政治法律风险、经济风险、社会环境风险、自然风险、技术风险、管理风险等。

人工智能安全风险预警是指在已建立的安全风险评估体系的基础上，对由风险因素产生的风险情景进行预处理，发出预警信号，提前采取相应的安全防范对策，实现对人工智能系统运行过程中灾害风险的“早期识别”和事故的“事先预防”，为管理者制定防范策略提供依据，从而更有效地实现人工智能技术的安全应用。

目前，国内外在安全风险预警评估方面的方法主要包括模糊综合评价法、灰色理论分析、可信度分析法、事件树分析法、概率神经网络、BP 神经网络等。

这些方法推动着人工智能安全风险预警的发展，为人工智能行业的稳定、可持续发展奠定了良好的安全保障。

（1）模糊综合评价法：由一种数学分析方法发展而来，适用于解决非结构化问题。它可以将定性评价转化为定量评价，用“很好”“较好”“较差”等定性词汇描述受多种因素影响且具有模糊性质的评估对象，通过构建简单易懂的模型来处理多层次多因素问题。将风险因素两两进行对比赋值（赋值方法一般采用层次分析法），从而得到所有风险因素的排序。

（2）灰色理论分析：由著名学者邓聚龙教授首创的一种系统科学理论，其中的灰色关联分析是应用最为广泛的一种方法，主要根据各因素变化曲线几何形状的相似程度，来判断因素之间的关联程度。通过对动态过程发展态势的量化分析，完成对系统内与时间序列有关的统计数据的几何关系的比较，求出参考数列与各比较数列之间的灰色关联度。与参考数列关联度越大的比较数列，其发展方向和速率与参考数列越接近，与参考数列关系越紧密。灰色关联分析方法要求样本量至少为 4 个，对数据无规律的情况同样适用，不会出现量化结果与定性分析结果不符的情况。其核心思想是，将评价指标原始观测数据进行无量纲化处理，计算关联系数、关联度，并根据关联度的大小对评估指标进行排序。

（3）可信度分析法：由 Shortliffe 等人在确定性理论的基础上结合概率论等理论提出的一种不精确推理模型（简称 CF 模型），它对许多实际应用来说，都是一个合理而有效的推理模式。对一个事物或现象（证据）为真的相信程度称为可信度（Certainty），带有较大的主观性、经验性。证据及推理规则的不确定性都用可信度因子 CF（Certainty Factor）表示，表明该证据的可靠性，以及当规则的前提证据确定时，结论（新证据）的可靠性。CF 在[−1, 1]上取值， CF =1，表示确信证据为真；CF = −1，表示确信证据为假；CF =0，表示既不确信也不反对该证据为真。这种数值化的度量方式刻画了证据和知识的可靠性。

（4）事件树分析法：用来分析普通设备故障或过程波动（称为初始事件）导致事故发生的可能性。主要采用归纳法（而不是演绎法），事件树可提供记录事故后果的系统性的方法，并能确定事件后果与初始事件的关系。其适合用来分析那些会导致不同后果的初始事件、需要强调的是事故可能发生的初始原因及初始事件对事件后果的影响，事件树的每个分支都表示一个独立事故序列，对一个初始事件而言，每独立事故序列都清楚地界定了安全功能之间的关系。

（5）概率神经网络是由 Donald F. Speeht 在 1989 年提出的，是径向基网络的一个分支，属于前馈网络的一种。它具有学习过程简单、训练速度快、分类更准确、容错性好等优点。本质上，它是一种基于贝叶斯最小风险准则的有监督网络分类器。

（6）BP 神经网络：由 David Everett Rumelhart 和 James L. McClelland 等于

1986 年提出，是使用最广泛的神经网络。基本思想是采用梯度下降法，使用梯度搜索技术来产生网络的实际输出值和预期输出值，数据误差的均方差是达到目标的最小值，算法包括两个过程、信号的前向传播和误差的反向传播。另外，BP 神经网络在处理大量数据时具有很强的鲁棒性、容错性和数据处理能力，在处理随机性、非线性和多输入输出模型方面表现出色。

评价方法因评价目标的不同而异。一般而言，定性评价大多采用问卷、检查表、观察、访谈等方式进行，没有严格规范的标准，具有主观性特征；定量评价往往根据预期目标和手段，事先设定较严格的评价标准，采用结构化量表采集数据，按照严格的数理逻辑推导结论。

8.3.2 安全风险预警等级划分及阈值确定

根据国家标准 GB/T 27921—2011《风险管理 风险评估技术》中对于风险发生可能性评价标准的界定，结合人工智能领域专家的指导意见，本节制定了人工智能安全风险（发生）可能性等级评定标准。将风险可能性等级划分为低风险、较低风险、一般风险、较高风险、高风险 5 个等级，分别对应的安全状态为安全、较安全、基本安全、不太安全、不安全，对应的预警等级为Ⅰ（轻警）、Ⅱ（低警）、Ⅲ（中警）、Ⅳ（重警）和Ⅴ（巨警），具体如表 8-17 所示。

表 8-17 人工智能风险可能性等级评定标准

风险等级	等 级 描 述	安全状态	预警等级
低风险	风险难以发生，可以忽略	安全	轻警
较低风险	风险发生的可能性较小，不需要采取防控措施	较安全	低警
一般风险	风险发生的可能性中等，需要加强监控措施	基本安全	中警
较高风险	风险发生的可能性较大，需要制定风险处置方案	不太安全	重警
高风险	风险发生的可能性很大，不在接受范围之内	不安全	巨警

人工智能安全风险预警等级如表 8-18 所示。

表 8-18 人工智能安全风险预警等级

指标	等级				
预警等级	轻警	低警	中警	重警	巨警
预警阈值	(80，100]	(60，80]	(40，60]	(20，40]	[0，20]
预警信号灯	绿灯	蓝灯	黄灯	橙灯	红灯
风险程度	低风险	较低风险	一般风险	较高风险	高风险
安全状态	安全	较安全	基本安全	不太安全	不安全

在确定风险预警等级以后，根据具体应用场景，对某种产品或技术的安全风险预警情况进行综合分析和评估，并在此基础上探讨建立安全风险评估预警机制。

8.4　本章小结

人工智能具有技术属性和社会属性高度融合的特征，其快速发展带给人类的收益是前所未有的。但是，一旦人工智能脱离人类期望的发展方向，其带来的危害也将是巨大的，甚至是毁灭性的。因此，需要给人工智能打造一款“规则”的牢笼，使其更好地服务人类。我们应当认识到，对人工智能的约束和监管并不是为了遏制人工智能的发展，相反，唯有安全的人工智能才能走得更远。同时，人工智能技术的不断发展和成熟也将有利于解决人工智能安全问题，因此，需要树立“审慎监管”的理念，在监管和发展之间取得平衡。安全是为了更好地发展，发展是为了未来的安全，一切的出发点都是为了人类的共同利益[17]。

为此本章从制定安全标准和开展风险评估预警等方面对人工智能产生的风险进行预防和控制。在标准方面，体现以人为本的理念，构建包括伦理道德安全，数据、算法和模型安全，技术和系统安全，安全管理和服务，安全测试评估，产品和应用安全的人工智能安全标准体系，对产品功能、性能进行约束。在风险评估方面，主要考虑人工智能在可靠性、鲁棒性、可解释性、可控性、公平性、隐私保护性、责任确定性、向善性等方面的风险和挑战，并列举了一个具体的包括算法模型安全、数据安全及隐私、管理体系、应用环境在内的评估指标体系。在预警方面，在对人工智能的安全风险进行分类和评估的基础上，确定安全风险预警等级，制定预警方案，能够降低风险发生的概率，将风险控制在一定范围内。

参 考 文 献

[1]　胡影，上官晓丽，张宇光，等. 人工智能安全标准现状与思考[J]. 保密科学技术，2017(11): 4.

[2]　何哲. 人工智能时代的人类安全体系构建初探[J]. 电子政务，2018(7):16.

[3]　李木金，凌飞. 一种基于人工智能的信息系统安全风险评估与防护方法[P]. CN104965972A, 2015.

[4]　张琳琳，王腾. 人工智能安全国际标准化进展研究[J]. 信息通信技术与政策，2021(11): 6.

[5]　中国电子技术标准化研究院. 人工智能标准化白皮书（2021 版）[R]. 2021.

[6]　中国电子技术标准化研究院. 人工智能标准化白皮书（2019 版）[R]. 2019.

[7]　国家新一代人工智能治理专业委员会. 新一代人工智能治理原则——发展负责任的人工智

能[R].2019.

[8] 全国信息安全标准化技术委员会. 信息安全技术—数据安全能力成熟度模型[R]. 2019.

[9] 邵辉，赵庆贤，林娜. 风险管理原理与方法[M]. 北京：中国石化出版社，2010.

[10] 孙立新. 风险管理原理、方法与应用[M]. 北京：经济管理出版社，2014.

[11] 梅亮，陈劲，吴欣桐. 责任式创新范式下的新兴技术创新治理解析——以人工智能为例[J]. 技术经济，2018(1): 1-7。

[12] SIMON Y E, JIN B H, DONG S K. Security Modelling and Assessment of Modern Networks Using Time Independent Graphical Security Models[J]. Journal of Network and Computer Applications, 2019, 15: 102-106.

[13] 宋艳，陈冬华. 信息系统安全风险评估综述[J]. 情报理论与实践，2009, 32(5): 5-10.

[14] 蒋增增，黄超，李乐，等. 人工智能人脸识别技术的应用与安全挑战[J]. 保密科学技术，2019 (9): 18-22.

[15] JIAS, GUO GD, XU Z Q. A Survey on 3D Mask Presentation Attack Detection and Countermeasures[J]. Elsevier, 2019(9): 1-13.

[16] 孙道锐. 人脸识别技术的社会风险及其法律规制[J]. 科学学研究，2020, (7): 1-17.

[17] 郝英好. 人工智能安全风险分析与治理[J]. 中国电子科学研究院学报，2020, 15(6): 501-505.

本章执笔人

郝英好 中国电子科技集团公司发展战略研究中心

高卉杰 国家工业信息安全发展研究中心

安　达 中关村实验室

第 9 章　人工智能法律伦理

人工智能作为人类谋求生活方式改变的一种技术，一方面，就其社会属性来说，它是人类认识自然、改造自然的结果；另一方面，就其自然属性来说，它有自身存在、发展的规律，而且这个规律不受人类意志的限制。那么，受限于技术自然属性的复杂性和人类认识能力的局限性，在利用技术时难免会出现违背技术规律的现象发生，从而产生无法预知的社会技术风险。这种技术风险源于人类的社会活动，对技术社会风险的防范就是对人的行为的控制、激励。伦理规则指引着人类社会的发展方向，通过法律，可以制定有组织的社会制裁措施来确保人们对正当行为的基本要求的服从。因此，对于人工智能的规制，不仅需要伦理规则为人工智能技术发展指明正确的方向，更需要法律的规制来确保人工智能技术始终服务人类社会福祉。

9.1　人工智能伦理

在不同历史时期及不同国家中，伦理常常具有不同的形态。本章所涉及的人工智能伦理是哲学意义上的伦理。“伦理”一词在古文中常与“礼义”并举，指约束人们行动和交往的社会规范，如贾谊《新书·时变》：“商君违礼义，弃伦理。”西方“伦理学”一词则源自古希腊语 ἦθος（ēthos），本指动物常住的巢穴，引申为社会的风俗习惯和个人的性格品质。这两种引申用法都关系到对人的行为的评价，都会涉及一个社会或一定群体所认可的行为规则，用来管理人与人之间的交往行为。相应地，伦理学就是关于这些行为规约和道德原则的系统性研究，有时也称道德哲学。

与哲学的其他领域不同，伦理学所关心的首先是我们具体且日常的行为。它引入一系列抽象概念和理论命题，目的都是让我们更好地理解什么是好的或者正当的行为。不过，我们的行为（尤其是与他人的交往行为）不仅受到伦理和道德的管辖，也会受到礼仪、法律和宗教等规则体系的约束。道德原则的特殊之处突出地体现在它的优先性上：当道德原则和上述非道德原则在“什么是正确行为”

这一问题上发生冲突时，我们倾向于服从道德原则，并且认为道德原则本身就给予了我们服从它的充分理由。例如，当我们意识到男女不同席的传统礼仪有违人人平等的道德法则时，我们就有理由反思这种礼仪的合法性；而我们断定“恶法非法”，或某种既定法律之所以不应具有法律效力，通常是因为它违背了更高的道德法则。因此，伦理学是关于我们的行为的最基本规范的系统性研究，通过理性反思和论证推演的方式，考察什么是正当的行为。

当代哲学家通常将伦理学分为三个子领域：元伦理学（Metaethics）、规范伦理学（Normative Ethics）与应用伦理学（Applied Ethics）。

1. *元伦理学*

元伦理学涉及的是对道德价值、道德概念和道德陈述本身性质的形式反思，如真的存在客观的道德价值吗？当我们说“撒谎是不正当的”时，这个陈述是在表征撒谎这种行为的某种客观属性，还是仅仅在表达说话者对这种行为的反感？元伦理学并不直接断定什么东西实质性地构成了我们的道德价值，也不尝试直接解释为什么撒谎是不正当的行为，而是试图说明当我们谈论道德价值和做出道德判断时，我们究竟在谈论什么，我们预设和承诺了什么。元伦理学的“元”（Meta-）这一前缀表明，它是有关伦理学作为一门知识如何“得以可能”的研究。

在当代的讨论中，哲学家往往通过诉诸形而上学、认识论、语言哲学、心灵哲学等理论哲学分支来说明伦理学的基本理论预设。

（1）道德形而上学关心的是道德属性是否存在，以及如果存在，那它是什么类型的存在。其中的关键就是要确定道德价值究竟是一种独立于心灵的实在属性，还是依赖人的认知、文化和社会构建的属性。如果它是一种客观的属性，那我们能否像研究事物的自然属性那样来研究人类行为的道德属性。

（2）道德认识论需要解释我们是否能够获得道德知识，以及如果能够获得道德知识应该如何获得，它需要对道德怀疑论者和道德相对主义者的主张做出回应。

（3）道德语言哲学聚焦道德语词的意义和功能：它们究竟是用来描述某种外在属性，还是在表达道德行动者的某种情感态度。

（4）道德心理学（伦理学内部有关心灵哲学的讨论通常称为道德心理学）关心的是，我们的道德陈述所对应的心灵状态究竟是我们关于世界的某种信念，还是某种态度或动机。例如，当我们说“撒谎是不正当的”时，我们是仅仅相信这是一个道德事实，还是说我们有了明确的心理动机，拒绝撒谎这种行为。

当代元伦理学往往借助对以上问题的不同回答来区分四种主要的理论派别。例如，我们可以通过“道德价值是否客观存在”来区分实在论和非实在论。在实在论中，我们可以进一步追问道德事实是否可以还原为自然事实，以区分自然主义和非自然主义。在非实在论中，我们可以通过“道德陈述是否表征事实”区分错误论和非认知主义。前者认为，伦理陈述被认为是用来表征事实的，但并不存在这样的事实，因此所有的道德陈述根据定义就是错误的陈述；后者则认为，伦理陈述并不表征事实，而是用来表达某种非认知态度的，如我们的情感。

2. 规范伦理学

规范伦理学是有关道德价值的一般性理论。与元伦理学对抽象的形式问题的关注不同，规范伦理学要对“什么是正当的行为或者我们应当做的行为”这一根本问题给出实质性的回答，更重要的是，还要提供恰当的理由，为自己的回答做出辩护，如撒谎究竟是不是不正当的？如果这种行为是不正当的，那么究竟是因为它会带来恶果，还是因为它本身就违背了基本的道德法则？

我们的行为包含不同的面向，在评判一个行为是否正当时，有三个维度得到了较多的关注：行为的结果、行为本身、行为的动机，它们分别对应三种不同的道德直觉，由此衍生出三种重要的规范伦理学理论。

（1）一个道德上正当的行为应当能够带来好的后果，能够使我们的世界在未来变得更好。这样的主张被称为“后果主义”（Consequentialism），它强调我们应当尽可能地通过我们的道德行为使世界变得更好。该理论涵盖了以边沁、密尔等人为代表的经典功利主义及其现代继承者的观点。经典功利主义将快乐看作唯一内在的善，认为道德上正当的行为应当使善最大化，它有一句著名的口号是“为了最大多数人的最大幸福”，一个行为即使会给少数人带来伤害，但只要它能够给大多数人带来更多的快乐，我们在道德上就有理由允许这样的行为。

（2）与后果主义的直觉相对，有些行为（如杀害无辜者）看起来在道德上就是错的，而无论它们能够产生什么样的后果。例如，一艘救生艇在海上漂流多日，食物即将耗尽，杀死船上一个无辜的人显然会增加其他人幸存的概率，但我们仍然倾向于认为这种谋杀在道德上是不正当的，除非受害者自愿牺牲。这种坚持道德义务绝对性的主张，常被称作义务论（Deontology）。它同样体现一个朴素的想法：某些道德原则不可让步，任何在它面前权衡利弊的做法本身都是在亵渎道德。以康德伦理学为代表的义务论认为，一个道德选择之所以是正当的，是因为它符合某种基本道德规范，如从不将他人单纯地作为达到某种目的的手段。

（3）一个道德上值得肯定的行为不仅仅关系到行为的后果和行为本身的合规性，而且应当出自高贵的行为动机，其行动者不应该只是碰巧地完成了该行为，而应当有某种内在的品质促成他或她的正当行为。美德伦理学（Virtue Ethics）据此认为，正是一个行动者所具有的美德使其行为具有了道德正当性。该主张可以追溯至亚里士多德、阿奎那等中世纪哲学家，经由安斯康姆、富特等人的努力，在20世纪下半叶得以复兴。

当然，规范伦理学的研究进程并不局限于此，值得一提的是关怀伦理学（Care Ethics），它强调伦理的根基不是独立自主的道德个体，而是相互关联的、相互依赖的关怀活动。一个行为是否正当不在于它的后果和行动者所具有的品质、超越行动者的道德法则，而在于它是否能改善一个道德共同体成员之间的相互关爱关系。

3. 应用伦理学

应用伦理学又称实践伦理学，它尝试将伦理学的研究范围扩展到学院哲学之外，直接考察我们当下生活的世界中涌现出的具体的、特殊的伦理问题，例如，我们是否应当全面禁止全自主致命武器系统，是否允许科学家利用基因编辑技术修改人类胚胎中的某个基因，医生是否应当向病人隐瞒病情，等等。

应用伦理学又可以区分为动物伦理学、生命伦理学、商业伦理学、计算机与信息伦理学、环境伦理学、神经伦理学等分支领域。它们需要面对的一个共同的核心议题是，如何弥合理论与实践的鸿沟，如何为具体的道德决策提供有效的辩护。常见的应用伦理学模型有三种，第一种是自上而下的模型，将现存的一般性的道德规范应用到全新的特殊情境中，如用后果主义的“最大多数人的最大幸福”来衡量基因编辑胎儿的利弊；第二种是自下而上的决疑法，从现有的社会实践出发，以某些典范性案例的分析作为伦理决策的基础，类似于普通法中的判例原则，如在论及人体试验的相关伦理原则时，人们常常诉诸臭名昭著的塔斯基吉梅毒实验；第三种是某种综合性的研究路径，它从尽可能广泛的道德案例、道德直觉和道德原则出发，通过一系列反思和修订来使所有道德要素变得尽可能彼此融贯，这又被称作反思平衡和融贯理论。这三种应用伦理学模型各有利弊，所展示出来的正是伦理学本身作为一门实践知识的内在张力，即如何用理论的方式去解决我们在现实世界中遭遇的道德困境。

作为近年来新兴的一门伦理学理论分支，人工智能伦理与上述传统伦理学理论既有紧密关联，也有部分论域重叠。然而，人工智能特别是强人工智能系统可能引发的伦理风险与伦理问题具有独特性质，人工智能伦理又有别于工程师伦理及计算机伦理。由于不同国家和民族所坚持的基础伦理体系彼此有别，人工智能伦理不可能是任意一套伦理规范的简单应用。显然，理解人工智能伦理含义的出发点，在于分析人工智能系统引发伦理风险的特征和性质。其中，强人工智能系统能够鲜明地揭示人工智能伦理风险的独特性质。

关于强人工智能技术制品的伦理风险的讨论，不可避免地会涉及我们如何理解“人工智能”这一概念——从广义的角度，可以理解为一种能够显示出相关智能行为的人工计算系统，该系统可以通过复杂算法来实现某个给定的目标，在此过程中，该系统所展示出的复杂行为明显具备智能化特征。此处涉及的“智能”概念不仅指那些为了达成某一特定任务目标或从事某一特定任务的单一任务导向的人工智能，而且包括那些具备具有一般性的智能特征，可以执行多种不同类型的智能任务（乃至执行任何类型的智能任务）的人工计算系统。后者被人工智能领域的相关研究人员称为“强人工智能”或“通用人工智能”（General AI）或“完全人工智能”（Full AI），配备了上述计算系统的机器就具备了执行通用智能行为（General Intelligent Action）的能力，可以尝试执行全方位的智能行为任务。因此，强人工智能技术制品的伦理风险所探讨的对象是应用强人工智能技术所产生的技术制品，这类技术制品可以是具备物理形体、具有运动能力的半自主或自主智能设备，也可以是不以物理形态为典型特征的强人工智能虚拟系统。伴随着强人工智能技术制品日益广泛地在生活中应用，我们可以日益清晰地感受到强人工智能技术制品对人类发展产生的重大影响，这也使我们不得不严肃地思考如下一系列根本问题：我们应该用这些强人工智能技术制品做什么？强人工智能技术制品本身应该做什么？强人工智能技术制品会涉及哪些风险或带来哪些风险？我们应当如何掌控这些风险？

近年来，我们可以在大量的新闻报道中看到强人工智能技术制品的身影，其中相当大的部分关注的都是强人工智能技术制品的伦理问题，这些问题包括：如何预测强人工智能技术制品给未来人类社会带来的冲击与影响（其中哪些后果是符合伦理的，哪些后果是有悖伦理的）？我们应当如何实现那些符合伦理要求的目标？我们应当如何减少乃至彻底规避那些有悖伦理要求的不良后果？因此，关于强人工智能技术制品的相关伦理评估的讨论将不可避免地围绕 “风险”“安全”“隐患”“危机”“挑战”等议题展开。同时，我们不难发现，这些讨论更多地集中在各种“担心”或“忧虑”层面上，在一定程度上，关于强人工智能技术制品的相关反应可以被视为人类面对新技术变革的典型现象。我们同样需要理性地分析和评估上述现象中哪些要素是合理的，哪些要素是刻板印象，哪些要素是非理性的。

我们应当承认，仅针对当下的社会现实而言，由于强人工智能技术制品介入生活，我们在享受由强人工智能技术制品带来的便利和高效的同时，也已经发现了强人工智能技术制品实际产生的危害，针对这些危险，相关人员已经进行了伦理和政治层面的深入讨论，并为控制技术的发展轨迹进行了重大的监管、政策、法规和法律等层面的实践与努力。我们还需要认识到，强人工智能技术制品作为一种新兴的技术制品，对我们既有的、传统的规范体系与概念框架提出了挑战——当我们面对强人工智能技术制品所带来的一系列崭新的伦理问题的时候，我们也真切地感受到了在应用既有的伦理概念系统时的困惑和迷茫，传统的伦理概念系统在面对某些由强人工智能技术制品所带来的伦理风险时，在评估上表现出“无力”的状态。

需要特别强调的是，就当前阶段而言，强人工智能技术在理论探索、产品应用等方面还属于新兴领域，因此，针对强人工智能技术制品的伦理风险评估将只能基于当前已经应用人工智能技术（尽管相关技术不一定总是必然地满足“强人工智能”的严格标准）的相关产品所造成的不良伦理后果，以可预测的方式，针对强人工智能技术制品在未来可能会带来的伦理影响进行具有前瞻性的评估。而针对强人工智能技术的伦理学讨论同样属于伦理学中的一个新兴的领域，虽然相关理论探讨呈现出极大的理论活力，但是在相关问题的解决方案、评估策略等方面，远远没有达成权威的或者统一的认识，更没有产生学术界公认的成熟理论成果，因此，本章后面展现的中国式“优化共生设计方案”也应当被视为一项全新理论探索过程中的阶段性成果。

我们主张，基于中国式“优化共生设计方案”，结合“向善的人工智能”的伦理目标，以理性前瞻、动态调整和多元平衡的模式，设计并制定关于强人工智能技术制品伦理风险的具有前瞻性和预测性的框架体系。这套伦理风险框架体系可为中国式“优化共生设计方案”力图达成的伦理目标提供面向未来的检验标准和应用场景基础。借助跨学科研究及国际机构对于强人工智能技术制品风险的既有评估，我们对强人工智能技术制品的伦理隐患、伤害及风险的内容条目与影响范围进行了前瞻性、提示性分析，并给出相关风险的概览性指南。

强人工智能技术制品的伦理风险框架的评估对象包括：在使用强人工智能系统、强人工智能技术制品的可能场景中，被直接或者间接地影响到的人类个体、以各种互动方式组织起来的人类社群、其他生命物种及相关联的自然环境。在强人工智能技术制品伦理风险的具体评估中，实际参与评估与讨论的主体不仅限于强人工智能技术制品研究者和设计者、伦理学家、相关社会科学领域的专家、强人工智能技术制品用户及其家庭成员，还需要尽可能广泛地包含具备适当信息知情条件的公众及对强人工智能技术制品伦理讨论具有明确兴趣的社会成员。在对强人工智能技术制品伦理风险与评估进行有效定性或定量的过程中，评估人员与机构在进行数据信息采集和提取工作时，需要严格遵循相关法律法规及行业准则。评估人员和机构必须在尊重和确保个体隐私安全的前提下，保证信息数据搜集的公平与公正。

具体而言，涉及强人工智能系统及强人工智能技术制品的相关伦理评估现象，突出地表现为以下一系列论题：在强人工智能系统及强人工智能技术制品应用条件下产生的隐私侵害问题；利用强人工智能系统及强人工智能技术制品所进行的对人类个体的监控与行为操纵问题；强人工智能系统及强人工智能技术制品中所涉及的、“大数据伦理”所关切的不透明性问题；强人工智能系统及强人工智能技术制品的决策系统中的偏见与误导问题；在强人工智能系统及强人工智能技术制品应用条件下的人机互动问题；由强人工智能系统及强人工智能技术制品在行业应用中引发的职位剥夺与就业危机问题；强人工智能系统及强人工智能技术制品对人类自身主体性与自主权的影响问题；强人工智能系统及强人工智能技术制品本身作为“人工道德智能体”（Artificial Moral Agents），我们应当赋予这类“人工道德智能体”哪些权利、品性与责任等问题；如果我们接受关于超级人工智能的“奇点”的存在，那么，未来可能出现的、具备超级智能的强人工智能系统及强人工智能技术制品是否会带来新的社会压迫与社会控制等问题。

当我们认真检视上述问题时，我们可以从不同角度对其进行归类。具体说来，我们会发现其中一些问题属于广义上由新科技带来的伦理风险，例如，就业危机与职位剥夺的问题，是伴随着历次科技革命而出现的普遍的伦理问题，虽然在强人工智能系统及强人工智能技术制品的条件下，相关伦理问题的呈现可能表现得更为严峻或者更为强烈，但在最根本的层面，相关伦理风险的出现及潜在的解决方案，可以借鉴在社会演进过程中以往出现的、在技术革新条件下的伦理评估框架与问题解决模式；与之形成鲜明对比的是，涉及强人工智能系统及强人工智能技术制品中的不透明性、决策系统中的偏见与误导、人机互动场景中的人机伦理关系等问题，更多地表现为强人工智能所独有的伦理问题，特别是涉及“人工道德智能体”的伦理问题，不仅是在之前人类社会演进过程中面对其他类型的自动化设备的时候所不曾出现的问题，而且围绕“人工道德智能体”所展开的伦理思考，在相当大的程度上，甚至挑战了既有的伦理概念框架，迫使我们亟须更新或演进伦理概念系统。针对那些强人工智能系统及强人工智能技术制品所特有的伦理风险问题，我们可以将相关问题分类为已有的、现实性的伦理风险评估与前瞻性的、理论依赖性的伦理风险评估等。例如，我们在强人工智能系统及强人工智能技术制品应用条件下的人机互动领域中，已经观察到一系列诸如在人工智能护理场景中人类个体产生不当情感依赖等报道，这揭示出在现有的科技发展条件下强人工智能系统与强人工智能技术制品所带来的现实的伦理风险与伦理问题。而那些涉及超级智能 “奇点”的超级人工智能在未来可能引发的新型社会压迫或社会奴役等问题，则更多地表现为基于当前理论建构而产生的具有前瞻性的伦理风险预测与展望。

通过上述说明与分析，我们可以清晰地感受到，围绕强人工智能系统及强人工智能技术制品展开的相关伦理评估是何等的错综复杂，相关论题多呈现一种彼此交叉、相互勾连的状态。这就迫使我们在进行相关伦理风险评估的时候，务必谨慎地选取针对相关问题的、更为恰当的展现方法及更为有效的表述形式。为了清晰而简洁地呈现相关伦理隐患、伤害与风险，也为了系统性地展示相关伦理领域的概貌，我们将在后续内容中以图表形式来表述强人工智能系统与强人工智能技术制品的伦理风险评估框架。这种展现方法与表述形式不仅可以针对伦理风险新建评估维度，进行较为全面的内容展示，而且借助图表中不同内容中的对照，可以更为切实地理解相关伦理风险评估中不同维度之间相关内容的交叠与差异。

综上所述，人工智能技术所引发的独特伦理风险和伦理问题与其不断被追求和提升的自主性程度具有密切关系。尽管如此，人工智能自主性程度的高低并不必然地与系统的道德敏感性强弱有关联 [1]。空中客车系列飞机的自主巡航系统具有很高程度的自主性，但其道德敏感性并不强。作为民用飞行器，空中客车系列飞机的设计与制造只需满足安全性和舒适性这些简单的伦理价值需求。与之相反，MedEthEx 在线学习程序只是一套简单的专家系统，为临床医生处理伦理问题提供相应指南[2]。虽然 MedEthEx 的自主性程度不高，但其道德敏感性却十分突出。然而，如今人工智能技术的发展与应用正朝着自主性与道德敏感性程度同时提升的方向发展[3]。人工智能系统作为一套复杂系统，本质上具有不可预测性，在突发因素的影响下，不可避免地会出现偏差。因此，人工智能伦理就无法像传统伦理学那样，仅对设计、制造和使用人工智能技术的行为进行道德约束，而必须拓展到对智能系统本身的道德约束。人工智能伦理风险的独特性就在于，该技术不仅为人服务，更对人产生重要影响。随着自主性程度的显著提升，人工智能伦理必须被前瞻性地融合在人工智能技术的设计和发展之初。人工智能技术的研发和应用不能仅依赖经济驱动这种单轮驱动模式，而必须转为依赖经济与价值双轮驱动模式。

9.2 强人工智能伦理

第四次工业革命即将来临！历史上每次工业革命都基于新的驱动力形式，通过新的生产方式，实现自动化及连接方式的改变。18 世纪的第一次工业革命由蒸汽动力驱动，通过机械生产和修路架桥实现了国内连接。19 世纪的第二次工业革命由电能驱动，通过大工业生产和劳动分工形成了更加高效的生产连接。20 世纪中叶的第三次工业革命由信息技术推动，通过电子工业快速增加了人类内部及人与自然世界之间的连接。第四次工业革命则由大数据驱动，通过人工智能等颠覆性技术实现自动化及连接的极致形态。第四次工业革命将以前所未有的速度、广度和深度及系统性影响程度改变人类生产、生活和交往方式。

如今，人工智能技术的迅猛发展已经引发深刻而复杂的伦理挑战。国际社会正在广泛动员，积极采取应对策略。作为全球人工智能技术重要研发国家之一，中国政府和中国社会对此责无旁贷。我们积极探索和发展人工智能伦理及其治理体系，这并非要变成这项前沿科技进步的桎梏，而是要推动和驾驭人工智能向着造福人类和自然的方向良性发展。在第四次工业革命初期，我们亟须以前瞻性的方式研究强人工智能伦理的独特性质及相应伦理规范，并在此基础上初步形成强人工智能伦理的可能理论框架。为此，我们不仅要一般性地描述人工智能带来的伦理风险和治理现状，还要精准分析人工智能及强人工智能所引发的伦理风险的性质、范围及相应的伦理规范基础。基于人工智能技术发展模式的独特特征，我们能够更好地理解人工智能伦理研究的挑战性和新颖性。

在本节中，我们将通过如下五个方面来展示对强人工智能伦理的初步反思和研究结果：人工智能的伦理风险与治理现状、强人工智能的伦理风险、强人工智能体的伦理身份与新型伦理关系、向善的强人工智能——优化共生设计、强人工智能伦理治理的初步思考。

9.2.1　人工智能的伦理风险与治理现状

毫无疑问，人工智能及机器人技术与其他科学技术一样，其出现必然改变人类习以为常的生活方式和社会关系，包括人的思想感情和行为举止，而且会直接影响人类的未来发展。

人工智能技术的终极目标是建立与人类智能同等程度的智能行为系统，即强人工智能，其具有高度的复杂性和自主性，以及不同于以往任何机器设备的智能行为能力，因此，人机之间的关系将发生根本性变化。未来在人机互动领域，二者的行为和决策将产生什么伦理后果？人工智能系统是否应对自己的行为负责？如何保证其行为符合人类共同体的远景？所有这些都是在研发人工智能技术时必须考虑的严肃问题。事实上，即使目前人们应用的人工智能技术并不“强”，却已经引发了许多现实的伦理风险和社会问题，可概括为以下几点。

（1）失业。这个问题虽然是由技术发展导致的一般结果，并非人工智能的独特问题，却为人工智能伦理学所重视。有些工作，人工智能做得比人更好，自然会让一些人失去工作，迫使他们不得不重新接受培训，以寻找新的工作。例如，在美国，货运公司雇用的卡车司机有几百万人。倘若特斯拉的自动驾驶卡车研制成功，则结果必将是他们中的许多人失业。就业问题涉及社会资源和财富如何正义分配，因此，所有国家的政府在制定各类政策时都必须予以考虑[4]。

（2）隐私泄露。尽管政府明文禁止，但人工智能技术应用始终存在侵犯个人隐私的风险：例如，为了提供更好的个性化服务，通过人工智能技术收集和分析个人数据，但很难避免被他人恶意透露和使用；又如，通过电话追踪程序或借助声音和面部识别信息，对个人进行不同程度的监控，甚至利用个人数据操纵、欺骗他人。

（3）虚假信息。利用人工智能技术拼接图像或声音，制造假消息、假新闻，四处传播，混淆视听，而且往往出于不好的动机。这种深度伪造技术越来越容易被大众掌握，很容易对他人或社会秩序造成严重伤害。

（4）系统偏见。机器是由人设计的，而设计者可能有偏见。人工智能系统在接受研制者的调试时，很容易接受研制者的偏见或错误。例如，MIT 媒体实验室在测试面部识别技术如何作用于不同种族、不同性别的人时，发现 IBM 研发的算法在识别具有黑色皮肤的妇女时更易出错[5]。除了人的传递，偏见还可以多种方式潜入算法。机器学习算法的不透明性及人类的偏见，可能影响人机之间的正确理解，使我们无法保证公平、正义及程序正当等。

（5）机器错误。人工智能绝非一贯正确，它像人一样，也会出错，更何况机器学习是需要时间的。如果训练（调试）过程严密妥帖，数据充足且准确，其运行自然顺畅。反之，如果接收了错误数据，或者程序设计有误，那么机器便会出错。例如，聊天机器人 Tay 于 2016 年被投放至推特，不到一天，便从其他推特用户那儿学会了种族诬蔑，致使微软立即将其关闭[6]。

（6）人机互动。人工智能机器人越来越多地被用于人机交流过程，人机互动亦会引发一些伦理问题。例如，对于医院的护理机器人和用于家庭的社会化机器人（其目的是人机一对一互动），除了必须遵守医学伦理学倡导的原则（仁慈、不伤害、自主权、正义、尊严、坦诚）等，还必须解决一些基本的社会和情感问题，如用户对机器人的情感依恋问题、欺骗问题、隐私保护问题等。对于机器人性伴侣，情况或许更加复杂。随着机器人智能程度的大幅提高，人机互动的伦理问题将更加尖锐和突出。

（7）权责问题。倘若如哲学家认为的那样，自主性为责任和人格奠定基础，那么，责任蕴含自主性，反之则未必，因此可能有些系统有某种程度的自主性，却没有责任问题。不过，一些人工智能系统已经面临行为责任的认定问题。例如，2018 年 3 月，优步自动驾驶汽车发生致人死亡的交通事故，由此引发了许多相关的伦理问题，其中一个主要问题是“谁应当为此负责？”是编写程序的研发者？还是传感器等硬件的制造者？抑或车辆的监管人员？或者优步本身？或者行人？如果责任需要分解，则应根据什么原则[7]？与此相关的另一个问题是，“人工智能系统是否享有权利？”目前，人工智能相对“低弱”，可以将其看作一件毫无感情的物品。然而，如果是强人工智能呢？它们难道不会有好恶反应吗？我们的目标是使人工智能系统成为人类的合作者，而非敌人。因此，“如何善待它们”被提上议程。如果人工智能系统是一个“人工道德智能体”，那么它就有权利和责任。

（8）奇点问题。有学者预言，人工智能将比人类智能更聪明，那个时刻便是“奇点”。如果达到这一假设点，则技术的发展将变得不可控、不可逆，人类不再是地球上最智能的存在者，甚至会处于极度的危险之中。尽管听上去很像科幻小说，但是，按照人工智能研究和发展的轨迹，其目标是实现具有人类智能水平的系统，而这些系统本身有能力自我完善，具备超越人类智能的条件。有学者认为，奇点最早可能发生在 21 世纪 30 年代。无论现实结果如何，我们现在应该未雨绸缪，时刻把握和及时调整人工智能技术研发的伦理方向。

面对人工智能的伦理风险和问题，国际社会、各国政府、相关专业机构，纷纷出台各类政策法规，力图在实践上提出治理原则，规范人工智能技术的研发过程，尽可能地增加人工智能技术的效益，减少潜在的代价和风险。

在国际层面，2016 年，联合国大会通过声明，要求禁止研发“缺乏人类控制的自主武器系统”。联合国还在海牙特别成立了专门研究机构来研究人工智能和机器人学的治理。2021 年，联合国教科文组织成员国通过了《人工智能伦理建议》。在国家层面，2019 年，美国国防部发布了《人工智能伦理指南》，为合理使用人工智能技术提供伦理原则。2020 年，美国政府发布了《面向情报系统的人工智能伦理学框架》，指导相关人员正当获取、设计、建构、运用、保护和管理人工智能技术及相关数据。英国 BSI 于 2016 年发布了《机器人与机器人设备》，作为机器人和机器人系统设计和应用的伦理指南。2020 年，欧盟议会发布了《人工智能：从伦理学到政策》，向欧盟议会成员介绍人工智能伦理学及政策。2017 年，欧盟议会通过的《机器人民法条例》建议报告，同时包含了《机器人学宪章》《机器人学工程师伦理行为准则》《研究伦理委员会准则》。在专业机构层面，IEEE 分别于 2016 年和 2017 年公布了两版人工智能伦理政策性文件《与伦理协调的设计》，并于 2019 年在广泛争取国际意见的基础上，发布了最终版。2019 年 4 月，欧盟委员会人工智能高层专家组在修订并重新发布了《可信赖人工智能伦理导则》。2019 年，我国国家新一代人工智能治理专业委员会发布了《新一代人工智能治理原则》，倡导发展负责任的人工智能技术。这些努力既为未来中国人工智能伦理标准化工作提供了宝贵的经验，也在一定程度上显露了既有的伦理框架在面对人工智能时的局限性。

随着人工智能技术的迅猛发展，各国政府和专业机构会更加重视相关伦理风险的规避与治理。我国须与世界各国在人工智能伦理学方面的研究保持同步，并率先做出相应预测、制定相应对策。

9.2.2 强人工智能的伦理风险

1. 强人工智能伦理风险预测

前文提到强人工智能伦理主要涉及强人工智能技术制品①。基于中国式“优化共生设计方案”，结合“向善的人工智能”的伦理目标②，我们以理性前瞻、动态调整和多元平衡的模式，设计并制定关于强人工智能技术制品伦理风险的具有前瞻性和预测性的框架体系。

强人工智能技术制品的伦理隐患、伤害及风险评估需要考察的范围（包括但不限于）如下。

（1）是否充分尊重个人知情同意权、隐私权等相关权利，是否充分尊重个人尊严，是否存在未经正当授权的个人数据信息收集，是否存在对相关数据的误用。

（2）是否充分考虑了强人工智能技术制品设计、使用和交互场景的复杂性与多样性，是否充分考虑了在上述条件下对个人、社群和社会产生的物理与心理层面的影响。强人工智能技术制品的成本–收益评估是否充分体现了个体、社群、社会、自然环境的权益权重。

（3）是否合理地鉴定了强人工智能技术制品在设计、使用和交互过程中的安全性、可靠性等，以及责任的承担方与归属方。

（4）对于特种用途强人工智能技术制品，在其相应的设计、使用和交互关系中，是否针对其特性进行了特定的伦理危害与风险鉴别与评估，是否充分进行了相应的伦理价值辩护。

（5）对于不同种类或类型的强人工智能技术制品，在其相应的设计、使用和交互关系中，是否充分考虑了相关功能差异所带来的强人工智能技术制品阶层划分及其对人类个体、社群与社会的派生性影响。

（6）在相关伦理准则不一致甚至冲突的情况下，对于选定某一或者某些准则作为核心或者赋予高权重（或优先性）的操作，是否经过了审慎的伦理辩护与合理说明。

（7）在没有（明显）伦理准则冲突的情况下，是否充分考虑了强人工智能技术制品在不同的社群文化及不同的历史–自然环境中所（可能）引发的不同后果，对相关结果是否进行了充分的伦理风险评估。

为了清晰而简洁地呈现相关伦理隐患、伤害及其风险评估，也为了系统性地展示相关伦理领域的概貌，我们采用图表形式来表述强人工智能技术制品的伦理

---

① 关于“通用人工智能”与“强人工智能”的相关讨论可以参见文献[8]；相关哲学问题的经典讨论可以参见文献[9]、文献[10]、文献[11]。

② 关于中国式“优化共生设计方案”与“向善的人工智能”的伦理目标下的相关阐述与讨论，可以进一步参见文献[12]。

风险评估框架。

表格横向依次是领域或范围、伦理隐患、伦理风险、应对这四项内容。伦理隐患、伦理风险和应对这三项内容的选择与安排，能够反映“中国优化共生设计方案”与国际通行方案之间的接续性、相容性与国际共识。伦理隐患主要考察强人工智能技术制品在目标领域可能产生的负面伦理影响；伦理风险侧重于强人工智能技术制品负面伦理影响可能的产生环境和条件；应对表达规避和减少强人工智能技术制品负面伦理影响的基础原则。

表格纵向依赖“中国优化共生设计方案”，划分出“个人与个体”“社群与社会”“经济与商业”“环境与共生系统”四个考察对象（领域）。这种划分突破了人类中心主义的伦理倾向，呈现了逐渐增强的整体论特征。首先，在优化共生的整体论框架中，这种划分从强人工智能技术制品的终端使用者个人出发，认可个人身体的自然性内在价值；在尊重多元、倡导正义的主张下，凸显人类及强人工智能技术制品都是自然共生系统中的成员，公平公正地认可人类使用者、强人工智能技术制品个体及相关自然物的权益与价值。“中国优化共生设计方案”在整合现代个体价值的同时，强调个人在社群中的人际角色和教化品格的伦理特质，在社会层面进一步凸显身体的重要伦理载体意义。其次，就目前既有的强人工智能技术制品而言，其尚不能被视为完全自主的道德行动承担者，然而，强人工智能技术制品所具备的道德要素特征不可否认。强人工智能技术制品伦理风险评估既需要在个体层面也需要在社群生活整体中考察强人工智能技术制品在目标机构中的整合性。再次，在全球化的背景下，商业与经济既是各国强人工智能技术制品发展的核心驱动力，也是社群及国家之间互动沟通的重要组织形式。强人工智能技术制品在工业生产和商业系统中的整合性需要获得考察和评估。最后，由环境与自然构成的整体性共生系统是上述所有对象（领域）及其相关活动的基础与平台。强人工智能技术制品在环境与自然中的整合性在伦理价值风险评估中扮演非常重要的作用。表格纵向罗列的相关对象（领域）均具有各自的内在价值，应当享有相应的权利并获得充分的尊重。优化共生设计方案所倡导的强人工智能技术制品伦理体系是真正意义上的多元主义方案。

表 9-1①中涉及的强人工智能技术制品伦理隐患、风险等并不完备。在强人工智能技术制品运行的所有领域中，强人工智能技术制品对个人、社会和环境造成的安全问题贯穿始终；特别需要强调的是，我们可以合理地预期，未来还会有其他新的内容被纳入伦理隐患与风险的考察范围内。“中国优化共生设计方案”是一套具有前瞻性的伦理体系，能够以积极的态度面向（乃至欢迎）未来可能增加的伦理隐患和风险评估内容。

---

① 以表格的方式可以更直观、清晰地呈现围绕强人工智能技术制品所进行的相关伦理反思，表格设计参考了文献[12]及文献[13]。

表 9-1　伦理风险评估框架

<table>
<tr><th colspan="2"></th><th>领域或范围</th><th>伦理隐患</th><th>伦理风险</th><th>应对</th></tr>
<tr><td rowspan="6">个人与个体</td><td rowspan="3">个人</td><td>个人隐私和权益保护</td><td>侵害个人隐私；侵害知情权</td><td>在未经授权的情况下，搜集和公布强人工智能技术制品使用者的个人信息，可能会存在滥用相关信息与侵犯个人隐私的情况</td><td>通过明确规定，确保当事人的知情权，有效保护数据，严格明确相关数据的使用领域</td></tr>
<tr><td>个体信任</td><td>使用者丧失对强人工智能技术制品终端的信任，产生关于强人工智能技术制品使用的个体性或群体性偏见及过激行为</td><td>信息不明或者信息误导等情况（可能）造成对强人工智能技术制品的误用与滥用</td><td>确保强人工智能技术制品的本质不被歪曲或掩盖，明确设计意图与设计理念，避免欺骗</td></tr>
<tr><td>心理生理依赖</td><td>使用者形成对强人工智能技术制品不当的生理、心理、交际依赖，或者对于使用强人工智能技术制品出现成瘾性行为</td><td>相关的不当依赖，可能会导致使用者（或群体）丧失人类个体（或群体）的自主性；破坏和剥夺使用者作为个体（或群体）的社会角色</td><td>建立并提高对相关生理、心理成瘾与依赖问题严重性的清晰认识与重视</td></tr>
<tr><td rowspan="3">强人工智能技术制品</td><td>人格尊严</td><td>过度的或者不当的（在人类品质或形体层面的）模仿/拟人化设计</td><td>过度的拟人化，可能会掩盖强人工智能技术制品的机械本质，在人类品质或形体的设计层面刻意隐藏强人工智能技术制品关于意图/行为/行动表现层面的人造性特征</td><td>避免不必要的拟人化设计，对必要的拟人化设计的意图进行评估</td></tr>
<tr><td>应用与设计意图</td><td>违反应用与设计意图；造成对使用者生理、心理的伤害</td><td>由于缺乏充分重视，可能会造成相关强人工智能技术制品的误用与滥用</td><td>在应用与设计中，尽可能地以前瞻性方式保证“向善的人工智能”的可实现性</td></tr>
<tr><td>强人工智能技术制品权益</td><td>不当的使用造成对强人工智能技术制品的损害；存在不当的回收处理</td><td>对强人工智能技术制品权益的无视，可能会造成强人工智能技术制品使用过程中的不必要损耗，造成资源浪费；在某些情形（如仿真强人工智能技术制品的应用）下，还会造成对人性和尊严的贬低及价值丧失</td><td>打破人类中心主义的局限，尊重强人工智能技术制品本身的权益与价值</td></tr>
</table>

（续表）

		领域或范围	伦理隐患	伦理风险	应对
个人与个体	强人工智能技术制品	自主学习和能力增强	强人工智能技术制品在与人的互动关系中异化；危害使用者与环境	由于缺乏对强人工智能技术制品自主学习范围和应用界限的实时有效的监控，无法预期和掌握强人工智能技术制品相关能力的发展与活动；造成对人类个体、社群、社会与自然资源的滥用与危害	强化人类对强人工智能技术制品自主学习和能力增强过程的监控
社群与社会		社群角色与社会关系	造成使用者个体（或群体）对其社群与社会角色的混淆与迷惑；危害人类社群与社会的建构和组织	频繁的互动可能会造成“强人工智能技术制品与使用者人群的关系”与“族群—社会关系”的混淆，以至于带来不当替代，忽视社会阶层的矛盾	明确和突出强人工智能技术制品的本质，阐明强人工智能技术制品的设计意图，严格管控强人工智能技术制品的使用领域
		社群多样性与文化多样性	破坏社群、文化与价值的多样性；加深阶层固化；强化社会偏见	缺乏对社群、文化多样性的尊重，可能会强化价值单一化取向，巩固社会既有的不当刻板观念，形成对少数群体的价值取向和偏好的不当边缘化与压迫	充分尊重社群与文化多样性，在设计强人工智能技术制品的过程中，尽力保证对多元价值的尊重与体现
		社会保障与社会阶层	造成社会阶层固化；加深社会成员的阶层分裂；加重社会福利救助体系的负担	在缺乏相关社会福利保障制度的情况下，专业服务强人工智能技术制品的大范围使用可能会造成对人类雇员的取代，增大失业人口比例，加重社会福利救助体系的负担，加大社会运作与组织成本	建立合理有效的社会福利保障制度，增强社会对再度学习与再度教育的相关资源的保障
经济与商业		雇用与协作	冲击劳动力市场；增加失业人口数量	对强人工智能技术制品的不当应用与过度配置带来对既有劳动力市场的冲击，降低被雇用方在就业市场中的竞争能力，造成失业问题	明确强人工智能技术制品的使用、投放领域和规模，保障劳资双方的权益，提高社会保障能力

（续表）

	领域或范围	伦理隐患	伦理风险	应对
经济与商业	经济与商业活动中的责任、义务、权益	无法有效归属经济与商业活动中的责任、义务、权益的承担方；造成不当的商业垄断；破坏相关经济与商业活动规章	信息和技术的不对称可能会造成商业合约的不公正，以及违反伦理道德、法律法规等的不当行为	保证信息的透明度和信息交流渠道的畅通，完善相关法规
	商业诚信与信息透明	造成商业欺诈；导致不当的商业盈利	操作、应用与监控的相关信息不够清晰与透明，可能造成参与相关活动的人类个体与群体对于与强人工智能技术制品在互动场景下的相关活动的后果与风险缺乏充分的理解和把握，无法充分判断强人工智能技术制品的相关应用与服务是否真正满足需要，无法综合计算和平衡相关的收益与风险	明确相关的法规或规则，清晰指明相关的操作流程，保障相关流程的操作规范性
环境与共生系统	环境资源与可持续发展	造成资源的过度使用；（由于缺乏规划）造成资源的浪费；导致环境污染	各种类型的强人工智能技术制品的生产和应用，造成对环境的巨大压力，在缺乏有效规划和管理的情况下，造成对资源的掠夺性使用，产生相关的工业废弃物与污染	制定有效的环境保护发展规划，合理布局发展速度与资源消耗比例
	生态多样性	过度侵占其他物种资源；导致物种濒危或灭绝	造成环境危害与资源耗损，进而带来环境危害与生物圈环境恶化，危及地球上的植物、动物等的多样性	充分尊重地球不同生物物种的权益，在强人工智能技术制品的设计和程序编码中，体现对生态多样性的保护条款
	局部与全局生态系统	破坏局部与全局生态系统运作机制	造成局部与全局性生态系统紊乱	准确、综合、动态地获取生态系统信息，及时进行相关评估

2. *强人工智能的伦理挑战：以护理机器人为例*

强人工智能在不同领域中的应用，带来了不同的伦理挑战。正如我们在分析伦理学尤其是应用伦理学的基本特点时所指出的，伦理反思的特点正在于它的实践性和具体性，我们必须在具体的生存处境中考察伦理困难，才有可能做出正确的伦理抉择。强人工智能在无人驾驶、全自动化致命武器系统、病患陪护等不同场景中的实现，都会造成不同的伦理困境。因此，在接下来的讨论中，我们以护理机器人为例，以当代关怀伦理学为理论指引，从不同视角出发，分析强人工智能在医护、康复、助残、养老等领域可能带来的伦理挑战。

机器人在医护领域并非新鲜事物，甚至有观察者认为，在过去的十年时间里，医护行业正在掀起一场“机器人革命”。我国及美国、欧洲、日本近年来公布的机器人技术发展路线图和发展战略都明确地将医用机器人作为发展重点之一。可以预见，机器人在医护领域中的迅猛发展成为后疫情时代的重要科技发展趋势。

护理机器人（Care Robots）是一类特殊的服务机器人，划分依据的是其服务的主要目的，即保持或改进人类的健康状态，以及满足人们对护理或关怀的需求。学术界通常接受这样一个具有解释灵活性的定义[14]：“护理机器人可以定义为在护理实践中使用的、可以满足护理需求的机器人，它由护理人或被护理人或者二者共同使用，用于医院、养老院、临终关怀中心或家庭等场合。”

护理机器人关系到医疗卫生实践中的两个核心概念：健康和护理（或关怀）。这里的健康不仅指正常的身体机能，根据世界卫生组织所提倡的对健康的宽泛定义，健康涵盖精神健康和社交健康，是包括心理状态和社交能力在内的完全良好的状态。这种定义跨越了传统的医疗和非医疗的划分，健康不仅与医院、诊所等医疗机构相关，还需要在个人的日常社会生活中得到适当的维护。与之相应，与健康的实现与维护紧密相关的护理也需要在一个更宽泛的社会语境中得到理解。护理不仅是为身体机能受损的病患、残障人士、老年人提供必要的服务，满足他们最基本的生理健康需求，而且需要对他们的心理需求，尤其是情感需求、社交需求等更高层次的需求做出回应。因此，护理体现的是对脆弱人群的全面关怀，不限于医院、养老院、康复中心等机构所提供的一系列专业护理活动，同时包括所有为了满足老弱病残合理需求的实践，是一个在不同情景中不断延续的完整进程。

由于健康定义和护理需求的多层次性，护理机器人这一概念跨越了个人机器人和专业机器人的界限，既包括家庭中个人使用的助老、助残机器人及具有陪伴、照护功能的机器宠物和仿真机器人等，也包括专业医疗机构中各种用来协助护士完成日常工作（如洗浴、喂食、挪移等体力工作）的护理机器人。因此，具有强人工智能的护理机器人的出现和广泛应用将会带来深刻的社会和伦理影响。这里需要强调的是，这些伦理影响并不局限于政策监管和司法规制的范围。政策和法律条文体现一个共同体的公序良俗和道德规范，应当以人们的伦理实践为基础，在那些未知领域中尤其如此。因此，在考量强人工智能的安全性时，伦理安全优先于一切。此外，伦理涉及的领域更为广泛，它关系到人们所有类型的实践的正当性，既涉及人际交往的公共领域，也关系到更为私密的家庭和私人领域。而政策和法律通常并不直接介入这些领域，但这并不意味着它们不重要。在护理机器人的应用上尤其如此：在医疗护理实践中，强人工智能需要面对的是病患、残障人士、老人、幼儿等具有特殊需求的脆弱人群。他们往往在情感上对医疗护理技术高度敏感，但在认知上又容易产生一定的误判。在一定意义上，他们是更容易受新技术影响也更容易受其伤害的人群。强人工智能往往需要在看护这些人群时，扮演类似于亲友的角色，它所介入的是我们伦理生活的根基，是原来人与人之间的关怀关系。它将从根本上改变传统的伦理关系，乃至整个社会的道德基础，因此有必要清楚地界定和应对护理机器人的伦理后果。

值得注意的是，上述对于健康和护理的多层次分析和整体论理解，体现的正是当代关怀伦理学的基本价值取向，也应当成为我们对护理机器人进行伦理考察的理论出发点。关怀伦理学是于 20 世纪 80 年代兴起的一种源自女性主义思想传统的伦理学进路，它强调伦理的根基不是独立的、自主的道德主体，而是相互关联的、相互依赖的实践关怀活动。这是因为人首先处于各种各样的关怀关系之中，其中最重要的是，在成为道德主体（具有理性的谋划能力）之前，我们首先是一个需要他人关怀和照顾的儿童，需要在教育中不断成长；同样，我们的伦理生活也不能抛弃那些在体格、智力、情感、社交上存在障碍的残障人士和暂时机能受损的病人，不能因为他们不具备完整的主体性就忽略他们的权利和诉求。

关怀伦理学的重要贡献是让我们反思伦理生活的根基在何处。无论是功利主义还是义务论的伦理学，都假设根据自身的资源和理性活动决定人生的理性行动者。关怀伦理学不否定人作为理性主体的自主性，而是让我们反思这种自主性是否是无条件、不依赖关系的。它主张关怀者与被关怀者之间多样而复杂的关系构成了伦理生活的起点，让我们意识到过往的伦理反思存在缺陷和偏见。

美国著名学者琼·特伦托指出，关怀是“一种活动，包括我们为维护、控制和修复我们的‘世界’所做的一切，以便我们能够尽可能幸福地生活于其中。这个世界包括我们的身体、我们自己和我们的环境”。关怀活动包含四个基本要素。

（1）专注（Attentiveness）：确认被关怀者动态需求的能力。

（2）负责（Responsibility）：对相应需求做出响应并承担相关责任的意愿。

（3）技能（Competence）：提供良好的、成功的关怀的技巧。

（4）响应（Responsiveness）：与被关怀者进行良好沟通的能力[15]。

关怀活动所包含的这些要素为我们考察护理机器人应该具有的良好特质和可

能带来的伦理挑战提供了重要的指引。

首先，护理机器人应当能够准确地辨识它们所护理的人群的需求。这尤其要求设计者和使用者充分考虑特殊人群（如处于隔离中的病患、自闭症儿童、语言能力受限的人士等）的需求。需要再次强调的是，我们这里所谈及的需求并不限于物质需求，它同样体现在我们对情感、友爱的渴望之中，它关系的是我们对各种各样的关怀关系的全面渴求。护理机器人当然不应当替代人来完成一切关怀工作，但在疫情等特殊情况下，它们确实需要担负更多的责任，这是未来的护理机器人设计者应当予以考虑的。当然，我们也必须注意，为了准确地辨识被关怀者的需求，护理机器人需要接触大量的个人身份信息，由此产生的信息安全和隐私问题尤为严峻。机密性、隐私权、透明性、算法偏见和知情同意权是我们必须充分关注的伦理问题。

其次，机器人要能够以值得信赖的方式对需求做出回应。拥有强人工智能的机器人能否表达真正的意愿是一个存在争议的话题，但无可争议的是，护理机器人的操作应当便于用户理解，我们需要确保老年人和残障人士等能够在没有专业人士的指导下便捷安全地使用护理机器人；护理机器人的研发和宣传机构应当充分说明护理机器人可能存在的安全隐患和其他潜在危害，确保服务对象享有充分的知情同意权等。只有确保护理机器人的操作安全性和易用性，才有可能在护理机器人和人类被关怀者之间建立可信赖的关怀关系。当然，这里我们必须关注护理机器人可能造成的欺骗问题。例如，在机器宠物的运用中，患者往往以拟人化的方式对待机器宠物，后者显现为某种具有生命和意识的存在，与它实际的存在方式不同，这会给用户（尤其是在认知上存在一定障碍的用户）带来不必要的混淆，从而可能造成的情感伤害。

最后，护理机器人需要掌握良好的关怀技巧和沟通能力。这一方面需要护理机器人的设计者对机器人的定位有更加清晰的认识，需要确定提供护理服务的机器人究竟是以宠物、陪伴者、专业医护、朋友还是其他的角色出现，因为这对应着不同的关怀关系，决定了关怀活动的具体手段能否成功。在我们的生活中，朋友之间的沟通方式显然不同于医患之间的沟通方式。与此同时，我们也必须在此语境中考虑是否应当赋予护理机器人这种高度自主的交往能力：我们能否为护理机器人事先通过嵌入伦理代码的方式限定其伦理角色？我们要允许护理机器人通过深度学习的方式来完善其关怀技巧与沟通能力吗？此外，我们必须关注人机交往对人际交往的影响，仍以机器宠物为例，有研究表明，自闭症患者很有可能在与宠物的人机交往中获得更多反馈，以至于进一步远离人与人之间的复杂交往，反而加重病情。我们也会担心人机交往会不会破坏关怀形式的多样性，使机器宠物的使用者只接受单一类型的机器关怀，从而进一步丧失参与其他社会关怀活动的能力。

以上简要的概述当然不能穷尽护理机器人可能带来的各种伦理风险，例如，我们没有提及护理机器人作为稀缺医疗资源的分配问题，以及它的广泛使用对相关行业就业造成的冲击，也没有触及护理机器人的责任归属问题。但是，关怀伦理学作为一个重要的框架思想，指引我们面对一个更为根本的伦理问题，即我们如何与提供护理或关怀服务的机器人共处。当强人工智能被引入关怀领域，机器人真正成为人机伦理网络或关怀网络中的参与者时，这是我们必须回答的首要问题。

9.2.3 强人工智能体的伦理身份与新型伦理关系

1. 强人工智能体的伦理身份

在强人工智能技术可能带来的各种伦理挑战中，首要的是如何确定强人工智能体伦理身份的问题。强人工智能体具有何种道德地位？它们能为自己的行为负责吗？它们拥有权利吗[16]？我们应当仅仅把它们当作工具，还是在对待它们时遵循某些特定的伦理规范？尽管强人工智能究竟能否实现仍然是一个悬而未决的问题，但如果不预先针对这些问题进行思考，那么一旦强人工智能体真正出现在我们身边，我们在根本价值的问题上难免会发生错乱，我们的社会生活和相互交往也将变得茫然无措。此外，在强人工智能技术制品尚未出现之前，对这些问题的研究有助于我们规划这一技术的发展路径，使我们在设计和研发时能未雨绸缪，确保这项技术的成果会造福人类，尽量避免其可能带来的各种负面影响。总之，这些问题不仅具有十分重要的理论意义，而且对于预估强人工智能技术可能带来的社会影响及规划强人工智能技术的发展路径等重大现实问题也有着奠基性的作用。

在传统的伦理学理论中，人类一直被视为首要乃至唯一的道德主体，其他事物即使没有完全在道德考量之外，至多不过拥有某种次要的道德地位。哲学家为这一观点给出的最主要的理由是，唯有人类才具有理性思维、自由意志、自主选择等能力，这些能力为人类赋予了某种独特的道德地位或尊严，构成了人们权利和义务的基础。不过，在人类之外，人们常常会对动物产生一定的道德关切。哲学家对此给出的一个重要理由是，动物和人类一样，也具有感受快乐和痛苦的能力，而我们的道德关切正是建立在这种能力之上的[17]。随着技术的不断发展，人类影响和改造自然的能力变得越来越强。在这种情况下，人类如何与自然和谐共处，如何让生态环境在整体上保持健康、不受破坏，也应当成为人们重要的伦理关切。不过，与传统理论相比，生态伦理的哲学基础还比较薄弱；在自然生态本身是否具有固有的道德价值这个根本问题上，人们目前还没有形成比较广泛的共识。

现有理论模型显然都无法直接应用到强人工智能体上，但我们依然可以借助它们来思考强人工智能体的伦理身份问题。尽管强人工智能本身并不是一个有精确定义的概念，但按照学术界通常的看法，它们之所以“强”，是因为它们（应当）具有至少不弱于人类的理性思维能力。自由意志的概念经常被人提起，但很少有人对它有足够清晰的认识，有些哲学家认为它指的是人们能够在多重可能性之间做出选择的能力，有些哲学家则认为它是对行动来源的一种刻画，自由的行动也就意味着该行动是出自行动者本人意愿的。当代关于自由意志的讨论主要关注它和道德责任之间的关系。尽管关于自由意志的哲学讨论已经取得了十分丰硕的成果，但即使在专业的哲学家当中，对于如何理解这一概念还存在很大的分歧。就人工智能体而言，从阿兰·图灵开始，许多人都对机器是否可能拥有自由意志的问题发表了见解。在本书中，我们无法充分展现相关的哲学论辩，但从结果来看，目前还没有任何决定性的论据表明人工智能体不可能拥有自由意志[18]。自主性则可以说是人工智能体区别于一般物体的根本特征：与人们通常使用的工具（如锤子、钢笔等）不同，人工智能体可以在无须人为实时干预的情况下自行完成一些复杂的任务；而与传统的自动化设备（如一般的计算机程序）不同，人工智能体的活动有时甚至无法被准确地预测，可能展现出某种创造性。因此，按照传统的哲学理论，强人工智能体似乎具备了充当道德主体的资格。

然而，人工智能语境下的自主性和哲学意义上的自主性虽然是同一个词，但其含义却有着根本的区别。德国哲学家康德关于自主性的思想在历史上影响最为深远，当代哲学和伦理学中关于自主性的讨论一般都会追溯到康德哲学这一思想源头。按照康德的理解，自主性要求行动者能够为自身订立法则并单纯出于对法则的敬重而遵守。换句话说，它要求行动者既能通过理性认识到有哪些道德规范，又能基于道德本身去遵守这些规范。在康德看来，只有这种意义上的自主性才是人的尊严的构成基础[19]。这种意义上的自主性显然与我们当下谈论的人工智能体的自主性有所不同：前者要求行动者能够为自身设定目的，后者则只要求智能体能相对独立地完成既定的目标；前者是一种非此即彼的性质，在完全的自主和完全的非自主之外没有任何其他的可能性，后者则允许有各种不同程度的自主性；前者与行动者的动机有关，后者则完全不涉及动机问题。因此，从康德哲学的角度来看，人工智能体目前所展现出的自主性尚不足以要求人们赋予其以特殊的道德地位。

但对未来可能出现的强人工智能体而言，它们是否可能拥有哲学意义上的自主性则是一个需要进一步探讨的问题。由于强人工智能体应当拥有至少不弱于人类的理性思维能力，所以它们很可能同样具有为自身设立目标的能力。事实上，许多哲学家、认知科学家和人工智能专家都指出，人类智能的一个重要而基础的要素是我们能够在不同的目标之间做出权衡、区分主次，并在此基础上设定新的目标。离开了这一能力，我们就无法顺利地完成任何复杂任务。既然强人工智能体能够以不弱于人类的方式完成各种各样的复杂任务，那么它们很可能必须同样拥有这种在不同目标之间进行比较和选择的能力。诚然，这种能力与康德哲学意义上的自主性还有一定的区别，但以上论述提醒我们，强人工智能体很可能具有在理性思维基础上进行自主选择的能力，而在很多哲学家看来，拥有这种能力就意味着能够为自己的行为负责，也就意味着具有成为道德主体的资格。

需要注意的是，在日常的伦理和法律实践中，责任总是与赞扬或谴责、奖励或惩罚联系在一起的。假如一个行动者不会受到赞扬或谴责、奖励或惩罚的任何影响，那么对其进行的归责、问责和追责等活动就不会有任何作用，谈论其应当承担的责任或义务也就没有任何意义。我们不妨将责任概念看作一个结点，它的一头连接着理性、自由与自主，另一头则连接着赞扬和谴责、奖励和惩罚。在我们已知的事物中，一般的无机物不满足其中任何一组条件；动物不满足第一组条件，但有些动物在一定程度上可以满足第二组条件；而对正常的人类来说，这两组条件总是同时得到满足的。强人工智能体的道德地位之所以难以确定，根本原因就在于它们有可能满足前一组条件，但未必能够满足后一组条件。这种情况是我们在之前的经验中从未遇到过的。我们认为，原则上，或许可以为人工智能体设置类似的反应机制，让它们在受到人们的赞扬或谴责、奖励或惩罚后能够适当调整自己的行为。但人们似乎可以通过直接修改程序设计的方式更加有效地调控人工智能体的行为。我们甚至可以说，人类之所以需要责任的概念，需要赞扬与谴责、奖励与惩罚的实践，是因为我们无论从技术上还是从道德上都不能直接去修改人类固有的“程序”，而只能通过这些手段来间接规范我们的行为；但对人工智能体而言，我们无须借助类似的概念和实践就可以直接达成目的。因此，我们似乎没有理由将强人工智能体看作传统意义上道德行为的主体，尽管我们必须承认它们绝不同于一般意义上的工具。

在前文中我们提到，很多人认为动物也拥有某种特别的道德地位。我们是否可以将强人工智能体与动物进行类比呢？这恐怕并不妥当。动物的道德地位与它们感受快乐和痛苦的能力息息相关，但我们没有理由认为，强人工智能体也具有类似的能力。从技术上说，我们或许可以让机器模拟出各种各样的感觉和感受，但模拟并不等于体验，正如体温计上的读数并不等同于人在发热时的感觉。许多哲学家认为，这种主观感受正是人及某些动物区别于任何机器的最根本的特征。退一万步说，即使在技术上有可能让强人工智能体真正体验到类似的感受，我们也看不出这样做有任何意义。在图灵为整个人工智能领域奠定基础的那篇论文中，图灵明确表示，研发机器智能的目的只在于模拟人的智能活动，而人的其他方面，如对美好事物的享受，就不在模拟范围内，模拟它们也没有任何意义[11]。因此，我们大概可以断言，即使强人工智能体在理性思维和解决复杂问题的能力上完全不弱于人类，它们仍然缺乏对快乐和痛苦的感受，因此它们可能拥有的道德地位与动物绝不相同。

从以上的初步讨论中我们可以看出，既有的理论框架很难用来解决强人工智能体的道德地位问题。或许我们应当将它们看作与人、动物及一般事物等均不相同的另类存在者。它们并没有常规意义上的权利或义务，但这并不意味着我们在和它们“打交道”的过程中，无须遵循一些特殊的伦理规范。这种情况在伦理学中并非毫无先例——前面提到的生态伦理就可以说是一个典型的例证。尽管人们在理论上对自然生态的伦理意义未达成广泛共识，但是保护生态环境已经成为人们普遍接受的一项重要的道德义务。究其根源，还是因为人们在生活中逐渐意识到生态环境的破坏给人们带来了许多重大而普遍的问题，而人们之所以需要伦理观念和理论，就是因为要借助它们来思考和解决这些问题[20]。因此，随着社会生活条件的变化，人们的伦理观念也会发生相应的调整。然而，作为人类最基础、最普遍的价值体系，伦理观念又必须保持相当的稳定性。我们认为，只有在吸纳人类文明既有的价值体系的基础上，设想一种更加包容、更加灵活的伦理方案，才有望应对人工智能技术可能带来的前所未有的伦理挑战。在后文中，我们将介绍一种“优化共生设计方案”，并阐明这一方案为何可以用来应对挑战。

2. 强人工智能技术下的新型伦理关系

从 20 世纪电子计算机问世以来，为计算机赋予类人智能就成为计算机科学领域的“梦想”。尽管“人工智能”这个术语直到 1956 年才出现，人工智能研究的根源却可以回溯至 20 世纪 40 年代[21]。20 世纪后半叶，人工智能领域的发展几经波折，直到 20 世纪 90 年代后期才得以提速。那个时期的技术发展聚焦人工智能领域的子问题，关注人工智能在图像识别及医学诊疗这些现实问题中的应用。21 世纪，我们正在经历的人工智能技术热潮始于 2010 年前后。人工智能领域的这轮快速发展得益于三个重要的技术要素革新——大数据、机器学习与算法、计算机算力的显著提升。

尽管人工智能技术发展迅猛，但该领域的从业人员尚未对于“人工智能”形成统一概念[22]。有些学者把人工智能宽泛地定义为“具有（通常被视为）智能行为的计算系统”；有些学者则把人工智能定义为“能够以理性方式解决复杂问题的系统”或“能够在任何现实环境中采取恰当行为以实现目标的系统”。相关专家把人工智能系统分为类人思维系统、类人行为系统、理性思考系统及理性行动系统。投资者则把人工智能领域划分为逻辑推理、知识表征、规划与导航、自然语言处理及知觉等。目前人工智能研究所倚重的技术路线有 5 类：符号论、连接论、演进式、蜂巢式自动系统、动力论系统[23]。

在近年的快速发展中，人工智能研究在策略游戏、语言翻译、自动驾驶及图像识别这些专门应用领域中取得了长足进展。然而，通用人工智能或强人工智能的研究仍进展缓慢。作为未来的人工智能技术理念，强人工智能技术的目标是使系统在全部认知任务范围内实现与人类智能程度相当的智能行为。尽管理论困难重重，但强人工智能技术从始至终都是该领域研究者的“圣杯”。在计算机算力显著提升的背景下，强人工智能的研发也正在“复兴”。人们期待人工智能系统能够通过整合推理、知觉、语言、创造力及情感这些类人能力，形成通用智能。

事实上，无论是现有的专门人工智能系统，还是通用人工智能系统，都与传统的工业科技制品有着鲜明的差别。如果传统农业器具是简单系统，现代工业汽车是多元混杂（Complicated）系统，那么今天的人工智能技术制品则是彻底的复杂（Complex）系统。复杂系统的本质就包含不可预测性，在遭遇突发事件时易出现各种小事故[24]。即使是设计良好的复杂系统，也会周期性地出现无法预测的运行方式。然而，人们往往会忽略小概率事件的发生。正是由于复杂系统存在无法避免的不可预测性，人工智能体（特别是强人工智能体）所进行的决策和输出都有可能超出设计者、制造者及使用者的原本意图。1999 年 12 月，美国“全球鹰”无人飞机在着陆滑行中意外加速，最终偏离跑道并导致损毁，造成 530 万美元的损失。2010 年 5 月，美国道琼斯指数自动交易出现闪崩，导致数万亿美元蒸发。

另外，人工智能系统（尤其是强人工智能系统）具有不断增强的自主性。这意味着在面对全新的、未被预期的环境时，强人工智能体的决策和输出几乎或彻底无须人类的干预和介入。在人类生产生活的广泛领域中，搭载在物理载体上的强人工智能系统必然和人类形成交互性行为关系。尽管这种交互性行为关系本质上异于人类自身内部的交往关系，但是已有学者对“机器人时刻”的临近表示出很强大的忧虑。在“机器人时刻”，人们情愿与那些无生命的（强）人工智能体形成单向情感绑定。不仅如此，在交互性行为结构中，行动者要面临自己的行为目标和他人的行为目标之间的冲突。只要实现自己目标的行为有可能损害他人，伦理问题就会随之而来。由于强人工智能体具备与人类同等程度的智能特征和自主性，所以它必须具备评估多重选择并考虑不同评价角度的能力，以便在道德环境中良好运行。

综上所述，无论是基于人工智能系统的复杂性还是其自主性，人工智能体

（特别是强人工智能体）与人类之间的关系无法再等同为（人们通常认为的）人与工具的关系。由于传统意义的工具往往被认为是价值中立的，所以既有的工程伦理及计算机伦理往往把规范人类道德行为作为唯一的目标。20 世纪末，国际学界日益形成共识，认为工业制品并不像人们通常认为的那样价值中立，而是不可避免地携带着工程师的价值偏好[25]。近年来，国际工程伦理中不断推广的“负责任的设计”就是要把责任主体要素纳入工具的设计规范。然而，“负责任的设计”仍然无法应对复杂性和自主性不断增强的人工智能（特别是强人工智能）系统带来的伦理挑战。

简言之，人类与强人工智能系统的交互关系不是简单的人与工具之间的关系，而是新型伦理关系。尽管我们无法把强人工智能体等同为人类道德主体，但是我们不得不把它视为介入我们的伦理生活结构并使之转型的道德因子。

9.2.4 向善的强人工智能——优化共生设计

面对人工智能技术引发的新型伦理关系挑战，人类文明或者视而不见，等待沉没在颠覆性技术的惊涛骇浪中，或者积极采取应对举措，理性驾驭转型科技的发展方向。为避免细微风险隐患汇集成不可逆的颠覆性灾难，人类社会需要采取主动措施，引导前沿科技的发展始终向善。鉴于此，笔者在其他著作中系统论述了人工智能与智能机器人伦理的中国式方案——优化共生设计方案[26]。以下概述这个方案。

人类既有的伦理思想传统往往把人类行为（目标、手段及结果）作为道德价值的唯一载体。面对强人工智能体带来的新型伦理关系，我们根本无法简单套用传统的伦理理论。优化共生设计正是在传统伦理思想基础上提出的人工智能伦理方案。优化共生设计方案是植根于哲学伦理的人工智能伦理体系，既实质性地汲取中国传统伦理的思想资源，又广泛吸纳在其他国家中发展出的当代人工智能伦理理论、争论和实践。“优化共生”这个概念准确反映了中国文化传统中一些稳定和持存的价值与信念：整合与包容的最优先性、人类经验的整体性和生态性特征、在环境中所有事物的阴阳相生，以及既非僵化也非目的论式的生生不息的自然、社会和政治秩序。优化共生的伦理方案强调要把伦理考量前瞻性地融入人工智能系统设计之初。优化共生设计方案包含三个从低到高的理论层级：整体论含义的善、四重元向度、五项伦理目标，其中，整体论含义的善和四重元向度构成了具有稳定性的优化共生框架，如图 9-1 所示。

在现代科技世界中，人类不仅越来越多地遭遇多元古代传统和现代人类价值的冲突，同时也要面对不同地域的伦理传统之间的巨大差异。优化共生设计方案力图以世界良性秩序的整体善为基础来整合不同的伦理传统[27]。与此同时，人工智能技术的广泛使用也在深刻影响着自然环境和自然物种多样性。整体论含义的善需要从历史的视角关注自然和文化的价值多元结构。人工智能系统的设计和研发应该允许并保护世界多元价值的共生秩序。

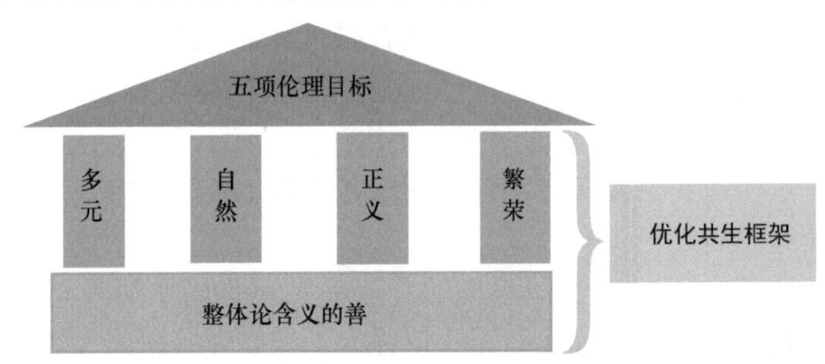

图 9-1　优化共生设计方案示意

人工智能系统将通过与人及其他环境因素的协作来彻底重建人类社会生活结构、人类与自然界的共存关系。人工智能系统、人类、其他因素一起成为建制性要素，贡献、分享和展示目标机制的核心伦理价值或价值图景。在中国古典传统中，伦理价值并不基于个别意图、行动和结果的道德评价，而是依赖个人生命的整体统一。个人生命的道德评价要依赖她（或他）在生活共同体的良性秩序中所扮演的角色和发挥的功能。借鉴中国传统的伦理评价依据，人工智能系统的设计和研发应该明确考虑系统在建立、维护和促进目标机制核心伦理价值或价值体系中所要扮演的角色，以及为实现该角色而必须整合的能力。

优化共生框架是基于良性世界秩序的整体论框架。然而，良性世界秩序并不因此成为空洞的语词。作为具有整合力的框架，良性世界秩序所要求的整体论含义的善必须被具体化为四重元向度：多元、自然、正义和繁荣[28]。

（1）多元不仅是整体论含义的善的逻辑要求，也是我们人类生活中的普遍基础经验。多元不仅涉及文化多元，而且涉及自然存在物的多元。

（2）在中国文化传统中，自然既指自然存在和自然形态，也指超出人类意图和控制的自发性、偶然性及有限的可控性。另外，自然概念往往蕴含着对整体性秩序的要求。

（3）正义主要涉及的是分配正义及相应实现。共生秩序要求根据每个部分在整体中的适配角色来分配其在自然和文化世界中所需的条件和资源。

（4）世界秩序良性与否依赖每一个有机构成部分自身的发展状态。因此，每一个有机构成部分的生长和繁荣是世界秩序良性的必然要求。

基于整体的逻辑要求和人类基础经验事实，上述四重元向度和整体论含义的善一起构成了在共生性整体秩序中保持稳定的优化共生框架。优化共生框架并非具体推导人工智能伦理细则的初始公理，而是像指南针那样引导我们在设计人工智能系统的目标语境中确定价值秩序。

在现代科技文明的世界中，四重元向度所要确立的具体伦理目标一方面要求获得现代科学发展的理论支持，另一方面要求获得尽可能广泛的跨文化共识。同时，我们不能因此把优化共生设计方案扭曲为一套固定不变的“僵死规定”，而是始终保持对相关语境特殊性和伦理规范普遍性的敏感。目前，各国和各地区的人工智能参与者逐渐形成关于人工智能伦理的国际性共识。根据优化共生框架，这些共识可以被分别归纳在五项伦理目标（人权、责任、透明度、防范滥用、共生繁荣）中。

9.2.5　强人工智能伦理治理的初步思考

根据以上关于强人工智能伦理的讨论和分析，我们提出以下几点结论和建议。

（1）如今，人工智能技术向人类提出的伦理挑战已不再只存在于科幻电影和文学作品中，而是成为摆在我们面前的严酷现实，并且明确预示着未来强人工智能技术可能带来的更大、更多、更难的伦理风险。许多国家和组织高度重视，纷纷展开研究，出台各项政策法规予以应对。在这种形势下，我们应该结合国家强人工智能发展战略，构建合理、完整的伦理框架，提供行之有效的伦理指南和导则。目前，这项工作已经刻不容缓了。

（2）强人工智能系统具有高度自主性，使得“伦理身份难以界定”成为强人工智能伦理的显著特点（也是理论难点）。人类与强人工智能体的伦理关系，与以往人与工具之间的伦理关系截然不同，甚至超越传统的工程伦理和计算机伦理的范畴，是一种全新的伦理关系。因此，我们不仅需要根据特定的伦理原则加以规范，还需要突破既有的道德理论框架，通过理论创新解决新的伦理问题。这要求我们密切关注强人工智能技术的最新发展，强化相关伦理学基础理论的研究。

（3）强人工智能技术的伦理思考，秉承“人类命运共同体”的理念，面向联合国可持续发展目标，坚持自由、平等和正义的普遍价值，共同发展，维护世界和平，造福人类。在人类共同价值的指引下，我们的伦理思考，非但不会阻滞人工智能技术的发展，反而会使其坚守健康的发展轨道，始终向善。

（4）强人工智能伦理的中国优化共生方案，既实质性地汲取中国传统伦理的思想资源，又广泛借鉴和吸纳在其他国家中发展出的当代人工智能伦理理论、争论和实践，通过多元、自然、正义和繁荣四重元向度，构建世界的良性秩序。相信这套颇具中国特色的伦理方案，可弥补西方既有伦理理论的不足，逐渐融入国际性共识。

（5）面对强人工智能的伦理风险，除了以政府（权力）为主体的刚性治理策略，还应该充分发展柔性治理策略。这是因为任何新技术（尤其像强人工智能这种史无前例的颠覆性技术）的发展不可避免地会动摇现存的一些体制、权力关系、社会结构、经济模式、文化生态等。为了避免风险，刚性治理往往会设立各种限制，不仅会阻碍新技术的发展，而且可能造成不必要的伤害。柔性治理则可利用政府之外的力量，通过柔性规则或标准迅速尝试，实现敏捷治理；可随时修正或放弃，在不断试错的过程中推进先进技术的发展。当下，人工智能技术的发展竞争日趋激烈。要想在这一领域迅速占据技术领先优势，针对相关伦理风险采取柔性治理策略是一个明智的选择。当然，刚柔并济、软硬兼施，效果会更佳。

9.3 人工智能法律治理

人工智能技术广泛渗透到了社会各领域，对现有法律体系的冲击是全方位的。相关法律制度能否及时调整，对于维护人工智能时代的社会稳定及保障人工智能的健康发展具有重要意义。从发展经验来看，并非所有的技术成果都能够造福人类[29]。我们在充分肯定人工智能为解放人类生产力带来的重大便利的同时，必须高度重视人工智能对传统的社会结构、社会关系、个体行为的颠覆性影响，及时对法律进行立、改、废、释，规范人工智能技术和应用。

9.3.1 人工智能应用引发的法律问题

1. 人工智能主体资格

现在很多人工智能系统把人的声音、表情、肢体动作等植入内部系统，使开发的人工智能产品可以模仿他人的声音、形体动作等，甚至能够像人一样表达，并与其他人进行交流。但如果未经他人同意而擅自进行上述模仿活动，就有可能构成对他人人格权的侵害[30]。此外，是否赋予人工智能主体资格？各界对此问题的观点不一，支持者有之，反对者有之，亦有观点认为应当赋予人工智能有限人格。

2. 算法规制

人工智能的核心——算法（特别是机器学习算法）的广泛应用给人类的社会生活带来了实质性影响，各国的立法、执法和司法工作正受到前所未有的考验。相较于非“智能”的普通算法，机器学习算法的执行过程缺少人为控制，若不能将预先设计的规制代码有效地加入模型系统，则其将完全承袭训练数据中的行为习惯，包括群体中可能蕴含的不公平、歧视等，这将对个人的权利和自由造成更隐蔽性的危害[31]。

3. 侵权责任认定

随着人工智能应用范围的日益扩大，其引发的侵权责任认定和承担问题给现行侵权法律制度带来越来越多的挑战。无论是机器人对人的侵权，还是人对机器人的侵权，都涉及新的法律责任认定和承担[32]。以机器人致害为例，是产品责任还是普通的侵权责任？责任主体是产品设计者还是制造者、销售者，或是使用者？针对这些问题，亟待法律做出明确规定。

4. 机器权利与人权的平衡

对于智能体的人身权利，已有国家着手赋予智能体法律主体地位的相关工作。沙特阿拉伯授予美国汉森机器人公司生产的机器人索菲亚公民资格。欧盟议会法律事务委员会（JURI）发布《就机器人民事法律规则向欧盟委员会提出立法建议的报告草案》，并发布研究成果《欧盟机器人民事法律规则》，主张赋予高水平的智能机器人电子人的主体资格。但是，对于智能体法律主体地位的讨论，目前学术界仍未有定论，仍将智能体视为法律客体。

机器权利和人权的关系并非十分和谐，在以 IEEE《人工智能设计的伦理准则》为代表的人工智能领域伦理监管建议中，着重提到了机器权利与人类价值观和人权的关系，要保证系统的设计和运作符合人类的尊严、权利、自由和文化的多样性，不侵犯人权。“无人驾驶”的伦理困境是人类与机器操控权分配的典型代表，对“辅助驾驶系统”能力的夸大和人类对驾驶控制权的放弃导致自动驾驶事故在不断发生。2019 年，在埃塞俄比亚航空波音 737Max 飞行控制计算机出现“数据错误”后，飞行员无法夺回控制权，最终酿成事故。因此，在主张机器权利的同时，需要对其加以义务限制，包含法律义务和道德保障义务。

5. 智能体作品的知识产权归属

人工智能可以自动迭代算法并进行反馈学习，产生新的数据，具备一定的创造能力。结合算法的设计，专用人工智能虽已可以产出一定的创造性成果，但模仿型的创作不具备主观创作能力。知识所属权是指权利人对其智力劳动所创作的成果和经营活动中的标记、信誉等依法享有的专有权利。由于人工智能不具备法律主体资格，无法行使权利并承担义务与责任，所以智能体对创作物不具备相应的著作权等相关权利。

代表性的案例是欧洲专利局（EPO）于 2019 年 12 月月底以申请案不符合欧洲专利公约（EPC）为理由，正式做出驳回 DABUS 的两项发明申请（EP

18275163、EP 18275174）的决定。但是，随着高级人工智能不断向独立智能体发展，其本身的地位和行为属性，以及与人和物的关系都需要重新界定，知识产权的归属问题在未来也会成为新的治理焦点。

6．社会衍生问题

人工智能风险总体分为两种形式，一种是上面提及的由人工智能自身技术缺陷或者自身边界不明确导致的风险，称为人工智能的原生问题；另一种是人工智能领域的衍生问题，即人工智能技术与原有全球问题（如恐怖主义、气候变化、流行性疾病）相互交织所引发的新的社会危机。例如，劳动力结构变化、当前越来越多的技能落伍者在劳动力市场中被重新选择，结构性的就业矛盾难以避免，需要积极面对劳动力市场的变化，提升从业者的信息技术能力和水平；又如，致命性自主武器系统：目前对于支持还是禁止致命性自主武器系统，国际社会仍存在很大分歧。各国也在努力寻求合理的伦理机制和国际法规，以对致命性自主武器系统进行有效管控。随着智能体对人类工作替代性的提升，社会衍生问题将逐步处于突出地位。

9.3.2 人工智能法律治理原则、机制与规律

1．治理模式构成要素的认识与选择

1）安全与应用发展之间的平衡

信息技术应用价值有安全、应用发展两个方面。安全不仅包括人类社会、国家等群体性的安全与风险问题，还包括社会关系中个体的权益安全保障和权益风险避免问题，而后者在时下常常是不被重点强调的。应用发展是一种主体权益价值，就信息技术而言，无论相对于整体人类社会还是社会行为个体，相关技术的开发和发展都有或相对抽象模糊、或相对具体明确的客体价值存在[33]。

安全与应用发展在信息技术发展和应用的不同阶段所呈现的状态也是不同的，在不同条件下，二者之间的矛盾张力状况也不一样，由此形成的不同博弈和选择从根本上决定着信息技术伦理治理和规制的道路和方法。在发展之初，对于具有巨大社会效应和影响力的技术，安全和应用发展的要求表现极为突出。作为一项具有极大应用价值和诱惑力的新技术成果，对人类而言，促进发展的要求显然是极为强烈的，但是，如果在既有的人类秩序规则框架中找不到其相应位置而秩序价值又是必须考量的，则在这种前提下新技术成果的安全保障也必须受到重视。

在初始阶段，对事物本身及其关联行为缺乏清楚、准确和规律的认识及稳定的控制能力，因此安全和发展之间的矛盾关系张力是最为强烈的，通常会出现促进了发展就要面临风险、过多地考虑安全因素就会抑制发展进步的现象。相关的

规制工作和新立规范往往很难精细地实现二者之间平衡，而在旧的规范和秩序缺乏对信息技术进行界定和规制的情况下，作为新事物，其发展、促进及其安全保障和权益保护都需要在规范和制度上做出特殊的安排，以实现单方面的价值追求，往往体现为在一种规范中在促进发展，而在另一种规范中在保障安全，规范的形式往往都是独立的单行文件，很难在同一个文本或者规范中做到二者关系的有效处理和平衡。因此，在信息技术成果应用之初，如何平衡二者的关系，减小张力，实现二者兼顾，同时保障社会秩序的有序变迁是规制工作最为重要的考量。

随着信息技术及其应用成果的发展日益成熟、丰富和稳定，人们对其的认识更加理性、全面、稳固，随着法律对相关的现象进行了更加全面、丰富、系统的规制和界定，信息技术的发展和安全的问题变得不再突兀、不再表现出强大的张力，而是更加常态化、平常化地在已经完善和发展的社会规制秩序中获得平衡和运行。

2）立法和法律适用上的平衡

立法和法律适用上的平衡是指，在法律运行体系内及整个体系的发展变化中，通过法律方式的使用和发展来调整信息技术应用中的各项权益价值，并在解决与人工智能应用行为和社会关系相关的问题的同时，实现法律秩序自身的有序变迁，以达到法律对稳定的社会秩序的保障。“法律方式的使用和发展”是指在信息领域的法律治理层面上，通过运用立法、司法、执法等法律适用手段（并处理好它们之间的矛盾关系）来处理好信息技术安全、使用和发展等的矛盾关系。

那么什么是立法和法律适用在规制层面上的矛盾关系呢？作为处理问题的方式，在具体的行为和社会关系问题的处理上，涉及对它们的功能区分及优劣势比较。同时这种矛盾关系也包含它们之间的协作关联关系中，即它们在解决问题时，如何协调相互之间的关系以实现互补和功能衔接，保障规制的双重价值兼顾实现。

（1）立法。

立法包括法律的修改和完善等活动，其发生的必要条件是，在既有的法律规范视野中，信息技术相关行为在属性上已经成为一种全新行为，形成了全新的社会关系，已有的法律规范和制度无法对其进行有效调整，新立规范对其进行调整已成为现实的必要。而立法发生的充分条件是，信息技术中的人工智能行为全新的法律关系的主体、客体及权利义务的内容、责任分配等，已经在社会应用领域和场景中处于相对具体和明确的状态，而且在实际社会行为和法律关系上，表现出数量的普遍性、内容的丰富性及权益受影响程度的深层次性。也就是说，只有在人工智能应用行为具有普遍的社会权益影响效应时，才能进行相关的立法，在一定程度上，法律关系的内容丰富程度和行为普遍程度决定是否立法、立多少法，以及能否形成充分完整的信息技术治理的法律体系。

对信息技术规制而言，立法方式在功能方面有自身的特点和现实效果上的优劣势。相对于司法等法律适用行为，立法是一种主动性较强、具有普遍性、强制性较强的法律规制活动，立法规制的优势是法律规范会有效地指引、评价、预测社会行为后果，会使社会关系相对稳定和有序。而从消极的角度来说，相对于新生行为和社会关系的调整，立法规制通常是相对滞后的，反应较为不灵活且效率相对低下。另外，所设定的法律规范的运行后果会使社会关系相对固化，社会行为的创新能力和创新效力相对弱化，不利于事物积极、快速发展。因此，立法的充分条件和必要条件决定的是能不能立法和要不要立法，即立法的条件和时机的逻辑问题，立法规制的优势和劣势着眼和强调的是立法的应用和选择的经验性问题。

（2）法律适用。

法律适用，就是适用已定的法律规则对社会行为进行规范或者对社会关系进行调整的法律活动。从最广泛的意义来说，法律适用包括立法以外一切法律实施活动，具体包括司法、（行政）执法、（社会）守法等。在整个法律运行体系中，立法、司法、执法和守法都具有操作的相对独立性，各自社会效果对行为和社会关系都具有独特的规制效应。司法机关的裁决影响的不只是具体案件当事人的未来行为，而且会对一般社会主体起到示范作用。可以说，在一定的逻辑起点上，法律规制源于立法，但实际的规制效应不只在于立法本身，更在于其他法律适用及整个法律系统的体系化运营。因此，法律规制效果的实现要求做好全方位法律运行体系的工作，法律适用也是规制工作的重要组成部分，具有直接、独立的治理与规制效应。

相对于立法规制的创设新法的属性和特点，法律适用的规制特点在于通过对既有规范的“变通”适用来实现对信息技术行为等新生行为的调整。适用的方式除了通常的司法裁决和行政机关执法，在面对信息技术新行为和新关系时，在合理范围内，还通常会通过司法解释和执法文件等有效适用方式来对规则进行应用，以达到治理的规范和治理的效果。虽然现实中的司法解释和执法文件对于既有规范有扩大解释和创设规范的“嫌疑”，但从严格的逻辑、意义和社会权力分工来讲，这些行为还是没有超出既有规范的，因为法律适用的规制效应受制于其自身的一些根本属性和特点，即司法、执法等法律适用针对的行为不具有普遍性、稳定性和立法意义的权威性。另外，相对于立法的主动性，司法行为和执法行为的规制效应的产生是具有被动性的，因此，法律适用规制效应的影响力与立法规制效应相比，无论是在广度上还是深度上都是有限的。

当然，辨证地来看，这些局限性在一定条件下也是法律适用对信息技术行为规制的优势所在，相对于立法行为的滞后、不灵活及效率低下，法律适用活动对具体问题的应对和解决具有及时、灵活和高效的特点，对于发挥法律的效能及维护法律的权威和法律治理的有序状态具有重要价值。尤其是在立法规制尚不成熟的情况下，法律适用的治理价值具有不可替代的作用。法律适用往往能够保障既有的法律制度在解决相关问题上具有有效性，使相关问题得到有效解决；同时又能够不因自身的局限性而抑制新生事物的价值的发展、发挥和实现，促进相关产业的发展，这往往是法律治理体系内部有序变迁的重要价值考量。

3）法律、政策及伦理规范的平衡

作为全新的事物，在社会关系运行中，信息技术会渗透到整个社会规则体系中。在这个体系中，除了法律，还有伦理规范和各种政策。与在法律领域发生的碰撞和关联相似，一方面对既有的伦理价值问题、伦理规范和政策体系提出了问题，另一方面产生了伦理规范和政策对社会体系进行调整和产生反应、发挥作用的现实需要。因此，在伦理治理上，有必要做好法律、伦理和政策的运行关系上的协调处理，以此弥补各种规范在解决问题时能力的不足，实现各种规范和规则之间的协调互补，在更大的社会规则空间中解决秩序和发展上的矛盾问题。根据当前人工智能应用较为广泛和发展较为成熟的国家的治理状况和经验，当相关社会关系和具体问题相对于法律手段和方式尚未成熟时，通常先通过政策和社会伦理规范进行信息技术问题的社会治理。

伦理规范是处理人与人、人与自然及人与社会之间关系的行为规范和准则，也是社会治理体系的重要组成部分。通常认为，社会伦理规范的内容不会像法律那样具有明确的关系主体、客体及权利义务内容，以及明确的违规责任承担问题，也不具有丰富、科学的规范体系并运用专业的庞大社会职业群体和机构对其运行和实施。

由此，在社会行为和关系的规制上，伦理规范与法律相比，有这样的几个特点：一是在行为评价方面，标准比较宽泛、相对模糊，如通常用是与非、好与坏、善与恶、正义与否等对社会行为进行评价，在一般社会行为上，评价标准相对单一、概括，更多地是强调在道义上应当做什么和不应当做什么；二是在大众社会生活中，伦理规范主要是在社会评价的基础上，通过社会主体自律和社会舆论影响等，伦理规范通常缺乏强有力的运行组织机构，因此相关规范对行为的约束力比较弱，不具有强制性；三是基于以上因素，伦理规范对社会行为的规制具有很大的弹性和相对不确定性，往往会形成很大的讨论空间。当然，在具体行业工作中，伦理规范具有较强的行业性特征，相关行业工作关于本群体的特殊性伦理要求比较突出，伦理规范相对具体、明确和严格，也会有明确有效的组织机构执行职业伦理规范以实现规范效用。

在人工智能发展之初，作为新事物，其在伦理价值和规范层面显现的问题尤为突出[34]，在通常的大众生活中，其社会属性、价值、相关行为和社会关系的性质等尚处于有待发展并逐步界定的阶段，因此它们往往需要具有更大弹性的规范和制度，以成就更大的发展空间。社会伦理规范的这些特点也使其对于人工智能行为和关系的规范调整在不同的时空条件下形成了自己优劣势。而同样在这个阶段，人工智能相关行为和社会关系在科研职业群体内则是显性的、突出的和相对具体丰富的，因此，职业伦理规范的规制效力和效果已经较为具体化，规制的评价标准会具体、明确，并与职业利益紧密相关，相关的约束和规范手段具体有效，也会有职业组织来运行实施这样的职业伦理规范，以对人工智能的生成和发展产生显著的规制效力和影响[35]。

在相关的法律问题和解决方式尚未成熟时，伦理规范的这些属性和特点可以充分显现出伦理规范在规制和治理上的优势和积极效应，由此既能够对人工智能具有消极效应的研发方向进行约束，又不会抑制信息技术在大众社会生产生活中的长远发展和未来普遍性积极社会效应的发挥。

当然，即便是在信息领域的法律治理已经发展得非常成熟和完备的时候，伦理规范对相关领域的治理作用也是不可或缺或不可替代的，例如，伦理规范的评价作用虽然相对模糊且弹性空间比较大，但是这种概括性的效果不是通过具体的法律可以实现的；伦理规范的自律功能和效果也是法律超强的约束功能无法替代的，这些都体现出其在社会治理中有着独立于法律的优势。另外，在对社会行为和关系的现实调整中，伦理规范与法律除了相互弥补的积极关系，也存在评价标准和正当性界定等消极冲突问题，因此，法律规制与伦理规制的相互关系问题在信息技术的任何发展阶段都是存在的。

2. 监管体系需要伦理规范、政策、法律多种方式的结合

伦理监管的是对象规范相关的社会行为，目标是使相关社会行为体现正当的价值标准，形成符合人类正当价值标准的社会关系，以此来解决不符合伦理价值标准的相关问题。在整个社会治理体系中，伦理监管的方式除了伦理规范，还包括政策和法律等。信息技术和人工智能的兴起会引发整个社会结构的重大变化，需要对智能技术、信息产业及其带来的社会关系冲突进行整体规制，应当从伦理规范、政策、法律三个角度切入，从而在各维度形成满足人工智能社会结构发展需求的规制体系。伦理规范、政策、法律并不是泾渭分明的三种规制手段，它们在内容上可能是高度重合的，在终极目标上也会有较强的一致性。三种规制手段更多地是在不同社会规范维度下分工配合，进而运用社会舆论、政策引导和国家强制力等多种力量综合引导信息技术安全有序发展。

1）伦理规范是基础性规制工具

伦理规范是基础性规制工具，其本身并不以国家强制力为后盾，但构成了信息时代社会的道德基础。伦理作为道德守则，既有约定俗成又有理性建构，用以调整社会道德秩序。道德是关于职责和义务履行的价值判断和选择。伦理规范是软措施，本身对行为没有强制力，需要与政策、法规、制度结合才能充分发挥效力，但伦理状况标志着社会、组织和个人的文明程度，也将决定人类未来的走向。伦理规范是法律的基础，法律是伦理规范的底线；当伦理上产生强烈需求而靠伦理规范本身无法约束时，须设立法律或社会制度体系来实现约束。

伦理先行，在基础价值选择方面，人类已就“可持续发展”达成共识——“满足当代人的需求而不影响后代人满足需求的能力”[3]，而这要求人类可以安全、健康地繁衍和发展，要求当代人将一个健康的自然生态系统传给后代。在这样的价值取向下，建立科技伦理理论、规范和监管体系，就要求原有的技术体系、治理体系做出改变，并与科技风险监管责任相匹配。

在伦理规范的形成方面，应当提供足够的言论空间，使行业专家、技术人员、产业投资者及普通民众均有机会表达意见，形成伦理方面的共识，避免在伦理规范形成的过程中对风险产生错误估计。

2）政策是灵活性规制工具

国家可以运用政策手段灵活调控信息技术和产业的发展进度，使技术发展在安全和效率之间达成适度的平衡。在政策规制方面，既要注重智能产业的整体促进，在全球的技术竞争中抢占先机；又要关注新兴信息技术在发展中即将暴露和已经暴露的风险，进而进行风险评估，决定是否出台相应政策，暂缓产业发展，或提供相应的风险解决方案。

3）法律是根本性规制工具

由于法律具有稳定性、滞后性及违反效果的严重性，所以对立法规制手段的应用要更为慎重。在法律规制方面，要注意在不同阶段法律所发挥的不同功能，也要及时将法学界与技术界的共识性意见吸收进相关的立法中，同时可以采取试点等方式测试法律的施行效果，进而将成功经验推广至全国。此外，对于尚未达成共识的人工智能相关法律问题，在制定规则时要留有一定弹性空间，可以留待纠纷解决机构在实践中根据具体情况总结审判经验，进而在较为成熟时上升为一般规则。

9.4　本章小结

人工智能在增进人类福祉的同时，也对以伦理和法律为支撑的社会结构、社会关系提出了挑战。技术引发的问题最终要依靠技术进步解决。在解决人工智能应用产生的负外部性问题的过程中，伦理规范和法律可以相互配合，共同保障人工智能沿着正确的道路前进：伦理规范指明人工智能的发展方向，防止人工智能危及人类自身的发展；法律是人工智能发展的纠偏工具，防止人工智能危害国家安全、社会公共利益和个人权益。伦理规范与法律共同发挥作用，确保人工智能持续健康发展。

参考文献

[1] WALLACH W, COLIN A Moral Machines[M]. Oxford: Oxford University Press, 2010.

[2] ANDERSON M, ANDERSON S L, Armon C. MedEthEx: A Prototype Medical Ethics Advisor[C]. In Proceedings The Twenty-First National Conference on Artificial Intelligence and the Eighteenth Innovative Applications of Artificial Intelligence Conference, 2006: 1759-1765.

[3] 雷瑞鹏，邱仁宗. 新兴技术中的伦理和监管问题[J]. 山东科技大学学报（社会科学版），2019: 3.

[4] BOSSMANN J. Top 9 ethical issues in artificial intelligence[EB/OL]. (2016-10-21) [2022-11-17].

[5] RANZAHUER, M. The Ethics of AI[EB/OL]. (2016-11-07) [2022-11-17].

[6] KAMBRIA. The 7 Most Pressing Ethical Issues in Artificial Intelligence[EB/OL]. (2017-07-16) [2022-05-15].

[7] KILPATRICK, S 8 Ethical Questions in Artificial Intelligence[EB/OL]. (2019-08-16) [2022-10-16].

[8] GOERTZEL, B, PENNACHIN C. Artificial General Intelligence[M]. New York: Springer, 2007.

[9] DENNETT D C. Consciousness Explained[M]. New York: Little, Brown and Co., 1991.

[10] SEARLE J R. Minds, Brains, and Programs[J]. The Behavioral and Brain Sciences,1980, 3(3): 417-424.

[11] TURING A M. Computing Machinery and Intelligence[J]. Mind,1950, 59(236): 433-460.

[12] 刘哲，等. 中国机器人伦理标准化前瞻 2019[M]. 北京：北京大学出版社，2019.

[13] The British Standards Institution. Robots and Robotic Devices[M]. London: BSI Standards Limited, 2016.

[14] VAN W A. Healthcare Robots[M]. Farnham: Ashgate, 2015.

[15] TRONTO J. Moral Boundaries: A Political Argument for an Ethic of Care[M]. New York: Routledge, 1993.

[16] GUNKEL D J. Robot Rights[M]. Cambridge: The MIT Press, 2018.

[17] 边沁. 道德与立法原理导论[M]. 时殷弘，译. 北京：商务印书馆，2000.

[18] 南星. 人工智能体有自由意志吗[J]. 学术月刊，2021, 1: 35-47.

[19] 康德. 道德形而上学奠基[M]. 杨云飞，译. 北京：人民出版社，2013.

[20] 甘绍平. 应用伦理学前沿问题研究（第二版）[M]. 贵阳：贵州大学出版社，2019.
[21] RUSSELL S, NORVIG P Artificial Intelligence [M]. 4th. Hoboken: Pearson Education，2021.
[22] BARTNECK C, LÜTge C, WAGNER A, at al. An Introduction of Ethics in Robotics and AI [M]. Cham: Springer, 2021.
[23] BODEN M A. Artificial Intelligence[M]. Oxford: Oxford University Press, 2018.
[24] WALLACH W. A Dangerous Master (Kindle Edition)[M]. New York: Basic Books, 2015.
[25] VAN D P I, ROYAKKERS L. Ethics, Technology, and Engineering[M]. Oxford: Wiley-Blackwell, 2011.
[26] SIEP L. Konkrete Ethik[M]. Frankfurt: Suhrkamp, 2016.
[27] SIEP L. Moral und Gottesbild[M]. Münster: Mentis, 2013.
[28] 赵万一. 机器人的法律主体地位辨析——兼谈对机器人进行法律规制的基本要求[J]. 贵州民族大学学报（哲学社会科学版），2018(3): 147-167.
[29] 王利明. 人工智能时代提出的法学新课题[J]. 中国法律评论，2018(2): 1-4.
[30] 崔聪聪，许智鑫. 机器学习算法的法律规制[J]. 上海交通大学学报（哲学社会科学版），2020, 28(2): 35-47.
[31] 王利明. 人工智能时代对民法学的新挑战[J]. 东方法学，2018(3): 4-9.
[32] 伦一. 人工智能治理相关问题初探[J]. 信息通信技术与政策，2018(6): 5.
[33] 朱体正. 人工智能时代的法律因应[J]. 大连理工大学学报，2018, 2.
[34] 杨文. IEEE 发布三项人工智能新标准，涉及高层次伦理问题[EB/OL]. (2017-11-25) [2022-11-22].
[35] 范春平. 科技伦理研究与教育的时代使命[EB/OL]. (2019-08-26) [2022-11-27].

本章执笔人

伦理部分执笔人：

刘　哲　北京大学哲学系

吴天岳　北京大学哲学系

李麒麟　北京大学哲学系

尚新建　北京大学哲学系

南　星　北京大学哲学系

法律部分执笔人：

杨晓雷　北京大学法学院

刘　露　北京大学法学院

崔聪聪　北京邮电大学人工智能法律研究中心

反侵权盗版声明